普通高等教育"十三五"规划教材

光电 & 仪器类专业规划教材

光学薄膜技术

（第 3 版）

卢进军　刘卫国　潘永强　陈国强　编著

电子工业出版社

Publishing House of Electronics Industry

北京·BEIJING

内 容 简 介

本书系统地介绍薄膜光学的基本理论和器件设计的基本方法,适当地介绍一些新设计方法、新器件设计、新工艺技术。

全书共 7 章,主要内容包括:薄膜光学基础,器件设计方法,薄膜制造基本方法,高质量光学薄膜器件的工艺方法,光学薄膜材料,光学薄膜特性的测试,功能薄膜及其应用。

本书可作为高等学校有关专业的教材,初学者的入门教材,光学薄膜技术领域科技人员的参考书。

图书在版编目(CIP)数据

光学薄膜技术/卢进军等编著. —3 版. —北京:电子工业出版社,2020.5
ISBN 978-7-121-38581-0

Ⅰ. ①光… Ⅱ. ①卢… Ⅲ. ①光学薄膜-高等学校-教材 Ⅳ. ①TB43

中国版本图书馆 CIP 数据核字(2020)第 032420 号

责任编辑:韩同平

印   刷:北京七彩京通数码快印有限公司
装   订:北京七彩京通数码快印有限公司
出版发行:电子工业出版社
         北京市海淀区万寿路 173 信箱   邮编:100036
开   本:787×1092 1/16 印张:16 字数:512 千字
版   次:2005 年 1 月第 1 版
         2020 年 5 月第 3 版
印   次:2023 年 10 月第 5 次印刷
定   价:59.90 元

凡所购买电子工业出版社图书有缺损问题,请向购买书店调换。若书店售缺,请与本社发行部联系,联系及邮购电话:(010)88254888,88258888。

质量投诉请发邮件至 zlts@ phei. com. cn,盗版侵权举报请发邮件至 dbqq@ phei. com. cn。

本书咨询联系方式:88254525,hantp@ phei. com. cn。

第 3 版前言

本教材第 1、2 版分别于 2005 年、2011 年出版，期间得到国内不少高等学校的关注和使用，教学效果良好。在授课教师、读者与作者、出版社的沟通交流中，大家对本书提出了很多建设性的意见和建议。在此对每一位关心和使用本书的老师和读者表示衷心的感谢。

回首"适应发展需要，扩展知识范围，增加知识深度，拓宽学生视野，提升学生能力"的编写初心，回顾前两版内容扩充后的社会反响和教学实践体会，再加上本次修改，本教材已经具有以下功能：既能为初学者提供入门学习所需的基本理论和常见器件的设计、制造方法，又能为从事薄膜技术工作的技术人员提供常用基础技术资料，还适当介绍行业新技术、应用新领域，以拓展读者的视野。

本书具有以下特点。

1. 重视基础理论。精缩薄膜光学理论中最基础、最流行的导纳矩阵法的电磁场理论基础，清晰详细地给出薄膜光学性能计算公式的推导逻辑，为后续章节奠定计算基础，是第 1 章的突出特色。第 2 章的光学薄膜器件应用实例，基本涵盖了目前常见的所有光学薄膜器件种类及其性能分析计算方法。但内容太多，不可能全部作为课堂教学内容，教学中应根据专业需要、行业发展现状和趋势进行筛选，突出膜系结构与特性的形成机理，重点介绍光学特性分析方法。

2. 精心制造技术。光学薄膜技术是光学薄膜器件的设计制造技术，现实工作中，制造工艺对于实现设计性能、满足应用要求，显得更为重要。本书涉及制造技术的内容更是多达四章之多。第 3 章简明介绍了光学薄膜制造方法，第 4 章介绍了光学薄膜器件从设计到制造的基本工作程序和工作内容，结合新技术的发展，重点对提高膜层聚集密度的工艺途径和新技术做了较为详尽的介绍。希望这部分内容对工程领域的同行从业者有所帮助。

3. 健全应知应会。光学薄膜技术是一个专业化程度要求比较高的工作。一个合格的从业者，需要具有比较宽广的知识基础。第 5 章的薄膜材料，除了介绍材料的光学特性，还增添了一些膜层光学、机械特性与微观结构、微观结构与成膜工艺条件之间关系的分析，力图使读者在选择和使用薄膜材料时，对于其膜层特性有更深层次的认识，对器件性能有更加可靠的分析和判断。第 6 章详细介绍了最新光学零件镀膜国家标准（JB/T 8226-1999），并用较大篇幅介绍了国标要求检测的薄膜特性的检测方法。在这些方法中，既有常用的方法，也有最新的高精度测量方法。

4. 拓展应用领域。第 7 章集中介绍了应用面迅速扩大的透明导电膜、太阳能薄膜和超硬薄膜。这三类薄膜的发展，对光学薄膜行业的影响意义深远，无论是对光学薄膜性能的提升、还是对光学薄膜行业的发展壮大，其影响都是积极和振奋人心的。

5. 关注行业发展。伴随着信息技术的迅猛发展，光学薄膜技术的应用领域不断扩大，技术内涵更加多样化，新应用不断涌现，新技术层出不穷。充实教材内容，适应行业发展，是专业课教材必须承担的社会责任。结合作者自身的科研工作实际，这次的**第 3 版新增两部分内容**。第 1 章新增光学薄膜的色度表征与计算，希望这部分内容成为应对跨行业沟通所必须的知识基础，有助于读者正确理解技术合同、文件、图纸中的色度指标，能够顺利开展相应膜系的设计和色度学性能指标的测试。第 7 章增加相位膜及其在偏振像差矫正中的应用。相位膜自身所涉及的知识基础是光学薄膜理论已经具有的。偏振像差的概念和理论却是全新的,是未来光学领域必然要深入研究和发展的方向。作为配套偏振像差矫正的新的光学薄膜种类,相位膜必将得到发展和深究。本节内容主要是根据作者自己近几年在偏振像差和相位膜方面的科研成果、研究论文整理编写而成的。包括屋脊棱镜偏振像差的形成机理,偏振像差矫正用相位膜的设计依据,屋脊棱镜偏振像差的表征与检测方法。这些内容被安排在功能薄膜及其应用一章,主要原因是作者还没有对相位膜的特性和设计建立完整系统的理论框架。希望以后有机会完善相位膜的理论框架,早日将相位膜汇入理论体系相对完整的介质膜系及其应用一章。

本书适用于本科教学的基本学时数应不少于 32 学时,最好是 40 学时。

本书第 1 版由卢进军、刘卫国编著,第 2 版由卢进军、刘卫国、潘永强编著,第 3 版新增部分由卢进军和陈国强共同撰写。

感谢西安工业大学教务处教材科多年以来对本书编写、出版、使用等所给予的支持和帮助。

虽然我们已经做出了努力,但是由于水平有限,错误和不足还请读者批评指正。衷心希望能够得到广大读者对本书一如既往的关心,希望有更多的读者与我们保持联系,随时多提宝贵意见和建议。我们深深感到:读者的意见和建议是我们不断进步的动力和营养源泉。

欢迎致信 495067253@ qq. com,我们仍然期待着您的惠顾和指教。

编著者

目　　录

第 1 章　薄膜光学特性计算基础

1.1　引　言

光学薄膜是附着在光学零件表面的厚度薄而均匀的介质膜层。光学薄膜的光学性能集中表现为薄膜界面的分振幅多光束干涉能力。

1. 极薄平板介质的分振幅多光束干涉

根据波动光学理论,平行平板介质的分振幅多光束干涉将导致反射、透射的光强分布分别为

$$I_r = \frac{F\sin^2\theta}{1+F\sin^2\theta}I_i \tag{1.1-1}$$

$$I_t = \frac{1}{1+F\sin^2\theta}I_i \tag{1.1-2}$$

式中

$$F = \frac{4\sqrt{R_1 R_2}}{(1-\sqrt{R_1 R_2})^2}, \quad \theta = \frac{2\pi}{\lambda}nh - (\varphi_1+\varphi_2)/2 \tag{1.1-3}$$

据此得到的单色光反射、透射光强分布是亮暗相间的条纹图案。但是:

(1) 如果平行平板介质的厚度 h 与所用单色光波长 λ 同量级,则中心亮条纹的角半径大于 $70°$,即中心亮条纹将占据几乎全部视场,看不到亮暗相间的空间干涉条纹。

(2) 如果平板介质的厚度 h 与所用光波长 λ 同量级,且入射光为非单色光,则由位相 θ 的表达式可以看到,不同的波长将有不同的透射、反射光强,即光强分布有了波长选择性。

因此,薄膜状平板介质的分振幅多光束干涉将不产生亮暗相间的空间干涉条纹,但将产生光强在波长、频率域中的强弱相间分布的干涉结果。

2. 多层介质膜组合系统的光学性能

直接利用平行平板的分振幅多光束干涉公式,只能计算只有两个界面的平板介质的反射、透射光强分布。

目前广泛使用的光学薄膜器件大多数是由多层介质组成的多界面系统,其光学性能的计算,只能借助于界面两侧电磁场的边值关系,通过电磁场传播始、终场强之间的联系,按照菲涅耳(Fresnel)建立振幅反射、透射系数公式的思想,建立多界面系统振幅反射、透射系数计算公式。

1.2　单一界面的反射率和透射率

1. 光波与光学导纳

按照波动光学理论,光波是电磁横波,光波在空间任意位置的电场强度和磁场强度与所在介质性能之间的联系是通过 Maxwell 方程和物质方程建立的。

在介质中,光波的电场强度和磁场强度可以表示为

$$\boldsymbol{E} = \boldsymbol{E}_0\exp\left\{i\left(\omega t-\frac{2\pi}{\lambda}\boldsymbol{k}_0\cdot\boldsymbol{r}\right)\right\}$$

$$H = H_0 \exp\left\{ i\left(\omega t - \frac{2\pi}{\lambda}k_0 \cdot r \right) \right\}$$

将它们代入 Maxwell 方程组中的 $\nabla \times E = -\partial B/\partial t$，并利用物质方程中的 $B = \mu H$，可得到 H 与 E 之间的关系式

$$H = \frac{N}{\mu c}(k_0 \times E) = \frac{N\sqrt{\varepsilon_0/\mu_0}}{\mu_r}(k_0 \times E)$$

引入中间变量 $Y = N\sqrt{\mu_0/\varepsilon} = Ny_0$，$Y$ 称作介质的光学导纳，y_0 是自由空间光学导纳。在国际单位制中 $y_0 = 1/377\,\mathrm{S}$。在光波段，$\mu_r \approx 1$。所以

$$H = Y(k_0 \times E) \tag{1.2-1}$$

注意式（1.2-1）的物理意义及其约束条件：

（1）E, H, k_0 相互垂直，并符合右旋法则——光波是电磁横波；

（2）$Y = H/E$，介质中沿 k_0 方向传播的电磁波的磁场强度与电场强度之比等于所在介质的光学导纳。

2. 菲涅耳公式

按照波动光学理论，电磁波在两种介质形成的界面反射和透射时的振幅反射因数和透射因数[1]分别为

$$r = E_r/E_i, \quad t = E_t/E_i$$

根据电动力学理论中电磁场的边界条件关系可知[2]：

（1）当电磁波垂直入射到一个界面时[图 1.2-1（a）示意了电磁场符号意义]，有

$$E_i + E_r = E_t, \quad H_i + H_r = H_t$$

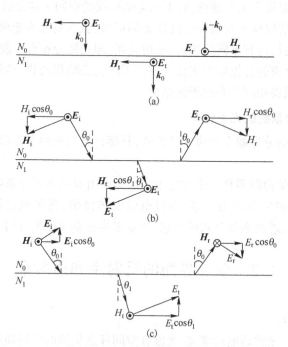

图 1.2-1　单一界面两侧的电磁场方向

---

① 依据国标 GB 3101—93，量纲为 1 时，应称为因数。

② 在下面用到的电磁场的边界条件关系式中的电场强度、磁场强度都是与界面平行的分量。

结合 $\qquad H_i = Y_0(k_0 \times E_i)$, $\quad H_r = Y_0(-k_0 \times E_r)$, $\quad H_t = Y_1(k_0 \times E_t)$

可得 $\qquad E_i + E_r = E_t$, $\quad Y_0 E_i - Y_0 E_r = Y_1 E_t$

所以
$$r = \frac{E_r}{E_i} = \frac{Y_0 - Y_1}{Y_0 + Y_1} = \frac{N_0 - N_1}{N_0 + N_1} \qquad (1.2\text{-}2)$$

$$t = \frac{E_{t0}}{E_{i0}} = \frac{2Y_0}{Y_0 + Y_1} = \frac{2N_0}{N_0 + N_1} \qquad (1.2\text{-}3)$$

（2）当电磁波倾斜入射到一个界面时[图 1.2-1(b)和(c)示意了电磁场符号意义]：

对于 TE 波，即 S 偏振波入射，这时 E 与界面平行，所以

$$E_i + E_r = E_t , \quad H_i\cos\theta_0 + H_r\cos\theta_0 = H_t\cos\theta_1$$

$$Y_0 E_i\cos\theta_0 - Y_0 E_r\cos\theta_0 = Y_1 E_t\cos\theta_1$$

可得
$$r_S = \frac{E_r}{E_i} = \frac{Y_0\cos\theta_0 - Y_1\cos\theta_1}{Y_0\cos\theta_0 + Y_1\cos\theta_1} \qquad (1.2\text{-}4)$$

$$t_S = \frac{E_t}{E_i} = \frac{2Y_0\cos\theta_0}{Y_0\cos\theta_0 + Y_1\cos\theta_1} \qquad (1.2\text{-}5)$$

对于 TM 波，即 P 偏振波入射，这时 H 与界面平行，所以

$$H_i + H_r = H_t , \quad E_i\cos\theta_0 + E_r\cos\theta_0 = E_t\cos\theta_1$$

$$Y_0 E_i - Y_0 E_r = Y_1 E_t$$

可得
$$r_P = \frac{E_r}{E_i} = \frac{Y_0\cos\theta_1 - Y_1\cos\theta_0}{Y_0\cos\theta_1 + Y_1\cos\theta_0} \qquad (1.2\text{-}6)$$

$$t_P = \frac{E_t}{E_i} = \frac{2Y_0\cos\theta_0}{Y_0\cos\theta_1 + Y_1\cos\theta_0} \qquad (1.2\text{-}7)$$

实际上，如果将电磁波倾斜入射到一个界面时的磁场强度切向分量与电场强度切向分量的比值看作电磁波倾斜入射时的有效光学导纳，那么，对于 S 偏振波入射和 P 偏振波入射，就有两个不同的有效光学导纳：

$$Y_S = H/E = Y\cos\theta = y_0 N\cos\theta \qquad (1.2\text{-}8)$$

$$Y_P = H/E = Y/\cos\theta = y_0 N/\cos\theta \qquad (1.2\text{-}9)$$

将式(1.2-8)，式(1.2-9)，代入式(1.2-4)、式(1.2-5)、式(1.2-6)、式(1.2-7)中，得

$$r_S = \frac{Y_0\cos\theta_0 - Y_1\cos\theta_1}{Y_0\cos\theta_0 + Y_1\cos\theta_1} = \frac{Y_{0S} - Y_{1S}}{Y_{0S} + Y_{1S}} = \frac{N_0\cos\theta_0 - N_1\cos\theta_1}{N_0\cos\theta_0 + N_1\cos\theta_1}$$

$$t_S = \frac{2Y_0\cos\theta_0}{Y_0\cos\theta_0 + Y_1\cos\theta_1} = \frac{2Y_{0S}}{Y_{0S} + Y_{1S}} = \frac{2N_0\cos\theta_0}{N_0\cos\theta_0 + N_1\cos\theta_1}$$

$$r_P = \frac{Y_0\cos\theta_1 - Y_1\cos\theta_0}{Y_0\cos\theta_1 + Y_1\cos\theta_0} = \frac{Y_{0P} - Y_{1P}}{Y_{0P} + Y_{1P}} = \frac{N_0\cos\theta_1 - N_1\cos\theta_0}{N_0\cos\theta_1 + N_1\cos\theta_0}$$

$$t_P = \frac{2Y_0\cos\theta_0}{Y_0\cos\theta_1 + Y_1\cos\theta_0} = \frac{2Y_{0S}}{Y_{0P} + Y_{1P}} = \frac{2N_0\cos\theta_0}{N_0\cos\theta_1 + N_1\cos\theta_0}$$

为计算方便，引入修正导纳

$$\eta_S = N\cos\theta \qquad (1.2\text{-}10)$$

$$\eta_P = N/\cos\theta \qquad (1.2\text{-}11)$$

则菲涅耳公式可以简化为

$$r = \frac{\eta_0 - \eta_1}{\eta_0 + \eta_1} \qquad (1.2\text{-}12)$$

$$t = \frac{2\eta_0}{\eta_0 + \eta_1} \cdot K \qquad (1.2\text{-}13)$$

使用式(1.2-12)和式(1.2-13)计算 r_S 和 t_S 时，式中的 η 应代入 η_S，$K=1$；计算 r_P 和 t_P 时，

式中的 η 应代入 η_P，$K=\cos\theta_0/\cos\theta_1$。

3. 单一界面的反射率计算与等效界面思想

（1）单一界面的反射率和透射率

按照波动光学理论，两种介质形成的界面对光波的能量反射率和透射率分别为

$$R=\frac{I_r}{I_i}=\frac{|E_r|^2}{|E_i|^2}=|r|^2=\left|\frac{\eta_0-\eta_1}{\eta_0+\eta_1}\right|^2 \qquad (1.2-14)$$

$$T=\frac{I_t}{I_i}=\frac{N_1\cos\theta_1}{N_0\cos\theta_0}\frac{|E_t|^2}{|E_i|^2}=\frac{\eta_{1s}}{\eta_{0s}}|t|^2=\frac{4\eta_0\eta_1}{|\eta_0+\eta_1|^2} \qquad (1.2-15)$$

$$T+R+A=1$$

式中，A 是能量吸收率。对于无吸收的全介质薄膜系统，$T+R=1$。

因此，只要知道了两种介质的折射率和光线入射角，就可以得到相应的光学导纳，利用式（1.2-14）、式（1.2-15）就可以计算单一界面的反射率和透射率。

（2）等效界面

在众多的薄膜光学性能计算方法中，等效界面思想是其共同点。即将一个多界面的薄膜系统，等效地看作一个单一界面。其中，将等效界面看作入射介质与薄膜、基底组合形成的等效介质之间的界面。即等效界面两侧的介质分别是入射介质和等效介质。入射介质的折射率仍旧是 N_0，等效介质具有等效光学导纳 Y。因此，薄膜系统的反射率就是等效界面的反射率，等效界面的反射率计算公式为

$$R=\left|\frac{\eta_0-Y}{\eta_0+Y}\right|^2 \qquad (1.2-16)$$

任何一个复杂薄膜系统的反射率都可以通过其等效界面对应的等效光学导纳进行计算。当然，必须首先建立等效光学导纳与薄膜系统之间的关系。

1.3 单层介质膜的反射率

按照等效界面思想，单层介质膜的反射率就等于其等效界面的反射率。利用式（1.2-16），计算等效界面反射率的关键是要知道等效光学导纳与单层介质薄膜之间的关系。

1.3.1 单层介质膜与基底组合的等效光学导纳

先找到单层介质膜与基底组合的等效光学导纳 Y 与介质膜层及基底结构参数之间的定量关系式。依图 1.3-1 的等效界面示意图（注意：图中箭头方向是电磁波的传播方向）分析如下。

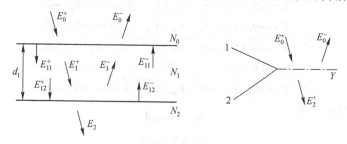

图 1.3-1　等效界面示意图

（1）在等效界面两侧：

① 等效光学导纳 Y 应当满足 $\boldsymbol{H}_2'=Y(\boldsymbol{k}_0\times\boldsymbol{E}_2')$，式中，$\boldsymbol{k}_0$ 是垂直于界面且与入射光同方向的单位波矢；

② 根据电磁场的边界条件 $\boldsymbol{H}_2'=\boldsymbol{H}_0$，$\boldsymbol{E}_2'=\boldsymbol{E}_0$，所以

$$H_0 = Y(k_0 \times E_0) \tag{1.3-1}$$

即通过电磁场的边界条件，将等效光学导纳 Y 与入射介质中电磁场的强度 E_0 及 H_0 建立起了联系。

特别说明：公式 $H = Y(k_0 \times E)$ 中的 4 个量的物理含义是：在具有光学导纳 Y 的介质中的同一点、同一时刻、同一光波矢量 k_0 所对应的电场强度矢量和磁场强度矢量为 E 和 H。因此，对于任何介质中，在任何时刻，其中传播的光波的电场强度和磁场强度矢量间都存在这样的关系。例如，在入射介质中传播的光波的电场强度和磁场强度矢量间就存在关系

$$H_0^+ = \eta_0(k_0 \times E_0^+), \quad H_0^- = \eta_0(-k_0 \times E_0^-)$$

而电磁场的边界条件公式 $H_2' = H_0, E_2' = E_0$ 中的电场强度矢量 E 和磁场强度矢量 H，它们不但分别是界面两侧同一点、同一时刻、所有电场强度的矢量和，以及所有磁场强度的矢量和，而且还只是其和矢量的切向分量。

（2）在实际单层介质膜系统中，同样可以利用电磁场边界条件，将 N_1, d_1, N_2 与入射介质中电磁场的强度 E_0 和 H_0 建立起联系。

因此，就有可能通过入射介质中的电磁场强度 E_0 和 H_0，建立等效光学导纳 Y 与介质膜层及基底结构参数 N_1, d_1, N_2 之间的定量关系式。

具体做法如下：

① 使用电磁场边界条件公式，将同一界面两侧的电磁场联系起来；

② 利用与电磁场传播相伴随的位相差，将同一介质中不同位置的电磁场联系起来。

在界面 1，有
$$E_0 = E_0^+ + E_0^- = E_{11}^+ + E_{11}^-$$
$$k_0 \times E_0 = k_0 \times E_{11}^+ + k_0 \times E_{11}^-$$
$$H_0 = H_0^+ + H_0^- = H_{11}^+ + H_{11}^-$$
$$H_0 = \eta_1(k_0 \times E_{11}^+ - k_0 \times E_{11}^-)$$

在界面 1 和 2 的内侧，不同纵坐标、相同横坐标的两点电磁场的复振幅强度之间的关系完全由其空间距离引入的位相差相联系，即

$$E_{12}^+ = E_{11}^+ e^{-i\delta_1}, \quad E_{12}^- = E_{11}^- e^{i\delta_1}, \quad \delta_1 = \frac{2\pi}{\lambda} N_1 d_1 \cos\theta_1$$

所以
$$k_0 \times E_0 = (k_0 \times E_{12}^+) e^{i\delta_1} + (k_0 \times E_{12}^-) e^{-i\delta_1}$$
$$H_0 = (k_0 \times E_{12}^+) \eta_1 e^{i\delta_1} - (k_0 \times E_{12}^-) \eta_1 e^{-i\delta_1}$$

写成矩阵形式
$$\begin{bmatrix} k_0 \times E_0 \\ H_0 \end{bmatrix} = \begin{bmatrix} e^{i\delta_1} & e^{-i\delta_1} \\ \eta_1 e^{i\delta_1} & -\eta_1 e^{-i\delta_1} \end{bmatrix} \begin{bmatrix} k_0 \times E_{12}^+ \\ k_0 \times E_{12}^- \end{bmatrix} \tag{1.3-2}$$

在界面 2，则有
$$E_{12}^+ + E_{12}^- = E_2, \quad k_0 \times E_{12}^+ + k_0 \times E_{12}^- = k_0 \times E_2$$
$$H_{12}^+ + H_{12}^- = H_2, \quad \eta_1(k_0 \times E_{12}^+ - k_0 \times E_{12}^-) = H_2$$

$$k_0 \times E_{12}^+ = \frac{1}{2}(k_0 \times E_2) + \frac{1}{2\eta_1} H_2$$

$$k_0 \times E_{12}^- = \frac{1}{2}(k_0 \times E_2) - \frac{1}{2\eta_1} H_2$$

写成矩阵形式
$$\begin{bmatrix} k_0 \times E_{12}^+ \\ k_0 \times E_{12}^- \end{bmatrix} = \begin{bmatrix} \dfrac{1}{2} & \dfrac{1}{2\eta_1} \\ \dfrac{1}{2} & -\dfrac{1}{2\eta_1} \end{bmatrix} \begin{bmatrix} k_0 \times E_2 \\ H_2 \end{bmatrix} \tag{1.3-3}$$

将式（1.3-3）代入式（1.3-2），可得

$$\begin{bmatrix} k_0 \times E_0 \\ H_0 \end{bmatrix} = \begin{bmatrix} e^{i\delta_1} & e^{-i\delta_1} \\ \eta_1 e^{i\delta_1} & -\eta_1 e^{-i\delta_1} \end{bmatrix} \begin{bmatrix} \dfrac{1}{2} & \dfrac{1}{2\eta_1} \\ \dfrac{1}{2} & -\dfrac{1}{2\eta_1} \end{bmatrix} \begin{bmatrix} k_0 \times E_2 \\ H_2 \end{bmatrix} = \begin{bmatrix} \cos\delta_1 & \dfrac{i}{\eta_1}\sin\delta_1 \\ i\eta_1\sin\delta_1 & \cos\delta_1 \end{bmatrix} \begin{bmatrix} k_0 \times E_2 \\ H_2 \end{bmatrix} \tag{1.3-4}$$

结合式(1.3-1)和 $\boldsymbol{H}_2 = \eta_2(\boldsymbol{k}_0 \times \boldsymbol{E}_2)$,式(1.3-4)可简化为

$$(\boldsymbol{k}_0 \times \boldsymbol{E}_0)\begin{bmatrix} 1 \\ Y \end{bmatrix} = \begin{bmatrix} \cos\delta_1 & \dfrac{1}{\eta_1}\sin\delta_1 \\ i\eta_1\sin\delta_1 & \cos\delta_1 \end{bmatrix}\begin{bmatrix} 1 \\ \eta_2 \end{bmatrix}(\boldsymbol{k}_0 \times \boldsymbol{E}_2)$$

令

$$\begin{bmatrix} B \\ C \end{bmatrix} = \begin{bmatrix} \cos\delta_1 & \dfrac{i}{\eta_1}\sin\delta_1 \\ i\eta_1\sin\delta_1 & \cos\delta_1 \end{bmatrix}\begin{bmatrix} 1 \\ \eta_2 \end{bmatrix} \tag{1.3-5}$$

则

$$(\boldsymbol{k}_0 \times \boldsymbol{E}_0)\begin{bmatrix} 1 \\ Y \end{bmatrix} = \begin{bmatrix} B \\ C \end{bmatrix}(\boldsymbol{k}_0 \times \boldsymbol{E}_2)$$

解得

$$Y = C/B \tag{1.3-6}$$

需要说明的是：

① $\begin{bmatrix} B \\ C \end{bmatrix}$ 是完全由膜系和基底参数决定的二阶矩阵。当膜层参数已知后，其矩阵元就确定了，由其便可以求出等效光学导纳 Y，进而可由式(1.2-16)求得单层介质膜的光学特性。因此，这个二阶矩阵被称为该膜层与基底组合的特征矩阵。

② 矩阵 $\begin{bmatrix} \cos\delta_1 & \dfrac{i}{\eta_1}\sin\delta_1 \\ i\eta_1\sin\delta_1 & \cos\delta_1 \end{bmatrix}$ 由膜层参数唯一确定，这个矩阵称为该膜层的特征矩阵。

③ δ_1 是膜层的有效位相厚度，$N_1 d_1 \cos\theta_1$ 是膜层的有效光学厚度。

注意：

a. 对应 S 偏振和 P 偏振的膜层厚度（位相厚度、光学厚度）是相同的；

b. δ_1 是波长的函数，不同的波长有不同的 δ_1。

④ 等效光学导纳 Y 是 δ_1 的函数，即随波长变化的函数。因此，等效光学导纳 Y 的色散要比实际膜层折射率的色散严重得多。

1.3.2 单层介质膜的光学特性

将式(1.3-6)代入式(1.2-16)，即可得到单层介质膜的反射率计算公式

$$R = \left| \frac{\eta_0 - Y}{\eta_0 + Y} \right|^2 = \left| \frac{\eta_0 B - C}{\eta_0 B + C} \right|^2 = \frac{(\eta_0 - \eta_2)^2 \cos^2\delta_1 + \left(\dfrac{\eta_0 \eta_2}{\eta_1} - \eta_1\right)^2 \sin^2\delta_1}{(\eta_0 + \eta_2)^2 \cos^2\delta_1 + \left(\dfrac{\eta_0 \eta_2}{\eta_1} + \eta_1\right)^2 \sin^2\delta_1} \tag{1.3-7}$$

对式(1.3-7)进行分析可知：

(1) 因为 $R = f(\cos^2\delta_1, \sin^2\delta_1)$，而 $\cos^2\delta_1 = \cos^2(\delta_1 \pm m\pi)$，$\sin^2\delta_1 = \sin^2(\delta_1 \pm m\pi)$，所以 $R(\delta_1) = R(\delta_1 \pm m\pi)$，$m = 0,1,2,3,\cdots$。此即表明：位相厚度相差为 π 的整数倍的同一材料的单层介质膜，对同一波长的反射率是相同的。换言之，光学厚度相差为 $\lambda/2$ 的整数倍的同一材料的单层介质膜，对同一波长有相同的反射率。即

$$R(N_1 d_1 \cos\theta_1) = R\left(N_1 d_1 \cos\theta_1 \pm m\frac{\lambda}{2}\right), \quad m = 0,1,2,3,\cdots$$

(2) 由方程 $\dfrac{\mathrm{d}R}{\mathrm{d}(N_1 d_1 \cos\theta_1)} = 0$，可解得当 $N_1 d_1 \cos\theta_1 = m\lambda/4$，$m = 0,1,2,3,\cdots$ 时，R 有极值。

① 当 m 是奇数时，则有 $R = \dfrac{(\eta_0 \eta_2 - \eta_1^2)^2}{(\eta_0 \eta_2 + \eta_1^2)^2}$。所以，若 $\theta_0 = 0$，$N_0 = 1$，则由 $\dfrac{\mathrm{d}^2 R}{(\mathrm{d}^2(N_1 d_1 \cos\theta_1))}$ 的性

质可判知：当 $N_1 < N_2$ 时，$R = R_{\min}$；当 $N_1 > N_2$ 时，$R = R_{\max}$。

② 当 m 是偶数时，$R = \dfrac{(\eta_0 - \eta_2)^2}{(\eta_0 + \eta_2)^2}$，与 N_1 无关。此时的膜层如同虚设，称为虚设层。但是仍旧

可以由 $\dfrac{\mathrm{d}^2 R}{\mathrm{d}^2(N_1 d_1 \cos\theta_1)}$ 的性质判知：当 $N_1 < N_2$ 时，$R = R_{\max}$；当 $N_1 > N_2$ 时，$R = R_{\min}$。

注意：

a. 因为 R 是 λ 的函数，所以，这里所说的"极值""虚设层"都是对特定波长（满足 $N_1 d_1 \cos\theta_1 = m\lambda/4$ 的波长）而言的。

b. "极值"是同一膜层对某一波长的反射率相对其邻近波长的反射率而言的，由此不难理解"虚设层"的极值。

（3）由式（1.3-7）的计算结果可得单层介质膜的反射率随光学厚度的变化关系曲线，如图 1.3-2 所示。

有膜面反射率 R_F、透射率 T_F 与无膜面反射率 R_2、透射率 T_2 的高低关系取决于膜层折射率 N_1 和基底折射率 N_2：

① 当 $N_1 > N_2$ 时，$R_F > R_2$，$T_F < T_2$，膜层的作用是提高了反射率；

② 当 $N_1 < N_2$ 时，$R_F < R_2$，$T_F > T_2$，膜层的作用是增加了透射率。

至此，通过对式（1.3-7）进行的上述（1）、（2）、（3）点的数学分析，我们明确了单层介质膜对确定波长的反射率随膜层光学厚度是呈周期性变化的，见图 1.3-2。

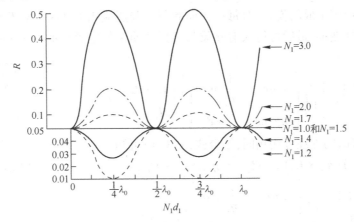

图 1.3-2　单层介质膜的反射率与膜层光学厚度的关系曲线

（4）因为 $\delta_1 = \dfrac{2\pi}{\lambda} N_1 d_1 \cos\theta_1$，所以，单层介质膜反射率随膜层位相厚度的周期性变化，也可能是波长 λ 变化所致的。即波长 λ 变化时，反射率 R 也可能出现周期性重复。

为方便叙述，将 $\delta_1 = \dfrac{2\pi}{\lambda} N_1 d_1 \cos\theta_1$ 中的波长 λ 通过关系式 $\lambda = C/\nu$ 转化为频率 ν 的函数，则

$$\delta_1 = \frac{2\pi\nu}{C} N_1 d_1 \cos\theta_1$$

很明显，由于光频率 ν 与光学厚度 $N_1 d_1$ 在上式中具有完全相同的数学地位，因此，如果忽略折射率色散，那么，一个确定厚度的单层介质膜的反射率将是光频率 ν 的周期性函数。即单层介质膜将在频率间隔相等的多个不同频率点具有相同的反射率。显然，频率周期为 $\Delta\nu = \dfrac{C}{2N_1 d_1 \cos\theta_1}$。

所以，单层介质膜反射率的周期性具有双重性：既可以在膜层厚度增加时，对同一波长出现周期性的反射率重复再现；也可以在膜层厚度一定时，对不同频率反射率出现周期性的重复再现。

1.4 多层介质膜的反射率和透射率

在没有个人计算机之前,人们为了计算反射率和透射率,采用过菲涅耳系数递推法、菲涅耳系数矩阵法,也采用过导纳递推法和导纳矩阵法。在个人计算机普及的今天,几乎所有的膜系设计软件,都采用导纳矩阵法。

采用导纳矩阵法推导多层介质膜与基底组合的等效光学导纳 Y 与介质膜层及基底结构参数之间的定量关系式,其方法与单层介质膜时等效光学导纳的求法完全相同,即基本思想仍是等效界面思想。

多层介质膜中的电磁场如图 1.4-1 所示。

基本方法仍是:① 在每一界面运用电磁场边界条件公式,将同一界面两则的电磁场联系起来;② 利用与电磁场传播相伴随的位相差,将同一膜层中上下两界面内侧的电磁场联系起来。

由此可得第 j 层膜上界面外侧场 $\boldsymbol{E}_{j-1,j}$,$\boldsymbol{H}_{j-1,j}$ 与其下界面外侧场 $\boldsymbol{E}_{j+1,j+1}$,$\boldsymbol{H}_{j+1,j+1}$ 之间的关系为

$$\begin{bmatrix} \boldsymbol{k}_0 \times \boldsymbol{E}_{j-1,j} \\ \boldsymbol{k}_0 \times \boldsymbol{H}_{j-1,j} \end{bmatrix} = \begin{bmatrix} \cos\delta_j & \dfrac{i}{\eta_j}\sin\delta_j \\ i\eta_j\sin\delta_j & \cos\delta_j \end{bmatrix} \begin{bmatrix} \boldsymbol{E}_{j+1,j+1} \\ \boldsymbol{H}_{j+1,j+1} \end{bmatrix}$$

而在第 j 个界面

$$\begin{bmatrix} \boldsymbol{k}_0 \times \boldsymbol{E}_{j-1,j} \\ \boldsymbol{k}_0 \times \boldsymbol{H}_{j-1,j} \end{bmatrix} = \begin{bmatrix} \boldsymbol{k}_0 \times \boldsymbol{E}_{j,j} \\ \boldsymbol{k}_0 \times \boldsymbol{H}_{j,j} \end{bmatrix}$$

所以,对由 k 层膜组成的膜系,对每一界面和每一膜层应用上述关系,经过连续的线性变换,最后可得入射介质与出射介质中的电磁场的关系方程

$$\begin{bmatrix} \boldsymbol{k}_0 \times \boldsymbol{E}_0 \\ \boldsymbol{H}_0 \end{bmatrix} = \left\{ \prod_{j=1}^{k} \begin{bmatrix} \cos\delta_j & \dfrac{i}{\eta_j}\sin\delta_j \\ i\eta_j\sin\delta_j & \cos\delta_j \end{bmatrix} \right\} \begin{bmatrix} \boldsymbol{k}_0 \times \boldsymbol{E}_{k+1} \\ \boldsymbol{H}_{k+1} \end{bmatrix}$$

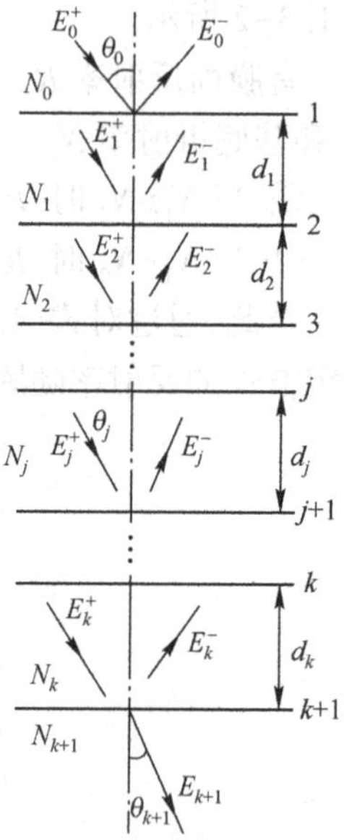

与单层介质膜时的处理方法相同,结合式(1.3-1)可知

$$\boldsymbol{H}_0 = Y(\boldsymbol{k}_0 \times \boldsymbol{E}_0), \quad \boldsymbol{H}_{k+1} = \eta_{k+1}(\boldsymbol{k}_0 \times \boldsymbol{E}_{k+1})$$

$$\begin{bmatrix} B \\ C \end{bmatrix} = \prod_{j=1}^{k} \begin{bmatrix} \cos\delta_j & \dfrac{i}{\eta_j}\sin\delta_j \\ i\eta_j\sin\delta_j & \cos\delta_j \end{bmatrix} \begin{bmatrix} 1 \\ \eta_{k+1} \end{bmatrix}$$

可得

$$(\boldsymbol{k}_0 \times \boldsymbol{E}_0) \begin{bmatrix} 1 \\ Y \end{bmatrix} = \begin{bmatrix} B \\ C \end{bmatrix} (\boldsymbol{k}_0 \times \boldsymbol{E}_{k+1})$$

所以

$$Y = C/B$$

该 k 层膜系的能量反射率 R 和透射率 T 为

图 1.4-1 多层介质膜中的电磁场

$$R = \left(\frac{\eta_0 B - C}{\eta_0 B + C} \right) \left(\frac{\eta_0 B - C}{\eta_0 B + C} \right)^* \tag{1.4-1}$$

$$T = \frac{4\eta_0\eta_{k+1}}{(\eta_0 B + C)(\eta_0 B + C)^*} \tag{1.4-2}$$

$$\varphi = \arctan\left[\frac{i\eta_0(CB^* - BC^*)}{\eta_0^2 BB^* - CC^*} \right] \tag{1.4-3}$$

式中,φ 是由 $r = |r|\,e^{i\varphi} = \dfrac{\eta_0 - Y}{\eta_0 + Y}$ 求得的反射相移,$\varphi < 0$ 表示位相滞后,$\varphi > 0$ 表示位相超前。应当注

意的是,式中有 η_P 和 η_S 之分,但 δ 却没有 δ_S 和 δ_P 之分。

更重要的是,式(1.4-1)、式(1.4-2)、式(1.4-3)虽然是针对介质膜系($N=n$)推导出的,但是可以证明,对于含有吸收膜层($N=n-ik$)的多层膜系,这些公式仍然适用。

考虑到当 $\theta_0=0$ 时,$Nd=m\dfrac{\lambda}{2}$ 对应于 R 或 T 的极值,在膜层制造中可以将其作为膜层厚度控制的判据。所以,多层膜系设计中,膜层厚度取 $\lambda_0/4$ 为设计首选。因此,在薄膜光学中,常将膜层光学厚度以 $\lambda_0/4$ 为单位来表示。例如 $G|M2HL|A$ 就表示:在玻璃基底 G 上镀有折射率分别为 N_M,N_H,H_L,光学厚度分别为 $\lambda_0/4,\lambda_0/2,\lambda_0/4$ 的三层膜层,入射介质是空气。

而当一个膜系中所有膜层的光学厚度均为 $\lambda_0/4$ 时,$\cos\delta_j=0$,$\sin\delta_j=1$,各层膜的特征矩阵皆为 $\begin{bmatrix} 0 & i/\eta_j \\ i\eta_j & 0 \end{bmatrix}$。所以,当膜层总数 k 为奇数时,整个膜系对于波长 λ_0 的组合导纳(k 层膜,$\eta_{k+1}=\eta_S=\eta_G$)为

$$Y=\frac{\eta_1^2\eta_3^2\cdots\eta_k^2}{\eta_2^2\eta_4^2\cdots\eta_{k-1}^2\eta_{k+1}} \tag{1.4-4}$$

当膜层总数 k 为偶数时

$$Y=\frac{\eta_1^2\eta_3^2\cdots\eta_{k-1}^2\eta_{k+1}}{\eta_2^2\eta_4^2\cdots\eta_k^2} \tag{1.4-5}$$

关于多层膜系光学特性的重要结论:

(1)膜系的透射率与光的传播方向无关,而且,无论膜层有无吸收,总有 $T_L=T_R$。但是,有吸收膜系的反射率与方向有关,无吸收膜系的反射率与光的传播方向无关。

(2)膜系性能的不变性:

① 膜系中所有折射率(含 N_{k+1},N_0)同乘以一个常数,其 R,T,φ 不变;

② 膜系中所有折射率(含 N_{k+1},N_0)用其各自的倒数取代,其 R,T 不变,但 φ 有 π 变化。

(3)膜系等效定理:

① 任意一个多层介质膜系都可以等效成两层膜;

② 只有对称结构的多层介质膜系可以等效成一个单层膜。

需要说明的是,这里的等效既是物理效果的,也在数学上存在严格的等效关系。既存在等效的反射、透射光谱特性,也存在等效折射率和等效位相厚度。

1.5 金属薄膜的光学特性

金属膜层作为光学薄膜器件的组成部分之一,被广泛用作反射镜、中性分束镜、偏振分束镜和窄带滤光片膜系。在这些应用当中,金属膜层以两种不同的原理发挥作用:一种是以简单的块状金属替代者原理,将金属膜层镀制在容易获得高光洁度基底表面,起抛光金属面的高反射作用;第二种是以干涉薄膜的原理工作。前者膜层厚度以反射率达到最高为宜,后者膜层厚度影响透射率和反射率。像介质膜层一样,改变其前后匹配膜层将改变系统的透射率和反射率。含有金属膜层的膜系的反射率也使用与全介质膜系完全相同的公式,即式(1.4-1)计算。

按照能量守恒定律,对于含有金属吸收膜层的膜系,存在关系:$T+R+A=1$,因此,对于一层确定的金属膜层,由金属膜层光学常数和厚度确定的 A 一定,$R+T$ 也就一定。但是,实践中却发现,对于同一个确定的金属膜层,当将其与不同的膜层组合成膜系时,其 $R+T$ 不但并非不变,而且变化惊人。

既然 $T+R+A=1$ 必须成立,那么 $R+T$ 的改变也就意味着吸收 A 在改变。

为了研究和描述金属膜层的吸收与其组合膜系之间的关系,1937年,Bning和Turner对吸收膜系提出了一个势透射率的概念。他们把一束透过膜系的光能量的透射率 T 与进入膜系的光能量 $(1-R)$ 的比定义为该膜系的势透射率 ψ,即

$$\psi = T/(1-R) \tag{1.5-1}$$

式中,T 和 R 是整个膜系的透射率和反射率。

势透射率的概念在金属-介质组合膜系的性能最优化技术中是一个非常有用的概念。

将式(1.5-1)代入 $T+R+A=1$,可得

$$A = (1-R)(1-\psi) \tag{1.5-2}$$

此式表明,对于给定的 R,势透射率越大,则膜系的吸收 A 越小,实际的透射率 T 也会越高。所以,势透射率实际就是膜系的潜在的或者可能的透射率。对应一个确定的吸收膜系,存在一个确定的最大势透射率 ψ_{max}。

根据上述定义,金属薄膜光学的研究结果表明:

(1)势透射率(或者膜系的可能透射率)取决于金属薄膜的光学常数和出射介质的导纳,而与入射介质无关。

(2)最大势透射率仅取决于金属薄膜的光学常数。金属薄膜的光学常数确定以后,膜系最大势透射率也就确定了。实现最大势透射率的出射介质导纳,就是这种情况下的最佳匹配导纳,或称最佳负载导纳。

(3)膜系的实际透射率不仅与势透射率有关,还和入射介质有关,即和整个膜系的反射率相关,其值为 $(1-R)\psi$。当 $\psi=\psi_{max}$,$R=0$ 时,实际透射率达到最大势透射率,$T=\psi_{max}$。这时就称把吸收膜系潜在的最大透射率诱导出来了。

需要说明的是,最佳匹配导纳只是对有限的几个分离的波长同时存在。因此,利用最佳匹配导纳实现最大势透射率,可以实现深抑制背景的窄波段高透射窄带滤光片。

1.6 光学零件的反射率和透射率

由于光学薄膜的特征之一就是"镀制在载体(基底)上的非自持性异质薄层",因此,光学薄膜器件必然有两个表面。对于大多数光学系统(激光系统除外),这两个表面多次反射光束之间的叠加是非相干的。

1. 非相干叠加光的反射率和透射率

这里只研究无吸收光学薄膜器件前后两个表面上非相干光的叠加。采用如图1.6-1所示的符号。光波在前后两个表面上多次反射,反射光的强度总和为

$$R = R_a^+ + T_a^+ R_b^+ T_a^- \left[1 + R_a^- R_b^+ + (R_a^- R_b^+)^2 + \cdots \right] = R_a^+ + \frac{T_a^+ T_a^- R_b^+}{1-R_a^- R_b^+}$$

由于 T_a^+ 和 T_a^- 总是相等的,因此

$$R = \frac{R_a^+ + R_b^+(T_a^2 - R_a^+ R_a^-)}{1-R_a^- R_b^+}$$

在没有吸收的情况下,$R_a^+ = R_a^- = R_a$,$T_a^+ = T_a^- = T_a$ 并且 $R_a + T_a = 1$,所以,上式可简化为

$$R = \frac{R_a + R_b - 2R_a R_b}{1-R_a R_b} \tag{1.6-1}$$

同理可得

$$T = \frac{T_a T_b}{1-R_a R_b} \tag{1.6-2}$$

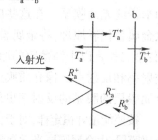

图1.6-1 平行平板各界面的透反射

或 $$T=\cfrac{1}{\cfrac{1}{T_a}+\cfrac{1}{T_b}-1}\qquad\qquad(1.6\text{-}3)$$

显然，T 总是大于 T_aT_b。

2. 光学零件的实测反射率与膜层的折射率

这里的目的是提供一种利用光学零件的实测反射率来计算膜层折射率的方法。

测量薄膜器件反射和透射光谱,最常用和最方便的方法是使用分光光度计。

图 1.6-2 所示是由分光光度计测得的单面有膜平板玻璃($N_G=1.61$)的光谱透射率曲线。由图可以看出：被测零件对波长 600 nm 有极大值透射率(90%),对波长 480 nm 和 800 nm 有极小值透射率(78%)。

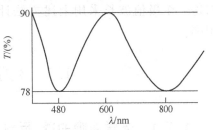

图 1.6-2　单面有膜平板玻璃的光谱透射率曲线

由于单面有膜平行平板玻璃的透射率是由薄膜干涉和玻璃两表面间光波的非相干叠加共同导致的,即在公式 $T=\cfrac{T_aT_b}{1-R_aR_b}$ 中,如果 T_a 和 R_a 是有膜面的透射率和反射率,T_b 和 R_b 是无膜面的透射率和反射率,且 λ_0 与膜层光学厚度之间满足关系：

$$N_1d_1=(2m+1)\lambda_0/4,\quad m=0,1,2,3,\cdots$$

则 $$R_a(\lambda_0)=\left|\cfrac{N_0-N_1^2/N_G}{N_0+N_1^2/N_G}\right|^2,\ T_a=1-R_a;\quad R_b=\left|\cfrac{N_0-N_G}{N_0+N_G}\right|^2,\ T_b=1-R_b$$

而对于与膜层光学厚度之间满足关系 $N_1d_1=m\lambda_0'/2,m=0,1,2,3,\cdots$ 的波长 λ_0',则有

$$R_a=R_b=\left|\cfrac{N_0-N_G}{N_0+N_G}\right|^2,\quad T_a=T_b=1-R_b$$

所以,通过计算、对比、判断光谱透射率曲线图中哪些极值波长对应 λ_0,哪些极值波长对应 λ_0' 可知,只有那些对应极值波长 λ_0 的透射率和反射率才与膜层的折射率有关,通过上述关系式就可以求得膜层的折射率。

例 1-1　在测得上述透射率曲线后,由

$$R_b=\left|\cfrac{N_0-N_G}{N_0+N_G}\right|^2\approx0.0546,\quad T_b=1-R_b\approx0.9454$$

对应 λ_0' 膜层为虚设层

$$R_a=R_b\approx0.0546,\quad T_a=T_b\approx0.9454$$

所以 $$T(\lambda_0')=T_aT_b/(1-R_aR_b)\approx0.896$$

显然,曲线图中对应的 $\lambda_0'=600\text{nm}$,λ_0 则对应的是 480 nm 和 800 nm。将 λ_0 对应的 $T\approx0.78$,无膜基底单面的 $R_b\approx0.0546,T_b=0.9454$ 代入 $T=T_aT_b/(1-R_aR_b)$ 中,可得有膜面的反射率为

$$R_a=\cfrac{T-T_b}{TR_b-T_b}\approx0.1832$$

代入 $$R_a(\lambda_0)=\left|\cfrac{N_0-N_1^2/N_G}{N_0+N_1^2/N_G}\right|^2$$

得 $$N_1=\sqrt{N_G\cfrac{1+\sqrt{R_a}}{1-\sqrt{R_a}}}\approx2.005$$

另外,曲线图中的波长 λ_0 应满足

$$N_1 d_1 = (2m+1)800/4 = (2m+3)480/4$$

可以解得膜层的厚度 $N_1 d_1 = 600\ nm, d_1 \approx 300\ nm$。

图 1.6-2 给出的透射率曲线上的两个极小值同为 0.78，这说明这个膜层的折射率在该波段没有色散。但是对于大多数薄膜材料来说，折射率色散是不可避免的，直接表现为如图 1.6-3 所示的测量结果，多个波长对应的极值不再相同。在这种情况下，可以对每一个极值波长采用上述方法计算出相应的折射率。

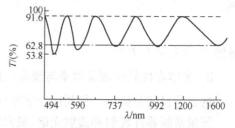

图 1.6-3　单面镀单层有色散膜层平板玻璃的光谱透射率

1.7　光学薄膜的色度表征与计算

1.7.1　光学薄膜的透、反射率光谱与颜色

光学薄膜的透、反射率光谱和颜色是薄膜器件同时存在的两个特性。

1. 透、反射率光谱是光学薄膜器件反射率、透射率随波长的变化关系。

其特点是：

全面——一目了然地看到全波段的反射率、透射率分布特性。

准确——每一波长对应的反射率、透射率值准确呈现。

唯一——标准的测量和表达方式，没有歧义。

2. 颜色是可见光光源照明时，薄膜器件对人眼展现出的视觉特征。

其特点是：

直观——是人眼看到的真实感觉（感性）。

片面——只表现薄膜器件对可见光的透、反射特性。

多变——色随光变：换了光源薄膜器件就变了颜色；因人而异：不同的人可看出不同的色感；一色多谱：同一个颜色可以对应不同的光谱。

我们即将明确：

（1）薄膜器件的透、反射率光谱和颜色之间有对应关系，即一谱一色；反之，这种关系"不唯一"，表现为一色多谱。因此，薄膜的透、反射率光谱特性和颜色特性需要分别表征，不可相互替代。

（2）使用干涉薄膜实现装饰色应用需要明确颜色与光谱之间的换算关系。

（3）薄膜颜色的表征需要科学、规范、统一的标准化方法。

3. 薄膜颜色特性的表述依据的是国家标准 GBT3977-2008。

国家标准规定：表述颜色的基本依据是 CIE1931 和 CIE1964 标准色度系统。

1.7.2　CIE1931 标准色度系统简介

CIE（Commission International de l'Eclairage（法语），国际照明委员会）是一个创始于 1900 年的非营利性国际标准化组织。

标准色度系统指由标准色度观察者看到和表述颜色特性的科学体系。

1. 标准色度观察者

标准色度观察者指 CIE1931 标准规定选择的，具有标准光谱光视效率（见图 1.7-1）$V(\lambda)$ 的理想观察者(真人对同一颜色的感觉是因人而异的)。其观察结果是 251 位正常颜色视觉者测定的响应灵敏度平均值(标准色度观察者是真实的)。

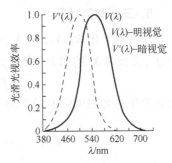

图 1.7-1　标准光谱光视效率

实际上,标准色度观察者是一台标准色度测量仪器——色度计,它能够像人眼一样观察到颜色,并能够用标准化的数字参数形式描述颜色特性。

说它是"色度观察者",是因为它能够看到并识别颜色;说它是"标准",是因为它用数字参数形式表述颜色特性,含义准确,众所周知,没有歧义。

显然,标准色度观察者是比人更高级的颜色观察者。

标准色度观察者常用色度参数:三刺激值(X、Y、Z);色品坐标(x,y);亮度(%);主波长;补色波长;色纯度。

2. 三基色

三基色指能够合成所有颜色的三种颜色。

CIE1931 仿照人眼的颜色感知机理和人眼测试实验统计结果,选择规定:CIE1931 标准色度系统的三基色为红(X)、绿(Y)、蓝(Z),对应具有 CIE 标准光谱三刺激值特性曲线(图 1.7-2)。

CIE 标准三基色(X)、(Y)、(Z)与人眼视网膜上红视锥、绿视锥和蓝视锥所敏感的颜色相一致;三基色中任何一个颜色不能由另外两个合成;(X)、(Y)、(Z)是 CIE 规定的,不可改变。

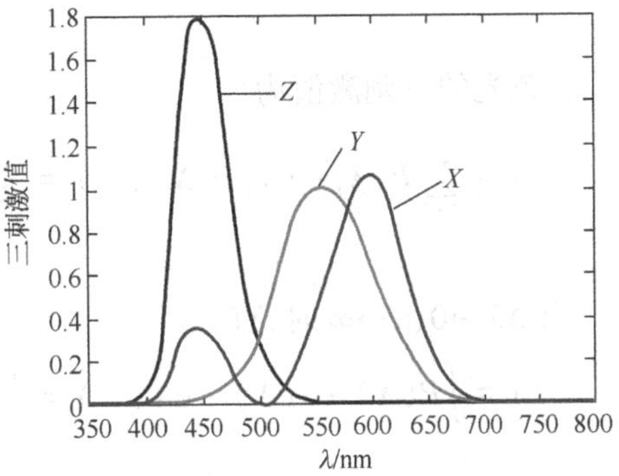

3. 三刺激值

图 1.7-2　CIE 标准光谱三刺激值特性曲线

三刺激值指由三基色(X)、(Y)、(Z)合成一种新颜色(C)所需的三基色色度值 X,Y,Z(以色度学单位表达,无量纲)。

颜色匹配方程(用于表示颜色匹配的代数式)为

$$C[C] = X[X] + Y[Y] + Z[Z]$$

式中,X,Y,Z 就是颜色(C)的三刺激值。

三刺激值 X、Y、Z 的单位是 $[X]$,$[Y]$,$[Z]$,X,Y,Z 的值是相对光通量数,是用色度学单位表示的光通量。X,Y,Z 表示的就是色度学单位。

色度学单位——三基色合成标准白(E 光源)所需要的三基色的光度量(l_x,l_y,l_z)。

选用色度学单位的优点在于将三基色(X)、(Y)、(Z)各自作为一个整体。

合成标准白 $[E] = [X] + [Y] + [Z]$ 所需要的三基色的光度量 l_x,l_y,l_z 是不相等的,但是其相对光通量数 $X = Y = Z = 1$。

在 CIE1931 标准色度系统中规定:用 Y 刺激值同时表示颜色的亮度和色度,而 X 和 Z 刺激值只表示色度,不代表亮度。

4. 光谱三刺激值与光谱三刺激函数

$\overline{x}_\lambda,\overline{y}_\lambda,\overline{z}_\lambda$ 是匹配单位通量的单色光 λ 的颜色方程 $[F_\lambda] = \overline{x}_\lambda[X] + \overline{y}_\lambda[Y] + \overline{z}_\lambda[Z]$ 中的色匹配系数,称之为光谱色 λ 的三刺激值。

光谱色是单色光对应的颜色,也是饱和色,是色纯度最高的颜色。

光谱三刺激函数 $\overline{x}(\lambda),\overline{y}(\lambda),\overline{z}(\lambda)$ 是所有单色光三刺激值的集合,也叫色匹配函数。

5. 三刺激值计算

设颜色 F 由 $\lambda_1, \lambda_2, \cdots, \lambda_i, \cdots \lambda_n$ 共 n 个单色光组成,每个单色光的光通量分别为 $f_1, f_2, \cdots, f_i, \cdots, f_n$,波长为 λ_i 的第 i 个单色光的颜色方程为

$$f_i[F_{\lambda i}] = f_i\{\bar{x}_{\lambda i}[X] + \bar{y}_{\lambda i}[Y] + \bar{z}_{\lambda i}[Z]\} \tag{1.7-1}$$

这 n 个单色光组成的 F 色光的颜色方程为

$$F[F] = X[X] + Y[Y] + Z[Z] = \sum_{i=1}^{n}\{f_i[F_{\lambda i}]\}$$

$$= \sum_{i=1}^{n} f_i \cdot \bar{x}_{\lambda i}[X] + \sum_{i=1}^{n} f_i \cdot \bar{y}_{\lambda i}[Y] + \sum_{i=1}^{n} f_i \bar{z}_{\lambda i}[Z] \tag{1.7-2}$$

F 色光的三刺激值为

$$X = \sum_{i=1}^{n} f_i \cdot \bar{x}_{\lambda i}, \quad Y = \sum_{i=1}^{n} f_i \cdot \bar{y}_{\lambda i}, \quad Z = \sum_{i=1}^{n} f_i \cdot \bar{z}_{\lambda i} \tag{1.7-3}$$

设 F 色光的光谱分布函数为 $P(\lambda_i)$ ——单位波长区间的平均光通量,则波长区间 $\Delta\lambda$ 的光通量为

$$f_i = P(\lambda_i) \cdot \Delta\lambda$$

F 色光的三刺激值为

$$X = \sum_{i=1}^{n} P(\lambda_i) \cdot \bar{x}_{\lambda i} \cdot \Delta\lambda, \quad Y = \sum_{i=1}^{n} P(\lambda_i) \cdot \bar{y}_{\lambda i} \cdot \Delta\lambda, \quad Z = \sum_{i=1}^{n} P(\lambda_i) \cdot \bar{z}_{\lambda i} \cdot \Delta\lambda \tag{1.7-4}$$

当 $\Delta\lambda \to 0, n \to \infty$ 时,有

$$X = \int_{vis} P(\lambda) \cdot \bar{x}(\lambda) \cdot d\lambda, \quad Y = \int_{vis} P(\lambda) \cdot \bar{y}(\lambda) \cdot d\lambda, \quad Z = \int_{vis} P(\lambda) \cdot \bar{z}(\lambda) \cdot d\lambda \tag{1.7-5}$$

式中,$P(\lambda)$ 是光度计测得的色光 F 的光谱分布函数。

对于光源色,$P(\lambda)$ 就是光谱仪测到的光源的发射光谱分布函数。

对于非光源色,决定物体色的不仅仅是光源发射的光谱 $P(\lambda)$,而且还决定于物体的反射或透射光谱特性 $R(\lambda), T(\lambda)$。

决定物体色三刺激值的是物体的光谱反射或透射函数 $\varphi(\lambda)$:

$$\varphi_T(\lambda) = P(\lambda) \cdot T(\lambda), \quad \varphi_R(\lambda) = P(\lambda) \cdot R(\lambda) \tag{1.7-6}$$

所以,物体色的三刺激值计算公式为

$$X = \int_{vis} \varphi(\lambda) \cdot \bar{x}(\lambda) \cdot d\lambda, \quad Y = \int_{vis} \varphi(\lambda) \cdot \bar{y}(\lambda) \cdot d\lambda, \quad Z = \int_{vis} \varphi(\lambda) \cdot \bar{z}(\lambda) \cdot d\lambda \tag{1.7-7}$$

6. 色品和色品图

（1）色品坐标

色品是三刺激值各自在三刺激值总量 $(X+Y+Z)$ 中所占的比例,即

$$x = \frac{X}{X+Y+Z}, \quad y = \frac{Y}{X+Y+Z}, \quad z = \frac{Z}{X+Y+Z} \tag{1.7-8}$$

显然,① 色品 x, y, z 是合成单位色度颜色 $(c=1)$ 的三刺激值;

② 色品具有 $x+y+z=1$ 的特性;

③ 色匹配方程可以写成 $[C] = x[X] + y[Y] + z[Z]$。

以色品 x,y 为变量构成的正交坐标平面是色品坐标平面,每一个颜色在这个平面中都对应一个确定的点。由于 $x+y+z=1$,在 x,y,z 三个变量中只有两个是独立的,所以,在 x,y 色品坐标平面上的一个点,实际对应一组 x,y,z 值。

（2）色品图

依据 CIE1931 标准色度系统规定的三基色,将由方程（1.7-8）计算得到的一切可能的色品点绘制在色品坐标平面上,形成图 1.7-3 所示的彩色区域图叫作色品图。

色品图中的特殊点、线及其意义：

① 三基色（X）、（Y）、（Z）的色品坐标为（1,0）、（0,1）、（0,0）。

以三基色色品点为顶点的直角三角形（如图 1.7-4 所示,Maxwell 颜色三角形）内的任意一色品点的颜色,都可以用三基色（X）（Y）（Z）以不同比例混合得到。

② 标准白 E 的色品坐标是（0.33,0.33）（依据其相对光通量数 $X=Y=Z=1$ 得到）。

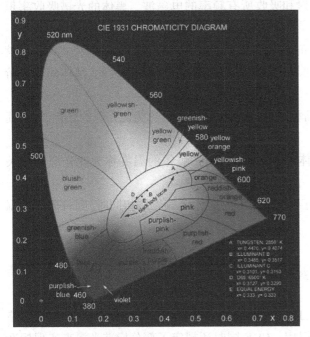

图 1.7-3　CIE1931 标准色品图

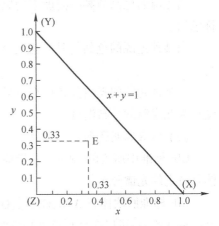

图 1.7-4　Maxwell 颜色三角形

③ 光谱色品轨迹:按照色品坐标的定义式(1.7-8)可以写出光谱色的色品坐标公式

$$x(\lambda)=\frac{\bar{x}_\lambda}{\bar{x}_\lambda+\bar{y}_\lambda+\bar{z}_\lambda},\quad y(\lambda)=\frac{\bar{y}_\lambda}{\bar{x}_\lambda+\bar{y}_\lambda+\bar{z}_\lambda}$$

$$\text{（1.7-9）}$$

依据此公式,对可见光区所有波长逐一代入计算,可得到所有光谱色的色品坐标,再逐一描绘在色品坐标平面上,得到图 1.7-5 所示的马蹄形曲线——光谱色品轨迹。

光谱色品轨迹的意义：

① 由（X）（Y）（Z）三基色能够合成且可以实现的物理色都位于马蹄形之内。

② 马蹄形曲线上各点色的饱和度最高,白光的

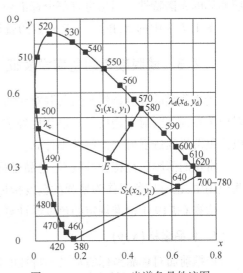

图 1.7-5　CIE1931 光谱色品轨迹图

饱和度最低，其他各点的色饱和度与其距标准白 E 点的距离成正比。

③ 光谱色品轨迹中，位于直线段上的色品点可以由直线段两端的两个光谱色合成。

④ 色品图中的任意两点色都能合成位于这两点连线上的任意色品。

⑤ 过标准白 E 点的任何直线上的两点色都能合成标准白。过标准白 E 点的任何直线上的两点色互为互补色。

7. CIE 标准照明体和标准光源

颜色是物体在特定照明条件下的物理表现，因此，表述颜色特性必先明确照明光源特性。CIE 标准中明确规定了一些标准照明体和标准光源，这些照明体和光源的特性多与黑体接近，因此，其特性可以简单地采用色温或相关色温来描述。

（1）黑体的色温与光源的相关色温

黑体是完全理想化的辐射体，它能够发射和吸收所有频率的电磁波。黑体的光谱吸收率恒等于 1。

当温度确定时，黑体向外的辐射光谱分布是确定的，可以使用普朗克黑体辐射公式计算。就是说，依据普朗克黑体辐射公式，黑体的温度与其辐射光谱是完全对应的。因此，黑体的辐射特性完全可以用温度一个指标明确表征。

当光源的色品与某一温度下的黑体色品相同时，则将黑体的温度称为此光源的颜色温度，简称色温。

当某种光源的色品与某一温度下的黑体色品接近时，则将黑体的温度称为此光源的相关色温。

当某种光源的光谱分布只在可见光区与某一温度下的黑体辐射光谱相同时，则将黑体的温度称为此光源的分布温度。

（2）标准照明体和标准光源

CIE 标准中所说的"光源"是指能发光的物理辐射体，如灯、太阳；CIE 中所规定的标准照明体是特定的光谱分布。

CIE 标准照明体有 A，B，C，D_{50}，D_{55}，D_{65}，D_{75}，E 等，其特性是由相对光谱分布定义的，以表格函数形式给出，可以在计算色度特性时查阅引用。CI E 同时还规定了部分标准光源来实现标准照明体的光谱特性。当然也有部分标准照明体 没有标准光源可用。

图 1.7-3 中的 A，B，C，D，E 示意的就是 CI E 标准照明体的色品坐标。

1.7.3　薄膜颜色的色度学表征

光学薄膜的颜色显然是由薄膜对照明光波的透反射光谱特性决定的。由于存在一谱一色的对应关系，因此，对于透反射光谱特性确定的光学薄膜，其颜色特性是确定的，其色度特性参数可以依据薄膜的透反射光谱特性来计算。

常用的薄膜颜色特性参数有：色品坐标(x, y)；亮度（%）；主波长；补色波长；色纯度。在有些应用中，也有用色温作为薄膜的色度指标的。

依据 CIE1931 标准规定的色度学计算公式，光学薄膜的颜色特性参数计算如下。

1. 色品坐标(x, y)

依据前面对色品坐标的定义和特性的描述，我们已经清楚了色品坐标的实质含义——表征颜色的视觉感官特征，借助图 1.7-3 的 CIE1931 标准色品图，既可以在只有色品坐标而未见样品的情况下,预知颜色的视觉特征,又可以对已有样品的颜色的视觉特征进行准确的定量表述。

薄膜的色品坐标可以按照以下步骤进行计算:

（1）选择一种适用的标准照明体,查到 CIE 标准提供的标准照明体光谱分布数据表,得到照明光源发射光谱分布函数 $P(\lambda)$；

（2）查到 CIE 标准提供的 CIE1931 标准色度观察者光谱三刺激值数据表,得到 $\bar{x}(\lambda_i)$,$\bar{y}(\lambda_i)$,$\bar{z}(\lambda_i)$；

（3）使用分光光度计测得被测样品的光谱反射率 $R(\lambda)$、透射率 $T(\lambda)$。

（4）取 $\Delta\lambda = 5\,\text{nm}$,将得到的数据代入以下各式,得到被测样品的色坐标 (x,y)。

$$\varphi_T(\lambda_i) = P(\lambda_i) \cdot T(\lambda_i), \quad \varphi_R(\lambda_i) = P(\lambda_i) \cdot R(\lambda_i) \tag{1.7-10}$$

$$X = \sum_{i=1}^n \varphi(\lambda_i) \cdot \bar{x}(\lambda_i) \cdot \Delta\lambda, \quad Y = \sum_{i=1}^n \varphi(\lambda_i) \cdot \bar{y}(\lambda_i) \cdot \Delta\lambda, \quad Z = \sum_{i=1}^n \varphi(\lambda_i) \cdot \bar{z}(\lambda_i) \cdot \Delta\lambda$$

$$\tag{1.7-11}$$

$$x = \frac{X}{X+Y+Z}, \quad y = \frac{Y}{X+Y+Z} \tag{1.7-12}$$

2. 亮度

CIE1931 标准色度系统中规定:只用 Y 刺激值表示颜色的亮度;计算样本亮度时,光源的亮度值（Y 刺激值）应当取作 100;标准色度观察者的光谱刺激值就是标准色度观察者的光谱光视效率,即 $\bar{y}(\lambda_i) = V(\lambda_i)$。

依据上述规定,薄膜的颜色亮度值,是在"光源的 Y 刺激值为 100"的前提下,由标准色度观察者感知到的颜色亮度。因此,光源的 Y 刺激值计算公式为

$$Y = k \cdot \sum_{i=1}^n P(\lambda_i) \cdot V(\lambda_i) \cdot \Delta\lambda = 100 \tag{1.7-13}$$

解得

$$k = \frac{100}{\sum_{i=1}^n P(\lambda_i) V(\lambda_i) \Delta\lambda} \tag{1.7-14}$$

将式（1.7-4）代入

$$Y_T = k \sum_{i=1}^n P(\lambda_i) T(\lambda_i) V(\lambda_i) \Delta\lambda$$

得到薄膜透射色亮度

$$Y_T = \frac{100}{\sum_{i=1}^n P(\lambda_i) V(\lambda_i) \Delta\lambda} \sum_{i=1}^n P(\lambda_i) T(\lambda_i) V(\lambda_i) \Delta\lambda \tag{1.7-15}$$

将式（1.7-4）代入

$$Y_R = k \sum_{i=1}^n P(\lambda_i) R(\lambda_i) V(\lambda_i) \Delta\lambda$$

得到薄膜反射色亮度

$$Y_R = \frac{100}{\sum_{i=1}^n P(\lambda_i) V(\lambda_i) \Delta\lambda} \sum_{i=1}^n P(\lambda_i) R(\lambda_i) V(\lambda_i) \Delta\lambda \tag{1.7-16}$$

显然,薄膜的色亮度与薄膜的透射率或反射率成正比。

3. 主波长和补色波长

虽然色品坐标作为表征颜色视觉特征的技术指标在色度学系统中被广泛使用,但是,对于并不熟悉 CIE1931 标准色品图的薄膜工作者而言,将颜色的色调特征用波长来表征,可能更加熟悉和便于想象。

主波长是一个薄膜的反射或透射光谱中对人眼刺激最大的那个波长,补色波长就是与主波

长光流混合后可以得到标准白的那个波长。

在 CIE1931 标准色品图上,主波长和补色波长分别是样品色品坐标点(x,y)与标准白 E 坐标点(x_E,y_E)连线的延长线与光谱色色品轨迹曲线的两个交点所对应的波长。

具体计算方法是:

① 计算出色品坐标点(x,y)与标准白 E 坐标点(x_E,y_E)连线的斜率 k

$$k=\frac{x-x_E}{y-y_E}, \quad 或 \quad k=\frac{y-y_E}{x-x_E} \tag{1.7-17}$$

② 取两个斜率中绝对值较小的一个,在"CIE1931 色度图标准光源主波长表"中查得主波长或补色波长的值。

4. 色纯度

色纯度是表征颜色接近主波长光谱色程度的指标。

用主波长表征色调,用色纯度表征彩度,两者组合表征颜色的视觉特征,在一定程度上比色品坐标更加直观一些。

(1)刺激纯度/兴奋纯度 P_e:是主波长三刺激值总和 $X_\lambda+Y_\lambda+Z_\lambda$ 与样品色三刺激值总和 $X+Y+Z$ 的比值。

$$P_e=\frac{X_\lambda+Y_\lambda+Z_\lambda}{X+Y+Z} \tag{1.7-18}$$

(2)亮度纯度/色度纯度 P_c:

$$P_c=\frac{Y_\lambda}{Y}=P_e\frac{y_\lambda}{y} \tag{1.7-19}$$

式中,Y_λ,Y 分别是主波长的 Y 刺激值和样品色的 Y 刺激值;y_λ,y 分别是主波长和样品色的色品坐标。

5. 相关色温

McCamy 在 1992 年提出了由样品的色坐标(x,y)计算样品相关色温 T 的简便计算方法,即

$$T=-437n^3+3601n^2-6861n+5514.31 \tag{1.7-20}$$

其中 $n=(x-0.3320)/(y-0.1858)$,T 的单位是 K。

思考题与习题

1.1 已知 F-P 干涉仪两反射镜的反射率同为 98%,使用波长为 500nm 的单色扩展面光源分别照射两个间隔层距离分别是 5mm 和 500nm 的 F-P 干涉仪,求在透射侧看到的干涉图形的中央亮斑的角直径,以及相邻干涉条纹的角间距。

1.2 使用可见光准直后照射与上题同样的两个 F-P 干涉仪,得到的透射光干涉现象与上题有哪些不同?

1.3 图题 1.3 所示是镀有单层 HfO$_2$ 膜层平板 K9 玻璃的实测光谱透射率曲线,其中曲线 1 是在光线垂直入射条件下测得的,曲线 2 是在光线以 30°入射条件下测得的。请分析两条曲线的差别,说明产生差异的原因。

1.4 依据图题 1.3 中的透射率极大值和极小值,计算玻璃基底和膜层的折射率。

1.5 请根据图题 1.3 中的信息,计算此膜层的几何厚度和折射率。

1.6 请根据图题 1.3 解释单层膜透射率随光波频率变化的周期特性。

1.7 请根据图题 1.3 解释单层膜透射率随膜层厚度变化的周期特性。

1.8 K9 平板玻璃单面镀制单层光学厚度为 280nm 的 MgF$_2$ 膜层后,对波长分别为 1120nm、560nm 的入射光的反射率各是多少?(光线 0°入射,$n_G=1.52$,$n_F=1.38$)

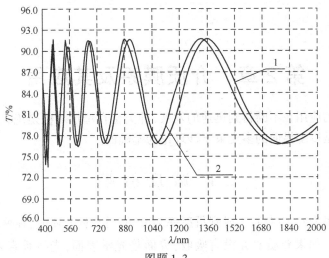

图题 1.3

1.9 依据导纳矩阵法编写多层介质膜系反射率和透射率的计算程序,要求既可以输出反射率随波长的变化曲线,也可以输出反射率随入射角的变化曲线。

使用编写的程序分别计算并绘制:单面镀有一层光学厚度为 600 nm 的 HfO_2 膜层的 K9 平板玻璃,当入射角分别为 0°、15°、30°、45°、60°时,被镀面在 400~2400 nm 波段的光谱透射率曲线。

对比计算结果与题 1.3 给出的实测曲线,说说二者的区别。

1.10 使用你所熟悉的软件,编制能够以波长和入射角为自变量、反射率为因变量,绘制因变量与自变量关系的三维视图的计算程序。试将 1.9 题的单层膜性能用三维图展现出来。

第2章　介质膜系及其应用

光学薄膜器件的应用在不断得到迅速的发展,种类也在增加。但是绝大多数膜系的工作原理和设计方法仍然是以多界面的多光束干涉理论为基础的。

2.1　减反射膜

当光线从折射率为 n_0 的介质入射到折射率为 n_1 的另一种介质时,在两种介质的分界面上就会产生光的反射。如果介质对光没有吸收,界面是光学表面,光线垂直入射,则反射率 $R = (n_0-n_1)^2/(n_0+n_1)^2$,透射率 $T=1-R$。

对于光学玻璃,折射率 n_1 在 $1.44 \sim 1.92$ 之间,单个光学玻璃表面的反射率在 $3.25\% \sim 10\%$ 之间。对于红外光谱区经常使用的硅 $(n=3.5)$ 或锗 $(n=4.0)$ 基底材料,每个表面的光反射率分别可以达到 31% 或 36%。这种光学零件表面的反射在光学系统中会产生两个严重的后果:第一,光能量的损失,使像的亮度降低;第二,光学系统内部各表面多次反射而造成的杂散光最后也会到达像面,造成像的衬度降低,分辨率下降。这两种效应都使得光学系统的成像质量遭到损害。特别是对于那些复杂的光学系统,这两个效应造成的后果更加严重。

在光学零件表面镀制减反射膜是克服这些缺点最有效的方法。

2.1.1　单层减反射膜

为了减小表面反射率,最简单的途径是在玻璃表面上镀一层低折射率的薄膜。

在前面讨论单层介质膜的光学特性时已得知:

① 只要 $n_1<n_2$,就有 $R_F<R_S,T_F>T_S$,这个单层介质膜就有减小表面反射率的作用,就是减反射膜;

② 如果在 $n_1<n_S$ 的同时,$n_1 d_1 \cos\theta_1 = (2m+1)\lambda_0/4$,则 $R_{\min}(\lambda_0) = \dfrac{(\eta_0 \eta_S - \eta_1^2)^2}{(\eta_0 \eta_S + \eta_1^2)^2}$。

显然:① $R(\lambda_0) = 0$ 的条件是 $n_1 = \sqrt{n_0 n_S}$;② R-λ 曲线呈 V 形,谷底是 $R(\lambda_0)$;③ $\theta_0 \neq 0$ 时,膜层的有效光学厚度为 $n_1 d_1 \cos\theta_1$。所以,θ_0 越大,$R_{\min}$ 对应的波长越短。

存在的问题是:① V 形减反射效果只能实现单一波长零反射,色中性差;② 对于常用的玻璃基底,满足 $n_1 = \sqrt{n_0 n_S}$ 的膜料不一定存在,很难实现零反射。

2.1.2　双层减反射膜

为了克服单层减反射膜存在的两个问题而提出了双层减反射膜。

1. 双层 $\lambda_0/4$ 膜堆

实际中单层减反射膜不能得到 $R_{\min}$ 的原因在于不能得到满足 $n_1 = \sqrt{n_0 n_S}$ 的膜层,也就是说 $R = (n_0-Y)^2/(n_0+Y)^2$ 中的 Y 值不能接近 n_0。大多数情况下,$Y(\lambda_0) = n_1^2/n_S > 1$。

显然,欲使 $R = (n_0-Y)^2/(n_0+Y)^2 = 0$,不能只依靠寻求满足 $n_1 = \sqrt{n_0 n_S}$ 的膜料,也可以整体改变 $Y(\lambda_0) = n_1^2/n_S$ 的值,使其接近 n_0。

例如,在 n_1 与 n_S 之间增加一层膜,将减反射膜系由 $G\,|\,L\,|\,A$ 改变为 $G\,|\,HL\,|\,A$,则 $Y(\lambda_0)=n_L^2 n_S/n_H^2$,只要 $n_L^2/n_H^2=n_0/n_S$,就可以实现 $R(\lambda_0)=0$。

2. $\lambda_0/2$-$\lambda_0/4$ 膜堆

双层 $\lambda_0/4$ 膜堆虽然在 λ_0 波长实现了零反射,但是仍然不能解决 V 形减反射效果带来的色中性差的问题。

$G\,|\,2HL\,|\,A$ 膜系可以将 V 形光谱特性变为 W 形光谱特性。其特点是:① $R(\lambda_0)$ 与 n_H 无关,$R(\lambda_0)=(n_0 n_S-n_L^2)^2/(n_0 n_S+n_L^2)^2$;② 存在 $\lambda_1<\lambda_0<\lambda_2$,$R(\lambda_1)$ 和 $R(\lambda_2)$ 同时小于或等于 $R(\lambda_0)$。

同一个 $G\,|\,2HL\,|\,A$ 膜系的减反射效果随着基底折射率的不同而大不相同。欲获得好的减反射效果,$G\,|\,2HL\,|\,A$ 膜系中的膜层折射率应当随着基底折射率的不同而进行调整。

同样,同一个折射率的基底,$G\,|\,2HL\,|\,A$ 膜系中膜层折射率变化时,其减反射效果也大不相同。

图 2.1-1(a)是折射率为 1.6 的玻璃基底上,$G\,|\,2HL\,|\,A$ 膜系对应不同 n_H 时的减反射效果。图中曲线 1,2,3,4 分别对应 n_H 的值 1.70,1.90,2.10,2.40。

图 2.1-1(b)是折射率为 1.52 的玻璃基底上,$G\,|\,2HL\,|\,A$ 膜系对应不同 n_H 时的减反射效果。图中曲线 1,2,3,4 分别对应 n_H 的值 1.60,1.85,2.00,2.50。

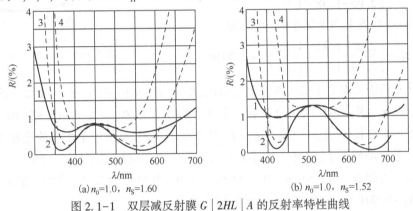

(a) n_0=1.0, n_S=1.60   (b) n_0=1.0, n_S=1.52

图 2.1-1 双层减反射膜 $G\,|\,2HL\,|\,A$ 的反射率特性曲线

2.1.3 多层减反射膜

当单层、双层减反射膜不能满足需要时,可寻求更多层的膜堆来提高减反射效果。

目前广泛采用的三层减反射膜堆是 $G\,|\,M2HL\,|\,A$。更多层的减反射膜堆大多是以此三层减反射膜为雏形改良发展而得到的。

1. $G\,|\,M2HL\,|\,A$ 特性分析

三层增透膜 $G\,|\,M2HL\,|\,A$ 的膜层厚度结构是 $\lambda_0/4$-$\lambda_0/2$-$\lambda_0/4$。这样一种多层组合在原理上与物理光学中学习过的法布里-珀罗干涉仪相似。它的外边两层膜的厚度各为 1/4 波长,相当于半反射镜,中间膜层则是厚度为 1/2 波长的间隔层。对于这种三层增透膜,应用有效界面的概念进行分析是非常方便的。可以将中间层作为选定层,外层膜和入射介质以及内层膜和基片组成两个有效界面。它们的振幅反射系数和反射率分别为 r_1^-,r_2^+ 和 R_1,R_2。膜系的透射率可以按照法布里-珀罗干涉仪的透射率表示为

$$T=T_0/(1+F\sin^2\theta) \qquad (2.1-1)$$

式中 $T_0=(1-R_1)(1-R_2)/(1-\overline{R})^2$, $F=4\overline{R}/(1-\overline{R})^2$; $\overline{R}=\sqrt{R_1 R_2}$

$$\theta = \frac{\varphi_1 + \varphi_2}{2} - \frac{2\pi}{\lambda} n_2 d_2 = \frac{\varphi_1 + \varphi_2}{2} - \frac{2\pi}{\lambda} \frac{\lambda_0}{4} \alpha = \frac{\psi_1 + \psi_2}{2} - \frac{\pi}{2} \frac{\lambda_0}{\lambda} \alpha$$

式中，λ_0 为中心波长，λ 是计算波长，α 是以 $\lambda_0/4$ 为单位的间隔层光学厚度（对于 $\lambda_0/2$ 厚度，$\alpha = 2$）。

可以看到，当 $\theta = k\pi(k = 0, \pm 1, \pm 2, \cdots)$，$\sin^2\theta = 0$ 时，透射率 T 的最大值等于 T_0，而当 $R_1 = R_2$ 时，T_0 的最大值为 1。在 $F \ll T_0 = 1$ 时，T 在 1 和 $1 - F$ 之间变化，所以多层膜的反射率 R 在 0 和 F 之间变化。当 $T_0 \neq 1$ 时，R 则在极小值 R_{min} 和极大值 R_{max} 之间变化。$R_{min} = 1 - T_0$，而 $R_{max} \approx 1 - T_0 + T_0F = R_{min} + T_0F$。因此，理想的 $\lambda_0/4 - \lambda_0/2 - \lambda_0/4$ 三层增透膜，是一种在宽光谱范围内 F 尽可能小的 $R_1 = R_2$ 的组合。实际上，R_1 只在确定光谱范围内的极少数几个分离的波长上才与 R_2 重合。所以在反射率和工作光谱范围大小之间要做出折中。

下面举几个实例来说明上述理论模型。

例 2.1-1 三层增透膜的结构参数为 $n_1 = 1.38$，$n_2 = 2.05$，$n_3 = 1.71$，$n_S = 1.52$，厚度分别为 $\lambda_0/4$，$\lambda_0/2$，$\lambda_0/4$。

为方便起见，引入相对波数 $g = \lambda_0/\lambda$。

R_1 在 $g = 1$（波长 λ_0）位置上出现极小值，其值为

$$R_1 = \left[\frac{2.05 - 1.38^2/1.0}{2.05 + 1.38^2/1.0}\right]^2 \approx 0.00136$$

R_2 也在 $g = 1$ 位置上出现极小值，其值为

$$R_2 = \left[\frac{2.05 - 1.71^2/1.52}{2.05 + 1.71^2/1.52}\right]^2 \approx 0.0010$$

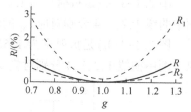

图 2.1-2　R_1，R_2 和 R 的分光曲线

它们的分光曲线见图 2.1-2。在整个光谱内，R_1 与 R_2 不相交，只在 $g = 1$ 处才近似相等；而且在 $g = 1$ 处，$\theta = \pi$。因此多层膜组合只有一个单一的极小值，$R_{min} = 1 - T_0 \approx 2.55 \times 10^{-3}\%$。

这种仅在一个波长 λ_0 上近似地有 $R_1 = R_2$ 的多层增透膜，类似于单半波的法布里-珀罗干涉滤光片。但由于 F 的值很小，这样一种滤光片的高透射率波段的宽度是较大的。

例 2.1-2 当例 2.1-1 中的 n_3 由 1.71 变为 1.62，其余结构参数不变时，在 $g = 1$ 处，R_1 的极小值仍为 $R_1 = 0.00136$，而 R_2 在 $g = 1$ 处的极小值为

$$R_2 = \left[\frac{2.05 - (1.62^2/1.52)}{2.05 - (1.62^2/1.52)}\right]^2 \approx 0.00733$$

即 R_2 曲线向上垂直移动，与 R_1 曲线相交于 $g_1 = 0.855$ 和 $g_2 = 1.145$ 两点（见图 2.1-3）。这两点对称地分列在 $g = 1$ 的两侧，所以整个膜系的反射率极小值就出现在这两点附近。极小值之所以不是刚好出现于 g_1 和 g_2 两点上，是由于这两点上 θ 并不等于 π。图 2.1-4 给出了这个多层组合的 T_0 和 $|\pi - \theta|$ 曲线。

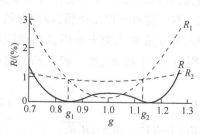

图 2.1-3　例 2.1-2 的 R_1，R_2 和 R 的分光曲线

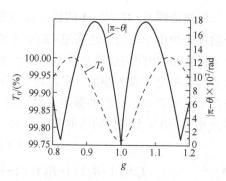

图 2.1-4　例 2.1-2 的 T_0 和 $|\pi - \theta|$ 曲线

在 g_1 和 g_2 两点上，由于 $R_1 = R_2$，T_0 上升至 100% 的极大值。但在这两点上，$\sin^2\theta$ 并非零值而影响到 R；在 g_1 和 g_2 的一侧，$|\pi-\theta|$ 减小，$\sin^2\theta$ 对 R 的影响也将减小，可是 T_0 也随之下降，使 R 值增大。因此反射率的两个极小值将出现在 T_0 的极大值和 $|\pi-\theta|$ 的极小值之间的区域上（见图 2.1-4）。在本例中，反射率极小值产生在 $0.82 \leqslant g \leqslant 0.855$ 和 $1.15 \leqslant g \leqslant 1.18$ 这两个区域内。在 $g=1$（即中心波长 λ_0）处，$\theta=\pi$，因而中心波长的反射率为

$$1-T_0 = 1 - \frac{(1-0.001\,36)\times(1-0.007\,31)}{(1-\sqrt{0.001\,36\times0.007\,31}\,)^2} = 1-0.997\,6 \approx 0.002\,4$$

总的来说，多层组合的各个参数对反射特性的影响可归纳为：调节间隔层的厚度，即变化 $|\pi-\theta|$ 曲线的位置和形状，可以使反射率极小值移到不同的波数位置上。改变第一层或第二层的厚度，可以使 R_1 曲线相对于 R_2 做水平移动，其结果就是改变低反射光谱的宽度及反射率 R；利用不同的折射率的值 n_1 和 n_3，可以使 R_1 和 R_2 曲线做相对的垂直移动，就像上面的实例所说明的那样。

显然，对于不同折射率基片，要用不同折射率的薄膜材料，通常是通过改变内层膜的折射率来实现匹配的。

图 2.1-5 示出了各种不同折射率基片的三层增透膜的反射率曲线。

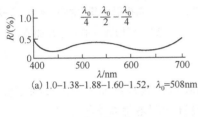
(a) 1.0−1.38−1.88−1.60−1.52，λ_0=508nm

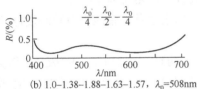
(b) 1.0−1.38−1.88−1.63−1.57，λ_0=508nm

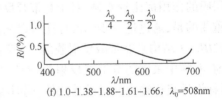
(f) 1.0−1.38−1.88−1.61−1.66，λ_0=508nm

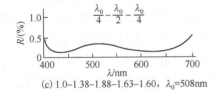
(c) 1.0−1.38−1.88−1.63−1.60，λ_0=508nm

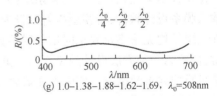
(g) 1.0−1.38−1.88−1.62−1.69，λ_0=508nm

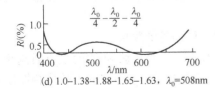
(d) 1.0−1.38−1.88−1.65−1.63，λ_0=508nm

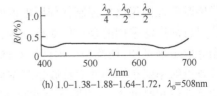
(h) 1.0−1.38−1.88−1.64−1.72，λ_0=508nm

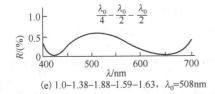
(e) 1.0−1.38−1.88−1.59−1.63，λ_0=508nm

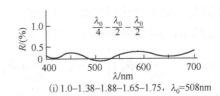
(i) 1.0−1.38−1.88−1.65−1.75，λ_0=508nm

图 2.1-5　各种折射率基片上的三层增透膜的反射率曲线

从图2.1-5可以看到,随着基片折射率的增大,$\lambda_0/4$ $\lambda_0/2-\lambda_0/4$ 型二层增透膜的两端反射率也随着增大;而当基片折射率大于1.66时,匹配的内层膜折射率低于基片折射率,因而在中心波长$\lambda_0(g=1)$处,R_2出现极大值。虽然R_1和R_2曲线也相交于两点,但在光谱两端R_1和R_2的差值较大(见图2.1-6),而且在光谱两端,位相θ也较多地偏离于π,因此两端反射率明显上升。这时如将内层膜的厚度变为$\lambda_0/2$,组成$\lambda_0/4-\lambda_0/2-\lambda_0/2$型三层增透膜,则在中心波长$\lambda_0$处,$R_2$将是极小值,在光谱两端$R_1$和$R_2$的差值减小(见图2.1-7),而且位相$\theta$较为接近于$\pi$,因而减反射特性显著改善。如能适当提高中间层的折射率(例如提高至1.92左右),特性可望得到进一步的改进。图2.1-5表明,对于折射率低于1.63的基片,$\lambda_0/4-\lambda_0/2-\lambda_0/4$型三层增透膜是合适的;而对于折射率大于1.66的基片,则$\lambda_0/4-\lambda_0/2-\lambda_0/2$型增透膜更为适宜。

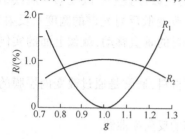

图2.1-6 高反射率基片的$\lambda_0/4-\lambda_0/2-\lambda_0/4$
型三层增透膜的R_1,R_2曲线

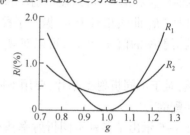

图2.1-7 高折射率基片的$\lambda_0/4-\lambda_0/2-\lambda_0/2$
型三层增透膜的R_1,R_2曲线

2. 多层减反射膜设计

通过前面的分析可以看到:$G\,|\,M2HL\,|\,A$三层减反射膜可以获得低而平坦的反射率曲线,而且其中各层膜的作用都比较明显,对于宽带减反射膜的设计和制备都有指导意义。

更重要的是,通过进一步的设计还可以从这里派生出很多种宽带减反射膜的设计,所以有人称$G\,|\,M2HL\,|\,A$结构是宽带减反射膜的"母膜系"。

目前,实际中采用的宽带减反射膜设计方法不外乎两种:一种以$G\,|\,M2HL\,|\,A$作为初始膜系,将目标设计指标输入膜系设计软件,同时将膜层厚度和折射率作为可调整自变量,交由计算机自动优化设计出满足设计指标的膜系结构;另一种仍以$G\,|\,M2HL\,|\,A$作为初始膜系,将目标设计指标输入膜系设计软件,将膜层折射率设为固定值,将膜层厚度作为可调整自变量,同时允许计算机在三层结构无法满足要求时增加膜层数,直至设计出满足设计指标的膜系结构。

通常,按照第一种方法设计的膜系结构虽然表面上看只有三层膜,但是其中经常出现现有膜料无法满足膜层要求的情况。实际中还需要针对这些膜层进行二次设计,即替代层设计。而按照第二种方法设计的膜系结构可能出现层数多、膜层厚度很薄的问题。目前正在推广使用的石英晶振膜层厚度控制仪已能控制任何厚度的膜层。

替代层目前广泛采用的是三层对称结构,它是替代层的等效膜层。

根据等效定理可知:任意一个周期性对称膜系都存在一个单层膜和它等效,并且这个等效单层膜的等效折射率就是周期性对称膜系基本周期的等效折射率n_e,而它的等效位相厚度等于基本周期的等效位相厚度δ_e与周期性对称膜系周期个数的乘积。

用于减反射膜系替代层的常见结构是三层对称膜系ABA。

让三层膜的特征矩阵乘积等于其等效单层膜的特征矩阵(等效的数学特征):

$$\begin{bmatrix} \cos\delta_A & \dfrac{i}{\eta_A}\sin\delta_A \\ i\eta_A\sin\delta_A & \cos\delta_A \end{bmatrix} \begin{bmatrix} \cos\delta_B & \dfrac{i}{\eta_B}\sin\delta_B \\ i\eta_B\sin\delta_B & \cos\delta_B \end{bmatrix} \begin{bmatrix} \cos\delta_A & \dfrac{i}{\eta_A}\sin\delta_A \\ i\eta_A\sin\delta_A & \cos\delta_A \end{bmatrix} = \begin{bmatrix} \cos\delta_e & \dfrac{i}{\eta_e}\sin\delta_e \\ i\eta_e\sin\delta_e & \cos\delta_e \end{bmatrix}$$

解这个矩阵方程所对应的方程组,得

$$\eta_e = +\sqrt{\frac{M_{21}}{M_{12}}} = +\left\{\frac{\eta_A^2\left[\sin2\delta_A\cos\delta_B+\frac{1}{2}\left(\frac{\eta_A}{\eta_B}+\frac{\eta_B}{\eta_A}\right)\cos2\delta_A\sin\delta_B-\frac{1}{2}\left(\frac{\eta_A}{\eta_B}-\frac{\eta_B}{\eta_A}\right)\sin\delta_B\right]}{\sin2\delta_A\cos\delta_B+\frac{1}{2}\left(\frac{\eta_A}{\eta_B}+\frac{\eta_B}{\eta_A}\right)\cos2\delta_A\sin\delta_B+\frac{1}{2}\left(\frac{\eta_A}{\eta_B}-\frac{\eta_B}{\eta_A}\right)\sin\delta_B}\right\} \tag{2.1-2}$$

$$\delta_e = \arccos\left[\cos2\delta_A\cos\delta_B-\frac{1}{2}\left(\frac{\eta_B}{\eta_A}+\frac{\eta_A}{\eta_B}\right)\sin2\delta_A\sin\delta_B\right] \tag{2.1-3}$$

依据这两个关系式,就可以在选定 n_A 和 n_B 之后(通常的做法是选用三层减反射膜系结构中的两种膜材料设计等效层),针对需要等效的单层膜的折射率和厚度,由这两个关系式求出三层对称膜系 ABA 中每一层膜的厚度。

必须指出的是:等效单层膜不能在每个方面都严格地替代对称多层膜系,因为这不是真正的物理等效,它只不过是多个矩阵乘积的数学等效。另外,等效光学导纳 η_e 和等效位相厚度 δ_e 都依赖于波长 λ,η_e 有严重的色散,δ_e 的"色散"也非常大。

分析如下:

(1) 如果 $\delta_A=\delta_B=\pi/2$,由式(2.1-3)可得 $\eta_e=\eta_A^2/\eta_B$,$\delta_e=(2K+1)\pi/2$,$K=0,1,2,3,\cdots$ 这表明,用三层同为 $\lambda_0/4$ 厚度的对称膜层,对波长 λ_0 既可以获得比实际膜层材料折射率高($\eta_A>\eta_B$)的等效膜层,也可以获得比实际膜层材料折射率低($\eta_A<\eta_B$)的等效膜层,而且等效膜层的等效光学厚度也是 $\lambda_0/4$ 或 $\lambda_0/4$ 的奇数倍。

(2) $\delta_A=\delta_B=\pi$ 时,$\eta_e=\eta_A$,$\delta_e=\pi$。这表明,用三层同为 $\lambda_0/2$ 厚度的对称膜层,对波长 λ_0 形成虚设层。

(3) 如果 $2\delta_A=\delta_B$,由式(2.1-2)和式(2.1-3)可得

$$\eta_e = \eta_A\left[\frac{\cos\delta_B(\eta_A+\eta_B)^2-(\eta_A^2-\eta_B^2)}{\cos\delta_B(\eta_A+\eta_B)^2+(\eta_A^2-\eta_B^2)}\right]^{1/2} \tag{2.1-4}$$

$$\delta_e = \arccos\left[\cos^2\delta_B-\frac{1}{2}\left(\frac{\eta_B}{\eta_A}+\frac{\eta_A}{\eta_B}\right)\sin^2\delta_B\right] \tag{2.1-5}$$

① 对波长 λ_0,当 $\delta_B=\pi/2$ 时,三层对称膜层(0.5AB0.5A)的等效膜层的等效光学导纳 η_e 是纯虚数,因此,三层对称膜层(0.5AB0.5B)对波长 λ_0 并不存在等效膜层。

② 对于波长 $\lambda=\lambda_0/2$,当 $\delta_B=\pi$ 时,$\eta_e=\sqrt{\eta_A^3/\eta_B}$,$\delta_e=2\pi$。这表明,三层对称膜层的等效光学导纳 η_e 既可能大于 $\eta_A(\eta_A>\eta_B)$,也可能小于 $\eta_A(\eta_A<\eta_B)$,而等效光学厚度就是三层膜层的实际光学厚度的总和。

③ 对于 $\lambda\ll\lambda_0$ 或 $\lambda_0/\lambda\to0$ 的波长 λ,$\delta_B\to0$,$\eta_e=\sqrt{\eta_A\eta_B}$,$\delta_e\approx2\delta_A+\delta_B$。即当膜层厚度很薄时,等效光学导纳 η_e 可以是界于 η_A 和 η_B 之间的任意值。这时的等效折射率色散很小,几乎是一个常数,而等效光学厚度就近似等于三层膜层的实际光学厚度的总和。

实际上,当三层膜层的实际光学厚度并不很薄时,$\eta_e=\sqrt{\eta_A\eta_B}$ 和 $\delta_e\approx2\delta_A+\delta_B$ 仍成立。因此可以用来替代那些在自然界中找不到折射率材料的膜层。

实际中,宽带减反射膜是用计算机自动设计完成的。设计步骤为:第一步,优化出一个可以达到指标要求的最少层数的 $\lambda/4$ 膜系结构;第二步,用三层对称膜系合成折射率不易实现的膜层;最后,用计算机再次优化膜层厚度,以补偿由于合成所带来的特性下降。

例 2.1-3 图 2.1-8 中的三条曲线是由计算机设计的规则(全 $\lambda/4$ 厚度)膜系,曲线 1 的膜系是 $K_9|MH_1H_2H_3L|A$,曲线 3 的膜系是 $ZF_3|H_1H_2H_3L|A$,其中,$n_M=1.63$,$n_{H_1}=1.95$,$n_{H_2}=2.32$,$n_{H_3}=1.87$,$n_L=1.38$。

其中,折射率为 1.95 和 1.87 的两种材料较难得到,需要用三层对称膜系合成。经过计算,折射率

为 1.95 的膜层可以用 $0.379H_2 0.215L 0.379H_2$ 等效，折射率为 1.87 的膜层可以用 $0.288L 0.384H_2 0.288L$ 等效。使用三层对称膜系替代后，原曲线 1 的膜系变为七层膜堆：

$$K_9 \mid M0.379H_2 0.215L 2.379H_2 0.288L 0.3846H_2 1.288L \mid A$$

一般来说，经过对称等效结构替代合成的膜系，比原来规整厚度膜系的光学性能有所下降，这是由于等效结构的等效折射率和等效位相厚度的色散所造成的。需要把合成膜系作为一个初始结构，固定折射率，把膜厚作为变量，用计算机程序再优化一次，以补偿由于合成所带来的特性下降。这种设计方法在设计非规整多层减反射膜时是尤其可取的。第二次优化后膜系结构为

$$K_9 \mid 1.14M 0.364H_2 0.21L 2.63H_2 0.253L 0.368H_2 1.14L \mid A$$

这个膜系可以用作可见光区和 $1.06\,\mu m$ 双波段的减反射膜。其平均反射率小于 0.55%，对 $1.06\,\mu m$ 的激光波长的反射率仅为 0.15%。

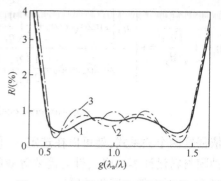

图 2.1-8　宽带减反射膜的特性曲线

2.1.4　高折射率基底的减反射膜

在红外光谱区中经常使用高折射率基片材料，例如硅（$n=3.5$）、锗（$n=4.0$）、碲化铅（$n=5.5$）等，由于其折射率高，表面反射率高，因此减反射膜的效果非常明显。实际中，减反射后的剩余反射率有百分之几是允许的。

前面关于单层减反射膜的考虑，同样适用于高折射率基片。硅、锗、砷化镓、砷化铟、锑化铟等基片，都可以用单层硫化锌、二氧化铈、一氧化硅有效地增透。其中，一氧化硅在 $9\,\mu m$ 以后有吸收峰，因此只能用作 $8\,\mu m$ 以前的红外第一和第二大气窗口的减反射膜；硫化锌可以用作 $2\sim16\,\mu m$ 波段中的 3 个大气窗口的减反射膜。高温氧化物材料氧化钇（$n=1.85$）、氧化钪（$n=1.85$），其机械性能特别好，正在得到越来越广泛的应用。

红外宽带减反射膜多采用所谓递减法设计。这种设计方法的规则如下：

（1）选取膜层的厚度均为 $\lambda_0/4$。

（2）规定各层膜折射率按如下规律排列：$n_S > n_k > n_{k-1} > \cdots > n_0$，式中，$n_S$ 为基片折射率，n_0 为入射介质折射率，k 为膜层数。从基片向入射介质膜层折射率应递减。

（3）理论上可以证明，只要恰当地匹配膜层的折射率，k 层膜就可以在 k 个波长位置实现零反射，此时膜层折射率应满足的条件为

$$\frac{n_1}{n_0} = \frac{n_2}{n_1} = \cdots = \frac{n_k}{n_{k-1}} = \frac{n_S}{n_k}$$

（4）k 个零反射点的波长分别为 $\dfrac{k+1}{2k}\lambda_0, \dfrac{k+1}{2(k-1)}\lambda_0, \dfrac{k+1}{2(k-2)}\lambda_0, \cdots, \dfrac{k+1}{4}\lambda_0, \dfrac{k+1}{2}\lambda_0$。

2.1.5　含吸收层的防眩光减反射膜

包含有吸收层的减反射膜作为防眩光膜层在显示器中有特殊的应用。如图 2.1-9 所示，磷光体相对弱的图像被周围环境的杂光在其上的反射光（称为眩光）所掩盖，大大降低了显示器图像的质量。在磷光体前放置一前后表面有减反射膜的吸收滤光片（防眩光减反射膜）可以显著地降低眩光。由图 2.1-10 可见，磷发光体的信号光通过吸收层一次，而眩光则来回两次透过吸收层。假定吸收层的透射率为 T，则信号光强度由 I_0 衰减至 $I_0 T$，而眩光强度由 I_g 衰减至 $I_g T^2$，眩光/信号比由 I_g/I_0 减至 $(I_g/I_0)T$。因而眩光的减小取决于吸收膜层透射率的平方，如吸收层的

透射率为0.5,则眩光可以减小至原来的1/4。

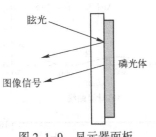

眩光

图像信号

磷光体

图 2.1-9　显示器面板

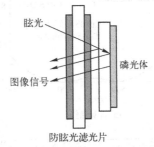

眩光

图像信号

磷光体

防眩光滤光片

图 2.1-10　防眩光滤光片的工作原理

图 2.1-10 所示的防眩光滤光片用作显示器附件的一个分离器件。也可以把防眩光滤光片集成至显示器单元成为一个整体,如图 2.1-11 所示。这种防眩光滤光片的基本构成包含有吸收层的减反射膜,通常用高折射率的吸收层[如氧化铟(ITO)]代替高折射率介质膜。图 2.1-12 所示的是 ITO 和 SiO_2 交替的 4 层减反射膜的反射特性曲线。可见区光的透射率约为0.9,减小眩光的因子是透射率的平方,即约为0.8。由于 ITO 是导电材料,有利于减少电磁辐射和静电场。如欲增加吸收,减少眩光,可以采用吸收大的薄膜材料,如氧化钛,甚至是薄的银薄膜或镍薄膜,以进一步增加吸收,包含有这种吸收材料的减反射膜的吸收可以达到30%~80%。

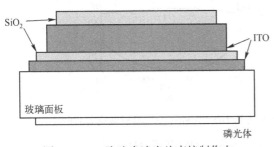

SiO_2

ITO

玻璃面板

磷光体

图 2.1-11　防眩光滤光片直接制作在
显示器玻璃面板上的结构

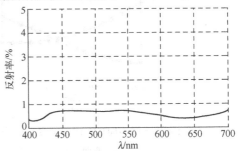

图 2.1-12　ITO 和 SiO_2 交替的四层减反射膜
的反射特性曲线

近年来发展了一种由一层吸收膜和一层介质膜构成的双层减反射膜。通常双层介质减反射膜只能在一个窄的波长区域内实现减反射。例如以前讨论过的 V 形膜,仅有一个独立参数可供选择,只能在一个波长上实现零反射。现在用一个高折射率的吸收层替代高折射率介质层。吸收材料的复折射率通常有较显著的色散,可利用复折射率的色散实现宽带减反射。郑燕飞和她的研究小组详细讨论了这种含有吸收膜的双层宽带减反射膜的设计方法。图 2.1-13(a)和(b)分别是减反射设计所需的吸收膜层的复折射率的色散曲线和由此得到的双层减反射膜的计算反射率和透射率曲线。幸运的是,大部分常用的金属材料,如 Au 和 Cu 等都具有和设计要求相类似的色散曲线。图 2.1-14 所示为 Au+SiO_2 和 Cu+SiO_2 双层减反射膜计算和实测的特性曲线。图 2.1-15(a)所示为 TiO_xN_y 薄膜的复折射率色散曲线,图(b)为 TiO_xN_y+SiO_2 双层减反射膜的计算曲线。

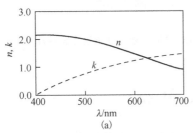

(a)

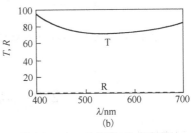

(b)

图 2.1-13　在 $n_S=1.536$, $n_1=1.46$, $d_1=85$ nm, $d_2=15$ nm 情况下,理想的
吸收膜层的复折射率的色散曲线及双层减反射膜的计算反射率、透射率曲线

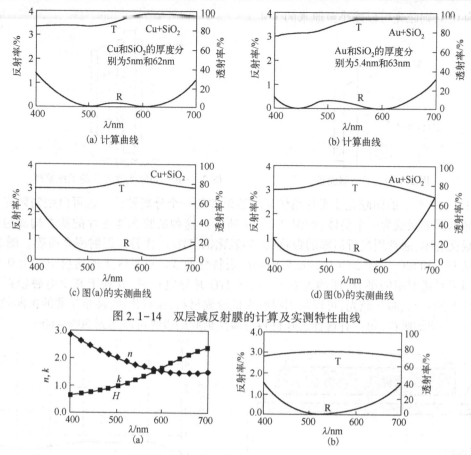

图 2.1-14　双层减反射膜的计算及实测特性曲线

图 2.1-15　TiO_xN_y 薄膜的复折射率色散曲线和 $TiO_xN_y+SiO_2$ 空气双层减反射膜的
计算曲线（TiO_xN_y 和 SiO_2 的厚度分别为 14 nm 和 85 nm）

　　Ishikawa 和 Lippey 发现掺钨的氮化钛（TiN_xW_y）也是理想的吸收材料,它和 SiO_2 一起构成双层减反射膜的计算反射率和透射率特性曲线如图 2.1-16 所示(它们的厚度分别为 10 nm 和 80 nm)。

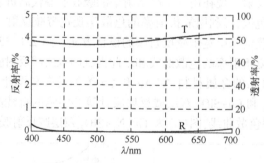

图 2.1-16　TiN_xW_y/SiO_2 双层减反射膜的计算反射率和透射率特性曲线

2.2　高反射膜

　　在讨论单层膜特性时已知道,在折射率为 n_G 的基片上镀光学厚度为 $\lambda_0/4$ 的高折射率(n_1)膜层后,反射率增大。对于中心波长 λ_0,单层膜和基片组合的导纳为 n_1^2/n_S,垂直入射的反射

率为

$$R = (n_0 - n_1^2/n_S)^2 / (n_0 + n_1^2/n_S)^2$$

显然 n_1^2/n_S 越大,反射率越高。但是实际中的膜层折射率(n_1)是有限的,单层膜可实现的最高反射率不会超过50%。

2.2.1 周期性多层膜堆的反射率

如果采用每层厚度均为 $\lambda_0/4$,高、低折射率交替的介质多层膜,则能够得到更高的反射率。这是因为从膜层所有界面上反射的光束,当它们回到前表面时具有相同位相,从而产生相长干涉。对这样一组介质膜系,在理论上有望得到接近100%的反射率。

如果 n_H 和 n_L 是高、低折射率层的折射率,并使介质膜系两边的最外层为高折射率层,其每层的厚度均为 $\lambda_0/4$,即 $G \mid H(LH)^S \mid A$,对于中心波长 λ_0 有:$Y(\lambda_0) = \left(\dfrac{n_H}{n_L}\right)^{2S} \cdot \dfrac{n_H^2}{n_S}$,因而垂直入射时对中心波长 λ_0 的反射率,也即反射率极大值为

$$R = \left[\frac{1 - (n_H/n_L)^{2S}(n_H^2/n_S)}{1 + (n_H/n_L)^{2S}(n_H^2/n_S)}\right]^2 \tag{2.2-1}$$

显然,n_H/n_L 越大,或层数($2S+1$)越多,则反射率 R 越高。理论上,只要增加膜系的层数,反射率可无限地接近于100%。

实际上,由于膜层中的吸收、散射损失,在膜系达到一定层数后,继续加镀两层并不能提高其反射率。有时甚至会出现由于吸收、散射损失的增加而使反射率下降的情况。因此,膜系中的吸收和散射损耗限制了介质膜系的最多层数和最高反射率。

2.2.2 $(LH)^S$ 周期性多层膜堆的高反射带

图 2.2-1 示意了一个典型的 $\lambda/4$ 介质膜系的特性曲线:存在着一个随着层数的增加反射率稳定增加的高反射带;这个高反射带的宽度 $2\Delta g$ 是有限的,而且随着层数的增加,$2\Delta g$ 并不改变;在高反射带的两边,反射率陡然降落为小的振荡着的数值,继续增加层数,将增大反射带内的反射率以及带外的振荡波纹数目。

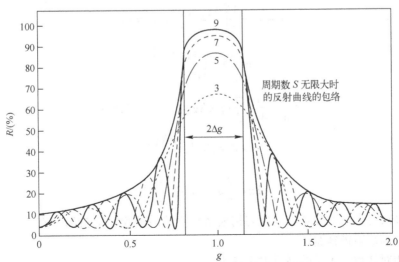

图 2.2-1 $\theta_0 = 0$ 时,K_9 玻璃基片上膜系 $H(LH)^S$ 的反射率

与相对波数的关系曲线($n_H = 2.35$,$n_L = 1.38$)

高反射带的宽度可用下述方法求得：如果多层膜由 S 个重复的基本周期构成，而基本周期由两层膜组成，那么多层膜的特征矩阵为

$$\boldsymbol{\mu}=\boldsymbol{M}^S=\begin{bmatrix} m_{11} & m_{12} \\ m_{21} & m_{22} \end{bmatrix}^S=\left[\begin{bmatrix} \cos\delta_L & \dfrac{i}{\eta_L}\sin\delta_L \\ i\eta_L\sin\delta_L & \cos\delta_L \end{bmatrix}\begin{bmatrix} \cos\delta_H & \dfrac{i}{\eta_H}\sin\delta_H \\ i\eta_H\sin\delta_H & \cos\delta_H \end{bmatrix}\right]^S \tag{2.2-2}$$

经过适当的数学分析可以得知：

满足 $\left|\dfrac{1}{2}(m_{11}+m_{22})\right|>1$ 的 λ 位于高反射带内；高反射带是以 $g=1,3,5,\cdots$ 为中心，半宽度为 $2\Delta g$ 的一系列分立的波数区间。

满足 $\left|\dfrac{1}{2}(m_{11}+m_{22})\right|<1$ 的 λ 位于高透射带内；高透射带是以 $g=2,4,6,\cdots$ 为中心的一系列分立的波数区间。

满足 $\left|\dfrac{1}{2}(m_{11}+m_{22})\right|=1$ 的 λ 是高反射带与高透射带的拐点波长，称为截止波长。

膜系 $H(LH)^S$ 的周期性光谱特性曲线如图 2.2-2 所示。以 2 为波数周期，重复出现高反射带和透射带是这种膜系的突出特性。

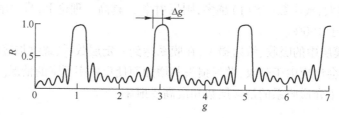

图 2.2-2　膜系 $H(LH)^S$ 的周期性光谱特性曲线

对于膜系 $(LH)^S$，$\delta_H=\delta_L=\delta$，$\dfrac{1}{2}(m_{11}+m_{22})=\cos^2\delta-\dfrac{1}{2}\left(\dfrac{n_H}{n_L}+\dfrac{n_L}{n_H}\right)\sin^2\delta$，设截止波长为 λ_e，对应的位相厚度为 δ_e，由 $\left|\dfrac{1}{2}(m_{11}+m_{22})\right|=1$，可得 λ_e 满足的方程为

$$\cos^2\delta_e-\dfrac{1}{2}\left(\dfrac{n_H}{n_L}+\dfrac{n_L}{n_H}\right)\sin^2\delta_e=-1 \tag{2.2-3}$$

整理后得

$$\cos^2\delta_e=\left(\dfrac{n_H-n_L}{n_H+n_L}\right)^2$$

由于

$$\delta_e=\dfrac{2\pi}{\lambda_e}\dfrac{\lambda_0}{4}=\dfrac{\pi}{2}(g\pm\Delta g),\quad g=1,3,5,\cdots$$

所以

$$\cos^2\delta_e=\sin^2\left(\pm\dfrac{\pi\Delta g}{2}\right)$$

由此解得

$$\Delta g=\dfrac{2}{\pi}\arcsin\left(\dfrac{n_H-n_L}{n_H+n_L}\right) \tag{2.2-4}$$

这表明，高反射带的波数宽度仅仅与构成多层膜的两种膜料的折射率有关。两种膜料的折射率差值越大，高反射带越宽。

这样，用相对波数 g 表示的高反射区域为

$$1-\Delta g\sim 1+\Delta g,\quad 3-\Delta g\sim 3+\Delta g,\quad 5-\Delta g\sim 5+\Delta g,\quad \cdots$$

相应的高反射区域波长范围为

$$\lambda_0/(1+\Delta g) \sim \lambda_0/(1-\Delta g), \quad \lambda_0/(3+\Delta g) \sim \lambda_0/(3-\Delta g), \quad \lambda_0/(5+\Delta g) \sim \lambda_0/(5-\Delta g)$$

高反射区域波长宽度为

$$\Delta\lambda = \lambda_0/(g-\Delta g) - \lambda_0/(g+\Delta g) = 2\lambda_0\Delta g/(g^2 - \Delta g^2) \approx 2\lambda_0\Delta g/g^2 \qquad (2.2\text{-}5)$$

分析式(2.2-4)和式(2.2-5)可以得知,膜系$(LH)^s$有如下特点:

(1) 所有高反射带的波数宽度均相等;

(2) 各高反射带的波长宽度并不相等,波数越大对应的高反射带波长宽度越窄。

注意:式(2.2-5)中的λ_0是满足或对应$n_H d_H = n_L d_L = \lambda_0/4$的。

2.2.3 高反射带的展宽

$\lambda/4$膜堆所能得到的高反射区仅决定于膜层折射率。目前,在可见光区域能找到的有实用价值的材料中,折射率最大的不超过2.6,而最小者不小于1.35,在红外区域中,最大折射率也不超过6.0,因此单个$\lambda/4$多层膜系的高反射带宽度是有限的。很多应用中,高反射带不够宽广,不能满足使用要求,因而高反射带的宽度需要展宽。

展宽高反射带宽度的方法之一是:使膜系各层的厚度形成规则递增或递减。其目的在于确保对十分宽的波段内的任何波长λ,膜系中都有足够多的膜层,其光学厚度十分接近$\lambda/4$,以给出对λ的高反射率。

膜层厚度既可以按算术级数递增,也可以按几何级数递增。即对于一个有q层的膜堆,膜层厚度可以是算术级数$t, t(1+k), t(1+2k), \cdots, t[1+(q-2)k], t[1+(q-1)k]$,也可以是几何级数,$t, kt, k^2 t, \cdots, k^{q-2}t, k^{q-1}t$。

展宽高反射带的另一个更广泛采用的方法是,将两个、甚至多个中心波长不同的$\lambda/4$多层膜堆联合叠加使用,例如,$G|0.8(LH)^7 1.2(LH)^7|A$。

需要强调的是,如果联合叠加使用的两个高反射膜堆都是奇数层,致使叠加后相邻两层膜合二为一,例如,$G|0.8[H(LH)^7]1.2[H(LH)^7]|A$中,$0.8H+1.2H=2H$,则必然导致该叠加膜系对$\lambda_0$的作用等同于$GA$,即对$\lambda_0$是高透的,结果造成两个膜堆的高反射带连接区出现很窄的透射带。图2.2-3中,实线A和B是膜系$G|0.8(HL)^7H|A$和膜系$G1.2(HL)^7H|A$的反射率曲线,虚线C是这两个膜系叠加后的$G|0.8[H(LH)^7]1.2[H(LH)^7]|A$的反射率曲线,在两个膜系重叠的波段出现了很窄的透射带;虚线D是在膜系$G|0.8[H(LH)^7]1.2[H(LH)^7]|A$中增加$L$层于两个高反射膜堆之间后$G|0.8[H(LH)^7]L1.2[H(LH)^7]|A$的反射率曲线。

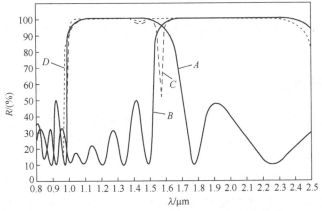

图2.2-3 两个高反射膜堆叠加后的反射率曲线

2.2.4 倾斜入射时的高反射带

需要特别指出,全介质高反射膜系用于倾斜入射时,其反射带将有所变化。这种变化主要表现在反射带的波形和反射带的宽度两个方面。当然,高反射波段和反射率也有所变化。

首先,由于斜入射,S偏振和P偏振的反射带宽度不再相等,即

$$\Delta g_S = \frac{2}{\pi} \arcsin\left(\frac{\eta_{HS} - \eta_{LS}}{\eta_{HS} + \eta_{LS}}\right) \qquad (2.2\text{-}6)$$

$$\Delta g_P = \frac{2}{\pi} \arcsin\left(\frac{\eta_{HP} - \eta_{LP}}{\eta_{HP} + \eta_{LP}}\right) \qquad (2.2\text{-}7)$$

显然,由于$\eta_P \neq \eta_S$,所以,$\Delta g_P \neq \Delta g_S$。

其次,由于$\Delta g_P \neq \Delta g_S$,对于自然光而言,$R = (R_P + R_S)/2$,所以,高反射带的波形将有较大变化。图2.2-4和图2.2-5分别示意了$G \mid H(LH)^8 \mid A$在0°和30°入射角情况下的反射率曲线。

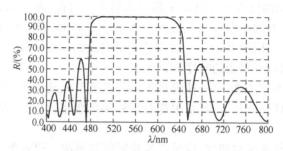

图2.2-4　$G \mid H(LH)^8 \mid A$在0°入射角情况下的反射率曲线

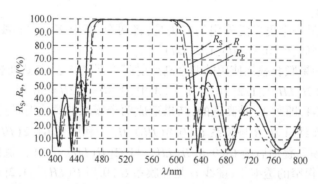

图2.2-5　$G \mid H(LH)^8 \mid A$在30°入射角情况下的反射率曲线

显然,反射带整体向短波方向移动,总反射带宽度改变,总反射率曲线两端陡度变差,都是很明显的。

2.2.5　金属反射膜

上述的全介质高反射膜,以其几乎为零的光吸收和接近100%的高反射率特征,广泛地应用于激光系统中。但是在一些简单的光学系统,特别是在目视光学系统中,大多采用廉价而简单的金属高反射膜作为反射镜。

由于金属抛光表面对光波有非常高的反射率,所以,在光学工程中,人们先将比金属更容易获得高光洁度的玻璃进行抛光,再将金属镀制在抛光玻璃表面,形成金属高反射镜。

1. 金属高反射膜特性

图2.2-6所示是几种常用金属反射膜的反射率光谱。经过长期的工程实践,人们对常用金属反射膜的反射特性有了全面深入的了解。总体来说,金属反射膜有以下特性:

(1)高反射波段非常宽阔,已经可以覆盖几乎全部光频范围。当然,就每一种具体的金属而

言,它都有自己最佳的反射波段。

（2）各种金属膜层与基底的附着能力有较大差距,例如,Al,Cr,Ni 与玻璃附着牢固;而 Au,Ag 与玻璃附着能力很差。

（3）金属膜层的化学稳定性较差,易被环境气体腐蚀。

（4）膜层软,易划伤。

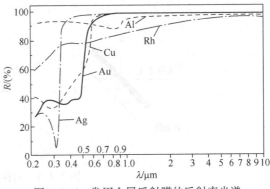

图 2.2-6　常用金属反射膜的反射率光谱

2. 金属-介质高反射膜

采用金属-介质组合膜系做高反射膜通常有两个目的:

（1）对金属膜层的保护作用。有以下两种形式:

① 在金属膜层与基底之间增加与基底和金属膜层都有较好附着能力的过渡层。

例如,$G\mid Al_2O_3-Ag$,$G\mid Cr-Au$。

② 在金属膜层表面加镀高硬度透明膜层。

例如,$G\mid Al-SiO_x\mid A$,$G\mid Al_2O_3-Ag-Al_2O_3-SiO_2-Al_2O_3\mid A$。

（2）提高金属膜层的反射率。常用的方法是在金属膜层表面加镀 $(LH)^S$ 膜堆。

如果金属膜层的折射率为 $n-ik$,单层金属膜的反射率为

$$R=\left|\frac{1-(n-ik)}{1+(n-ik)}\right|^2$$

加镀 $(LH)^S$ 膜堆后,在 $(LH)^S$ 膜堆的反射带中心的反射率为

$$R=\left|\frac{1-\left(\dfrac{n_H}{n_L}\right)^{2S}(n-ik)}{1+\left(\dfrac{n_H}{n_L}\right)^{2S}(n-ik)}\right|^2$$

后者的反射率正比于 n_H/n_L 和 $(LH)^S$ 膜堆的周期数 S。同时应当注意到,在 $(LH)^S$ 膜堆的反射带内的反射率是提高了,但在 $(LH)^S$ 膜堆的反射带之外的波段,反射率反倒下降了。

金属-介质高反射膜的优点是结构简单,制造容易,但其缺点是无法实现接近 100% 的反射率。在大功率激光系统中,金属膜层的吸收将导致膜层被烧伤而无法使用。

2.3　中性分束膜

中性分束镜能够在一定波段内把一束光分成光谱成分相同的两束光,也即它在一定的波长区域内,如可见光区,对各波长具有相同的透射率和反射率之比值——透反比。因而反射光和透射光不带有颜色——呈色中性。透反比为 50/50 的中性分光镜可能是最常用的。

2.3.1　介质中性分光镜

常用的介质中性分光镜有两种结构:一种是把膜层镀在透明的平板上,如图 2.3-1(a)所示;另一种是把膜层镀在 45° 的直角棱镜斜面上,再胶合一个同样形状的棱镜,构成胶合立方体,如图 2.3-1(b)所示。

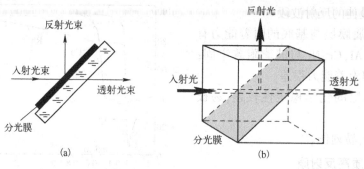

图 2.3-1　两种分光镜的结构

采用介质膜堆制造的中性分束镜的特点是:分光效率高(无吸收),偏振效应明显,分光特性色散明显。膜系结构就是 2.2 节讲述的周期性多层介质膜系 $(LH)^s$,而且工作波段也是膜系的反射带,但层数少,反射率只有 50%。

图 2.3-2 所示是平板分束镜的分光光谱曲线。

图 2.3-3 所示是棱镜分束镜的分光光谱曲线。其中图 2.3.3(a) 是简单的全 $\lambda/4$ 膜堆,其光谱中性较差,反射光为绿色,透射光呈粉红色。图 2.3-3(b) 是在图 2.3-3(a)膜系的基础上,增加了 $2L$ 膜层,结果导致了透射色和反射色同时变淡,即色中性有所好转。图 2.3-3(c) 是在图 2.3-3(a)膜系的基础上增加了 $2H$ 膜层,结果使色中性大幅度好转。显然,要想获得好的色中性分束效果,可以通过 $2H$,$2L$,甚至 $2M$ 膜层来提高分光曲线的平坦程度。而要使透反比接近 50/50,既可以将图 2.3-3(c)膜系中的 H 层换成中等折射率的 M 膜层,也可以整体调整 H,L 膜层材料,改变 n_H 与 n_L 的比值,还可以像图 2.3-3(d)那样通过改变膜层厚度来改善分光曲线的平坦度。

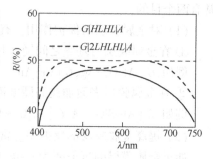

图 2.3-2　平板分束镜分光光谱曲线

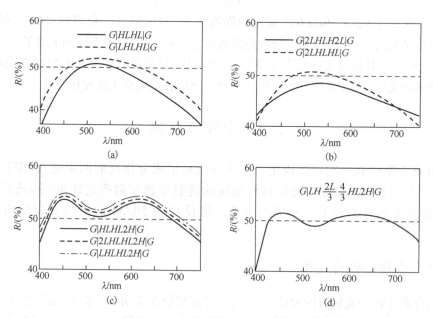

图 2.3-3　棱镜分束镜分光光谱曲线

2.3.2 偏振中性分束棱镜

偏振中性分束棱镜是利用斜入射时的偏振效应实现中性分束的棱镜。

需要说明的是:第一,偏振中性分束棱镜只适用于对自然光或圆偏振光的中性分束;第二,偏振中性分束棱镜分出的两束光可以是光强相等,但偏振状态不同,其振动方向互相垂直的两束线偏振光。所以,它也被称为偏振分束棱镜。因此,这种分束镜既可用作对自然光的 50/50 中性分光,也可用作获得线偏振光的起偏器(PBS)。

偏振分束棱镜的原理是:如果所选膜层材料的折射率 n_H 和 n_L 满足布儒斯特角条件: $\tan\theta_H = n_L/n_H$,再结合折射定律: $n_H\sin\theta_H = n_L\sin\theta_L = n_G\sin\theta_G$,选定棱镜折射率 n_G 和光束入射角 θ_G ,那么,由菲涅耳振幅反射系数计算公式可得 $r_P = 0$ 。反射光将只是入射光的 S 偏振分量。但是,透射光仍然由入射光的全部 P 偏振分量和部分 S 偏振分量组成。即仅仅满足布儒斯特角条件时,虽然反射光是入射光的 S 偏振分量,但只是入射光中 S 偏振分量的一部分。透射光既有全部 P 偏振分量,也还包含有一部分 S 偏振分量。此时,并没有获得 50/50 的中性分束,获得的反射光是 S 偏振方向的线偏振光,而其反射率还很低。

也就是说,满足布儒斯特角条件: $\tan\theta_H = n_L/n_H$,只是偏振中性分束的必要条件,而非充分条件。

利用布儒斯特角条件实现 50/50 的中性分束的充分条件是,膜堆应当对 S 偏振分量有近乎 100% 的反射率,即 $R_S \rightarrow 100\%$ 。

显然,由于 $R_S = |(\eta_{0S} - Y_S)/(\eta_{0S} + Y_S)|^2$,所以,可以采用膜堆 $(LH)^s$ 。当膜层数足够多时, $R_S \rightarrow 100\%$, $T_S \approx 0$ 。所以,透射光只是入射光的全部 P 偏振分量,而反射光只是入射光的 S 偏振分量。

需要注意的是, $R_P = 0$ 是对于折射率 n 满足布儒斯特角条件($\tan\theta_H = n_L/n_H$)的所有波段都成立的,而 $R_S = 100\%$ 只是对膜堆 $(LH)^s$ 所对应的 S 偏振高反射带内的波长。即由偏振分束棱镜只能在有限的波段 $\Delta\lambda_S$ 获得 S 偏振状态的线偏振光。

对于现有的膜层材料,由 $\Delta\lambda_S = \dfrac{4\lambda_0}{\pi}\arcsin\left[\dfrac{(\eta_H/\eta_L)_S - 1}{(\eta_H/\eta_L)_S + 1}\right]$ 可知,由于 $\left(\dfrac{\eta_H}{\eta_L}\right)_S > \dfrac{n_H}{n_L}$,所以 $\Delta\lambda_S > \Delta\lambda$ 。对可见光区波段宽度,一个 $(LH)^s$ 膜堆的 S 偏振高反射带宽度就有可能覆盖全部可见光波段,因此,只要使用一个 $(LH)^s$ 膜堆就可实现可见光区的中性分束。图 2.3-4 示意了这样一个可见光区偏振中性分束棱镜的分光光谱曲线。

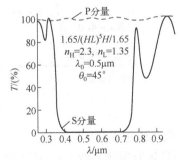

图 2.3-4　棱镜偏振分光光谱曲线

必须强调的是,上述膜系中的 $\lambda/4$ 膜层厚度是指其在工作状态,即工作角度时的有效光学厚度。据此,膜层的实际厚度($\theta_0 = 0$)是 $n_H d_H = \lambda_0/4\cos\theta_H$, $n_L d_L = \lambda_0/4\cos\theta_L$,显然, $n_H d_H < n_L d_L$ 。

2.3.3 金属中性分光镜

用于制备分光镜的最常用的金属材料是镍铬合金。这种分光镜在一个很宽的光谱范围内分出的光都是中性的,而且机械性能和化学稳定性都非常好。此外,也可以用银、铝、锗等金属材料来制作各种用途的分光镜。

金属材料的折射率是一个复数,所以膜层将产生对光的吸收。这种吸收薄膜分光镜的透射率与光线的入射方向无关,但是分光镜的反射率与入射光的方向有关。通常,当光线从空气侧入射时,分光镜的反射率高,所以,在使用分光镜时,一定要注意正确的使用方向。

金属膜分光镜的吸收很严重,一般来说,可能有接近1/3的入射光能要被吸收掉。但是,根据金属薄膜光学理论,金属膜层的吸收是可以通过改善金属膜周围介质的匹配状况来减少的。表2.1-1给出了单层铬膜分光镜与在铬层和玻璃之间插入一层$\lambda_0/4$厚度的硫化锌膜的金属-介质分光镜的性能比较。

表 2.1-1 Cr膜与Cr+λ/4(ZnO)膜堆性能的比较

R/T	膜　系	d/mm	R	T	A	A/T
1:2	Cr	7.2	0.22	0.44	0.34	0.77
	Cr+$\frac{\lambda}{4}$ZnS	2.5	0.33	0.66	0.02	0.03
1:1	Cr	12.4	0.31	0.31	0.38	1.22
	Cr+$\frac{\lambda}{4}$ZnS	7.4	0.435	0.435	0.130	0.247
2:1	Cr	18.3	0.405	0.202	0.393	1.94
	Cr+$\frac{\lambda}{4}$ZnS	16.2	0.530	0.265	0.205	0.773

2.4　截止滤光片

所谓截止滤光片,是指要求某一波段范围的光束高透射,而偏离这一波段的光束骤然变化为高反射(或称抑制)的波段选择截止滤光片。通常把抑制短波区、透射长波区的滤光片称为长波通滤光片;而将抑制长波区、透射短波区的截止滤光片称为短波通滤光片。

截止滤光片分吸收型、薄膜干涉型和吸收与干涉组合型。吸收型截止滤光片应用最广泛,可以由颜色玻璃、晶体、烧结多孔明胶、无机和有机液体,以及吸收薄膜制成。其主要优点是使用简单,对入射角不敏感,造价便宜或适中。但是吸收型截止滤光片的截止波长是不可改变的。现有的吸收型滤光片和吸收光谱材料常用图谱可以在有关的参考书和技术手册中查到。

本节主要介绍薄膜干涉型截止滤光片。

图2.4-1(a)和(b)示出了长波通和短波通截止滤光片的典型特性曲线。

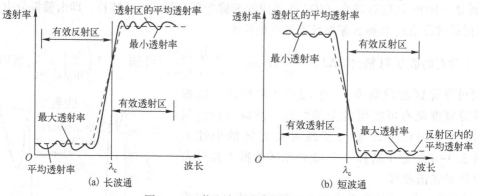

图 2.4-1　截止滤光片典型特性曲线

截止滤光片的特性参数:

① 透射曲线开始上升(或下降)时的波长,以及此曲线上升(或下降)的许可斜率;

② 高透射带的光谱宽度、平均透射率,以及在此透射带内许可的最小透射率;

③ 具有低透射率的反射带(抑制带)的光谱宽度,以及在此范围内所许可的最大透射率。

干涉型截止滤光片的基本膜系类型是$\lambda/4$周期性膜堆$(LH)^s$。

由于这类膜系的透反射光谱曲线的主要特征是一连串的高反射带间隔以高透射带,所以有:

① 这类膜系的截止滤光片,并非以某一波长为界,一侧高透另一侧高反的理想模式,而只是在某一有限波段,实现以某一波长为界,一侧高透另一侧高反的波段截止滤光、分光膜堆;

② 即便是同一个周期性膜堆$(LH)^s$,也是既可以用作截止长波的短波通滤光片,也可以用

作截止短波的长波通滤光片。

周期性膜堆$(LH)^s$在用作高反射镜和中性分束镜时,工作波段都是位于膜的反射带,我们所关心和研究的也只是周期性膜堆$(LH)^s$的反射带特性。当膜堆$(LH)^s$用于截止滤光片时,我们既关心其反射带的抑制特性,也关心其通带的透射特性。

图2.4-2所示为膜系$(LH)^s$一级高反带及其两侧通带的光谱特性曲线,其明显的特点是通带透射率的既深又多的波纹。

干涉截止滤光膜系设计的主要任务就是消除和减小通带波纹。

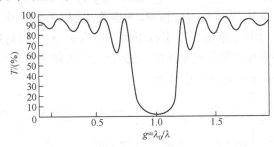

图2.4-2　膜系$(LH)^s$一级高反带及其两侧通带的光谱特性曲线

2.4.1　多层膜堆的通带透射率

目前广泛用作截止滤光片的膜系是将全$\lambda/4$多层膜做一些简单修改,在$(LH)^s$的两侧各加一个$\lambda/8$膜层,就有两种可能的结构$\dfrac{H}{2}LHLHL\cdots HL\dfrac{H}{2}$和$\dfrac{L}{2}HLHLH\cdots LH\dfrac{L}{2}$。即

$$\frac{H}{2}L\frac{H}{2}\frac{H}{2}L\frac{H}{2}\frac{H}{2}L\cdots\frac{H}{2}L\frac{H}{2}\frac{H}{2}L\frac{H}{2}$$

和

$$\frac{L}{2}H\frac{L}{2}\frac{L}{2}H\frac{L}{2}\frac{L}{2}H\frac{L}{2}\cdots\frac{L}{2}H\frac{L}{2}\frac{L}{2}H\frac{L}{2}$$

也就是

$$\left[\frac{H}{2}L\frac{H}{2}\right]^s \text{和} \left[\frac{L}{2}H\frac{L}{2}\right]^s$$

膜系$\left[\dfrac{H}{2}L\dfrac{H}{2}\right]^s$和$\left[\dfrac{L}{2}H\dfrac{L}{2}\right]^s$与$(LH)^s$具有相同的高反射带和高透射带分布。即高反射带出现在以$g=1,3,5,\cdots$为中心的波段,高透射带出现在以$g=2,4,6$为中心的波段。而且,高反射带的宽度也与$(LH)^s$的相同。

多层膜系$(LH)^s$改造成以$\left[\dfrac{H}{2}L\dfrac{H}{2}\right]$和$\left[\dfrac{L}{2}H\dfrac{L}{2}\right]$为基本周期的对称周期性多层膜系之后,就可以直接应用等效折射率概念进行分析了。

1.　对称膜系的等效折射率

设单层膜的特征矩阵为

$$M_{单} = \begin{bmatrix} \cos\delta & \dfrac{i}{\eta}\sin\delta \\ i\eta\sin\delta & \cos\delta \end{bmatrix}$$

式中,$\delta=\dfrac{2\pi}{\lambda}nd\cos\theta$,$d$为膜层实际厚度,$\theta$为膜层内的折射角。若用$M_{11},M_{12},M_{21},M_{22}$表示矩阵元,则$M=\begin{bmatrix} M_{11} & M_{12} \\ M_{21} & M_{22} \end{bmatrix}$。

分析单层膜的特征矩阵可知：

（1）对于无吸收介质膜，矩阵元 M_{11}，M_{22} 为纯实数，且 M_{11} 和 M_{22} 相等；

（2）M_{12}，M_{21} 为纯虚数；

（3）矩阵的行列式值为 1，即 $M_{11}M_{22}-M_{12}M_{21}=1$。

设多层膜的特征矩阵为

$$M=\begin{bmatrix} M_{11} & M_{12} \\ M_{21} & M_{22} \end{bmatrix} \tag{2.4-1}$$

对于无吸收介质膜系，M_{11} 和 M_{22} 为实数，M_{12} 和 M_{21} 为虚数，但式（2.4-1）中的 $M_{11}\neq M_{22}$，因此不能等效为单层膜，只能等效为一个两层膜系。对于以中间一层为中心，两边对称安置的多层膜，在数学上可以证明，式（2.4-1）具有单层膜特征矩阵的全部特点，它在数学上可以等效为一个单层膜。

例如，对于对称膜系（pqp），其特征矩阵为

$$M_{pqp}=\begin{bmatrix} M_{11} & M_{12} \\ M_{21} & M_{22} \end{bmatrix}=\begin{bmatrix} \cos\delta_p & \dfrac{i}{\eta_p}\sin\delta_p \\ i\eta_p\sin\delta_p & \cos\delta_p \end{bmatrix}\begin{bmatrix} \cos\delta_q & \dfrac{i}{\eta_q}\sin\delta_q \\ i\eta_q\sin\delta_q & \cos\delta_q \end{bmatrix}\begin{bmatrix} \cos\delta_p & \dfrac{i}{\eta_p}\sin\delta_p \\ i\eta_p\sin\delta_p & \cos\delta_p \end{bmatrix}$$

由此可得

$$M_{11}=\cos2\delta_p\cos\delta_q-\frac{1}{2}\left(\frac{\eta_q}{\eta_p}+\frac{\eta_p}{\eta_q}\right)\sin2\delta_p\sin\delta_q$$

$$M_{12}=\frac{i}{\eta_p}\left[\sin2\delta_p\cos\delta_q+\frac{1}{2}\left(\frac{\eta_q}{\eta_p}+\frac{\eta_p}{\eta_q}\right)\cos2\delta_p\sin\delta_q+\frac{1}{2}\left(\frac{\eta_p}{\eta_q}-\frac{\eta_q}{\eta_p}\right)\sin\delta_q\right] \tag{2.4-2}$$

$$M_{21}=i\eta_p\left[\sin2\delta_p\cos\delta_q+\frac{1}{2}\left(\frac{\eta_q}{\eta_p}+\frac{\eta_p}{\eta_q}\right)\cos2\delta_p\sin\delta_q+\frac{1}{2}\left(\frac{\eta_q}{\eta_p}-\frac{\eta_q}{\eta_p}\right)\sin\delta_q\right]$$

显然，$M_{11}=M_{22}$，M_{11} 和 M_{22} 都是实数，M_{12} 和 M_{21} 都是纯虚数，而且 $M_{11}M_{22}-M_{12}M_{21}=1$，所以，$M_{pqp}$ 的特征矩阵与单层膜的特征矩阵具有相同的性质，则 M 可表示为

$$M=\begin{bmatrix} M_{11} & M_{12} \\ M_{21} & M_{22} \end{bmatrix}=\begin{bmatrix} \cos\Gamma & \dfrac{i}{E}\sin\Gamma \\ iE\sin\Gamma & \cos\Gamma \end{bmatrix}$$

由此矩阵方程可得

$$M_{11}=M_{22}=\cos\Gamma,\qquad M_{12}=\frac{i}{E}\sin\Gamma,\qquad M_{21}=iE\sin\Gamma$$

结合式（2.4-2）可得

$$E=\left\{\left\{\eta_p^2\left[\sin2\delta_p\cos\delta_q+\frac{1}{2}\left(\frac{\eta_p}{\eta_q}+\frac{\eta_q}{\eta_p}\right)\cos2\delta_p\sin\delta_q-\frac{1}{2}\left(\frac{\eta_p}{\eta_q}-\frac{\eta_q}{\eta_p}\right)\right]\sin\delta_q\right\}\right/$$

$$\left.\left[\sin2\delta_p\cos\delta_q+\frac{1}{2}\left(\frac{\eta_p}{\eta_q}+\frac{\eta_q}{\eta_p}\right)\cos2\delta_p\sin\delta_q+\frac{1}{2}\left(\frac{\eta_p}{\eta_q}-\frac{\eta_q}{\eta_p}\right)\sin\delta_q\right]\right\}^{1/2} \tag{2.4-3}$$

$$\Gamma=\arccos\left[\cos2\delta_p\cos\delta_q-\frac{1}{2}\left(\frac{\eta_q}{\eta_p}+\frac{\eta_p}{\eta_q}\right)\sin2\delta_p\sin\delta_q\right] \tag{2.4-4}$$

式中，Γ 的解不是唯一的，通常取最接近对称膜系实际位相厚度的那个解。

以上结果可推广到由任意多层膜组成的对称膜系，但是等效多层膜不能在每个方面都替代对称多层膜，它只是数学上的等效。

对于以（pqp）为基本周期的周期性对称膜系（pqp），可以很容易地得出其特征矩阵为

$$M^S=\begin{bmatrix} \cos S\Gamma & \dfrac{i}{E}\sin S\Gamma \\ iE\sin S\Gamma & \cos S\Gamma \end{bmatrix}$$

由此特征矩阵可知，周期性对称膜系（pqp）^{S} 的透射带中存在一个等效折射率 E，它和基本周期的等

效折射率完全相同,并且它的等效位相厚度等于基本周期的等效位相厚度的 S 倍,即 $\Gamma_S = S\Gamma$。

2. 对称膜系的通带透射率

由于对称周期性多层膜系 $\left[\dfrac{H}{2}L\dfrac{H}{2}\right]^S$ 和 $\left[\dfrac{L}{2}H\dfrac{L}{2}\right]^S$ 的基本周期满足 $2\delta_p = \delta_q$,按照上述分析,由式(2.4-3)和式(2.4-4)可知

$$E = \eta_p \left[\frac{(\eta_p+\eta_q)^2\cos\delta_q - (\eta_p^2-\eta_q^2)}{(\eta_p+\eta_q)^2\cos\delta_q + (\eta_p^2-\eta_q^2)}\right]^{1/2} \tag{2.4-5}$$

$$\Gamma_S = S\,\mathrm{arccos}\left[\cos^2\delta_q - \frac{1}{2}\left(\frac{\eta_p}{\eta_q}+\frac{\eta_q}{\eta_p}\right)\sin^2\delta_q\right] \tag{2.4-6}$$

(1)对波长 λ_0,$\delta_q = \pi/2$,三层对称膜层 $(0.5pq0.5p)$ 的等效膜层的等效折射率 E 是纯虚数,因此,三层对称膜层 $(0.5pq0.5p)$ 对波长 λ_0 并不存在等效膜层。

进一步分析可以表明,在整个高反射带,对称膜层 $(0.5pq0.5p)$ 的等效膜层的等效光学导纳 E 都是纯虚数,因此,在整个反射带都不存在等效膜层。

(2)对于波长 $\lambda = \lambda_0/2$,$\delta_q = \pi$,所以,$E = \sqrt{\eta_p^3/\eta_q}$,$\Gamma_s = 2S\pi$。这表明,多层对称膜系的等效光学导纳 E 是实数,而且,E 既可能大于 $\eta_p(\eta_p > \eta_q)$,也可能小于 $\eta_p(\eta_p < \eta_q)$,而等效光学厚度就是多层膜系的实际光学厚度的总和。

同样可通过数学分析得知,在整个透射带,对称膜层 $(0.5pq0.5p)$ 可以等效成一个具有确定折射率 E 和位相厚度 Γ 的单层膜。

图 2.4-3(a)是 $\left[\dfrac{H}{2}L\dfrac{H}{2}\right]$ 和 $\left[\dfrac{L}{2}H\dfrac{L}{2}\right]$ 的等效折射率随相对波数的变化曲线。图中表明:① 在每一个高透射带,对称膜系都有有限确切的等效折射率;② 通过 n_H,n_L 两种折射率材料组成的对称膜堆,在不同的通带波段有相差很大的等效折射率;③ 即便是在同一高透射率波段,等效折射率的色散也是非常大的。

因此,以 $\left[\dfrac{H}{2}L\dfrac{H}{2}\right]$ 和 $\left[\dfrac{L}{2}H\dfrac{L}{2}\right]$ 为基本周期的对称周期性多层膜系 $\left[\dfrac{H}{2}L\dfrac{H}{2}\right]^S$ 和 $\left[\dfrac{L}{2}H\dfrac{L}{2}\right]^S$ 的通带透射特性,就是其等效单层膜的透射特性。

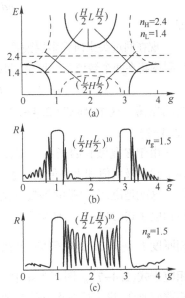

图 2.4-3 对称周期膜系的等效折射率及反射光谱曲线

图 2.4-3(b)和(c)分别是膜系 $\left[\dfrac{H}{2}L\dfrac{H}{2}\right]^S$ 和 $\left[\dfrac{L}{2}H\dfrac{L}{2}\right]^S$ 的反射光谱曲线。从图中可看出:① 两个不同结构的对称周期性多层膜系在相同的高透射波段有不同的反射光谱曲线;② 同一结构的对称周期性多层膜系在不同的高透射波段也有不同的反射光谱曲线。

进一步分析计算还表明,即便是两个相同结构的对称周期性多层膜系,如果其膜层数不同,它们在相同的高透射波段也有不同的反射光谱曲线。

实际上,图 2.4-3 中膜系 $\left[\dfrac{H}{2}L\dfrac{H}{2}\right]^S$ 和 $\left[\dfrac{L}{2}H\dfrac{L}{2}\right]^S$ 的通带透射特性,只需要通过分析计算具有折射率 E 和位相厚度 Γ_s 的等效单层膜的透射特性就可以得到。

在无吸收的基片上镀制实际的单层介质膜时,其反射率在两个极值之间振荡。这两个极值

相应于膜厚等于 $\lambda/4$ 的整数倍。当膜厚等于 $\lambda/4$ 的偶数倍，即 $\lambda/2$ 的整数倍时，膜是 个虚设层，反射率就是光洁基片的反射率；当膜厚等于 $\lambda/4$ 的奇数倍时，取决于薄膜的折射率是高于或低于基片的折射率，反射率将出现极大值或者极小值。因此，如果 η_1 是薄膜的有效折射率，η_g 和 η_0 分别是基片和入射介质的有效折射率，那么相对于膜厚为 $\lambda/4$ 的偶数倍的反射率为 $(\eta_0-\eta_g)^2/(\eta_0+\eta_g)^2$，而相对于膜厚为 $\lambda/4$ 的奇数倍的反射率为 $(\eta_0-\eta_1^2/\eta_g)^2/(\eta_0+\eta_1^2/\eta_g)^2$。

抛开实际膜层的厚度，绘制出两条曲线

$$R_1=(\eta_0-\eta_g)^2/(\eta_0+\eta_g)^2 \tag{2.4-7}$$

和
$$R_0=(\eta_0-\eta_1^2/\eta_g)^2/(\eta_0+\eta_1^2/\eta_g)^2 \tag{2.4-8}$$

它们是极大值和极小值的轨迹，也就是单层膜组合的反射率曲线的包络。如果膜层的有效光学厚度是 $nd\cos\theta$，那么满足式（2.4-7）的那些极值的波长位置由下式决定：

$$nd\cos\theta=2k\lambda/4, \quad k=1,2,\cdots$$

即
$$\lambda=2nd\cos\theta/k$$

而满足式（2.4-8）的那些极值的波长位置将满足

$$nd\cos\theta=(2k+1)\lambda/4, \quad k=0,1,2,\cdots$$

即
$$\lambda=4nd\cos\theta/(2k+1)$$

现在回过头来研究多层膜系。由于对称多层膜在透射带内能够代换成一个单层膜，所以膜系的反射率将在两个数值之间振荡，即在式（2.4-7）给定的光洁基片的反射率 R_1 和下式给定的反射率

$$R_2=(\eta_0-E^2/\eta_g)^2/(\eta_0+E^2/\eta_g)^2 \tag{2.4-9}$$

之间振荡。这里，将式（2.4-8）中的 η_1 直接代换成对称周期膜系的等效折射率 E，就得到式（2.4-9）。

由于 E 是波长的函数，所以式（2.4-9）表示的是一条随波长变化的曲线，如图 2.4-4（b）所示。为了找到极大值和极小值的位置，寻求 $g=\lambda_0/\lambda$ 的这些值，它们使多层膜的总厚度等于 $\lambda/4$ 的整数倍。这就是说，多层膜的等效总位相厚度应当是 $\pi/2$ 的整数倍，奇数倍相应于式（2.4-9），而偶数倍相应于式（2.4-7）。如果多层膜有 S 个周期，那么等效总位相厚度将是 $S\Gamma$。当单个周期等效位相厚度 Γ 是 $\pi/2S$ 的整数倍，也就是 $\Gamma=\dfrac{m\pi}{2S}$，$m=1,3,5,\cdots$ 时，相应于式（2.4-9）；而 $m=2,4,6,\cdots$ 时相应于式（2.4-7）。图 2.2-4 中取 4 个周期的对称膜作为例子。显然，反射率曲线的包络并不随周期数而改变，只是反射次峰的个数随层数的增加而增加。

至此，已初步弄清楚了通带内出现振荡着的波纹的原因，为压缩通带内波纹指明了途径。

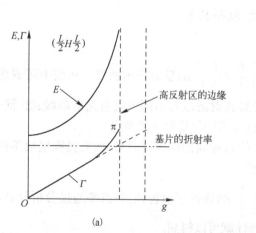

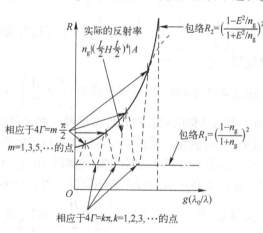

图 2.4-4 截止滤光片的通带波纹

2.4.2　通带波纹的压缩

通带波纹的形成原因是位相条件 $S\Gamma=(2k+1)\pi/2$ 和导纳失配 $E^2/\eta_g-\eta_0\neq0$ 共同作用所导致的,压缩通带波纹的途径,就是破坏通带波纹形成的条件。具体设计时只需破坏这两个条件之一就可以了。

压缩通带波纹有许多不同的途径,最简单的途径是选取一个组合膜,使其通带内的等效折射率与基片折射率相接近,也即使 R_1 接近于 R_2。如果基片表面的反射损失不太大,那么这种方法必将产生足够好的结果。

图 2.4-5 示出了制作在 K_9 玻璃上的膜系 $\left[\dfrac{H}{2}L\dfrac{H}{2}\right]^s$ 和 $\left[\dfrac{L}{2}H\dfrac{L}{2}\right]^s$ 的光谱曲线。显然 $\left[\dfrac{H}{2}L\dfrac{H}{2}\right]^s$ 有比较好的长波通特性,而 $\left[\dfrac{L}{2}H\dfrac{L}{2}\right]^s$ 则有比较好的短波通特性。结合图 2.4-3 给出的膜系 $\left[\dfrac{H}{2}L\dfrac{H}{2}\right]^s$ 和 $\left[\dfrac{L}{2}H\dfrac{L}{2}\right]^s$ 的通带等效折射率曲线,不难发现,$\left[\dfrac{H}{2}L\dfrac{H}{2}\right]^s$ 有比较好的长波通特性,而 $\left[\dfrac{L}{2}H\dfrac{L}{2}\right]^s$ 有比较好的短波通特性的原因在于:它们分别在不同的通带有好的折射率匹配。再结合对比图 2.2-1、图 2.4-3 与图 2.4-5,可以看到,基本周期中膜层厚度的改变导致了通带特性的改变。

因此,压缩波纹的简单方法就是改变基本周期内的膜层厚度,使其等效折射率更接近预期值。要使这种方法有成效,则要求光洁基片保持低的反射率,即基片应有低的折射率。在可见光区,玻璃是令人十分满足的基片材料。但是这种方法不能不加修改就用于红外区,例如用于硅板和锗板。

更常用的方法是在多层膜的每一侧加镀匹配层,使它与基片及入射介质匹配。在多层膜与基片之间插入一个修正导纳为 η_3 的 $\lambda/4$ 层,而在多层膜与入射介质之间插入一个导纳为 η_1 的 $\lambda/4$ 层,$\eta_3=\sqrt{\eta_g E}$,$\eta_1=\sqrt{\eta_0 E}$。插入层就相当于多层膜边界的减反射膜,能够有效地提高通带的透射率。只要计算多层膜系在某些特定波长的特性,便可迅速地检验膜系是否具有所要求的性能。

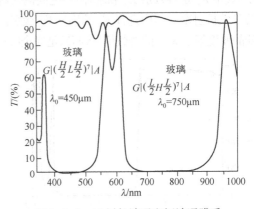

图 2.4-5　15 层长波通和短波通膜系的光谱曲线

在这些特定波长处,多层膜的等效厚度或者为 $\lambda/4$ 的奇数倍,或者为 $\lambda/4$ 的偶数倍。在多层膜表现如同一个 $\lambda/4$ 层的那些波长处,膜系的组合导纳恰好为

$$Y=\eta_1^2\eta_3^2/E^2\eta_g$$

因此,反射率为

$$R=\left[\eta_0-(\eta_1^2\eta_3^2/E^2\eta_g)\right]^2/\left[\eta_0+(\eta_1^2\eta_3^2/E^2\eta_g)\right]^2 \qquad (2.4\text{-}10)$$

当
$$\eta_1^2\eta_3^2=E^2\eta_g\eta_0 \qquad (2.4\text{-}11)$$

时,反射率 $R=0$;当多层膜表现如同一个 $\lambda/2$ 层时,它是虚设的,其反射率为

$$R=\left[\eta_0-(\eta_1^2\eta_g/\eta_3^2)\right]^2/\left[\eta_0+(\eta_1^2\eta_g/\eta_3^2)\right]^2 \qquad (2.4\text{-}12)$$

如果
$$\eta_1^2/\eta_3^2=\eta_0/\eta_g \qquad (2.4\text{-}13)$$

那么反射率 $R=0$。解式(2.4-11)和式(2.4-13),便得到匹配层预期的导纳值 $\eta_3=\sqrt{\eta_g E}$ 和 $\eta_1=\sqrt{\eta_0 E}$。

图 2.4-6 所示为一个短波通滤光片在加镀匹配层前后的通带特性曲线。

由于对称周期膜系的等效折射率随着波长而变化,对一个波长的任何最佳化只有在窄的波段内才是严格正确的,因而采取多层减反射膜可以改善匹配层的效能。

综上所述,通常使等效折射率曲线的水平部分与基片和入射介质匹配是没有多大困难的。在等效层的折射率与基片和入射介质的折射率差别颇大时,其间必须加镀增透层。但等效折射率在滤光片截止限附近急剧变化,要实现等效折射率曲线陡变处的匹配而又不破坏水平部分的匹配则要困难得多。

图 2.4-7 和图 2.4-8 是分别由两个基本周期相同但中心波长略有差异的等效层构成的长波通滤光片和短波通滤光片的特性曲线。两膜系等效折射率曲线的水平部分保持一致,至于曲线陡变处,则使 $E_1 = \sqrt{E_2 \eta_g}$ 成立,式中 E_1 是等效层 E_2 和基片 η_g 之间的对称周期膜层的等效折射率。适当选择 E_1 的周期数,该多层膜在陡变处的厚度等于 $\lambda/4$ 的奇数倍,从而满足完全减反射条件。

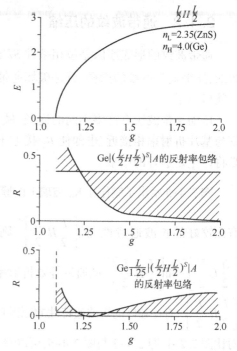

图 2.4-6 加镀匹配层前后短波通滤光片的通带特性曲线

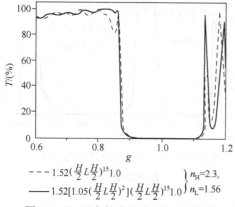

$$ --- \quad 1.52 \left(\frac{H}{2} L \frac{H}{2}\right)^{15} 1.0 $$
$$ \underline{\quad\quad} \quad 1.52 \left[1.05 \left(\frac{H}{2} L \frac{H}{2}\right)^2\right] \left(\frac{H}{2} L \frac{H}{2}\right)^{15} 1.0 \quad \left\{ \begin{array}{l} n_H = 2.3, \\ n_L = 1.56 \end{array} \right. $$

图 2.4-7 两个长波通滤光片的特性曲线

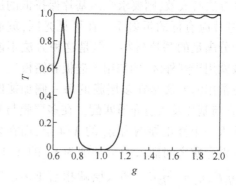

图 2.4-8 改进设计的短波通滤光片的特性曲线

2.4.3 通带的展宽和压缩

全 $\lambda/4$ 厚度形式的长波通滤光片,其长波通带可以一直延伸至膜料和基片的吸收限,宽度是足够的。但短波通滤光片因为有更高级次的截止区,所以它的通带宽度是有限的。在有些情况下,例如某些类型的热反光镜,就要求有宽得多的短波通带。下面讨论短波通滤光片通带的展宽问题。

假设多膜层由 S 个周期表示,每个周期的形式为

$$ \boldsymbol{M} = \begin{bmatrix} M_{11} & M_{12} \\ M_{21} & M_{22} \end{bmatrix} $$

如果单个周期被看成浸没在一种导纳为 η 的介质中,则这个周期的透射率系数为

$$ t = \frac{2\eta}{\eta \{ (M_{11} + M_{22}) + [\eta M_{12} + (M_{21}/\eta)] \}} \tag{2.4-14} $$

令 $t=|t|\mathrm{e}^{\mathrm{i}\tau}$($\tau$ 为透射光的位相变化),则有

$$\frac{1}{2}\{(M_{11}+M_{12})+[\eta M_{12}+(M_{21}/\eta)]\}=\frac{\cos\tau-\mathrm{i}\sin\tau}{|t|} \tag{2.4-15}$$

对于无吸收介质,M_{11},M_{22} 是实数,M_{12},M_{21} 为纯虚数。令上式的实部相等,即给出

$$\frac{1}{2}(M_{11}+M_{12})=\frac{\cos\tau}{|t|} \tag{2.4-16}$$

如果略去周期内反射两次以上的光束,那么 $\tau\approx\sum\delta$,也就是周期的总位相厚度。

如果 $\sum\delta=m\pi$,$\cos\tau=\pm1$,且 $|t|<1$,则有 $\left|\dfrac{1}{2}(M_{11}+M_{12})\right|>1$,结果出现高反射带;如果 $|t|=1$,则 $\left|\dfrac{1}{2}(M_{11}+M_{12})\right|=1$,高反射带将被抑制。

对于结构简单的多层膜 $[(L/2)H(L/2)]^s$ 或 $[(H/2)L(H/2)]^s$,当 $\tau=\sum\delta=m\pi$,$m=2,4,6$,…时,$|t|=1$,因此偶数级次的高反射带将被抑制;而当 $m=1,3,5$,…时,$|t|<1$,所以奇数级次的高反射带是存在的。

上述结果归纳起来就是,只要多层膜各个周期的总光学厚度等于 $\lambda/2$ 的整数倍,高反射带就可能存在;只有当 $|t|=1$ 时,高反射带才被抑制。根据上面的分析,可以抑制任何两个或任何 3 个相继的高反射带。

假定一个包含 3 种膜料的五层膜结构 $ABCBA$,作为多层膜系的基本周期。如果周期被设想为浸没在介质 M 中,为了在给定波长处满足 $|t|=1$ 以抑制高反射带,组合 AB 必须是 C 在 M 中的减反射膜。在构造最终的膜系时,首先可以认为介质 M 存在于相继周期之间,然后使其厚度递减直至正好消失。厚度递减过程并不改变预定的高反射带的抑制,因此在后面提出的设计程序中,M 的选取是任意的。

膜层的各个参数用带有下标 A,B,C 和 M 的通常的符号表示。减反射膜系的特征矩阵为

$$
\begin{bmatrix} B \\ C \end{bmatrix} =
\begin{bmatrix} \cos\delta_A & \dfrac{\mathrm{i}}{\eta_A}\sin\delta_A \\[2mm] \mathrm{i}\eta_A\sin\delta_A & \cos\delta_A \end{bmatrix}
\begin{bmatrix} \cos\delta_B & \dfrac{\mathrm{i}}{\eta_B}\sin\delta_B \\[2mm] \mathrm{i}\eta_B\sin\delta_B & \cos\delta_B \end{bmatrix}
\begin{bmatrix} 1 \\ \eta_C \end{bmatrix}
$$

$$
=
\begin{bmatrix} \cos\delta_A & \dfrac{\mathrm{i}}{\eta_A}\sin\delta_A \\[2mm] \mathrm{i}\eta_A\sin\delta_A & \cos\delta_A \end{bmatrix}
\begin{bmatrix} \cos\delta_B+\mathrm{i}\dfrac{\eta_C}{\eta_B}\sin\delta_B \\[2mm] \eta_C\cos\delta_B+\mathrm{i}\eta_B\sin\delta_B \end{bmatrix}
$$

$$
=
\begin{bmatrix} \cos\delta_A\left(\cos\delta_B+\mathrm{i}\dfrac{\eta_C}{\eta_B}\sin\delta_B\right)+\dfrac{\mathrm{i}}{\eta_A}\sin\delta_A(\eta_C\cos\delta_B+\mathrm{i}\eta_B\sin\delta_B) \\[3mm] \mathrm{i}\eta_A\sin\delta_A\left(\cos\delta_B+\mathrm{i}\dfrac{\eta_C}{\eta_B}\sin\delta_B\right)+\cos\delta_A(\eta_C\cos\delta_B+\mathrm{i}\eta_B\sin\delta_B) \end{bmatrix}
$$

因而

$$Y=\frac{\eta_C\cos\delta_A\cos\delta_B-\dfrac{\eta_C\eta_A}{\eta_B}\sin\delta_A\sin\delta_B+\mathrm{i}(\eta_A\sin\delta_A\cos\delta_B+\eta_B\cos\delta_A\sin\delta_B)}{\cos\delta_A\cos\delta_B-\dfrac{\eta_B}{\eta_A}\sin\delta_A\sin\delta_B+\mathrm{i}\left(\dfrac{\eta_C}{\eta_B}\cos\delta_A\sin\delta_B+\dfrac{\eta_C}{\eta_A}\sin\delta_A\cos\delta_B\right)}$$

若要使反射率为零,即 $|t|=1$,则导纳 Y 应等于 η_M,即

$$\eta_C\cos\delta_A\cos\delta_B-\frac{\eta_C\eta_A}{\eta_B}\sin\delta_A\delta_B+\mathrm{i}(\eta_A\sin\delta_A\cos\delta_B+\eta_B\cos\delta_A\sin\delta_B)$$

$$=\eta_M\left[\cos\delta_A\cos_B-\frac{\eta_B}{\eta_A}\sin\delta_A\sin\delta_B\right]+\mathrm{i}\eta_M\left(\frac{\eta_C}{\eta_B}\cos\delta_A\sin\delta_B+\frac{\eta_C}{\eta_A}\sin\delta_A\cos\delta_B\right)$$

等式两边的实部和虚部应分别相等,得到

$$\eta_C\cos\delta_A\cos\delta_B-\frac{\eta_A\eta_C}{\eta_B}\sin\delta_A\sin\delta_B=\eta_M\cos\delta_A\cos\delta_B-\frac{\eta_M\eta_B}{\eta_A}\sin\delta_A\sin\delta_B$$

$$\eta_A\sin\delta_A\cos\delta_B+\eta_B\cos\delta_A\sin\delta_B=\frac{\eta_M\eta_C}{\eta_B}\cos\delta_A\sin\delta_B+\frac{\eta_M\eta_C}{\eta_A}\sin\delta_A\cos\delta_B$$

由这两个方程可求得

$$\tan\delta_A\tan\delta_B=\frac{\eta_C-\eta_M}{\dfrac{\eta_A\eta_C}{\eta_B}-\dfrac{\eta_M\eta_B}{\eta_A}}=\frac{\eta_A\eta_B(\eta_C-\eta_M)}{\eta_A^2\eta_C-\eta_M\eta_B^2} \tag{2.4-17}$$

$$\frac{\tan\delta_B}{\tan\delta_A}=\frac{\eta_M\eta_C/\eta_A-\eta_A}{\eta_B-(\eta_M\eta_C/\eta_B)}=\frac{\eta_B(\eta_M\eta_C-\eta_A^2)}{\eta_A(\eta_B^2-\eta_M\eta_C)} \tag{2.4-18}$$

令 A 和 B 的有效光学厚度相等,则其位相厚度也相等,即 $\delta_A=\delta_B$,由式(2.4-18)得

$$\eta_A\eta_B=\eta_M\eta_C \tag{2.4-19}$$

于是由式(2.4-17)得

$$\tan^2\delta_A=\frac{\eta_A\eta_B-\eta_C^2}{\eta_B^2-(\eta_A\eta_C^2/\eta_B)} \tag{2.4-20}$$

方程(2.4-20)给出的两个解 δ_A 和 $(\pi-\delta_A)$ 都是可能的。指定 δ_A 相应于 λ_1,而 $(\pi-\delta_A)$ 相应于 λ_2,在这里 λ_1 和 λ_2 是被抑制的高反射区的两个波长。

$$\delta_A=\frac{2\pi}{\lambda_1}(nd\cos\theta)_A \tag{2.4-21}$$

$$\pi-\delta_A=\frac{2\pi}{\lambda_2}(nd\cos\theta)_A \tag{2.4-22}$$

由以上两式可得

$$\delta_A=\frac{\pi}{1+\lambda_1/\lambda_2} \tag{2.4-23}$$

代入式(2.4-20)得

$$\tan^2\frac{\pi}{1+\lambda_1/\lambda_2}=\frac{\eta_A\eta_B-\eta_C^2}{\eta_B^2-\eta_A\eta_C^2/\eta_B} \tag{2.4-24}$$

这就确定了膜系的全部设计。膜层 A 和 B 的有效光学厚度可以从式(2.4-23)求得,即

$$\Delta_A=\Delta_B=\frac{\lambda_1\lambda_2}{2(\lambda_1+\lambda_2)} \tag{2.4-25}$$

还需求出的另一个量是膜层 C 的光学厚度。首先注意到,周期的总光学厚度是 $\lambda_0/2$,这里 λ_0 是第一级次高反射带的中心波长,膜层 A 和 B 的光学厚度已经规定相等,所以膜层 C 的有效光学厚度为

$$\Delta_C=\frac{\lambda_0}{2}-\frac{2\lambda_1\lambda_2}{\lambda_1+\lambda_2} \tag{2.4-26}$$

为了帮助分析,人为引入的介质 M 在最终结果中完全消失,因而没有任何影响。三种膜层材料的折射率可以随意地选定其中两种,然后由式(2.4-24)给出第三种的值。

根据上述设计思想,已经给出了大量的多层膜系实例。这些膜系具有不同的抑制区,而最主要的是第二级次和第三级次高反射带受到抑制的多层膜系,抑制区的波长为 $\lambda_1=\lambda_0/2,\lambda_2=\lambda_0/3$。

由式(2.4-25)和式(2.4-26)可知,所有膜层的有效光学厚度都等于 $\lambda_0/10$。选定膜层的两种折射率值,第三个折射率值从方程(2.4-24)中解出。第二级次和第三级次高反射带被抑制的多层膜系 $G\,|\,A(ABCBA)^{10}\,|\,M$ 的透射率曲线如图2.4-9所示。

同样可以设计一个第二级次、第三级次和第四级次高反射带全被抑制的多层膜,它成立的条件是厚度分别为 $A=\lambda_0/12,B=\lambda_0/12,C=\lambda_0/6$,而折射率为 $\eta_B=(\eta_A\eta_C)^{1/2}$。

现在转而讨论通带的压缩。单纯的 $\lambda/4$ 多层膜不存在偶数级次的高反射带,有时为了压缩通带,需要让这些反射带出现,应用2.3节所讲的方法,可以比较简单地使偶数级次反射带的反

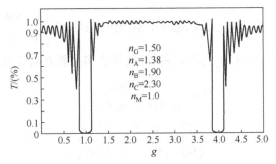

图 2.4-9 多层膜系 $G \mid A(ABCBA)^{10} \mid M$ 的透射率曲线

射率得到提高。

为了使分析更简单起见,假定基本周期的形式是 AB 而不是 $(A/2)B(A/2)$。基本结构一经确定,如果需要,就可以很容易地变换为 $(A/2)B(A/2)$ 的形式。在通常的 $\lambda/4$ 多层膜中,偶数级次的高反射带被抑制的原因是每层膜的厚度是 $\lambda/2$ 的整数倍,因而基本周期的 $|t|=1$。所以,要求高反射带出现,就必须破坏这两个条件。为此应该增加一层膜的厚度,相应地减小另一层膜的厚度,以使总的光学厚度保持不变。偏离半波长条件越远,反射率峰值就越明显。

下面讨论这种情况:要求反射带出现在 $\lambda_0, \lambda_0/2$ 和 $\lambda_0/3$ 处,而不能出现在 $\lambda_0/4$ 处。这只需使 $n_A d_A = \dfrac{1}{3} n_B d_B = \lambda_0/8$。因此基本的多层膜系的形式为

$$\frac{H}{2} \frac{3L}{2} \frac{H}{2} \frac{3L}{2} \cdots \frac{3L}{2} \quad \text{或者} \quad \frac{L}{2} \frac{3H}{2} \frac{L}{2} \frac{3H}{2} \cdots \frac{3H}{2}$$

在波长 $\lambda = \lambda_0/4$ 的反射率峰值受到抑制,因为对于这个波长,各层膜的厚度是 $\lambda/2$ 的整数倍。

这种方法可以用来产生任意多个高反射带,不过应当注意,膜层厚度偏离理想的 $\lambda_0/4$ 越远,多层膜的第一级高反射带就越窄。

2.4.4 截止波长和截止带中心的透射率

对称周期膜系 $\left[\dfrac{H}{2} L \dfrac{H}{2}\right]^s$ 和 $\left[\dfrac{L}{2} H \dfrac{L}{2}\right]^s$ 的截止带出现的位置和宽度都与非对称周期膜系 $(LH)^s$ 相同。

高反射带或截止带的透射率是截止滤光片的一个重要参数。由于等效折射率的概念在截止带中已不复存在,所以截止带的透射率只能直接由特征矩阵计算。对于截止波长,虽说等效折射率趋近于零或无穷大,但等效厚度趋近于 π 的整数倍,其透射率也是不确定的,只能由特征矩阵分析和计算。

1. 截止波长的透射率

设多层膜由 S 个基本周期组成,因此膜系的特征矩阵为

$$M^S = \begin{bmatrix} \cos\Gamma & \dfrac{i}{E}\sin\Gamma \\ iE\sin\Gamma & \cos\Gamma \end{bmatrix}^S = \begin{bmatrix} \cos S\Gamma & \dfrac{i}{E}\sin S\Gamma \\ iE\sin S\Gamma & \cos S\Gamma \end{bmatrix}$$

在截止带的边缘(即截止波长 λ_0),$\cos S\Gamma \to 1$,$\sin S\Gamma \to 0$,并且 $E \to 0$ 或 ∞(依膜系的具体组合而定),当 $\sin\Gamma \to 0$ 时,则 $\dfrac{\sin S\Gamma}{\sin\Gamma} \to S$,因此在截止波长,矩阵趋近于

$$\begin{bmatrix} 1 & \dfrac{i}{E} S\sin\Gamma \\ iES\sin\Gamma & 1 \end{bmatrix} = \begin{bmatrix} 1 & SM_{12} \\ SM_{21} & 1 \end{bmatrix}$$

时,因为 $M_{11}M_{22}-M_{12}M_{21}=1$,所以 M_{12} 或 M_{21} 趋近于零,则矩阵或者为 $\begin{bmatrix} 1 & SM_{12} \\ 0 & 1 \end{bmatrix}$,或者为 $\begin{bmatrix} 1 & 0 \\ SM_{21} & 1 \end{bmatrix}$。

如果 η_0 是入射介质的导纳,η_g 是基片的导纳,那么多层膜在截止波长的透射率为

$$T=\frac{4\eta_0\eta_g}{(\eta_0 B+C)(\eta_0 B+C)^*}$$

如果 $M_{21}=0$,则

$$\begin{bmatrix} B \\ C \end{bmatrix}=\begin{bmatrix} 1 & SM_{12} \\ 0 & 1 \end{bmatrix}\begin{bmatrix} 1 \\ \eta_g \end{bmatrix}$$

或者 $M_{12}=0$,则

$$\begin{bmatrix} B \\ C \end{bmatrix}=\begin{bmatrix} 1 & 0 \\ SM_{21} & 1 \end{bmatrix}\begin{bmatrix} 1 \\ \eta_g \end{bmatrix}$$

即

$$\begin{bmatrix} B \\ C \end{bmatrix}=\begin{bmatrix} 1+S\eta_g M_{12} \\ \eta_g \end{bmatrix} \quad 或 \quad \begin{bmatrix} B \\ C \end{bmatrix}=\begin{bmatrix} 1 \\ \eta_g+SM_{21} \end{bmatrix}$$

所以,如果没有吸收,则:

当 $M_{21}=0$ 时,有

$$T=\frac{4\eta_0\eta_g}{(\eta_0+\eta_g)^2+(S\eta_0\eta_g|M_{12}|)^2} \tag{2.4-27}$$

当 $M_{12}=0$ 时,有

$$T=\frac{4\eta_0\eta_g}{(\eta_0+\eta_g)^2+(S|M_{21}|)^2} \tag{2.4-28}$$

由式(2.4-2)可以知道,M_{12} 或 M_{21} 为零时,有

$$\sin2\delta_p\cos\delta_q+\frac{1}{2}\left(\frac{\eta_p}{\eta_q}+\frac{\eta_q}{\eta_p}\right)\cos2\delta_p\sin\delta_q=\mp\frac{1}{2}\left(\frac{\eta_p}{\eta_q}-\frac{\eta_q}{\eta_p}\right)\sin\delta_q$$

当 $M_{12}=0$ 时有

$$|M_{21}|=\left|\eta_p\left(\frac{\eta_p}{\eta_q}-\frac{\eta_q}{\eta_p}\right)\sin\delta_q\right| \tag{2.4-29}$$

当 $M_{21}=0$ 时有

$$|M_{12}|=\left|\frac{1}{\eta_p}\left(\frac{\eta_p}{\eta_q}-\frac{\eta_q}{\eta_p}\right)\sin\delta_p\right| \tag{2.4-30}$$

已知在截止波长处有

$$\cos^2\delta=\left(\frac{\eta_p-\eta_q}{\eta_p+\eta_q}\right)^2$$

也即

$$\sin^2\delta=1-\cos^2\delta=\frac{4\eta_p\eta_q}{(\eta_p+\eta_q)^2}$$

代入式(2.4-29)和式(2.4-30),得到:

对于 $M_{12}=0$

$$|M_{21}|=2(\eta_p-\eta_q)\sqrt{\eta_p/\eta_q} \tag{2.4-31}$$

对于 $M_{21}=0$

$$|M_{12}|=2(\eta_p-\eta_q)\sqrt{1/(\eta_p^3+\eta_q)}| \tag{2.4-32}$$

可见,随着折射率差($\eta_p-\eta_q$)的增大和周期数 S 的增多,截止波长的透射率减小,过渡特性也随之变陡。

2. 截止带中心的透射率

对于单纯的 $\lambda/4$ 多层膜,第1章已给出它在高反射带中心的透射率表达式。现在讨论的多层膜,其透射率的值具有相同的数量级,但是膜系最外边的 $\lambda/8$ 层使表达式稍稍复杂化了。这种多层膜可以表示为

$$\frac{p}{2}qpqp\cdots pq\frac{p}{2}=\left(\frac{p}{2}q\frac{p}{2}\right)^s$$

如果有 S 个周期,那么在多层膜中膜层 q 将出现 S 次。在截止带的中心,矩阵乘积为

$$\begin{bmatrix} 1/\sqrt{2} & i/\sqrt{2}\,\eta_p \\ i\eta_p/\sqrt{2} & 1/\sqrt{2} \end{bmatrix}\begin{bmatrix} 0 & i/\eta_q \\ i\eta_q & 0 \end{bmatrix}\begin{bmatrix} 0 & i/\eta_q \\ i\eta_q & 0 \end{bmatrix}\cdots\begin{bmatrix} 0 & i/\eta_q \\ i\eta_q & 0 \end{bmatrix}\begin{bmatrix} 1/\sqrt{2} & i/\sqrt{2}\,\eta_p \\ i\eta_p/\sqrt{2} & 1/\sqrt{2} \end{bmatrix}$$

$$=\begin{bmatrix} 1/\sqrt{2} & i/\sqrt{2}\,\eta_p \\ i\eta_p/\sqrt{2} & 1/\sqrt{2} \end{bmatrix}\begin{bmatrix} 0 & i/\eta_q \\ i\eta_q & 0 \end{bmatrix}\begin{bmatrix} -\eta_q/\eta_p & 0 \\ 0 & -\eta_p/\eta_q \end{bmatrix}^{S-1}\begin{bmatrix} 1/\sqrt{2} & i/\sqrt{2}\,\eta_p \\ i\eta_p/\sqrt{2} & 1/\sqrt{2} \end{bmatrix}$$

$$=\frac{1}{2}\begin{bmatrix} (-\eta_q/\eta_p)^S+(-\eta_p/\eta_q)^S & (i/\eta_p)\left[(-\eta_q/\eta_p)^S-(-\eta_p/\eta_q)^S\right] \\ i\eta_p\left[(-\eta_p/\eta_q)^S-(-\eta_q/\eta_p)^S\right] & (-\eta_q/\eta_p)^S+(-\eta_p/\eta_q)^S \end{bmatrix} \qquad (2.4\text{--}33)$$

令 η_g 表示基片导纳,那么

$$\begin{bmatrix} B \\ C \end{bmatrix}=\frac{1}{2}\begin{bmatrix} \left(-\dfrac{\eta_p}{\eta_q}\right)^S+\left(-\dfrac{\eta_q}{\eta_p}\right)^S+\dfrac{i\eta_g}{\eta_p}\left\{\left(-\dfrac{\eta_q}{\eta_p}\right)^S-\left(-\dfrac{\eta_p}{\eta_q}\right)^S\right\} \\ \eta_g\left\{\left(-\dfrac{\eta_p}{\eta_q}\right)^S+\left(-\dfrac{\eta_q}{\eta_p}\right)^S\right\}+i\eta_p\left\{\left(-\dfrac{\eta_p}{\eta_q}\right)^S-\left(-\dfrac{\eta_q}{\eta_p}\right)^S\right\} \end{bmatrix} \qquad (2.4\text{--}34)$$

于是 $\quad T=\dfrac{4\eta_0\eta_g}{(\eta_0 B+C)(\eta_0 B+C)^*}$

$$=\frac{16\eta_0\eta_g}{\left\{(\eta_0+\eta_g)\left[(-\eta_q/\eta_p)^S+(\eta_p/\eta_q)^S\right]\right\}^2+\left\{\left(\dfrac{\eta_0\eta_g}{\eta_p}-\eta_p\right)\left[\left(\dfrac{\eta_q}{\eta_p}\right)^S-\left(\dfrac{\eta_p}{\eta_q}\right)^S\right]\right\}} \qquad (2.4\text{--}35)$$

如果 S 足够大(通常正是这种情况),以至于 $(\eta_H/\eta_L)^S \gg (\eta_L/\eta_H)^S$,那么透射率的表达式可简化为

$$T=\frac{16\eta_0\eta_g}{(\eta_H/\eta_L)^{2S}\left\{(\eta_0+\eta_g)^2+\left[(\eta_0\eta_g/\eta_p)-\eta_p\right]^2\right\}} \qquad (2.4\text{--}36)$$

现在可以归纳一下截止滤光片的简单的设计步骤:设计滤光片就是要决定选择怎样的膜系结构,以满足所要求的光学特性。具体地说就是选择合适的膜层材料,构造一定的多层膜系,然后计算这个膜系组合的截止波长 λ_C、通带或截止带的宽度、通带中的透射率,以及截止和过渡特性,校验这些参数能否满足要求,并且可进一步修改设计或得出适当的结论。

从前面的讨论中可以看出,各种类型的对称膜系都存在有效折射率 E 和等效位相厚度 Γ 为虚数的波段,这些波段具有构成一个截止带的条件;而对于那些和它相邻的 E 和 Γ 都为实数的波段,又都具有构成透射带的基本条件。因此,原则上任意一种对称膜系都可以用来构成一个具有一定性能的截止滤光片。

最简单也最常用的构成截止滤光片的周期性对称膜系的结构为 $\left(\dfrac{L}{2}H\dfrac{L}{2}\right)^S$ 或者 $\left(\dfrac{H}{2}L\dfrac{H}{2}\right)^S$ 的多层膜。首先选取折射率不同的两种膜料,一般选取两种折射率之比值尽可能大的膜料,以便用给定的周期数得到最宽的截止带和最深的截止度。截止带的宽度由式(2.2-4)或式(2.2-5)确定,截止带边缘的截止度由式(2.4-27)~式(2.4-32)给出,而截止带中心的透射率则由式(2.4-36)确定。其次计算膜系的等效折射率,然后用式(2.4-7)和式(2.4-9)绘制反射率曲线的包络,从而即可得到通带内波纹的大致概念。必要时,也可计算等效厚度 Γ,从而找到波纹的"峰"和"谷"的位置。如果波纹足够小,设计即告完成。如果波纹不满足要求,那么在多层膜与基片之间,以及多层膜与入射介质之间,应当插入匹配层。匹配层对于最重要的波长其光学厚度应是 $\lambda/4$,其折射率必须尽可能接近下式给定的值:

$$\eta_1=\sqrt{\eta_0 E}, \quad \eta_3=\sqrt{\eta_g E}$$

式中,η_1 为多层膜与入射介质之间的匹配导纳;η_3 为多层膜与基片之间的匹配导纳。

一般来说，导纳值刚好满足需要的膜料实际上往往是没有的，因而必须做一个近似选择。为了检验这种近似选择的有效性，可以用式(2.4-10)和式(2.4-12)计算出新的反射率曲线的包络。如果情况是令人满意的，那么下一步需用电子计算机计算膜系的实际特性，根据算得的曲线，便可推算各层膜的厚度和监控波长，使膜系的特性曲线位于正确的波段。

2.4.5 截止滤光片倾斜使用时的偏振效应

干涉型截止滤光片在很多情况下是倾斜使用的，这时薄膜的有效光学厚度变为 $n_j d_j \cos\theta_j$，θ_j 是第 j 层膜中的折射角，因此膜系的中心波长将向短波方向移动。为了使各层薄膜的有效厚度为 $\lambda_0/4$，则薄膜的实际厚度 $n_j d_j = \lambda_0/4\cos\theta_j$。因此对于高、低折射率层的多层膜而言，在制备时(测量光束垂直于基片表面)的控制波长将分别为 $\lambda_0/\cos\theta_H$ 和 $\lambda_0/\cos\theta_L$。

光束斜入射时，不仅薄膜的有效厚度发生了变化，而且它们的有效折射率也发生了变化。当光束垂直入射时，电矢量垂直于入射面的振动分量(S 分量)和平行于入射面的振动分量(P 分量)，对于薄膜截面来说是完全相同的；而当光束倾斜入射时，这两种入射分量对于薄膜界面的情况就不同了，因此它们的有效折射率也不相同。S 分量的有效折射率 $\eta_S = n\cos\theta$，P 分量的有效折射率 $\eta_P = n/\cos\theta$。前面已经说明，多层膜 $\left(\dfrac{H}{2}L\dfrac{H}{2}\right)^s$ 的截止带的半宽度为

$$\Delta g = \frac{2}{\pi}\arcsin\left(\frac{\eta_H - \eta_L}{\eta_H + \eta_L}\right) = \frac{2}{\pi}\arcsin\left(\frac{\eta_H/\eta_L - 1}{\eta_H/\eta_L + 1}\right)$$

由于通常 S 分量的有效折射率比值 η_H/η_L 比 P 分量的大，所以前者的反射带宽度比后者的宽，这就会不可避免地产生偏振效应，同时使截止带边缘的陡度降低。偏振效应对一般的长波通、短波通滤光片没有重大影响，但对用于彩色工作的分色膜或其他一些要求的截止滤光片，往往要求消除或减少薄膜系统中的偏振效应。

考虑结构为 $n_0 \mid (\alpha H \beta L)^m \mid n_G$ 或 $n_0 \mid (\beta L \alpha H)^m \mid n_G$ 的滤光片的偏振效应。这里 α, β 是以 $\lambda_0/4$ 为单位的有效光学厚度。基本周期的特征矩阵为

$$M = \begin{bmatrix} \cos\dfrac{\pi}{2}g\alpha & \dfrac{i}{\eta_H}\sin\dfrac{\pi}{2}g\alpha \\ i\eta_H\sin\dfrac{\pi}{2}g\alpha & \cos\dfrac{\pi}{2}g\alpha \end{bmatrix}\begin{bmatrix} \cos\dfrac{\pi}{2}g\beta & \dfrac{i}{\eta_L}\sin\dfrac{\pi}{2}g\beta \\ i\eta_L\sin\dfrac{\pi}{2}g\beta & \cos\dfrac{\pi}{2}g\beta \end{bmatrix} = \begin{bmatrix} M_{11} & M_{12} \\ M_{21} & M_{22} \end{bmatrix}$$

令

$$\xi = \frac{M_{11} + M_{22}}{2} = \cos\left(\frac{\pi}{2}g\alpha\right)\cos\left(\frac{\pi}{2}g\beta\right) - \frac{1}{2}\left(\frac{\eta_H}{\eta_L} + \frac{\eta_L}{\eta_H}\right)\sin\left(\frac{\pi}{2}g\alpha\right)\sin\left(\frac{\pi}{2}g\beta\right) \quad (2.4-37)$$

正如第 1 章所介绍的，截止带边缘由 $|\xi| = 1$ 所决定。用 k 表示 η_H/η_L，并令 $\xi = -1$，代入式(2.4-37)得

$$\frac{k + \dfrac{1}{k} - 2}{k + \dfrac{1}{k} + 2} = \frac{\cos^2\left[\dfrac{\pi}{2}g\left(\dfrac{\alpha+\beta}{2}\right)\right]}{\cos^2\left[\dfrac{\pi}{2}g\left(\dfrac{\alpha-\beta}{2}\right)\right]} \quad (2.4-38)$$

对于给定的设计和入射角，根据式(2.4-38)可计算得到 S 偏振和 P 偏振的截止波长的位置 g_S 和 g_P。它们的差值 $g_S - g_P = \delta_g$ 用于衡量偏振效应大小。

因为

$$k_P = \left(\frac{\eta_H}{\eta_L}\right)_P = \frac{n_H\cos\theta_L}{n_L\cos\theta_H}, \quad k_S = \left(\frac{\eta_H}{\eta_L}\right)_S = \frac{n_H\cos\theta_H}{n_L\cos\theta_L}$$

这表明只有当 $n_H = n_L$ 时，$k_P = k_S$，δ_g 才能为零。因此以两层膜为周期的多层膜，其偏振效应不可能完全消除，只能适当减小。

当 $\alpha=\beta=1$ 时，由式（2.4-38）得

$$\cos^2\left(\frac{\pi}{2}g\right)=\cos^2\left[\frac{\pi}{2}(1+\Delta g)\right]=\frac{k+1/k-2}{k+1/k+2}$$

$$\sin^2\frac{\pi}{2}\Delta g=\left(\frac{\eta_H-\eta_L}{\eta_H+\eta_L}\right)^2$$

即

$$\Delta g=\frac{2}{\pi}\arcsin\left(\frac{\eta_H-\eta_L}{\eta_H+\eta_L}\right)$$

当 $\alpha\neq\beta$ 时，例如 $\beta=1,\alpha=2j+1,j=0,1,2,\cdots$，式（2.4-38）成为

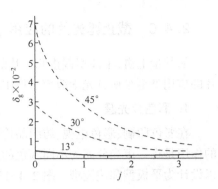

图 2.4-10　膜系 $A(\alpha H\beta L)^m G$ 的 δ_g 和 j 的关系曲线

$$\frac{k+1/k-2}{k+1/k+2}=\frac{\cos^2\left[\frac{\pi}{2}g(1+j)\right]}{\cos^2\frac{\pi}{2}gj}$$

对于给定的基本周期和入射角，可以计算 g_P 和 g_S 及 δ_g。图 2.4-10 示出了膜系 $A(\alpha H\beta L)^m G$ 的偏振效应 δ_g 与 j 的关系曲线。图中 $n_A=1,n_H=2.3,n_L=1.35,n_G=1.52,\alpha=2j+1,\beta=1$；入射角分别是 $13°,30°$ 和 $45°$。从图 2.4-10 可以看到，随着 j 的增大，偏振效应 δ_g 相应地减小，但是 H 层的厚度变厚，截止带的宽度随之变窄。然而第一级次高反射带中心移至 $g=1/(1+j)$ 左右，这适当补偿了截止带宽度的变窄和 H 层厚度的变厚，因而提高 j 值以减小偏振效应的影响，仍然是实际可行的。

图 2.4-11 所示为膜系 $A|(3HL)^5|G$ 的透射率曲线，图中 $\theta_0=45°,n_G=1.52,n_H=2.3,n_L=1.35$。这时 $j=1,2j+1=3$，第一级次高反射带中心移至 $g=0.485$，近似于 $1/(1+j)$，因而如果 $\lambda_0=291\,\mathrm{nm}$，第一级次中心将是 $600\,\mathrm{nm}$。对于 $j=1$ 和 $j=0$ 两种情况，H 层厚度的比例为 $3\lambda_0/600=1.455$；而 L 层厚度的比例 $\lambda_0/600=0.485$。总的光学厚度，前者略小于后者；而对于 $T=50\%$ 处的偏振效应 δ_g，两者相应为 0.025 和 0.075。如果用波长单位度量，两者的偏振宽度分别为 $23\,\mathrm{nm}$ 和 $30\,\mathrm{nm}$，因此偏振效应确实是减小了。从图上还可以看到，$A|(3HL)^5|G$ 这种结构，短波通带的波纹较少，适宜作为短波通滤光片；而 $A|(H3L)^5|G$ 或者 $A|(3LH)^5|G$ 这种结构适宜作为长波通滤光片。

当 $\alpha+\beta=2$ 时，由式（2.4-38）得

$$\frac{k+1/k-2}{k+1/k+2}=\frac{\cos^2\left(\frac{\pi}{2}g\right)}{\cos^2\left[\frac{\pi}{2}g(\alpha-1)\right]}$$

这时第一级次高反射带中心位于 $g=1$ 处，截止带宽度随着 $(\alpha-1)$ 的增大而变窄。偏振效应 δ_g 和 α 的关系曲线如图 2.4-12 所示。为了减少偏振效应，α 的值要大于 1，但截止带宽度也变窄了，因此必须在两者之间权衡利弊，做一个适当的选择。

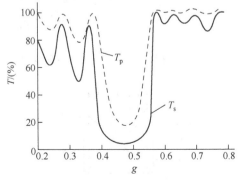

图 2.4-11　膜系 $A|(3HL)^5|G$ 的透射率曲线

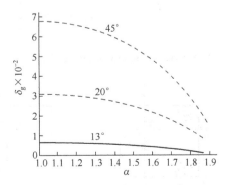

图 2.4-12　膜系 $A|(\alpha H\beta L)^m|G$ 的 δ_g 与 α 的关系曲线

2.4.6 截止滤光片的应用

从数量上讲,干涉型截止滤光片的应用数量仅次于减反射膜;从种类上讲,干涉型截止滤光片的应用类型是所有光学薄膜器件中最多的。

1. 彩色分光膜

在彩色印刷、彩色电视、纺织品检验及彩色扩放等彩色技术中,都要用到彩色分光元件,它们的作用是将一束光分离为不同颜色的几个部分。对各种技术的不同应用场合,彩色分光元件可以设计为平板型和棱镜型。图 2.4-13 示出了两个典型的彩色分光元件系统。一般情况下彩色分光元件都是倾斜使用的,这就会不可避免地带来偏振影响。

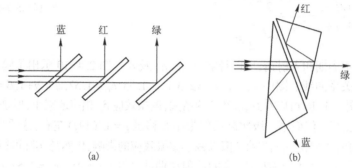

图 2.4-13 彩色分光元件系统

图 2.4-14 示意了平板分光镜在 0°和 45°入射时的偏振效应。图 2.4-15 示意了相同滤光膜系胶合在棱镜内的偏振效应。由于棱镜的折射率大于空气的折射率,相应的膜层中的折射角增大,因此偏振效应更加显著。一个解决棱镜式分光元件偏振效应的方法是,合理设计分光棱镜的形式,尽可能减小光束在膜面上的入射角。一般说来光束在膜面上的入射角降到 22.5°,再结合其他减偏振手段,就可以设计出低色偏的棱镜分光元件。图 2.4-16 示出了两种低偏振分光棱镜系统。图 2.4-17 示意了近几年用于背投电视系统中的三色光合像 X 立方棱镜。

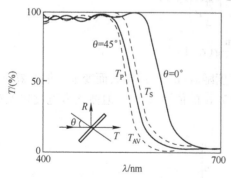

图 2.4-14 平板分光镜的偏振效应

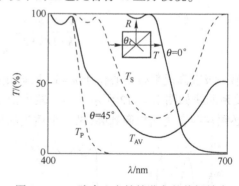

图 2.4-15 胶合立方棱镜分色的偏振效应

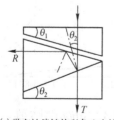

(a)带有补偿镜的彩色分光棱镜

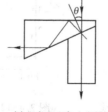

(b)人字形彩色分光棱镜

图 2.4-16 两种低偏振分光棱镜系统

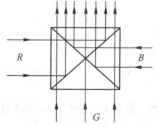

图 2.4-17 三色光合像 X 立方棱镜

通常彩色分光系统分为加色系统和减色系统两类，图 2.4-18 示出了这两类系统的配置和对滤光片的分光性能要求。从图中可以看到彩色分光元件大部分都是倾斜使用的干涉型截止滤光片。图 2.4-19 示出了两种低色偏短波通滤光片（分光膜）的光谱特性曲线，图（a）为一个反绿透蓝膜系的光谱特性，其膜系是 $GH'L'(0.5LH0.5L)^7A$，$n_{H'} = n_H = 2.35$，$n_{L'} = n_L = n_g = 1.52$，$n_A = 1.0$，$\lambda_0 = 612\ \text{nm}$，$\lambda_0' = 732\ \text{nm}$；图（b）为反红透蓝膜系的光谱特性，其膜系是 $G|L'1.15(0.5LH0.5L)(0.5LH0.5L)^6|A$，$n_H = 2.35$，$n_L = n_g = 1.52$，$n_{L'} = 1.38$，$n_A = 1.0$，$\lambda_0' = 548\ \text{nm}$，$\lambda_0 = 744\ \text{nm}$。

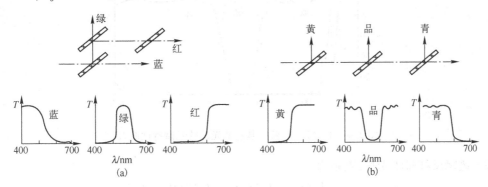

图 2.4-18　彩色分光系统的配置和对滤光片的分光性能要求

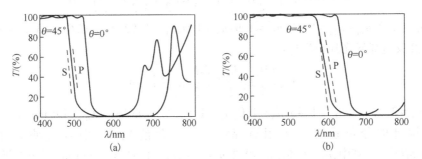

图 2.4-19　低色偏短波通滤光片的光谱特性曲线

图 2.4-20 所示为两种低色偏长波通滤光片的光谱特性曲线。图（a）为一个反蓝透红膜系的光谱特性曲线，其膜系是 $G\left|\left(\dfrac{2H}{3}\dfrac{2L}{3}\dfrac{2H}{3}\right)^8 L'\right|A$，$n_H = 2.35$，$n_L = 1.52$，$n_{L'} = 1.38$，$n_g = 1.52$，$n_A = 1.0$，$\lambda_0 = 468\ \text{nm}$，$\lambda_0' = 868\ \text{nm}$；图（b）为反绿透红膜系的光谱特性曲线，其膜系是 $G\left|\left(\dfrac{2H}{3}\dfrac{2L}{3}\dfrac{2H}{3}\right)^8\right|A$，$n_H = 2.35$，$n_L = n_g = 1.52$，$n_A = 1.0$，$\lambda_0 = 572\ \text{nm}$。

以上滤光片都是在 $\theta_0 = 45°$ 时使用的。

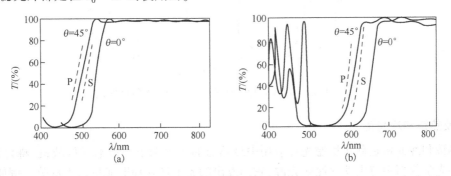

图 2.4-20　低色偏长波通滤光片的光谱特性曲线

彩色扩印机及彩色放大机的镜头中的分光元件是在 $\theta_0 - 0°$ 时使用的。图 2.4-21 示出了一套红、绿、蓝三基色滤光片的光谱特性曲线,它们的膜系分别是:

（1）透蓝反红绿滤光片,膜系为

$$G \mid H'_1 L_1 H'_1 \frac{L_1}{2}\left(\frac{L_1}{2}H_1\frac{L_1}{2}\right)^7\left(\frac{L_2}{2}H'_2\frac{L_2}{2}\right)^2\left(\frac{L_2}{2}H_2\frac{L_2}{2}\right)^5\left(\frac{L_2}{2}H''_2\frac{L_2}{2}\right)^2 \mid A$$

其中, $n_{H'_1} = 1.8$, $n_{H_1} = n_{H_2} = 2.2$, $n_{H'_2} = 1.95$, $n_{H''_2} = 2.05$, $n_{L_1} = n_{L_2} = 1.46$, $\lambda_{01} = 640\,\text{nm}$, $\lambda_{02} = 580\,\text{nm}$ 。

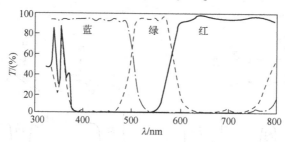

图 2.4-21　红、绿、蓝三基色滤光片的光谱特性曲线

（2）透绿反红蓝滤光片,膜系为

$$G \mid H'_1 L_1 H'_1 \frac{L_1}{2}\left(\frac{L_1}{2}H_1\frac{L_1}{2}\right)^5\left(\frac{L_1}{2}H'_1\frac{L_1}{2}\right)^2\left(\frac{H_2}{2}L_2\frac{H_2}{2}\right)^8 \mid A$$

其中, $n_{H_1} = n_{H_2} = 2.2$, $n_{L_1} = n_{L_2} = 1.46$, $n_{H'_1} = 1.9$, $n_A = 1.0$, $n_G = 1.52$, $\lambda_{01} = 676\,\text{nm}$, $\lambda_{02} = 430\,\text{nm}$ 。

（3）透红反蓝绿滤光片,膜系为

$$G \mid \left(\frac{H_1}{2}L_1\frac{H_1}{2}\right)^8\left(\frac{H_2}{2}L_2\frac{H_2}{2}\right)^8 \mid A$$

其中, $n_{H_1} = n_{H_2} = 2.2$, $n_{L_1} = n_{L_2} = 1.46$, $n_A = 1.0$, $n_G = 1.52$, $\lambda_{01} = 420\,\text{nm}$, $\lambda_{02} = 495\,\text{nm}$ 。

减色法设计的分色系统需采用黄、品、青三补色滤光片。黄补色滤光片的膜系是 $G \mid (0.5HL0.5H)^8 \mid A$,其中, $n_L = 1.46$, $n_H = 2.2$, $n_A = 1.0$, $n_G = 1.52$, $\lambda_0 = 440\,\text{nm}$;品补色滤光片的膜系是 $G \mid (H'L)^2(HL)^9(H'L)^2L' \mid A$,其中, $n_H = 2.2$, $n_{H'} = 1.9$, $n_L = 1.63$, $n_{L'} = 1.46$, $\lambda_0 = 546\,\text{nm}$;而青补色滤光片的膜系是 $G \mid H'LH'\frac{L}{2}\left(\frac{L}{2}H\frac{L}{2}\right)^7 \mid A$,其中, $n_H = 2.2$, $n_{H'} = 1.8$, $n_L = 1.46$, $n = 1.0$, $\lambda_0 = 680\,\text{nm}$ 。这 3 个膜系的光谱特性曲线如图 2.4-22 所示。

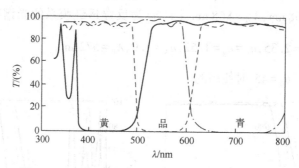

图 2.4-22　黄、品、青三补色滤光片的光谱特性曲线

2. 反热镜和冷光镜

反热镜和冷光镜是截止型滤光片应用中最精彩的两个例子。在电影放映机、舞台和摄影棚以及一些光学仪器中有大功率照明光源,它们发出的光中红外辐射能量占大部分。例如,碳弧灯发出的可见光仅仅占总辐射能量的 39% ,而钨丝灯的可见光仅占总辐射能量的百分之十几;剩

下的大部分能量是红外辐射,它们一般转化为热吸收,引起胶片烧毁,被照人物受热出汗等不良后果。反热镜和冷光镜能使照射到目标上的无用热能量减少。

反热镜是一种特殊的短波通滤光片,它抑制红外光,透射可见光,截止波长为 $0.7\,\mu m$。透射光不影响彩色平衡。反热镜常用吸热玻璃加镀膜系制造。图 2.4-23 示出了两种常用吸热玻璃的透射率曲线。需要加镀的膜系基本上都是短波通结构的。具体膜系按使用光源、基板材料和具体技术要求而定。不使用吸热玻璃的全介质型反热镜,一般需要很多层数,工艺复杂,成本较高。图 2.4-24 所示为 3 种全介质反热膜的光谱特性曲线。图中,曲线 1 的膜系为

$$G\left|\frac{L}{2}\left[1.125\left(\frac{L}{2}H\frac{L}{2}\right)\right]\left(\frac{L}{2}H\frac{L}{2}\right)^{5}\left[1.1\left(\frac{L}{2}H\frac{L}{2}\right)\right]\right|A$$

其中,$n_G = 1.50$,$n_A = 1.0$,$n_L = 1.38$,$n_H = 2.30$,$\lambda_0 = 860\,nm$。

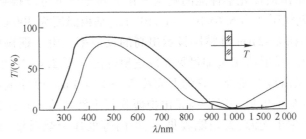

图 2.4-23 两种常用吸热玻璃的透射率曲线

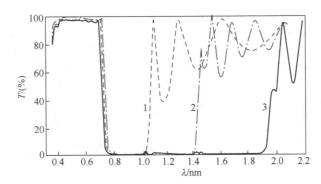

图 2.4-24 3 种全介质反热膜的光谱特性曲线

曲线 2 的膜系为

$$G\left|\frac{L}{2}\left[0.57(LMHML)\right]^{8}\left[1.125\left(\frac{L}{2}H\frac{L}{2}\right)\right]\left(\frac{L}{2}H\frac{L}{2}\right)^{5}\left[1.1\left(\frac{L}{2}H\frac{L}{2}\right)\right]\right|A$$

其中,$n_G = 1.52$,$n_A = 1.0$,$n_L = 1.38$,$n_M = 1.90$,$n_H = 2.30$,$\lambda_0 = 860\,nm$。

曲线 3 的膜系为

$$G\left|\frac{L}{2}\left[0.642(LM2HML)\right]^{8}\left[0.57(LDHDL)\right]^{8}\left[1.25\left(\frac{L}{2}H\frac{L}{2}\right)\right]\left(\frac{L}{2}H\frac{L}{2}\right)^{5}\left[1.1\left(\frac{L}{2}H\frac{L}{2}\right)\right]\right|A$$

其中,$n_G = 1.52$,$n_A = 1.0$,$n_H = 2.3$,$n_L = 1.38$,$n_M = 1.78$,$n_D = 1.9$,$\lambda_0 = 860\,nm$。

这些膜系是全介质的,虽然光学特性很好,但由于膜层层数很多,实际制造工艺或者非常复杂,或者目前还只停留在理论设计上。如果用金属膜来制造反热镜,采用诱导透射滤光片的设计原理,膜层层数将大为减少。一种 $TiO_2 \mid Ag \mid TiO_2$ 的组合薄膜就是很好的导电反热膜。图 2.4-25 示出了其光谱特性曲线。其膜系为

$$G\left|\begin{matrix}TiO_2 & Ag & TiO_2 \\ 21.7\,nm & 12.5\,nm & 30.5\,nm\end{matrix}\right|A$$

如果将膜系胶合在玻璃中,这时膜系可采用对称结构,即

$$G \mid 18\,nm\ TiO_2\ 18\,nm\ Ag\ 18\,nm\ TiO_2 \mid G$$

膜系在可见光区的透射率主要决定于银层的厚度,当银层的厚度从 12 nm 变化到 19 nm 时,可见光区的透射率从 85% 下降到 60%。但在红外光区,如 $\lambda = 10\,\mu m$ 处的反射率几乎维持为常数。另外银层厚度的变化,将引起膜系结构表面方电阻在 $2 \sim 5.3\,\Omega$ 之间变化。这些数值近似为相应厚度的商品氧化锡导电膜表面方电阻的五分之一。

透明的铟锡氧化物(ITO)薄膜也有透过可见光,反射红外光的特性,而且这种铟锡氧化物薄膜导电,对玻璃基片有很强的附着性和良好的化学不活泼性,这种膜层可以用各种不同的技术来制备。实践证明,在蒸发速率可以反馈控制的系统中,在加热的玻璃上用反应电子束沉积法可以方便地制备出最佳光学性能的膜层。在下列参数下可以得到最好的结果:蒸发速率为 $0.2 \sim 0.3\,nm/s$,氧气压强为 $6.6 \times 10^{-2} \sim 1 \times 10^{-1}\,Pa$,基板温度为 $300\,℃$。此膜层在 $\lambda \leqslant 1\,\mu m$ 时具有高的透射率,而在 $\lambda > 2\,\mu m$ 时膜层显示出高的反射率。由于铟锡氧化物的折射率比较高,因此可以通过镀上减反射膜来增加可见光的透射性能。图 2.4-26 示出了厚度为 $0.36\,\mu m$ 的铟锡氧化物薄膜的光谱特性曲线。它的上面覆盖一层 $0.1\,\mu m$ 厚的氟化镁用作可见光区的减反射膜,减反射膜可减小单独一层铟锡氧化物薄膜因干涉效应而产生的彩虹现象。铟锡氧化物薄膜应用很多,如用于光源、太阳能收集器、炉门等处作为热反镜,亦可用于太阳能电池及其显示器件上作为低发射膜层,还可以用于光电子器件、玻璃、塑料上除霜和作为去静电的覆盖层。

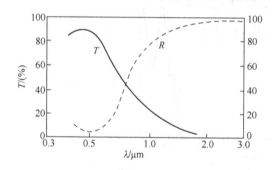

图 2.4-25　金属介质组合薄膜的光谱特性曲线　　图 2.4-26　ITO 薄膜的光谱特性曲线

这种膜层用于各种光学窗口是非常合适的,它可以有 95% 的可见光透射率,10% 的热反射率,以及不易察觉到的颜色。

把铟锡氧化物薄膜与氧化钨膜层相结合,可以设计出一种可调窗口,这种膜层结构在外加一个低电压时,对太阳光的透射率可以在一定范围内调节,并且这种调节是可逆的。

与反热镜相反,冷光镜是尽可能地反射入射到它上面的可见光,透射近红外光,因此冷光镜实际上是一种长波通截止滤光片。图 2.4-27 示出了一个冷光镜的光谱特性曲线,其膜系由两个不同中心波长的长波通滤光片耦合而成,即

$$G \mid \left(\frac{H}{2} L \frac{H}{2}\right)^6 \left(\frac{H'}{2} L' \frac{H'}{2}\right)^6 \mid A$$

其中,$n_G = 1.52$,$n_A = 1.0$,$n_H = n_{H'} = 2.35$,$n_L = n_{L'} = 1.38$,$\lambda_0 = 630\,nm$,$\lambda_0' = 490\,nm$。

太阳能电池覆盖膜要求消除对电池电力输出没有贡献的入射太阳能量,而且要保护电池免受紫外辐射的损害。最早的蓝太阳能电池覆盖膜仅仅考虑了电池不受紫外辐射的不良影响,它是由一个长波通截止滤光片构成的。而现在多用蓝-红太阳能电池覆盖膜,图 2.4-28 示出了其光谱特性曲线,其膜系为

$$G \left| \left[0.565 \left(\frac{H}{2} L \frac{H}{2} \right) \right]^2 \left[0.628 \left(\frac{H}{2} L \frac{H}{2} \right) \right]^6 1.55L \left[1.15 (LMHML) \right] (LMHML)^6 \left[1.05 (LMHML) \right] \right| A$$

其中，$n_G = 1.50$，$n_A = 1.0$，$n_H = 2.30$，$n_L = 1.38$，$n_M = 1.9$，$\lambda_0 = 525$ nm。

太阳能的利用涉及人类的能源问题，太阳能电池覆盖膜已经显现了良好的发展势头。

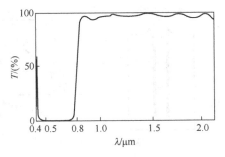

图 2.4-27　冷光镜光谱特性曲线

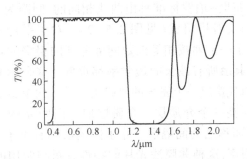

图 2.4-28　蓝-红太阳能覆盖膜的光谱特性曲线

3. CCD 摄像系统中的红外截止滤光片

在采用 CCD 作为图像光电转换器件的数码摄像机中，红外截止滤光片作为隔离红外噪声的器件，对提高数字图像的信噪比，保证数字图像的质量起着无可替代的作用。

图 2.4-29 所示为 CCD 数码摄相机中的一个截止滤光片的光谱特性曲线。其膜系结构为

$$G \left| 0.12M \ 0.24N \ 1.52M \ 0.72N \left(\frac{L}{2} H \frac{L}{2} \right)^9 \left[1.27 \left(\frac{L}{2} H \frac{L}{2} \right) \right]^9 \right| A$$

其中，$n_M = 2.08$，$n_N = 1.38$，$n_H = 2.4$，$n_L = 1.45$，$n_G = 1.52$，$\lambda_0 = 730$ nm。该设计使用了多达 4 种材料，但膜层总数只有 41 层，其中消通带次峰匹配膜系只有 4 层，设计结果比较理想。

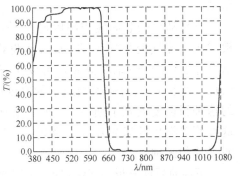

图 2.4-29　CCD 数码摄像机中截止滤光片的光谱特性曲线

2.5　带通滤光片

带通滤光片是指在一定的波段内，只有中间一小段是高透射率的通带，而在通带的两侧，是高反射率的截止带，如图 2.5-1 所示。表征滤光片特性的主要参数有：

λ_0——中心波长或称峰值波长；

T_{max}——中心波长的透射率，也即峰值透射率；

$2\Delta\lambda_0$——透射率为峰值透射率一半的波长宽度，也即通带宽度，或用 $2\Delta\lambda/\lambda_0$ 表示相对宽度。

通常，带通滤光片可有两种结构形式：一种是由一个长波通膜系和一个短波通膜系的重叠通带波段形成的带通滤光片的通带。这种结构的光谱特性可以获得较宽的截止带和较深的截止度，但不容易获得很窄的通带，所以常用于获得宽带通滤光片。第二种是法布里-珀罗干涉仪形式的滤光膜系，这种结构的光谱特性可以获得很窄的通带，但截止带宽度通常也比较窄，截止度也不深，一般需要配合使用截止滤光片来拓

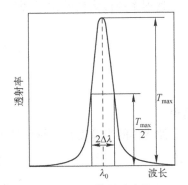

图 2.5-1　带通滤光片主要特性参数

2.5.1 法布里–珀罗滤光片特性

最简单的薄膜窄带滤光片是根据法布里–珀罗多光束干涉仪制成的干涉膜系。按最初的形式,法布里–珀罗标准具由两块相同的、间距为 d 的平行反射板组成(见图 2.5–2)。对于平行光线,除了一系列按相等波数间隔分开的很窄的透射带,其余所有波长的透射率都很低。这个标准具可以代换成一个完全的薄膜组合——两个金属反射层夹一个介质层。介质层取代间距 d 的位置,因而称之为间隔层。除了间隔层具有大于 1 的折射率,这种薄膜滤光片的特性分析与常用的标准具是完全相同的,但其光谱特性存在着重要差别。

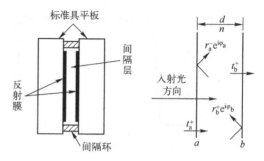

图 2.5–2 法布里–珀罗标准具

虽然基片的表面应当高度抛光,但不必加工到标准具平板所需的精密公差。如果在镀膜机中蒸气流是均匀的,那么薄膜将是基片的完善的临摹品,而不呈现任何厚度变化。这意味着法布里–珀罗滤光片可以用于比标准具低很多的干涉级次(实践证明也必须用在较低的级次),因为薄膜间隔层的厚度超过第四级之后,膜层就开始显得粗糙。间隔层表面的这种粗糙度展宽了通带,压低了峰值透射率,使得更高级次完全失去其任何优越性。将这种简单类型的滤光片称为金属–介质法布里–珀罗滤光片,以便与后面将要介绍的全介质滤光片相区别。

下面简要地分析一下法布里–珀罗滤光片的特性,根据方程式(1.1–2),透射率为

$$T = I_t/I_i = T_0/(1+F\sin^2\theta) \qquad (2.5-1)$$

这里

$$T_0 = \frac{T_1 T_2}{(1-\sqrt{R_1 R_2})^2}, \quad F = \frac{4\sqrt{R_1 R_2}}{(1-\sqrt{R_1 R_2})^2}$$

$$\theta = \frac{1}{2}(\varphi_1 + \varphi_2 - 2\delta)$$

式中,R_1,R_2,T_1,T_2 分别为两反射膜的反射率和透射率;φ_1,φ_2 为反射膜的反射相移,而 $\delta = \frac{2\pi}{\lambda}nd$ 为间隔层的相位厚度。

透射率的极大值的位置,即中心波长由下式确定:

$$\theta_0 = \frac{1}{2}\left(\varphi_1 + \varphi_2 - 2\frac{2\pi}{\lambda_0}nd\right) = -k\pi, \quad k=0,1,2,\cdots$$

$$\lambda_0 = \frac{2nd}{k+[(\varphi_1+\varphi_2)/2\pi]} = \frac{2nd}{m} \qquad (2.5-2)$$

这里

$$m = k + (\varphi_1 + \varphi_2)/2\pi$$

滤光片的半宽度是在峰值透射率的 1/2 处量得的通带宽度。根据式(2.5–1)有

$$T_0/2 = T_0/[1+F\sin^2(\theta_0 + \Delta\theta)]$$

$$\sin^2(\theta_0 + \Delta\theta) = 1/F, \quad \sin(\theta_0 + \Delta\theta) = 1/\sqrt{F}$$

由于 $\theta_0 = -k\pi$,因而 $\sin\Delta\theta = 1/\sqrt{F}$,$\Delta\theta = \arcsin(1/\sqrt{F})$。

又因为
$$\Delta\theta=\left(\frac{\partial\theta}{\partial\lambda}\right)_0\Delta\lambda=\frac{\partial\left[\frac{1}{2}\left(\varphi_1+\varphi_2-2\frac{2\pi}{\lambda}nd\right)\right]}{\partial\lambda_0}\Delta\lambda$$

假定反射相移 φ_1 和 φ_2 在通带内是常数,则
$$\Delta\theta\approx\frac{\delta_0}{\lambda_0}\Delta\lambda=\frac{m\pi}{\lambda_0}\Delta\lambda$$

所以
$$2\Delta\lambda=\frac{2\lambda_0}{m\pi}\arcsin\frac{1}{\sqrt{F}}=\frac{2\lambda_0}{m\pi}\arcsin\frac{1-\overline{R}}{2\sqrt{\overline{R}}} \tag{2.5-3}$$

这里,$\overline{R}=\sqrt{R_1R_2}$。或者用相对半宽度表示为
$$\frac{2\Delta\lambda}{\lambda_0}=\frac{2}{m\pi}\arcsin\frac{1-\overline{R}}{2\sqrt{\overline{R}}} \tag{2.5-4}$$

有时除半宽度外,还引入其他的带宽参量,如 0.9 倍峰值透射率处的带宽,0.1 倍峰值透射率的带宽,以及 0.01 倍峰值透射率的带宽等。对于法布里–珀罗滤光片,如果在通带内来自反射膜的实际相位变化是常数,那么上述带宽量度分别为 $\frac{1}{2}\times2\Delta\lambda$,$3\times2\Delta\lambda$,$10\times2\Delta\lambda$。这些量常用来说明任一给定类型的滤光片的通带波形接近于矩形的程度。

由式(2.5-1)可知,中心波长的峰值透射率为
$$T_{\max}=T_1T_2/(1-\overline{R})^2 \tag{2.5-5}$$

当反射膜没有吸收、散射损失,而且反射膜完全对称时,即
$$R_1=R_2,\quad T_1=T_2=1-R_1=1-R_2$$

则 $T_{\max}=1$,滤光片峰值透射率和裸露基片一样高。如果反射膜有吸收、散射损失,假定反射膜仍是完全对称的,用 R_{12},T_{12} 和 A_{12} 分别表示两反射膜的反射率、透射率和吸收与散射损失。由于 $R_{12}+T_{12}+A_{12}=1$,峰值透射率可以写为
$$T_{\max}=\frac{T_{12}^2}{(1-R_{12})^2}=\frac{T_{12}^2}{(T_{12}+A_{12})^2}=\frac{1}{(1+A_{12}/T_{12})^2} \tag{2.5-6}$$

可见,在实际上存在吸收、散射的情况下,反射膜的透射率越低,吸收、散射越大,则峰值透射率越低。例如 $T_{12}=0.012$,$A_{12}=0.005$,$T_{\max}\approx50\%$。这时如果 A_{12} 增加至 0.01,则 $T_{\max}$ 降至约 30%。这足以说明法布里–珀罗滤光片对膜层的吸收、散射损失是极其敏感的。对于金属–介质法布里–珀罗滤光片,由于金属反射膜的固有吸收,这种滤光片的峰值反射率不可能做得太高,一般以 35%~40% 为宜。

为了估计两个反射膜的不对称性对峰值透射率的影响,假定吸收、散射损耗为零,则峰值透射率为
$$T_{\max}=T_1T_2/(1-\sqrt{R_1R_2})^2 \tag{2.5-7}$$

令 $R_2=R_1-\Delta$,式中,Δ 是反射率的不对称误差,所以 $T_2=T_1+\Delta$,而式(2.5-7)可以写为
$$T_{\max}=\frac{T_1(T_1+\Delta)}{(1-\sqrt{R_1(R_1-\Delta)})^2}=\frac{T_1(T_1+\Delta)}{(1-R_1\sqrt{1-\Delta/R_1})^2}=\frac{T_1(T_1+\Delta)}{\left\{1-R_1\left[1-\frac{1}{2}(\Delta/R_1)+\cdots\right]\right\}^2}$$

如果 Δ/R_1 足够小,则可以只取展开式的前两项,稍加整理,即得
$$T_{\max}=\frac{T_1^2}{(1-R_1)^2}\frac{1+\Delta/T_1}{\left(1+\frac{1}{2}\Delta/T_1\right)^2} \tag{2.5-8}$$

式(2.5-8)的第一部分是两个反射膜没有任何不对称误差时的峰值透射率;而第二部分则表示不对称误差的影响,图2.5-3示出了这个影响的情况,图中横坐标是 $T_2/T_1 = 1 + \Delta/T_1$。显然,不对称影响法布里－珀罗滤光片的峰值透射率,但是极不敏感,甚至在两个反射膜的透射率相差2倍时,仍然可以看到75%的峰值透射率。

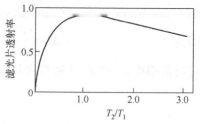

图2.5-3 两个反射膜不对称时的透射率

由式(2.5-4)可以看到,滤光片通带的半宽度决定于干涉级次和反射膜的反射率。反射膜的反射率越高,干涉级次越高(即间隔层越厚),则半宽度越窄,滤光片透射光的单色性越好。

提高干涉级次 m,可以减小通带宽度,但在主峰的长波侧会出现低级次的透射峰。如取 $\lambda_0 = 500\,nm, m = 3$(即 $nd = 3\lambda_0/2$),为简单起见,不考虑反射相移 φ_1 和 φ_2,则在 $\lambda_1 = 3\lambda_0/2 = 750\,nm$ 和 $\lambda_2 = 3\lambda_0 = 1.5\,\mu m$ 处会出现 $m = 2$ 和 $m = 1$ 的透射峰。可惜截止长波区的颜色玻璃还不多见,限制了更高级次滤光片的使用。不仅如此,当间隔层厚度超过第四级次时,膜层就开始显得粗糙,使得更高级次完全失去其使用价值。在通常情况下,最高使用到第三级次。但是,在现代光纤通信技术中,将间隔层厚度级次提高到数百上千,改用石英玻璃或硅片作为间隔层,制成了通带宽度窄(0.4 nm)、通带间隔小的梳状交错滤波器,成功地用于密集波分复用器中,解决了密集信道信号的隔离提取问题。

提高反射膜的反射率也可压缩带宽,但对于金属－介质滤光片而言,过于减小带宽将使峰值透射率显著下降,因此在可见光区,它们的半宽度在 5~10 nm 为佳。即使是下面将要讨论的全介质滤光片,增加反射膜层数,提高反射膜的反射率以压缩带宽,也是有一定限制的。

制备金属－介质滤光片并不困难,关键在于金属应尽可能快地蒸镀在冷基片上。在可见光区和近红外区,用银和冰晶石可以获得最好的结果,而在紫外区,最好的组合则是铝和氟化镁或冰晶石。在蒸镀之后膜层应尽快地与盖片胶合,并用环氧树脂封边,使任何可能的地方都被保护起来,避免潮气的侵蚀。在波长大于 300 nm 的紫外区,有少数几种适用的胶合剂,而在波长短于 200 nm 时则一种也没有,因而滤光片不可能胶以盖片。这时可用一层极薄的氟化镁来保护最外边的金属膜。选择这层膜的特定厚度,使它成为金属膜的增透层。

图2.5-4 中,曲线 a 为可见光区的金属－介质滤光片的典型特性曲线。所要用的特定的透射峰值是在 0.69 μm 处的第三级次峰值。对于由更高级次峰值所引起的短波通带,叠加一块玻璃吸收滤光片便容易抑制掉。吸收滤光片可与滤光片胶合,作为一块玻璃盖片。这种玻璃吸收滤光片的特性曲线见图2.5-4 的曲线 b,它是用于可见光区和近红外区,具有长波通特性的一系列吸收玻璃中的一种。可惜的是,适用于抑制长波通带的吸收玻璃并不多见。如果所用的检测器对较长的波长不灵敏,那就不存在这个问题。如果要求滤光片不带有长波通带,那么最好采用第一级次的金属－介质滤光片,尽管对于给定的带宽其峰值透射率要低得多,但是它们通常没有长波通带。后面将讨论一种金属和介质组合的双半波滤光片,即诱导透射滤光片,它可以得到高得多的透射率。虽然其半宽度更大,但没有长波旁通带,因而用作抑制长波的滤光片是十分优越的。

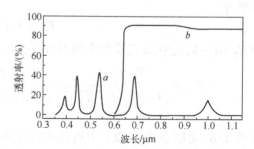

图2.5-4 金属－介质滤光片与吸收滤光片组合

2.5.2 全介质法布里-珀罗滤光片

1. 单半波型

金属反射膜的吸收较大,这限制了滤光片性能的提高。如果用多层介质反射膜代替金属反射膜,则可大大提高法布里-珀罗滤光片的性能。它基本上和具有介质反射膜的法布里-珀罗标准具的性能相同。图 2.5-5 所示是全介质法布里-珀罗滤光片的光谱特性曲线。上述对于金属-介质滤光片特性的分析也适用于全介质滤光片的情况。

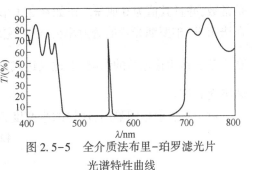

图 2.5-5　全介质法布里-珀罗滤光片光谱特性曲线

全介质滤光片的带宽可以按以下方法计算:如果两个反射膜对称,而且反射率足够高,则

$$F = \frac{4R_{12}}{(1-R_{12})^2} \approx \frac{4}{T_{12}^2}$$

$$2\Delta\lambda = \frac{2\lambda_0}{m\pi}\arcsin\frac{T_{12}}{2} \qquad (2.5-9)$$

由于当层数给定时,用高折射率层作为最外层将得到最高反射率,所以,实际上只有两种情况需要考虑。即 $(HL)^x 2H(LH)^x$ 或者 $H(LH)^x 2L(HL)^x H$。

如果间隔层不包括在内,每个多层反射膜的高折射率层的总数是 x,则:

(1) 对于高折射率间隔层的情况 $(HL)^x 2H(LH)^x$,有

$$Y_{12} = \frac{n_L^{2x}}{n_H^{2x}} n_G$$

$$R_{12} = \frac{(n_H - Y_{12})^2}{(n_H + Y_{12})^2} = \frac{(1 - Y_{12}/n_H)^2}{(1 + Y_{12}/n_H)^2}$$

当层数足够多时,则有

$$Y_{12}/n_H = n_L^{2x} n_G / n_H^{2x+1} \ll 1$$

所以

$$R_{12} \approx (1 - Y_{12}/n_H)^4 \approx 1 - 4Y_{12}/n_H$$

$$T_{12} \approx 4Y_{12}/n_H = 4n_L^{2x} n_G / n_H^{2x+1}$$

将上式代入式(2.5-9),可求出半宽度为

$$2\Delta\lambda = \frac{2\lambda_0}{m\pi}\arcsin(2n_L^{2x} n_G / n_H^{2x+1}) \approx 4\lambda_0 n_L^{2x} n_G / m\pi n_H^{2x+1} \qquad (2.5-10)$$

(2) 对于低折射率间隔层的情况 $H(LH)^x 2L(HL)^x H$,有

$$Y_{12} = \frac{n_H^{2(x-1)}}{n_L^{2(x-1)}} \frac{n_H^2}{n_G} = \frac{n_H^{2x}}{n_L^{2(x-1)} n_G}$$

$$R_{12} = \left(\frac{n_L - Y_{12}}{n_L + Y_{12}}\right)^2 = \left(\frac{1 - Y_{12}/n_L}{1 + Y_{12}/n_L}\right)^2$$

当层数足够多时,则有

$$\frac{Y_{12}}{n_L} = \frac{n_H^{2x}}{n_L^{2x-1} n_G} \gg 1$$

所以

$$R_{12} = \left(1 - \frac{n_L}{Y_{12}}\right)^4 \approx 1 - 4\frac{n_L}{Y_{12}}$$

$$T_{12} = 4\frac{n_L}{Y_{12}} = \frac{4n_L^{2x-1}}{n_H^{2x}}n_G$$

同样,可求出半宽度为

$$2\Delta\lambda = \frac{2\lambda_0}{m\pi}\arcsin\left(\frac{2n_L^{2x-1}}{n_H^{2x}}n_G\right) = \frac{4\lambda_0 n_L^{2x-1}n_G}{m\pi n_H^{2x}} \tag{2.5-11}$$

应当注意:在上述公式中,完全略去了多层反射膜反射相移的色散影响,认为在通带内它们是常数,并且其值为 0 或 π。正如在 2.1 节已经看到的相移并不是常数,相移改变的意义在于,在法布里-珀罗滤光片的透射率公式中,它增大了 $[(\varphi_1+\varphi_2)/2\delta]$ 随波长的变化率,因此压缩了带宽。考虑到相移色散的影响,上述表达式需乘上一个因子 $\frac{(n_H-n_L)}{(n_H-n_L)+n_L/m}$(这里 m 为滤光片的干涉级次),则:

对于高折射率间隔层,理想的半宽度为

$$2\Delta\lambda = \frac{4\lambda_0 n_L^{2x}n_G}{m\pi n_H^{2x+1}}\frac{(n_H-n_L)}{\left(n_H-n_L+\dfrac{n_L}{m}\right)} \tag{2.5-12}$$

对于低折射率间隔层,理想的半宽度为

$$2\Delta\lambda = \frac{4\lambda_0 n_L^{2x-1}n_G}{m\pi n_H^{2x}}\frac{(n_H-n_L)}{\left(n_H-n_L-\dfrac{n_L}{m}\right)} \tag{2.5-13}$$

由于全介质多层反射膜只在有限的区域是有效的,因此滤光片透射率峰值的两边会出现旁通带。在大多数应用中,必须将它们抑制掉。短波旁通带只要在滤光片上叠加一块长波通吸收玻璃滤光片便很容易去掉,但是很不容易得到短波通吸收滤光片。有些可供利用的吸收滤光片虽然能有效地抑制长波旁通带,但因其短波透射率太低,大大降低了整个滤光片的峰值透射率。解决这个问题的最满意的办法是,干脆不用吸收滤光片,而是把后面将要讨论的诱导透射滤光片用作截止滤光片。由于诱导透射滤光片没有长波旁通带,而且其峰值透射率可做得很高(约80%),所以将其用在这种场合是非常成功的。

2. 多半波型

简单的全介质法布里-珀罗滤光片的透射率曲线并非理想形状。可以证明,在任何级次的滤光片中,透射能量的一半是在半宽之外的(假定入射光束的能量随波长均匀分布)。因此透射率曲线越接近矩形越好。同时法布里-珀罗滤光片对吸收的影响也很敏感。对于任何级次的滤光片的给定透射率来说,其吸收严重地限制了可能得到的带宽,增高滤光片的级次以抑制吸收的影响,对于级次大于 3 的滤光片常常是不成功的,因为这增加了间隔层的粗糙度。

当多个调谐电路相耦合时,合成的频率曲线比单个调谐电路的频率曲线更接近矩形,对于法布里-珀罗滤光片也发现了相似的结果。如果将两个或更多的滤光片串置起来,则可得到与调谐电路非常相像的双峰曲线。不过,这种曲线可以有更多样的形状。滤光片可以是金属-介质的,或者是全介质的,其基本结构是反射膜/半波层/反射膜/半波层/反射膜,称之为 DHW(双半波)滤光片。全介质的 DHW 滤光片的透射率曲线如图 2.5-6 所示。

下面介绍双半波滤光片的特性分析和理论计算的史密斯(Smith)分析法。

(1)史密斯分析法

在标准的法布里-珀罗滤光片中,反射膜系在通带内的反射率近似为常数。正如已经看到的,反射相移的色散有助于压缩带宽,但并不改变通带的基本形状。史密斯提出一个想法——使用反射率急速变化的反射膜系,以得到更好的通带形状。式(2.5-1)为一个完整的滤光片的透

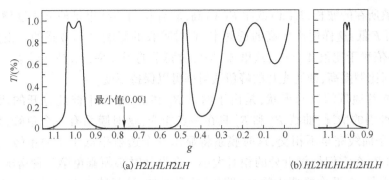

(a) H2LHLH2LH   (b) HL2HLHLHL2HLH

图 2.5-6　全介质的 DHW 滤光片的透射率曲线

射率的精确表达式,即

$$T = \frac{T_1 T_2}{(1-\sqrt{R_1 R_2})^2} \frac{1}{1+\dfrac{4\sqrt{R_1 R_2}}{(1-\sqrt{R_1 R_2})^2}\sin^2\left(\dfrac{\varphi_1+\varphi_2-2\delta}{2}\right)} \tag{2.5-14}$$

可以看出,只要使选定间隔层两边的反射率相等,并且满足相位条件 $\left|\dfrac{\varphi_1+\varphi_2}{2}-\delta\right| = m\pi$,那么在任一波长处都能够得到高透射率。

在峰值波长附近,合理的低反射率具有优越性。这意味着,吸收对峰值透射率的限制作用较小。在法布里-珀罗滤光片中,低反射率意味着宽的通带。现在安排反射率刚刚偏离峰值波长就开始显著变化,以此来压缩带宽。图 2.5-7 示意了双半波滤光片的最简单形式,其结构为 HHLHH,HH 是半波长间隔层,而 L 是耦合层。在下面的讨论中为了简单起见,将略去任何基片。滤光片的性能用一个间隔层两边的反射率来描述。R_1 是高折射率层与入射介质(选取折射率为 1 的空气)的界面的反射率,它是常数。R_2 是间隔层另一边的膜系的反射率。在间隔层厚度为 $\lambda_0/2$ 的波长 λ_0 处,R_2 很低;而在 λ_0 的两边 R_2 上升。在波长为 λ' 和 λ'' 时,反射率 R_1 和 R_2 相等。如果相位条件也满足,那么可望得到高的透射率。事实正是这样。在该图中也示出了膜系的透射率曲线,其形状是一个有陡峭边缘并包含两个紧靠在一起的透射峰的通带,在两峰之间只有一个"浅谷",这与法布里-珀罗滤光片的通带形状相比,就更像理想的矩形。

现在可以将滤光片透射率的史密斯公式写为

$$T(\lambda) = T_0(\lambda) \frac{1}{1+F(\lambda)\sin^2[(\varphi_1+\varphi_2)/2-\delta]} \tag{2.5-15}$$

式中 　　　　$T_0(\lambda) = \dfrac{(1-R_1)(1-R_2)}{[1-(R_1 R_2)^{1/2}]^2}, \quad F(\lambda) = \dfrac{4(R_1 R_2)^{1/2}}{[1-(R_1 R_2)^{1/2}]^2}$

$T_0(\lambda)$ 和 $F(\lambda)$ 这两个量都是变量,因为它们包含的 R_2 是变量。图 2.5-8 所示为这两个函数的曲线。

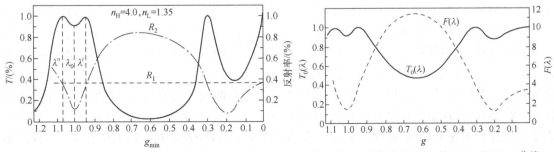

图 2.5-7　滤光片 HHLHH 的特性曲线　　　图 2.5-8　滤光片 HHLHH 的 $T_0(\lambda)$ 和 $F(\lambda)$ 曲线

在离开峰值所在的波长，$T_0(\lambda)$ 低而 $F(\lambda)$ 高，联合作用的结果是使截止度增加。在峰值波长附近，T_0 高而 F 低，这样便产生高的透射率，它对吸收的影响是不敏感的。正如前面所指出的，峰值透射率依赖于比值 A_{12}/T_{12}，这里 A_{12} 是反射膜系的吸收率，T_{12} 是透射率。显然，在 A_{12} 增大时，若 T_{12} 以同比例提高，则滤光片的峰值透射率可以保持不变。

双半波滤光片通带的双峰形状，是由于曲线 R_1 和 R_2 相交于彼此分开的两点而产生的。还可以出现两种别的情况：曲线 R_1 和 R_2 只在一点相交，这时膜系有一个单峰，理论上其透射率为 1；或者两条曲线完全不相交，这时膜系将显示一个透射率低于 1 的单峰，其确切数值依赖于曲线 R_1 和 R_2 在它们最靠近处的相对大小。在设计时必须避免第三种情况。对于双峰滤光片的一个要求是，在两个峰值中间的"凹谷"应是浅的，这意味着在波长为 λ_0 时，R_1 和 R_2 不应当相差太多。

在研究了双半波滤光片的最简单形式之后，下一步势必要研究更复杂的情况。我们已经考查的是两个反射膜系的系统，其中一个反射膜系的反射率在所关心的区域内大致保持常数，而另一个膜系的反射率在通带内应等于或接近于前者的反射率，但在通带之外却应当急剧地增加。在峰值波长处，简单的法布里-珀罗滤光片实际具有零反射率，但在峰值波长的两边，反射率迅速上升。如果将一个单纯的 $\lambda/4$ 多层膜系叠加在法布里-珀罗滤光片上，那么最后的组合将具有所希望的特性，即在中心波长处，反射率等于单纯 $\lambda/4$ 多层膜的反射率，而在中心波长的两边，反射率急剧地增加。因此，可以将一个反射率大致恒定的单纯 $\lambda/4$ 多层膜，当作间隔层一侧的反射膜；在间隔层另一侧，用一个完全相同的多层膜与一个法布里-珀罗滤光片连接起来。这将产生一个单峰滤光片，因为此时反射率恰好与波长 λ_0 相匹配。如果反射膜与法布里-珀罗滤光片相组合的反射率，被调整到稍微低于反射膜本身的反射率，那么将得到双峰透射率曲线。较为常用的结构是，在反射膜与法布里-珀罗滤光片之间，额外插入一个 $\lambda/4$ 层，当作耦合层。即滤光片结构为

$$(HLH2LHLH)L(HLH2LHLH)$$

至此，我们完全没有考虑滤光片的基片。基片是在间隔层的一侧，因而会改变所在侧的反射率。反射率的这种改变可以很容易算出，特别是如果基片与单纯 $\lambda/4$ 多层膜在间隔层的同一侧就更好计算了。单纯 $\lambda/4$ 多层膜的恒定反射率 R_1 一般较高，因而如果基片的折射率为 n_S，那么，当紧贴基片的膜层是低折射率层时，$\lambda/4$ 多层膜自身的透射率 $(1-R_1)$ 将变成 $(1-R_1)/n_S$；而当紧贴基片的膜层是高折射率层时，$(1-R_1)$ 将变成 $n_S(1-R_1)$。

由于反射率的这种改变可能很大，特别是在 n_S 大的时候更是如此，所以应当在设计一开始时就将基片考虑进去。基片可以看成单纯 $\lambda/4$ 多层膜的一部分。倘若间隔层两侧的两个膜系在特定波长的反射率被安排得总是相等，那么整个滤光片的理论透射率将是 1。例如，下面将要研究一个镀在锗板上的滤光片的情况。用硫化锌做低折射率层，用锗做高折射率层。令间隔层是低折射率层，并且用 $Ge\,|\,LHLL$ 表示锗板上的反射膜系，其中 LL 是间隔层。反射膜系的透射率近似为 $T_1 = 4n_L^3/n_H^2 n_G$。由于基片和高折射率层是同一种材料，所以 $T_1 = 4n_L^3/n_H^3$。在间隔层的另一侧，从组合 $LLHLH\,|\,A$ 着手，它表示一个基本的反射膜系，其中 LL 还是间隔层，这个组合的透射率是 $T_2 = 4n_L^3/n_H^4$。即 T_2 是 T_1 的 $1/n_H$ 倍，显然彼此不平衡。第二个反射膜系必须调整，如果紧贴空气增加一个低折射率层，结构变为 $LLHLHL\,|\,A$，那么透射率变成 $T_2 = 4n_L^5/n_H^4$。由于 n_L^2 近似等于 n_H，所以此时 T_1 和 T_2 近似相等，于是法布里-珀罗滤光片可以叠加到第二个反射膜系上，以给出所要求形状的反射率曲线。法布里-珀罗滤光片可以选取任何一种形式，但这里采用这样一个组合是方便的：它与已经得到的一个间隔层和两个反射膜系的组合几乎完全相同，此时滤光片的全部设计是 $Ge\,|\,LHLLHLHLHLHLLHLH\,|\,A$。其特性如图 2.5-9 所示。

检验滤光片是否具有高透射率的另一种方法是应用半波长层实为虚设层的概念。双半波滤光片中各层膜的厚度常常是通带中心波长的 1/4 或 1/2。上述滤光片就是如此，因而以它作为例子进行说明。首先应注意到，两个间隔层都是半波长层，因而将它们去除不会影响中心波长的透射率。这样，在中心波长处滤光片的透射率将与下面膜系相同：Ge | *LHHLHLHLHHH* | *A*，其中又有两对 *HH* 层，它们可以同样地被除去。接着两对 *LL* 层可以依次被消去，按此方式几乎所有层都可被去除，最后剩下 Ge | *HL* | *A* 或 Ge | *L* | *A*。正如已经知道的，单层 $\lambda_0/4$ 硫化锌膜正是锗板很好的减反射膜，所以在通带的中心波长 λ_0 处滤光片将有高的透射率。任何形式的双半波滤光片都可以这样处理。

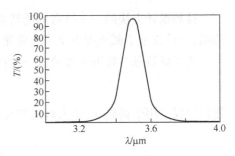

图 2.5-9　Ge | *LHLLHLHLHLHLLHLH* | *A*
的透射率曲线

当然，可能的设计类型并不限于双半波滤光片，还有甚至包含更多半波层的其他类型的滤光片，例如一种称为宽带全介质干涉的滤光片，其组成是在简单的全介质法布里-珀罗滤光片的两侧，同时叠加一个 $\lambda/2$ 和几个 $\lambda/4$ 层。这些额外层的作用是改变主间隔层两侧的反射膜系的特性，使通带展宽，同时使边缘变得更陡。也可以再次重复双半波滤光片中基本的法布里-珀罗单元，以便给出三半波滤光片，它有相同的带宽，但边缘更陡。通常三半波滤光片是指含有 3 个半波间隔层的所有形式的滤光片，甚至可以用更多的间隔层构成多半波滤光片。当包含许多半波层时，曾经用以分析滤光片的方法就变得更加麻烦，甚至校验滤光片通带透射率高低的简单方法也都失效了，其原因将在下面说明。下面介绍由泰伦（Thelen）提出的一种非常有效的设计方法。

（2）泰伦设计法

我们至今还没有找到设计双半波和三半波滤光片带宽的简便方法，前面的设计方法只是保证滤光片在通带有高的透射率，以及通带具有陡峭的边缘，虽然带宽可以算出，但要得到预定的设计宽度，却必须用试行法。事实上这可以用透射率的公式计算，即

$$T = T_0 \frac{1}{1 + F \sin^2 \theta}$$

但是由于反射的相位必须计入 θ 中，因此计算可能是很困难的。在判别多半波滤光片的基本特性时，上述表达式很有用，可是对于系统设计，以等效折射率概念为基础的方法更有效。

前面已指出，任何对称膜系都可以代换成一个具有等效折射率和光学厚度的单层膜，应用这种概念发展了一种非常有效的系统的泰伦设计方法，它预示出包括带宽在内的滤光片的全部性能特征。这种方法的基础是将多半波滤光片分为一连串的对称周期，求出等效折射率便可预知周期的特性。以已经研究过的结构为例

Ge | LHLLHLHLHLHLLHLH | A

它可以分开排成

匹配膜系　　主膜系　　匹配膜系
Ge | LHL LHLHLHLHLLHLH | A

决定滤光片特性的是中心段 *LHLHLHLHL*，它称为主膜系，这是一个对称的膜系，因此可以代换成一个单层膜，这个膜具有常见的一连串高反射区（等效折射率是虚数）和透射区（等效折射率是实数）。我们所关心的是后者，因为它们表示最后的滤光片的通带，然后使对称的主膜系同基片及周围空气相匹配。为此在它的每一边加上匹配层，这就是滤光片中剩下的那些膜层的作用。完全匹配的条件很容易确定，因为这些匹配层的光学厚度都是 $\lambda_0/4$。

这种设计方法的一个最有用的特点是滤光片的中心段可以重复许多次,使通带的边缘更加陡峭,并且改进了截止度而又不会明显地影响带宽。

为了推算基本段的带宽公式,对折射率高低交替的 $\lambda_0/4$ 膜系的特征矩阵乘积取近似,这种近似仅仅适用于偏离 λ_0 不太远的波长,在 λ_0 附近,特征矩阵变为 $\begin{bmatrix} \frac{1}{2}\sin2\delta & i/n \\ in & \frac{1}{2}\sin2\delta \end{bmatrix}$,其中 δ 为膜层的位相厚度。

利用此近似,折射率为 n_1 的 x 层膜和与之交替的折射率为 n_2 的 $(x-1)$ 层膜(n_1 是最外层的折射率)的特征矩阵为

$$\begin{bmatrix} \frac{1}{2}\sin2\delta\left[\left(\frac{n_1}{n_2}\right)^{(x-1)}+\left(\frac{n_1}{n_2}\right)^{(x-2)}+\cdots+\left(\frac{n_1}{n_2}\right)^{1-x}\right] & i\Big/\left[\left(\frac{n_1}{n_2}\right)^{x}n_2\right] \\ i\left(\frac{n_1}{n_2}\right)^{x}n_2 & \frac{1}{2}\sin2\delta\left[\left(\frac{n_1}{n_2}\right)^{(x-1)}+\left(\frac{n_1}{n_2}\right)^{(x-2)}+\cdots+\left(\frac{n_1}{n_2}\right)^{(1-x)}\right] \end{bmatrix}$$

$$(2.5-16)$$

现在要从这个矩阵解析地导出滤光片的半宽度是困难的,因此不去推导半宽度,而是选取某些波长以确定通带的边界。对于这些波长,$|M_{11}+M_{12}|/2=1$,因 $M_{11}=M_{22}$,故 $|M_{11}|=1$。这些点离开半峰值透射率的波长位置不会太远,特别是当通带边缘很陡的时候更是如此。边缘所限定的带宽,虽然不一定正好就是通带半宽度,但可与之相比拟。

现在将这个条件用于式(2.5-16),则有

$$|M_{11}|=\frac{1}{2}\sin2\delta\left[\left(\frac{n_1}{n_2}\right)^{(x-1)}+\left(\frac{n_1}{n_2}\right)^{(x-2)}+\cdots+\left(\frac{n_1}{n_2}\right)^{(1-x)}\right]=1 \qquad (2.5-17)$$

如果 $n_1>n_2$,那么这个方程可以换成下式

$$\left|\frac{1}{2}\left(\frac{n_1}{n_2}\right)^{(x-1)}\sin2\delta\left[1+\left(\frac{n_1}{n_2}\right)^{-1}+\left(\frac{n_1}{n_2}\right)^{-2}+\cdots+\left(\frac{n_1}{n_2}\right)^{(2-2x)}\right]\right|=1 \qquad (2.5-18)$$

方括号中的项类似于级数

$$\frac{1}{1-\left(\frac{n_1}{n_2}\right)^{-1}}=1+\left(\frac{n_1}{n_2}\right)^{-1}+\left(\frac{n_1}{n_2}\right)^{-2}+\cdots$$

只不过它们截止于 $\left(\frac{n_1}{n_2}\right)^{(2-2x)}$ 项,而不是具有无限多项。如果 $\left(\frac{n_1}{n_2}\right)^{(2-2x)}$ 足够小,那么可以用 $1\Big/\left[1-\left(\frac{n_1}{n_2}\right)^{-1}\right]$ 代替方括号中的项,而不会有大的误差。于是式(2.5-18)成为

$$\left|\frac{1}{2}\left(\frac{n_1}{n_2}\right)^{(x-1)}\sin2\delta\Big/\left[1-\left(\frac{n_1}{n_2}\right)^{-1}\right]\right|=1$$

即

$$|\sin2\delta|=2\left(\frac{n_1}{n_2}-1\right)\Big/\left(\frac{n_1}{n_2}\right)^{x}$$

因为

$$\delta=\delta_0+\Delta\delta,\quad \delta_0=\pi/2$$

$$\sin2\delta=\sin(2\delta_0+2\Delta\delta)=-\sin(2\Delta\delta)$$

所以

$$2\Delta\delta=\arcsin\left[2\left(\frac{n_1}{n_2}-1\right)\Big/\left(\frac{n_1}{n_2}\right)^{x}\right] \qquad (2.5-19)$$

又因为
$$|\Delta\delta| = \left(\frac{\partial\delta}{\partial\lambda}\right)_0 \Delta\lambda = \frac{\delta_0}{\lambda_0}\Delta\lambda = \frac{\pi/2}{\lambda_0}\Delta\lambda$$

即 $\Delta\lambda/\lambda_0 = \dfrac{2}{\pi}|\Delta\delta|$，将其代入式(2.5-19)，得带宽公式为

$$\frac{2\Delta\lambda}{\lambda_0} = \frac{2}{\pi}\arcsin\left[2\left(\frac{n_1}{n_2}-1\right)\Big/\left(\frac{n_1}{n_2}\right)^x\right] \tag{2.5-20}$$

对于 $n_1 < n_2$ 的情况，同样可得到

$$\frac{2\Delta\lambda}{\lambda_0} = \frac{2}{\pi}\arcsin\left[2\left(\frac{n_1}{n_2}-1\right)\Big/\left(\frac{n_2}{n_1}\right)^x\right] \tag{2.5-21}$$

这些表达式给出了滤光片的带宽，但是为了完成设计，还需要知道基本周期的等效折射率，以便使它同基片及入射介质相匹配。从式(2.5-16)可知，等效折射率为

$$E = \sqrt{\frac{M_{21}}{M_{12}}} = \left(\frac{n_1}{n_2}\right)^x n_2 \tag{2.5-22}$$

最好是在基本周期(主膜系)上叠加多个 $\lambda_0/4$ 层，作为匹配层或称为匹配膜系。将折射率为 n 的 $\lambda_0/4$ 膜叠加到等效折射率为 E 的膜系上面，则对于波长 λ_0 膜系的折射率变为 n^2/E。于是对于有 j 层折射率为 n_1 的膜和 $(j-1)$ 层折射率为 n_2 的膜(与主膜系相邻的第一层膜折射率为 n_1)的匹配膜系，它和主膜系组合的有效折射率为

$$\frac{n_1^{2j}}{n_2^{2(j-1)}}\left(\frac{n_2}{n_1}\right)^x \frac{1}{n_2} \tag{2.5-23}$$

而对于有 j 层 n_1 膜和 j 层 n_2 膜(与主膜系相邻的第一层膜折射率也为 n_1)的匹配膜系，它和主膜系组合的有效折射率为

$$\left(\frac{n_2}{n_1}\right)^{2j} n_2 \left(\frac{n_1}{n_2}\right)^x \tag{2.5-24}$$

在靠基片的一侧，应使有效折射率等于基片的折射率，而在另一侧，应使之等于入射介质的折射率。

当我们试图用这种方法来设计多半波滤光片的时候，意外地发现以前考查过的似乎令人满意的许多设计，现在都不满足匹配条件。例如上面分析过的设计

$$\text{Ge} \mid LHLLHLHLHLHLLHLH \mid A$$

其中，L 表示折射率为 2.35 的硫化锌膜，H 表示折射率为 4.0 的锗膜，主膜系是 $LHLHLHLHL$，其等效折射率为 n_L^5/n_H^4，匹配膜系使等效折射率变为 $\dfrac{n_L^4 n_H^4}{n_H^2 n_L^5} = \dfrac{n_H^2}{n_L}$，这与锗基片明显不相匹配。在另一侧，匹配膜系 $LHLH$ 使折射率变为 $\dfrac{n_H^4}{n_L^4}\dfrac{n_L^5}{n_H^4} = n_L$，这与空气也不是好的匹配。

对于这个明显的矛盾解释如下：在这种特殊情况下，当计入中心对称周期的相位厚度时，整个滤光片的透射率是 1，因为它满足前一节给出的史密斯条件。但是在一个宽的波长区域，如果滤光片的带宽并不比单个条纹窄很多，那么将会看到明显的透射条纹。加于中心对称周期上的额外周期，其作用是减小条纹宽度，使它们靠得更紧。只要给出足够多的对称周期，使条纹宽度变得小于滤光片带宽，它们就表现为叠加于通带之上的明显的波纹。图 2.5-10 和图 2.5-11 清楚地说明了这种情况。当外加一个 L 层时，三半波结构仍然可用，而五半波结构就完全无用了，至于有无最外层 L，并不影响膜系特性，只不过调换了条纹的位置。因此消去半波长层来预计通带透射率的简单方法就失效了，因为它仅仅能保证波长 λ_0 与条纹峰值相重合。

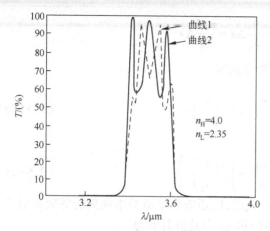

图 2.5-10　三半波滤光片的透射率曲线

曲线 1：Ge│$LHL(LHLHLHLHL)^2LHLHL$│A

曲线 2：Ge│$LHL(LHLHLHLHL)^2LHLH$│A

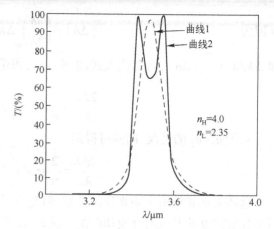

图 2.5-11　五半波滤光片的透射率曲线

曲线 1：Ge│$LHL(LHLHLHLHL)^4LHLH$│A

曲线 2：Ge│$LHL(LHLHLHLHL)^4LHLHL$│A

表 2.5-1 列出了锗板上用两种材料构成滤光片的各种可能的组合，其中心段可以按要求重复许多次。

这些组合中的任何一个，其有效性很容易检验。以中心周期为 9 层的第四种组合为例，这里对称周期的等效折射率 $E=n_H^2/n_L^4$，在锗板和中心段之间的 $LHLH$ 膜系使折射率变为 $n_H=\dfrac{n_L^4}{n_H^4}\dfrac{n_H^5}{n_L^4}$，这同锗是完全匹配的。在另一

表 2.5-1　锗板上的带通滤光片的可能结构

匹配锗板的组合	对　称　周　期	匹配空气的组合
Ge│L	LHL	│A
Ge│LH	$HLHLH$	H│A
Ge│LHL	$LHLHLHL$	LH│A
Ge│$LHLH$	$HLHLHLHLH$	HLH│A
Ge│$LHLHL$	$LHLHLHLHLHL$	$LHLH$│A

端的匹配膜系是 HLH，它使折射变为 $\dfrac{n_H^4}{n_L^2}\dfrac{n_H^4}{n_L^5}=\dfrac{n_L^2}{n_H}$，这对空气也是良好的匹配。

因此，这种方法提供了设计多半波滤光片所必需的全部知识。在每种特定的情形下，通带边缘的陡度和截止带的截止度将决定基本的对称周期的数目。通常，因为在建立各个公式时做了近似处理，同时因为用作带宽的定义不一定就是半宽度（虽然两者相差不会太大），所以在实际镀制滤光片之前，应当通过计算机准确计算来校验设计。

前面介绍的多半波滤光片的例子都是用于红外区的，无疑，也可以设计用于任何光谱区域的多半波滤光片，只要在该区域存在着适合的镀膜材料。例如用于紫外区的全介质滤光片，既有简单的法布里-珀罗类型，也有多半波类型，对于 250～320 nm 波段，可以用冰晶石和氟化铅的组合，而对于 320～400 nm 波段可以用冰晶石和三氧化二锑的组合。撇开蒸镀这些膜料所要求的技术，那么这些滤光片和红外滤光片的主要差别在于，高折射率和低折射率的数值更加接近。在大多数情况下，对称周期由 17 层和 19 层组成。所以整个双半波滤光片就分别由 31 层和 39 层组成。

2.5.3　诱导透射滤光片

已经指出，一级次金属-介质法布里-珀罗滤光片的优点是没有长波旁通带。它的缺点是峰值透射率很低，否则半宽度就很宽，使得截止度和通带形状都坏得无法使用。因此，用它来消除别的窄带滤光片（如全介质滤光片）的旁通带，就很不理想。最好是采用诱导诱射滤光片，这种滤光片有着很高的峰值透射率和宽广的截止区，因此它不仅适合于不要求有很窄的通带，而且适

合于要求有很高的峰值透射率和很宽的截止区的各种应用,同时作为抑制窄带全介质滤光片的长波旁通带的截止滤光片也具有优良的特性。

金属膜的吸收不仅决定于金属膜本身的光学常数(折射率 n、消光系数 k 和厚度 d),而且和相邻介质的导纳密切相关。只要正确选择基片侧匹配膜堆的导纳,就能使整个膜系的势透射率最大。如果同时在入射侧设计适当的减反射膜堆,使整个膜系的反射减小至接近于零,此时就能诱导出金属膜最大可能的透射率,这就是所谓诱导透射的概念。可以看到,金属膜两侧的介质膜系不仅增大了中心波长的透射率,而且由于这个膜系包含了相当多的层数,所以对一个有限的波段也增大了透射率。但在这个窄带以外便由增加透射率(或诱导透射)迅速过渡为增加反射率。换句话说,产生了一个带通滤光片。如果用于诱导透射的膜系是一级干涉的,那么在比透射率峰值波长更长的区域里滤光片的特性接近于它自身的金属膜,所以只要金属膜足够厚,就没有长波旁通带。下面首先介绍一种简单、直观的近似处理方法,然后讨论基于势透射率概念设计诱导透射滤光片的步骤。

在上一节中已经看到,双半波滤光片的结构为"介质反射膜/间隔层/介质反射膜/间隔层/介质反射膜"。但是滤光片也可以是混合结构,例如用一层金属膜(如银膜)代替两间隔层之间的反射膜,则组成了"介质反射膜/间隔层/金属膜/间隔层/介质反射膜"这种组合滤光片,它和上述全介质双半波滤光片一样易于制造。只要设计正确,这种滤光片正是诱导透射滤光片的一种基本形式。

介质反射膜的间隔层可以看作金属膜的减反射膜,使金属膜对中心波长 λ_0 的反射减至接近于零,因此滤光片在该波长处显示出极高的透射率。而且由于这种减反射膜系包含有较多的膜层,它对波长的变化很敏感,稍一偏离中心波长,其减反射特性就衰退,从而使透射率迅速下降,形成一个通带轮廓。在通带两侧减反射膜系增大了金属膜的反射率,所以具有宽广的截止区(在短波区会出现高级次透射带,而在长波区没有任何透射带)。

金属的折射率为复折射率 $n-\mathrm{i}k$,所以金属膜的减反射膜系的设计方法和介质的减反射膜的设计方法不同。首先在金属表面叠加一层折射率为 n_{F} 的膜层,它的作用是使金属膜与它组合后的等效导纳 Y 为实数,然后叠加一组高低折射率交替的 $\lambda/4$ 膜,以消除这个实数等效导纳的反射。

利用特征矩阵法可以方便地得到金属表面叠加第一层膜(其折射率为 n_{F},相位厚度为 δ)后的组合导纳 Y。

$$\begin{bmatrix} B \\ C \end{bmatrix} = \begin{bmatrix} \cos\delta & \dfrac{\mathrm{i}}{n_{\mathrm{F}}}\sin\delta \\ \mathrm{i}n_{\mathrm{F}}\sin\delta & \cos\delta \end{bmatrix} \begin{bmatrix} 1 \\ n-\mathrm{i}k \end{bmatrix}$$

$$Y = \frac{C}{B} = \frac{n\cos\delta + \mathrm{i}(n_{\mathrm{F}}\sin\delta - k\cos\delta)}{\cos\delta + (k/n_{\mathrm{F}})\sin\delta + \mathrm{i}(n/n_{\mathrm{F}})\sin\delta} \tag{2.5-25}$$

假定 Y 是实数 μ,则

$$n\cos\delta + \mathrm{i}(n_{\mathrm{F}}\sin\delta - k\cos\delta) = \mu\left[\cos\delta + \left(\frac{k}{n_{\mathrm{F}}}\right)\sin\delta + \mathrm{i}\left(\frac{n}{n_{\mathrm{F}}}\right)\sin\delta\right]$$

实部和虚部分别相等,得

$$n\cos\delta = \mu\left[\cos\delta + \left(\frac{k}{n_{\mathrm{F}}}\right)\sin\delta\right] \tag{2.5-26}$$

$$n_{\mathrm{F}}\sin\delta - k\cos\delta = \mu\left(\frac{n}{n_{\mathrm{F}}}\sin\delta\right) \tag{2.5-27}$$

消去 δ 得 $\qquad n\mu^2 - \mu(n_{\mathrm{F}}^2 + n^2 + k^2) + n_{\mathrm{F}}^2 = 0$

对于 $n \ll k$ 的金属 $\qquad 4n^2 n_{\mathrm{F}}^2 \ll (n_{\mathrm{F}}^2 + n^2 + k^2)^2$

所以 μ 的两个解为

$$\mu_1 = \frac{(n_F^2 + n^2 + k^2)}{n} \qquad (2.5\text{-}28)$$

$$\mu_2 = \frac{n n_F^2}{(n_F^2 + n^2 + k^2)} \qquad (2.5\text{-}29)$$

现在,如果在具有第一个解 μ_1 的膜系上面,加镀一层折射率为 n_F 的 $\lambda/4$ 膜,则刚好得到第二个解 μ_2。因此两个解实质上是相同的。下面略去 μ_2 而只考虑 μ_1,并不失普遍性。由式(2.5-26)得

$$\tan\delta = \frac{(n-\mu_1)n_F}{k\mu_1} \approx -\frac{n_F}{k} \quad (\text{取同样的近似}) \qquad (2.5\text{-}30)$$

在第二象限取 δ,则这个解相应于可能的最薄膜层,即一级次,其光学厚度在 $\lambda/4$ 和 $\lambda/2$ 之间。

下一步是设计一个 $\lambda/4$ 多层膜,使之与上面的膜系叠加起来组成金属层的减反射膜系。假定邻接入射介质的膜层的折射率是 n_H,与之交替的膜层是 n_L,且多层膜有奇数 $2P+1$ 层,则金属膜加整个介质膜系的组合导纳是 $\left(\dfrac{n_H}{n_L}\right)^{2P}\dfrac{n_H^2}{\mu_1}$。欲使反射率为零,它必须等于入射介质的折射率 n_0,即 $\left(\dfrac{n_H}{n_L}\right)^{2P}\dfrac{n_H^2}{\mu_1}=n_0$,则

$$2P = \lg\left(\frac{n_0\mu_1}{n_H^2}\right)\Big/\lg\left(\frac{n_H}{n_L}\right) \qquad (2.5\text{-}31)$$

对于多层膜有偶数层 $2P$ 的情况,相应的表达式为

$$2P = \lg\left(\frac{n_0}{\mu_1}\right)\Big/\lg\left(\frac{n_H}{n_L}\right) \qquad (2.5\text{-}32)$$

同样,在金属膜背面也需叠加和上文提到的一样的膜系。如果基片与入射介质的折射率不同,则需稍加修正。

例 2.5-1 由银层和硫化锌、冰晶石膜系组成的滤光片,对波长 550 nm,银的光学常数 $n=0.075$,$k=3.41$,硫化锌的折射率 $n_H=2.30$,冰晶石的折射率 $n_L=1.35$。

解:确定间隔层为冰晶石膜,$n_F=1.35$,则

$$\mu_1 = \frac{n_F^2 + n^2 + k^2}{n} \approx 179$$

间隔层厚度为

$$\delta = \arctan(-n_F/k) \approx 160°$$

如以 $\lambda/4$ 厚度为单位,则表示成 $1.75L$。

多层膜有奇数层,且使用 K9 玻璃作为基底,$n_0 = 1.52$,则

$$2P = \frac{\lg(n_0\mu_1/n_H^2)}{\lg(n_H/n_L)} = 2\times3.5$$

如果取 $P=3$,那么整个膜系可以写为

$$G \mid HLHLHLH1.75LAg1.75LHLHLHLH \mid G$$

由于在设计减反射膜系时,采纳了实际为无限厚的银膜的反射率值,当银层镀得较薄时,反射率略微下降,于是减反射膜可以有较少的层数,实际采用的结构为

$$G \mid HLHLH1.75LAg1.75LHLHLH \mid G$$

这样的诱导透射滤光片的透射率曲线如图 2.5-12 所示。中心波长的反射率为 0.1%,可见减反射膜对于中心波长的消反射效果是相当理想的。通带两侧的反射率为 98%~99%,在长波区始终没有旁通带。数值计算证实了这种滤光片具有很高的峰值透射率和很宽的截止区。

理论计算还表明,中心波长的位置主要决定于两间隔层的厚度。两间隔层一致地偏厚或偏薄,使中心波长长移或短移。实际上两间隔层是不可能完全一致的,这种不一致的偏差(见图2.5-13)不仅影响中心波长的位置,而且会使峰值透射率下降,半宽度增加和通带形状变坏。若不一致偏差为3%左右(如1.70L和1.75L或1.80L和1.75L),则使峰值透射率由80%降至60%左右,半宽由20 nm增至25 nm,通带形状开始变形。若不一致偏差为6%(如1.75L和1.64L),

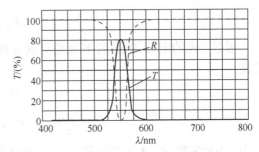

图2.5-12　诱导透射滤光片 $G\,|\,HLHLH$1.75Ag1.75$LHLHLH\,|\,G$ 的透射率曲线

则峰值透射率剧烈下降,并出现分裂的双峰。因此两间隔层不一致偏差必须小于3%。

银层厚度的变化对中心波长位置的影响甚小,主要影响峰值透射率、半宽度和背景透射。如图2.5-14所示,银层厚度由60 nm增至70 nm,峰值透射率由80%降至60%左右,半宽度由20 nm减至15 nm;银层厚度由60 nm减至50 nm,峰值透射率变化不大,但半宽度增至29 nm,通带形状开始变形;若厚度减至40 nm,则透射率曲线发生显著的变化,出现分裂的双峰。看来银层厚度的偏差小于10%是允许的。

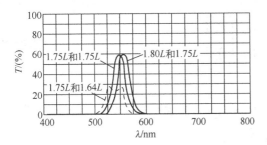

图2.5-13　两间隔层不一致对滤光片特性的影响

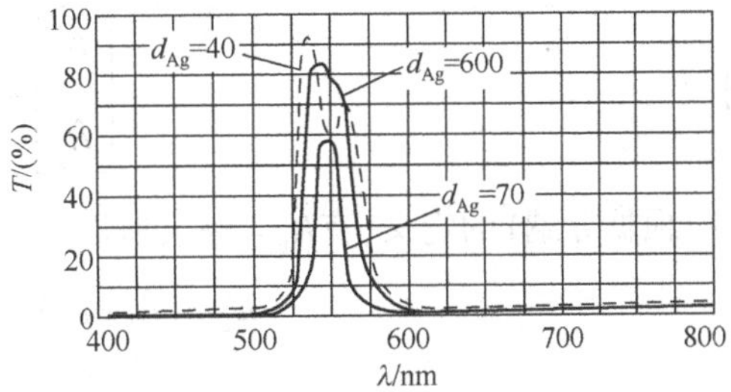

图2.5-14　银层厚度对滤光片特性的影响

上面介绍的是一种近似的处理方法,由式(2.5-31)或式(2.5-32)确定的 $\lambda/4$ 膜堆的层数往往是偏大的,在紫外区尤其如此。同时银层厚度的选择也缺乏理论根据。下面介绍一种严格的设计方法,即基于势透射率概念的设计方法,这是由伯宁(Berning)和特纳(Turner)在1957年首先提出的。

图2.5-15所示是一个包含有金属膜的 l 层吸收膜系(膜堆)。在界面a的左边与折射率为 n_0 的入射介质相邻,而在界面b与导纳为 $Y=x+iz$ 的出射介质分界。透过界面b的光能量 T 与透过界面a的光能量 $1-R$ 之比定义为势透射率,即

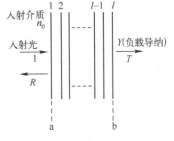

图2.5-15　含有金属膜的膜堆

$$\psi_a = \frac{T}{1-R} \qquad (2.5\text{-}33)$$

式中,T 和 R 也是整个膜系的透射率和反射率。因此有

$$R+A+T=1$$

这里 A 是吸收率,且

$$A=1-R-T=(1-R)(1-\psi_a) \qquad (2.5\text{-}34)$$

由式(2.5-33)和式(2.5-34)可以看到,势透射率就是膜系潜在的或者可能的透射率。对于给定的反射率 R,势透射率越大,则膜系实际透射率越大,吸收率越小。

显然,吸收膜系的势透射率等于各膜层势透射率的乘积,即

$$\psi_a = \prod_{j=1}^l \psi_j \qquad (2.5\text{-}35)$$

根据上面的定义,势透射率也是界面 a 和界面 b 的能流密度,即坡印廷(Poynting)矢量模之比

$$\psi_a = P_b / P_a$$

$$P_a = \frac{c}{8\pi} \mathrm{Re}(\hat{E}_a \hat{H}_a^*), \qquad P_b = \frac{c}{8\pi} \mathrm{Re}(\hat{E}_b \hat{H}_b^*)$$

式中,^表示复数,Re 表示实数部分,* 是共轭复数。

界面 a 处的电场 $\hat{E}_a$ 和磁场 $\hat{H}_a$ 和界面 b 处的 $\hat{E}_b$ 和 $\hat{H}_b$ 是由 l 层膜的特征矩阵的连乘积相联系的。

$$\begin{bmatrix} \hat{E}_a \\ \hat{H}_a \end{bmatrix} = \prod_{j=1}^l \begin{bmatrix} \cos\delta_j & \dfrac{\mathrm{i}}{n_j}\sin\delta_j \\ \mathrm{i}n_j\sin\delta_j & \cos\delta_j \end{bmatrix} \begin{bmatrix} \hat{E}_b \\ \hat{H}_b \end{bmatrix}$$

令

$$\prod_{j=1}^l \begin{bmatrix} \cos\delta_j & \dfrac{\mathrm{i}}{n_j}\sin\delta_j \\ \mathrm{i}n_j\sin\delta_j & \cos\delta_j \end{bmatrix} = \begin{bmatrix} \hat{a}_1 & \hat{a}_3 \\ \hat{a}_2 & \hat{a}_4 \end{bmatrix}$$

则

$$\begin{bmatrix} \hat{E}_a \\ \hat{H}_a \end{bmatrix} = \begin{bmatrix} \hat{a}_1 & \hat{a}_3 \\ \hat{a}_2 & \hat{a}_4 \end{bmatrix} \begin{bmatrix} \hat{E}_b \\ \hat{H}_b \end{bmatrix} \qquad (2.5\text{-}36)$$

根据导纳 $\hat{Y}$ 的定义,有 $\hat{H}_b = \hat{Y}\hat{E}_b$,所以

$$\hat{E}_a = (\hat{a}_1 + \hat{a}_3 \hat{Y})\hat{E}_b, \qquad \hat{H}_a = (\hat{a}_2 + \hat{a}_4 \hat{Y})\hat{E}_b$$

$$\hat{H}_a^* = (\hat{a}_2 + \hat{a}_4 \hat{Y}_a)^* \hat{E}_b^*$$

$$\mathrm{Re}(\hat{E}_a \hat{H}_a^*) = \mathrm{Re}[(\hat{a}_1 + \hat{a}_3 \hat{Y})(\hat{a}_2 + \hat{a}_4 \hat{Y})^*] |\hat{E}_b|^2$$

$$\mathrm{Re}(\hat{E}_b \hat{H}_b^*) = \mathrm{Re}[\hat{E}_b \hat{Y}^* \hat{E}_b^*]$$

又

$$\hat{Y} = x + \mathrm{i}z$$

所以

$$\mathrm{Re}(\hat{E}_b \hat{H}_b^*) = x|\hat{E}_b|^2$$

则

$$\psi_a = \frac{x}{\mathrm{Re}[(\hat{a}_1 + \hat{a}_3 \hat{Y})(\hat{a}_2 + \hat{a}_4 \hat{Y})^*]} \qquad (2.5\text{-}37)$$

设

$$\hat{a}_1 \equiv a_1 + \mathrm{i}b_1, \quad \hat{a}_2 \equiv a_2 + \mathrm{i}b_2, \quad \hat{a}_3 \equiv a_3 + \mathrm{i}b_3, \quad \hat{a}_4 \equiv a_4 + \mathrm{i}b_4$$

式中,$a_1,b_1,a_2,b_2,\cdots$ 均为实数,则

$$\mathrm{Re}[(\hat{a}_1 + \hat{a}_3 \hat{Y})(\hat{a}_2 + \hat{a}_4 \hat{Y})^*] = \mathrm{Re}\{[(a_1 + a_3 x - b_3 z) + \mathrm{i}(b_1 + b_3 x + a_3 z)] \times$$
$$[(a_2 + a_4 x - b_4 z) - \mathrm{i}(b_2 + b_4 x + a_4 z)]\} \qquad (2.5\text{-}38)$$

令

$$A_1 \equiv a_1 + a_3 x - b_3 z, \quad A_2 \equiv b_1 + b_3 x + a_3 z$$

$$B_1 \equiv a_2 + a_4 x - b_4 z, \quad B_2 \equiv b_2 + b_4 x + a_4 z$$

则式(2.5-37)成为

$$\psi_a = \frac{x}{A_1 B_1 + A_2 B_2} \qquad (2.5\text{-}39)$$

$$A_1 B_1 + A_2 B_2 = (a_1 a_2 + b_1 b_2) + (a_2 a_3 + a_1 a_4 + b_2 b_3 + b_1 b_4)x +$$
$$(b_1 a_4 + a_3 b_2 - a_1 b_4 - a_2 b_3)z + (a_3 a_4 + b_3 b_4)(x^2 + z^2)$$

又令

$$c_0 \equiv a_1 a_2 + b_1 b_2, \quad c_1 \equiv a_2 a_3 + a_1 a_4 + b_2 b_3 + b_1 b_4$$

$$c_2 \equiv b_1 a_4 + a_3 b_2 - a_1 b_4 - b_3 a_2, \quad c_3 \equiv a_3 a_4 + b_3 b_4$$

式中，c_0, c_1, c_2, c_3 是膜系光学常数的函数，最终势透射率的表达式可简化为

$$\psi_a = \frac{x}{c_0 + c_1 x + c_2 z + c_3(x^2 + z^2)} \tag{2.5-40}$$

对于介质薄膜，消光系数 $k=0$，$\hat{a}_1, \hat{a}_4$ 是实数，$b_1 = b_4 = 0$，而 $\hat{a}_2, \hat{a}_3$ 是纯虚数，$a_2 = a_3 = 0$，所以 $c_0 = c_2 = c_3 = 0$，$c_1 = a_1 a_4 + b_2 b_3 = 1$，则势透射率始终为 1。因此，吸收膜系的势透射率即为各层金属膜势透射率之乘积。如果仅有一层金属膜，则整个膜系的势透射率就是该金属膜的势透射率。在这种情况下，可以仅由金属膜的光学常数确定 $\hat{a}_1, \hat{a}_2, \hat{a}_3, \hat{a}_4$，而把两侧的介质层分别划入入射介质和出射介质的组合。

由式(2.5-40)还可发现金属膜的势透射率不仅取决于其本身的光学常数，即 c_0, c_1, c_2, c_3，还依赖于出射介质的导纳(或称负载导纳)Y。对于确定的波长，ψ_a 在 Y 复平面上的等值线集是一系列圆。式(2.5-40)可方便地改写成

$$(x - x_0)^2 + (z - z_0)^2 = r^2$$

式中
$$\left.\begin{array}{l} x_0 = (1 - \psi_a c_1)/2 c_3 \psi_a \\[1mm] z_0 = -c_2/2 c_3 \\[1mm] r^2 = \left(\dfrac{1 - \psi_a c_1}{2 c_3 \psi_a}\right)^2 + \dfrac{c_2^2}{4 c_3^2} - \dfrac{c_0}{c_3} \end{array}\right\} \tag{2.5-41}$$

ψ_a 的值越大，等值线的圆周越小。当 ψ_a 达最大值时，圆收缩成一点，即

$$\left(\frac{1 - \psi_a c_1}{2 c_3 \psi_a}\right)^2 + \frac{c_2^2}{4 c_3^2} - \frac{c_0}{c_3} = 0$$

$$\psi_{max} = \frac{1}{c_1 + 2\sqrt{c_0 c_3 - 0.25 c_2^2}} \tag{2.5-42}$$

可见，势透射率的极大值 ψ_{max} 仅取决于金属膜的光学常数。将式(2.5-42)代入式(2.5-41)，可得到出射介质的等效匹配导纳

$$\left.\begin{array}{l} \hat{Y}_{max} = x_{max} + i z_{max} \\[1mm] x_{max} = \sqrt{c_0 c_3 - 0.25 c_2^2 / c_3} \\[1mm] z_{max} = -c_2/2 c_3 \end{array}\right\} \tag{2.5-43}$$

也可对式(2.5-40)直接求导

$$\frac{\partial \psi_a}{\partial x} = \frac{c_0 + c_1 x + c_2 z + c_3(x^2 + z^2) - x(c_1 + 2 c_3 x)}{[c_0 + c_1 x + c_2 z + c_3(x^2 + z^2)]^2} = 0$$

$$c_0 + c_2 z + c_3(x^2 - z^2) = 0$$

$$\frac{\partial \psi_a}{\partial z} = \frac{-x(c_2 + 2 c_3 z)}{[c_0 + c_1 x + c_2 z + c_3(x^2 + z^2)]^2} = 0$$

同样可得到式(2.5-43)。

由上面的讨论可以得到：

① 势透射率(或者膜系的可能透射率)取决于金属膜的光学常数和出射介质的导纳，而与入射介质无关。

② 最大势透射率仅取决于金属膜的光学常数。一旦金属膜的光学常数确定以后，则膜系最大势透射率也就确定了。实现最大势透射率的出射介质导纳，就是这种情况下的最佳匹配导纳，或称最佳负载导纳。

③ 膜系的实际透射率不仅与势透射率有关，还和入射介质有关，也即和整个膜系的反射率相关，其值为$(1-R)\psi_a$。当$\psi_a = \psi_{max}$，$R=0$时，实际透射率达到最大势透射率，$T = \psi_{max}$。这时就说把吸收膜系潜在的最大透射率诱导出来了。

上面讨论的优化一个任意的吸收膜堆在一特定波长处的透射率的方法，可以毫不困难地应用于通带滤光片的设计。设计步骤可归纳如下。

① 根据对波长λ_0处峰值透射率的特定要求，选择在λ_0处具有尽可能大的k/n值的金属膜材料，并确定其厚度，使吸收膜堆(也可仅由单层金属膜构成)的最大势透射率接近或大于要求的峰值透射率。

② 计算吸收膜堆的矩阵元素，由式(2.5-43)得到匹配导纳Y_{max}。

③ 设计一个介质匹配膜堆，使在λ_0处有导纳Y_{max}。这个膜堆的设计还必须做到结构简单，工艺上易于实现。因而使介质膜系的所有层，除了和吸收层相邻外，光学厚度应等于设计波长的1/4的整数倍，以满足简单、易于实现的要求。

④ 在入射侧设计一个减反射膜堆，使整个膜系在λ_0处的反射减至接近于零。同样，这个减反射膜堆的设计必须以附加的要求约束之。

这种诱导出吸收膜系最大势透射率的带通滤光片称为诱导透射滤光片。其吸收膜堆可以仅仅是单层金属膜，也可以包含二层甚至更多层吸收膜(间隔以介质层)，称为二重或多重滤光片。滤光片的背景抑制取决于吸收膜厚度的总和，而不论将它细分成多少分层。势透射率是各层吸收膜势透射率的乘积。因此，对于一个给定厚度的金属膜，当金属层细分成较小厚度的膜层时，最大势透射率随之增加。例如，$\lambda_0 = 253.6$ nm，当一单层银膜厚80 nm，用在一重滤光片中时，它的极大透射率$T_{max} \approx 0.003$；如这层金属对分成40 nm厚度的二重形式，则$T_{max} \approx 0.13$；当该80 nm总厚度的银膜分成15 nm-25 nm-25 nm-15 nm形式的四重滤光片时，则$T_{max} \approx 0.45$。因此如果要求设计一个具有适度峰值透射率和很深的背景抑制的滤光片，则应选择二重甚至更多重的滤光片。

设计诱导透射滤光片简洁、易行的程序是先用前面的近似方法进行初始设计，然后用势透射率概念进行修正和校验。图2.5-16所示为3个不同结构诱导透射滤光片的透射率曲线。

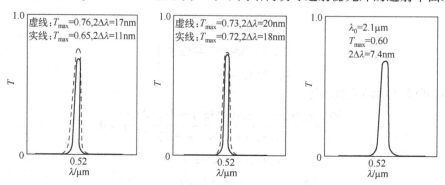

图2.5-16 诱导透射滤光片的透射率曲线(虚线为计算值，实线为测量值)

2.5.4 法布里-珀罗滤光片的最新应用

长期以来，法布里-珀罗干涉型膜系作为获得窄带通滤光片的唯一途径，在光学波段得到了广泛的应用。特别是光纤通信中DWDM系统采用法布里-珀罗干涉型光学超窄带滤光片扩展单根光纤的信道容量，使光学超窄带滤光片的应用和制造技术水平上升到一个很难超越的高度。

1. 应用于光纤通信DWDM系统的超窄带滤光片

应用于光纤通信DWDM系统的超窄带滤光片，除了必须具备热稳定性好、插入损耗小、偏振相关损耗小的特性,为了能够实现在传输光纤的终端正确地将每个载波从包含有多个波长的一束光中提取出来而不存在串扰,还必须具有矩形通带、较小的通带波纹和较高的抑制比。

(1) DWDM 超窄带滤光片的设计要求

在光纤通信中,各个波长的透射率用损耗 τ(dB)给出,它和透射比 T 的关系是:$\tau = 10 \lg T$。

图 2.5-17 所示为窄带滤光片(NBPF)的典型透射率曲线。

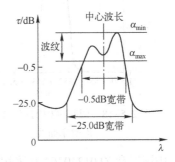

图 2.5-17 NBPF 典型透射率曲线

为了满足 DWDM 系统中的各项性能指标,超窄带滤光片必须具有如下的设计指标:

① 中心波长和峰值插入损耗。光纤通信中的各通路的中心波长是由国际电信联盟(ITU)规定的。根据 ITU-T 的 G692 建议,DWDM 系统的频率间隔为 100 GHz 的整数倍,参考频率为 193.1 THz,标称中心频率范围为 192.1 THz(相当于中心波长为 1 560.1 nm) ~ 196.1 THz(相当于中心波长为 1 528.77 nm)。

目前,对 200 GHz 的滤光片,要求其峰值插入损耗 $|\tau| \leqslant 0.3$ dB;对 100 GHz 的滤光片,要求其峰值插入损耗 $|\tau| \leqslant 0.5$ dB。它们对应的滤光片的中心波长的透射率分别为 98% 和 93%。

② 通带带宽。在光纤通信中,要求窄带滤光片的通带波形为矩形。为了说明这个矩形滤光片的光学性质,用矩形滤光片的顶宽和底宽来说明该滤光片的性质的好坏。顶宽称为通带带宽,底宽称为截止带宽,二者相对而言,通带带宽越宽越好,截止带宽越窄越好。对于 200 GHz 的滤光片,要求在 0.5 dB 处通带带宽≥0.8 nm,在 25 dB 处截止带宽≤2.2 nm;对于 100 GHz 的滤光片,要求在 0.5 dB 处通带带宽≥0.4 nm,在 25 dB 处截止带宽≤1.2 nm。

③ 通带波纹系数。通带内的波纹系数 $\xi = \alpha_{max} - \alpha_{min}$。最理想情况下,$\xi = 0$,表示通带为平顶。一般要求 $\xi \leqslant 0.3$ dB。

④ 偏振相关损耗(PDL)。PDL 是指对于所有的偏振状态,在整个输入波长范围内,由于偏振状态的改变所造成的插入损耗的最大变化量。理论上,薄膜滤光片的 PDL 为零。

(2) DWDM 超窄带滤光片

根据 DWDM 系统的要求,以及法布里-珀罗干涉滤光片的特点,用于 DWDM 系统的法布里-珀罗干涉滤光片大多数采用四腔型结构。

在四腔滤光片的设计中,只有将两个反射率较低的单腔滤光片排列在外侧,将两个反射率较高的单腔滤光片排列在内侧,才可得到最理想的 DWDM 滤光片的设计。

图 2.5-18 示意了四腔 200 GHz 滤光片的透射率曲线。其膜系结构为

$G \mid (HL)^6 H2LH(LH)^6 L(HL)^7 H2LH(LH)^7 L(HL)^7 H2LH(LH)^7 L(HL)^6 H2LH(LH)^6 \mid A$

其中,$n_H = 2.06$,$n_L = 1.45$,$n_A = 1$,$n_G = 1.52$,$\lambda_0 = 1552.5$ nm。

最终得到的性能指标是:中心波长的峰值插入损耗为 0.11 dB,通带带宽为 0.87 nm,截止带宽为 1.99 nm,通带波纹系数近似为零。

2. 光学梳状滤波器

梳状滤波器(光学梳状滤波)技术是一种可把一列频率间隔为 Δf 的光信号分成两列频率间隔为 $2\Delta f$ 的光信号,分别从两个信道输出的光滤波技术。通常将用作梳状滤波的器件称为梳状滤波器。

图 2.5-19 所示为用 3 个梳状滤波器实现解复用的原理示意图,梳状滤波器将一路波长间隔为 50 GHz 的光信号变成了四路波长间隔为 200 GHz 的信号。

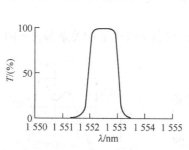

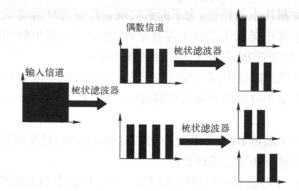

图 2.5-18　四腔 200 GHz 滤光片的
透射率曲线

图 2.5-19　用 3 个梳状滤波器实现
解复用的原理示意图

中国专利 ZL01240367.9 采用间隔层为熔融石英的薄膜 F-P 腔作为基本单元进行多腔叠加设计了梳状滤波器。选用熔融石英为间隔层玻璃,依据法布里-珀罗干涉原理设计 F-P 干涉型梳状滤波器,并将 3 个完全相同的以石英玻璃为间隔的 F-P 干涉型梳状滤波器无间隙串置,形成实用的梳状滤波器。

按照法布里-珀罗干涉原理,如果石英玻璃的光学厚度为 nd,K 是由其两侧膜层反射率决定的系数,那么:

(1) 通带是一系列对应整数序列 $M = 1, 2, 3, 4, 5, \cdots$ 的、中心频率 $v_M = \dfrac{MC}{2nd}$、通带宽度 $2\Delta v = KC/2nd$、通带间隔 $v_{M+1} - v_M = C/2nd$ 的高透射率带簇。

(2) 反射带是一系列中心频率、通带带宽、通带间隔与高透射率带簇互补的高反射率带簇。即 F-P 干涉型梳状滤波器的通带和反射带就像梳状镜子一样将整个频段一分为二。

但是单个上述结构的梳状滤波器的信道波形是三角形,不能适应在温度及湿度变化较大的实际应用环境中使用。采用 3 个完全相同的单腔梳状滤波器无间隙串置,有效地提高了信道波形的矩形度,改善了器件在温度及湿度变化较大的实际应用环境中的使用性能。

图 2.5-20 所示为三腔无间隙串置结构的 F-P 型梳状滤波器的光谱特性曲线,其中图(a)是 1525～1565 nm 波段 10 个透射通道波形,图(b)是其中一个通道的透射波形放大图。这里的三腔膜系为

$A \mid LHLH760LHLHLHLH760LHLHLHLH760LHLHL \mid A$；　　$H\text{-}Ta_2O_5, \eta_H = 2.1$；　　$L\text{-}SiO_2, n_L = 1.44$
它所能达到的性能指标是:在 1525～1565 nm 波段有 10 个反射通道和 10 个透射通道,相邻通道的间隔是 4 nm,相邻通道隔离度是 29 dB,峰值插入损耗小于 0.5 dB。

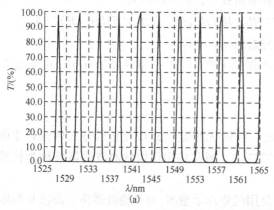

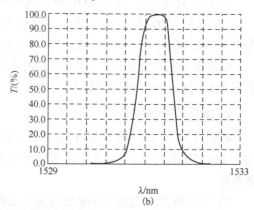

图 2.5-20　F-P 型梳状滤波器的光谱特性曲线

2.5.5 宽带通滤光片

在光学工程实际中,并不是所有需要带通滤光片的地方都希望通带越窄越好,还有一部分需要宽带通滤光片。即在有些光学系统中需要在限定的某一波段是高透射率,两边是高抑制的截止区。

具有较宽透射带的滤光片,通常可以用短波通和长波通滤光片组合而成。考虑到膜层吸收特性,某些短波通或长波通滤光片本身就可以当作宽带滤光片。截止滤光片膜系可以镀在分立的基底上,若干不同截止波长的截止滤光片组成一套具有不同半宽度和峰值波长的宽带滤光片。但是这样组成的宽带滤光片,不适用于成像系统,因为膜系之间的多次反射会造成双像。为消除双像,必须把整个滤光片都镀在基底的同一侧。最有效的设计方法仍然采用对称周期膜系。

采用对称周期膜系,按照通常的方法,用等效单层膜来表示短波通和长波通,这样有 3 个需要匹配的界面,假如用 A 和 B 表示两个等效膜,其中 B 靠近基底,则在基底和 B,B 和 A,以及 A 和入射介质之间都需要考虑匹配膜层,用简单的 $\lambda/4$ 膜层匹配,一般说来能满足要求。

某些多半波滤光片膜系也可以构成宽带滤光片。例如全介质四半波滤光片

$$1.0 \mid H\,2LHLH\,2LHLH\,2LHLH\,2LHLH \mid 1.52$$

其中,$n_H = 2.35$,$n_L = 1.35$,$n_G = 1.52$。其相对半宽度 $2\Delta\lambda_{0.5} = 0.20$。

用势透射率原理设计的多重诱导滤光片作为宽带通滤光片时长波无次峰。图 2.5-21 示出了两种设计实例的光谱特性曲线。

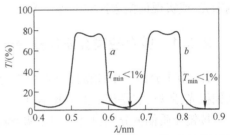

图 2.5-21　多重诱导滤光片光谱特性曲线

图 2.5-21 中,曲线 a 的膜系是 $G \mid H1.75LAg1.5LAg1.75LH \mid G$,其中 $\lambda_0 = 500\,nm$,$n_H = 2.35$,$n_L = 1.35$,$n_G = 1.52$;曲线 b 的膜系是 $G \mid H1.775LAg1.55LAg1.775LH \mid G$,其中 $\lambda_0 = 600\,nm$,$n_H = 2.35$,$n_L = 1.35$,$n_G = 1.52$。

应用实例:强光防护用诱导滤光片。

用于电焊防护的自动变光面罩,要求使用一块对可见光透明,而对紫外光和红外光深度截止的带通滤光片。

(1) 强光防护滤光片的性能要求

① 紫外线、红外线隔离性。对波长在 200~380 nm 波段的紫外线和波长大于 700 nm 的红外线的透射率小于 3×10^{-4}(当与液晶变光板组成电焊防护镜后的紫外线透射率小于 3×10^{-6}、红外线透射率小于 3×10^{-5})。

② 可见光透明度。在 480~600 nm 之间任意波长、带宽为 50~120 nm、中心透射率不小于 50% 的彩色可见光透明带(透过色可以是蓝绿、墨绿、翠绿、黄绿、黄色、橙色)。

(2) 诱导滤光片膜系

由于需要截止的紫外和红外波段很宽,截止度又很深,因此,只有金属诱导滤光膜系有可能实现。

在设计中主要采取的措施有:

① 注意到这里并不需要窄通带,因此,选用三层金属膜层,既可以增加通带的宽度,又能够加深截止度;

② 使用高折射率层做金属层之间的间隔层,有利于抑制紫外区的短波透射次峰;

③ 调整金属层厚度的比例,可以有效自如地调整通带波形。

图 2.5-22 示出了实际采用的诱导滤光片膜系的透射率曲线,实际镀制的透射率曲线仅峰值透射率稍低于计算值,其他性能与理论值相当吻合。

实际使用的膜系:$G \mid HLHM_1 1.6HM_2 1.6HM_1 HLH \mid A$,其中 M_1 和 M_2 是厚度不同的金属银。改变其总厚度,可以改变通带透射率和截止带深度,调整 M_1 和 M_2 的厚度比例,通带波形将被改变。

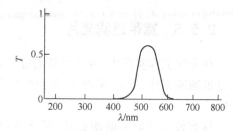

图 2.5-22　$G \mid HLHM_1 1.6HM_2 1.6HM_1 HLH \mid A$ 的透射率曲线

2.6　偏振分束膜

在现代光学系统中,偏振光学器件的应用越来越多。大多数偏振光学器件都采用具有非线性光学特性的光学晶体来实现。虽然光学晶体有非常好的偏振特性,在很多系统中有不可替代的应用,但是光学晶体偏振特性具有波段不可调控性,不能满足光学工程中需要在特定波段获得偏振光,或实现偏振选择的工程要求。这时可采用多层膜偏振分束膜来实现。

2.6.1　胶合棱镜介质偏振分光膜

2.3 节中介绍了中性偏振分束棱镜的特性,这种分束棱镜在理想状态下分出的两束光都是线偏振光,所以,它是很好的偏振器件。

棱镜介质偏振分光膜是利用布儒斯特角法来实现分光功能的。分光原理是:对于折射率不同的两种介质的分界面 n_1/n_2,当入射角满足布儒斯特条件,即 $\tan\theta_1 = n_2/n_1$ 时,P 偏振光的反射为零,而 S 偏振光则部分反射,部分透射。为了增加 S 偏振光的反射率,保持 P 偏振光透射率为 1,可以将两种材料交替沉积制成多层膜,膜层在特定入射角条件下的有效光学厚度应等于中心波长的 1/4,当层数足够多时,S 偏振光的反射率接近于 1,而 P 偏振光的透射率接近于 1,因而对自然光而言,在一定波长范围内可以得到偏振度很高的薄膜偏振器件。

根据布儒斯特条件和折射定律,有

$$\tan\theta_H = n_L/n_H, \quad n_H\sin\theta_H = n_L\sin\theta_L = n_G\sin\theta_G$$

由于布儒斯特条件下,$\theta_H + \theta_L = 90°$,所以 $\sin\theta_L = \cos\theta_H$,$\sin\theta_H = \cos\theta_L$,将此关系式代入折射定律公式,得

$$\frac{n_H}{n_L} = \frac{\sin\theta_L}{\sin\theta_H} = \frac{\cos\theta_H}{\cos\theta_L}$$

两边平方,经整理后,得

$$n_G^2 \sin^2\theta_G = \frac{n_H^2 n_L^2}{n_H^2 + n_L^2} \tag{2.6-1}$$

设计时,既可以先选定膜层折射率,再依据式(2.6-1)确定棱镜折射率 n_G 和入射角 θ_G;也可以先选定棱镜折射率 n_G 和入射角 θ_G,再依据式(2.6-1)确定膜层折射率。

S 偏振光的高反射可以通过叠加有效厚度为 1/4 波长的多层膜堆来实现。由于 S 偏振光的有效折射率比值大于实际折射率的比值,即 $(\eta_H/\eta_L)_S > n_H/n_L$,所以,截止带宽度将大于垂直入射使用的同样膜堆的宽度。

应当注意,棱镜介质偏振分光膜只有在特定的入射角条件下才能实现全偏振。在许多应用中,入射角有一定的范围,或者入射光是一束未经准直的会聚光(或发散光)。

当膜层界面上的入射角偏离了布儒斯特角时,P偏振光的有效折射率不再相等,因而将产生反射,P偏振光将出现窄而有一定深度的反射带。图 2.6-2 中 47°入射 11 层偏振膜系分光曲线与图 2.6-1 中 45°入射 11 层偏振膜系分光曲线相比,入射角由 45°改变为 47°,P偏振膜系出现了窄而有一定深度的反射带。而对于 S 偏振光,整个反射带将有一定的移动,但峰值反射率没有显著的变化,因此透射光仍然保持了高的偏振度,只是由于产生了 P 偏振光的反射,透射光强度才随之减小。但反射的 P 偏振光的消光比将急剧下降,而且层数越多,影响越大。图 2.6-3 的 47°入射 21 层偏振膜系分光曲线示意了层数由图 2.6-2 所示的 11 层增加到 21 层后光谱特性的变化。

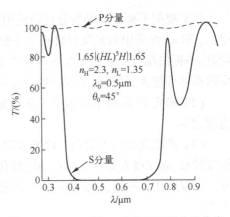

图 2.6-1 45°λ 射 11 层偏振膜系分光曲线

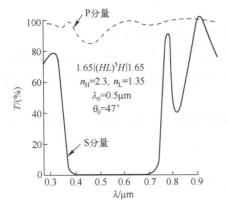

图 2.6-2 47°入射 11 层偏振膜系分光曲线

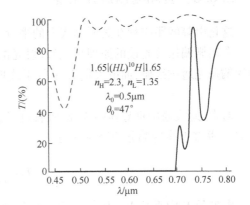

图 2.6-3 47°入射 21 层偏振膜系分光曲线

2.6.2 平板介质偏振分光镜

上述基于布儒斯特角入射的偏振分光棱镜中,各介质的 P 偏振光的有效折射率都是相同的,其间不存在界面,因而,P 偏振光有高的透射并不是干涉的结果(不产生干涉)。

平板介质偏振分光镜是基于薄膜材料的 P 偏振和 S 偏振的有效折射率不相等这一条件设计的,P 偏振光的高透射率是通过干涉效应实现的,因此它们的工作波段比较窄,优点是选择基片和薄膜材料有较大的灵活性。

这种干涉型偏振镜的基本结构是 $A\left|\left(\dfrac{H}{2}L\dfrac{H}{2}\right)^{S}\right|G$ 或 $A\left|\left(\dfrac{L}{2}H\dfrac{L}{2}\right)^{S}\right|G$。当这种器件用在非 0°角入射时,偏振效应将导致高反射带宽度 $\Delta\lambda_{P}\neq\Delta\lambda_{S}$,在 S 偏振和 P 偏振两个反射带之间就出现了如图 2.6-4 所示的 P 偏振高透、S 偏振高反的偏振分光工作带。位于这个工作带内的波长将被偏振分光。通常平板介质偏振分光工作带的宽度是非常窄的。

图 2.6-4 是膜系 $G\left|\left(\dfrac{H}{2}L\dfrac{H}{2}\right)^{5}\dfrac{H}{2}LH'L\dfrac{H}{2}\left(\dfrac{H}{2}L\dfrac{H}{2}\right)^{5}\right|A$ 在 $\theta_{0}=57°$时的偏振分光光谱特性曲线。

平板介质偏振分光镜的设计步骤如下:

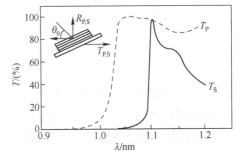

图 2.6-4 平板介质偏振分光镜的
光谱特性曲线

（1）根据平板介质偏振分光镜使用的工作条件确定膜系的材料。如用于高功率激光装置中，n_H 和 n_L 可采用激光反射膜和增透膜相同的薄膜材料，以使膜系能够承受较高的激光功率。同时，平板偏振分光镜的工作波段取决于（n_H-n_L）的差值，为了加宽工作波段，膜系高折射率值应取得尽可能大，低折射率值应取得尽可能小。

（2）确定膜系的中心波长，使偏振的工作波长或波段落在 P 偏振和 S 偏振的反射带边缘之间。

（3）确定光线的入射角。计算表明：偏振的工作波段随入射角而变化，一般，在45°以前偏振带较窄，而光线在基片上以布儒斯特角入射时，偏振的工作波段宽度大。由于大部分平板偏振分光镜仅用作偏振器，反射光的方向不重要，因此，对折射率为 1.52 的基片，通常取光线入射角为 57°。

（4）压缩 P 偏振光在工作波段的波纹，以提高偏振分光镜的偏振度。

2.6.3 金属栅偏振分光镜

这是由等间距排列在透明基底上的平行金属膜线栅制成的偏振分光镜。

金属栅偏振分光镜的原理是：当入射光的波长远大于栅距时，入射光中电矢量 E 垂直于线栅的偏振光透过线栅，而电矢量 E 平行于线栅的偏振光则被线栅反射，因此形成透射和反射偏振光。

通常，此线栅用良导体制成，故吸收可以忽略。按照偏振光学理论的分析，此线栅对于电矢量 E 中垂直于线栅部分的透射率为

$$T_1 = \frac{4nA^2}{1+(1+n)^2A^2}$$

对于电矢量 E 中平行于线栅部分的透射率为

$$T_2 = \frac{4nB^2}{1+(1+n)^2B^2}$$

式中，n 为透明基底的折射率，A 和 B 是与线栅的结构参数和入射光的波长有关的系数，表达式如下：

$$\frac{1}{A} = \frac{4d}{\lambda}\left\{\ln\left[\csc\frac{\pi(d-a)}{2d}\right]+\frac{Q_2\cos^4[\pi(d-a)/2d]}{1+Q_2\sin^4[\pi(d-a)/2a]}+\right.$$

$$\left.\frac{1}{16}\left(\frac{d}{\lambda}\right)^2\left[1-3\sin^2\frac{\pi(d-a)}{2d}\right]^2\cos^4\frac{\pi(d-a)}{2d}\right\}$$

$$B = \frac{d}{\lambda}\left\{\ln\left(\csc\frac{\pi a}{2d}\right)+\frac{Q_2\cos^4(\pi a/2d)}{1+Q_2\sin^4(\pi a/2d)}+\frac{1}{16}\left(\frac{d}{\lambda}\right)^2\left[1-3\sin^2(\pi a/2d)\right]^2\cos^4(\pi a/2d)\right\}$$

$$Q_2 = \frac{1}{[1-(d/\lambda)^2]^{\frac{1}{2}}}-1$$

式中，a 为线栅的缝宽，d 为缝间距。

分析表明：当 $\lambda>2d$ 时，上式误差<1%；当 $\lambda>d$ 时，上式误差<5%。

若金属栅为明暗等宽，即 $d=2a$，则 $d-a=a=d/2$，由此可计算出

$$B = \frac{d}{\lambda}\left[0.3466+\frac{0.25Q_2}{1+0.25Q_2}+0.003\,906\left(\frac{d}{\lambda}\right)^2\right], \quad A = \frac{1}{4B}$$

上式在金属栅的设计中被广泛应用。

（1）低折射率基底制成的线栅其透射率和消光比均优于高折射率基底。

（2）$\lambda>4d$ 以后，透射率随 λ/d 的变化不大，消光比则随 λ/d 增大而更优。

另外，若线栅表面镀有减反射膜，则透射率的表达式变为

$$T_1 = \frac{4n^2 A^2}{1+n^2 A^2}, \quad T_2 = \frac{4n^2 B^2}{1+n^2 B^2}$$

这时，对于 $\lambda\gg d$ 的情况，$T_2 \to 4n^2 B^2$，$T_1 \to 1$，即 T 值是无减反射膜时的 n^2 倍，消光比 T_2/T_1 也要提高 n^2 倍。其关系曲线如图 2.6-5 和图 2.6-6 所示。

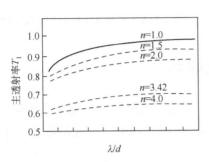

图 2.6-5　主透射率与 λ/d 的关系曲线

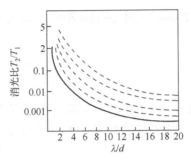

图 2.6-6　消光比与 λ/d 的关系曲线

制作金属栅偏振分光镜的一般方法为：在基底材料上复制或刻画出阶梯形沟槽，然后沿斜方向（8°～12°）蒸镀金属膜以构成金属线。金属线之间是透明区，如图 2.6-7 所示。蒸镀金属线的材料则要用导电性好、耐高温和膨胀系数小的铝合金。为提高膜的附着性能，一般需镀多层膜。

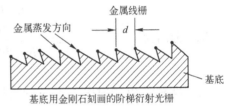

图 2.6-7　金属栅偏振分光镜的沟槽基板

金属栅偏振分光镜应用实例：

（1）美国康宁公司生产的金属线栅偏振器件

它是一种平板玻璃偏振器件，如图 2.6-8 所示，对入射的非偏振光，能产生优良的线偏振输出。在 633～1550 nm 的波长范围内，它的性能卓越。

该金属线栅偏振器件的性能参数如下：①长波部分的透射率高达 99%；②10 000∶1 的偏振度，优于其他薄膜偏振器件；③工作温度可高达 400℃；④零件尺寸为 1.5 mm×1.5 mm×0.2 mm。

（2）纳米光栅偏振分束器

SOEs（Subwavelength Opitical Elements）-金属线栅偏振器，一个应用于通信的纳米光栅偏振分束器/耦合器（PBS/PBC）。

其性能优点表现在：①对波长 980～1800 nm 都表现出一致的性质；②光束入射角在广阔区域，偏离法线 20°范围内改变，几乎不导致可以感知的性能变化；③能够适应−20～400℃的环境温度。

其结构优点表现在：①在光学系统设计中存在空间构建上的优点，因为自身体积很小，允许有更加紧凑的组成设计；②纳米光栅和其他元件之间毗邻的空间距离可以达到最小，减小了插入损耗；③元件处理光的方式不同，例如，偏振分束器作为一个反射设备，能够在不到 1 μm 内获得 180°有效分离（见图 2.6-9），于是可以简化光路设计，具有减免其他光学元件的潜力。

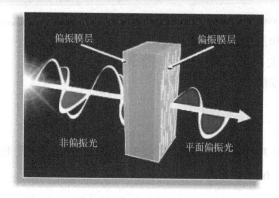

图 2.6-8 金属线栅偏振器件工作原理示意图

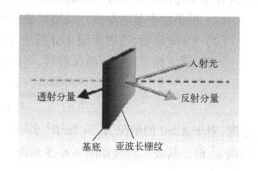

图 2.6-9 大角度工作的金属线栅偏振器

2.7 消偏振膜系

在前面的章节中已经看到,所有的薄膜器件在非零度角入射光工作时,都要产生强烈的偏振效应。在大多数光学系统中,偏振效应带来的是系统特性的劣变,因此,在这些应用中,需要消除偏振效应。

当光线以 θ_0 角入射时,膜层对 S 和 P 分量的有效折射率(导纳值)均不同,存在

$$\eta_P = n/\cos\theta, \qquad \eta_S = n\cos\theta \tag{2.7-1}$$

偏振分离为

$$\Delta n = \frac{\eta_P}{\eta_S} = \frac{n/\cos\theta}{n\cos\theta} = \frac{1}{\cos^2\theta} = \frac{1}{\left(1 - \dfrac{n_0^2\sin^2\theta_0}{n^2}\right)} \tag{2.7-2}$$

由于反射率 R(透射率 T)是 η 的函数,两组分量导纳的差异必然引起整组膜系 R 和 T 出现偏振差异。

容易看出:

(1)对于一个单层膜来说,Δn 是一个恒大于 1 的量,所以单层膜不可能实现消偏振;

(2)对确定的 n_0 和 n,Δn 随入射角 θ_0 的减小而减小,即入射角越大,偏振分离越大;

(3)对于确定的 θ_0 和薄膜材料 n,Δn 随入射介质 n_0 的增大而增大。因此封闭在胶合棱镜中的膜层,偏振分离要比平板基底的大。

以上讨论虽然是针对单层膜的,但是只要用多层膜的有效折射率取代膜层折射率 n,便可以推广到多层膜。

2.7.1 单波长消偏振

单波长消偏振的方法有以下两种。

1. 对称周期膜系

对于周期膜系 $\dfrac{H}{2}L\dfrac{H}{2}$,在 $\lambda = \lambda_0/2$ 位置的偏振分离为

$$\Delta E = E_P/E_S = \Delta n_H\sqrt{\Delta n_H/\Delta n_L} \tag{2.7-3}$$

因此要使对称周期膜系在该波长处消偏振,应使 $\Delta E = 1$,由式(2.7-3)可得

$$\Delta n_L = (\Delta n_H)^3 \tag{2.7-4}$$

代入式(2.7-2),得

$$1 - \frac{n_0^2\sin^2\theta_0}{n_L^2} = \left(1 - \frac{n_0^2\sin^2\theta_0}{n_H^2}\right)^3 \tag{2.7-5}$$

若 $n_0 = 1$，$\theta_0 = 45°$，由式(2.7-5)可得

$$n_\mathrm{H} \approx \sqrt{3}\, n_\mathrm{L} \tag{2.7-6}$$

因此,对于任何两种满足式(2.7-6)的材料组成的对称膜系 $\dfrac{H}{2}L\dfrac{H}{2}$,在 $\lambda = \lambda_0/2$ 位置没有偏振分离。但是此时对膜系的各层厚度均为波长 λ_0 的半整数倍,对称膜系形同虚设。因而实际中常取 $\lambda = \lambda_0/1.5$,以 λ_0 作为参考波长,则对称组合可以表示成 $(0.75H1.50L0.75H)$,但是这时满足式(2.7-4)的膜层组合并不严格消偏振,需要调整折射率来补偿,并且还要对基片和入射介质消偏振。

对于基片上消偏振的条件是:在 n_g 基片上镀厚度为 $\lambda_0/4$、折射率为 n_1 的膜层。此时组合导纳 $Y = n_1^2/n_\mathrm{g}$,它们的偏振分离为

$$\Delta Y = Y_\mathrm{P}/Y_\mathrm{S} = (\Delta n_1)^2/\Delta n_\mathrm{g} \tag{2.7-7}$$

因此对基片消偏振的条件为

$$(\Delta n_1)^2 = \Delta n_\mathrm{g} \tag{2.7-8}$$

也就是当 n_1 满足方程

$$\left(1 - \frac{1}{2n_1^2}\right)^2 = \left(1 - \frac{1}{2n_\mathrm{g}^2}\right) \tag{2.7-9}$$

时,有效基片将没有偏振分离。

对于入射介质空气消偏振的条件是:加镀一层厚度为 $\lambda/4$、折射率为 1.3 的膜层。对于空气其偏振分离为 $\Delta n_0 = \dfrac{1}{1 - \dfrac{n_0^2 \sin \theta_0}{n_0^2}}$,所以在 $\theta_0 = 45°$ 的情况下,可以计算出 $\Delta n_0 = 2$。用同样的方法,对空气消偏振的 $\lambda_0/4$ 膜的折射率 n_2 可以通过下式确定:

$$\left(1 - \frac{1}{2n_2^2}\right)^2 = \left(1 - \frac{1}{2n_0^2}\right)$$

也即 $\Delta n_2 = \sqrt{\Delta n_0} = \sqrt{2} = 1.414$,所以 $n_2 = 1.3$,于是可以选择折射率接近于 1.30 的 $\mathrm{MgF_2}$ 作为空气一侧消偏振的匹配层。

把上述的没有偏振分离的入射介质、膜层结构和出射介质组合在一起构成膜层系统,从理论上可以排除偏振效应(当然只是对一个波长而言)。

2. 1/4 膜系

在全介质单波长消偏振分光镜的设计方面,Costich 早在 1970 年就提出了运用等效折射率概念的对称周期膜系的设计方法,但由于要求的等效折射率为实数,所以它只适合膜系反射率不随周期数目增加而增大的透射带内,也就是说,膜系即使达到消偏振,其反射率也是不能任意调节的,且反射率很低。Mahlein 于 1974 年提出用两层膜组成的基本周期设计消偏振分光镜,由于设计所要求的两种膜料的折射率均远远超出实际膜料的值,所以实用价值不大。Thelen 于 1976 年提出的将膜层、基片、入射介质一体考虑的方法,开辟了设计消偏振分光镜的新途径。

要消除由于倾斜入射引起 P 及 S 分量导纳差异造成的 $R(T)$ 的不同,可以采取某种膜层组合,其等效折射率不依赖于偏振态,不依赖于偏振态的入射介质和基底,从而在理论上消除整个膜系的偏振效应。但这类膜系设计的实用价值小。另外,可以采用金属-介质组合膜系来消除偏振效应,但金属膜层的吸收较大,对使用不利。

采用全介质 $\lambda/4$ 膜系来镀制分光膜,基底棱镜采用化学性能稳定、加工方便、价格便宜的 K9 光学玻璃。

对于 $\lambda/4$ 膜堆,在中心波长处的透射率为

$$T=4/(2+X^2+X^{-2}) \tag{2.7-10}$$

对于偶数层膜系,则有

$$X=(n_0/n_g)^{1/2}(n_2n_4n_6\cdots)/(n_1n_3n_5\cdots) \tag{2.7-11}$$

对于奇数层膜系,则有

$$X=(n_0n_g)^{1/2}(n_2n_4n_6\cdots)/(n_1n_3n_5\cdots) \tag{2.7-12}$$

若要使整个组合无偏振效应,必须使 P 偏振与 S 偏振的 X 项相等,即

$$X_P=X_S \tag{2.7-13}$$

从而 $T_S=T_P$,$R_P=R_S$。由此得出 $\lambda/4$ 膜堆在中心波长处无偏振效应的充分必要条件为:

对于偶数 $2k$ 层膜系,则有

$$(\Delta n_0/\Delta n_g)^{1/2}\Delta n_2\Delta_4\cdots\Delta n_{2k}=\Delta n_1\Delta n_3\cdots\Delta n_{2k-1} \tag{2.7-14}$$

对于奇数 $2k+1$ 层膜系,则有

$$(\Delta n_0/\Delta n_g)^{1/2}\Delta n_2\Delta n_4\cdots\Delta n_{2k}=\Delta n_1\Delta n_3\cdots\Delta n_{2k+1} \tag{2.7-15}$$

由式(2.7-14)和式(2.7-15)可以看出,至少应选择 3 种膜料才有利于膜系的组合;若用 4 种膜料则调整余地较大,但会给制备带来麻烦。因此,在现有的镀膜材料中,选用 3 种合适的、易于蒸发的、性能稳定的高、中、低折射率膜料来进行匹配,由所需的分光比确定膜系总层数。

例如,要求对 1.06 μm 激光不管其偏振态如何都要保持所需要的分光比,对镀制的两种规格的立方块分光棱镜,其透反比分别为 1:9,1:1,误差≤5%。

根据所需的分光比确定膜系总层数,并初选膜料,经膜系设计软件计算后得:

(1) 对于分光比为 1:1 的分光膜,采用 17 层膜系,即 $n_g|n_1n_2n_3\cdots n_{17}|n_g$。选用 ZnS 和 MgF$_2$ 分别作为高、低折射率膜料,即令 $n_1=n_5=n_9=n_{13}=n_{17}=1.37$,$n_3=n_7=n_{11}=n_{15}=2.28$,中间折射率膜料选用 $n_2=n_4=n_6=n_8=n_{10}=n_{12}=n_{14}=1.66$。

(2) 对于 1:9 的分光膜,采用 7 层膜系,即 $g_g|n_1n_2\cdots n_7|n_g$。选用 ZnS,Gd$_2$O$_3$ 和 SiO$_2$ 三种膜料,$n_1=n_7=1.44$,$n_2=n_4=n_6=1.73$,$n_3=n_5=2.28$。在 1.06 μm 处,$n_g=1.507$。

2.7.2 受抑全反射宽波段消偏振分光镜

对于如图 2.7-1 所示的单层介质膜,设 $n_1<n_0\leqslant n_2$,当膜厚 d_1 足够小时,使光线以不小于全反射临界角 θ_c 入射,由于膜层的特殊干涉作用,$n_1<n_0\leqslant n_2$,全反射受到抑制,改变膜厚 d_1 可得到不同的透反比。

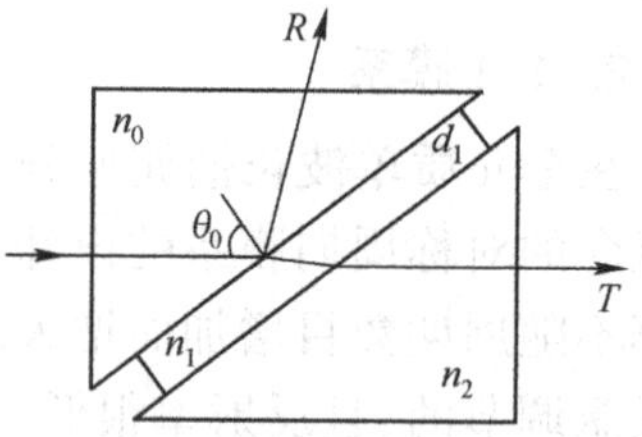

由波动光学可知,单层受抑全反射膜的反射率为

$$R_S=\frac{(1-b_S)^2\mathrm{ch}^2\varphi_1''+(c_S-d_S)^2\mathrm{sh}^2\varphi_1''}{(1+b_S)^2\mathrm{ch}^2\varphi_1''+(c_S+d_S)^2\mathrm{sh}^2\varphi_1''} \tag{2.7-16}$$

$$R_P=\frac{(1-b_P)^2\mathrm{ch}^2\varphi_1''+(c_P-d_P)^2\mathrm{sh}^2\varphi_1''}{(1+b_P)^2\mathrm{ch}^2\varphi_1''+(c_P+d_P)^2\mathrm{sh}^2\varphi_1''} \tag{2.7-17}$$

图 2.7-1 单层宽波段消偏振分光镜

式中 $\quad b_S=\dfrac{n_2\cos\theta_2}{n_0\cos\theta_0}$, $c_S=-\dfrac{n_2\cos\theta_2}{D}$, $d_S=\dfrac{D}{n_0\cos\theta_0}$; $b_P=\dfrac{n_2\cos\theta_0}{n_0\cos\theta_2}$, $c_P=-\dfrac{n_2D}{n_0^2\cos\theta_2}$, $d_P=\dfrac{n_1^2\cos\theta_0}{n_0D}$

$$D=(n_0^2\sin^2\theta_0-n_1^2)^{1/2},\quad \varphi_1''=2\pi d_1D/\lambda$$

在消偏振点,应有 $R_S=R_P$,在一般情况下取 $n_0=n_2$,则 $\theta_0=\theta_2$,这时

$$b_S=1,\quad c_S=-\frac{n_0\cos\theta_0}{D},\quad d_S=\frac{D}{n_0\cos\theta_0};\quad b_P=1,\quad c_P=\frac{n_0D}{n_1^2\cos\theta_0},\quad d_P=-\frac{n_1^2\cos\theta_0}{n_0D}$$

代入式(2.7-16)、式(2.7-17)得

$$R_S = \frac{(c_S - d_S)^2 \operatorname{sh}^2 \varphi_1''}{4\operatorname{ch}^2 \varphi_1'' + (c_S + d_S)^2 \operatorname{sh}^2 \varphi_1''} \tag{2.7-18}$$

$$R_P = \frac{(c_P - d_P)^2 \operatorname{sh}^2 \varphi_1''}{4\operatorname{ch}^2 \varphi_1'' + (c_P + d_P)^2 \operatorname{sh}^2 \varphi_1''} \tag{2.7-19}$$

当入射角 θ_0 超过全反射临界角 θ_0 不多时,则有 $D = (n_0^2\sin^2\theta_0 - n_1^2)^{1/2} \ll 1$,又 R/T 不太大时,$d_1 < \lambda$,所以有 $\varphi_1'' = 2\pi d_1 D/\lambda \ll 1$,则 $\operatorname{sh}^2\varphi_1'' \ll 1$,而对任意 φ_1'',恒有 $\operatorname{ch}^2\varphi'' \gg 1$,所以式(2.7-18)和式(2.7-19)可以简化为

$$R_S = \frac{(c_S - d_S)^2 \operatorname{sh}^2 \varphi_1''}{4\operatorname{ch}^2 \varphi_1''} \tag{2.7-20}$$

$$R_P = \frac{(c_P - d_P)^2 \operatorname{sh}^2 \varphi_1''}{4\operatorname{ch}^2 \varphi_1''} \tag{2.7-21}$$

要使 $R_S = R_P$ 成立,只需 $(c_S - d_S)^2 = (c_P - d_P)^2$ 成立,注意到 $c_S - d_S < 0, c_P - d_P > 0$,所以应使

$$d_S - c_S = c_P - d_P \tag{2.7-22}$$

式中,各项用 $n_2 = n_0$ 时的表达式代入并整理得

$$n_1^2 D^2 + n_1^2 n_0^2 \cos^2\theta_0 = n_0^2 D^2 + n_1^4 \cos^2\theta_0 \tag{2.7-23}$$

解得

$$\sin\theta_0 = \sqrt{2}n/\sqrt{1+n^2} \tag{2.7-24}$$

式中,$n = n_1/n_0$。满足这一条件的入射角 θ_0 即为消偏振入射角 θ_E。

由以上设计公式,可得到几点结论:

(1)式(2.7-24)中,若忽视材料色散,则 θ_E 与 λ 无关,即以 θ_E 入射时,在全波段都能实现消偏振。

(2)θ_E 与膜厚 d_1 无关,而理论表明,当入射角 θ_0 一定时,膜厚 d_1 确定了分光比的大小,所以在以 θ_E 入射时,可对任意透反比实现消偏振。

(3)由式(2.7-23),设 $X_S = n_1^2 D^2 + n_1^4 \cos^2\theta_0, X_P = n_0^2 D^2 + n_1^4 \cos^2\theta_0$,当 $\theta_0 = \theta_E$ 时,$X_S = X_P$,而从式(2.7-20)~式(2.7-24)的推导过程可知,X_S 与 X_P 的关系决定了 R_S 与 R_P 的关系,即 $X_S > X_P$ 时,$R_S > R_P$,反之亦然。注意到 $n_1 < n_0, \theta_c < \theta_0 < \pi/2, D^2 = n_0^2\sin^2\theta_0 - n_1^2$ 是 θ_0 的递增函数,$\cos^2\theta_0$ 是 θ_0 的递减函数,容易证明:当 $\theta_0 < \theta_E$ 时,$X_S > X_P$,则 $R_S > R_P$;反之,当 $\theta_0 > \theta_E$ 时,$X_S < X_P$,则 $R_S < R_P$。可见,在 θ_E 的两侧,$(R_S - R_P)$ 可正可负,利用这一性质可补偿其他膜层产业的偏振量。

2.7.3　金属-介质组合膜堆宽波段消偏振

光波在介质中传播时是横波,但光波在金属中传播时就不再是纯横波,它还有一部分是纵波,因此有较小的偏振效应。而且,金属膜中性好,只要适当匹配埋置介质,就能得到近似最大的势透射率,并进一步改善其偏振特性,于是就可以设计出一个在所要求波段范围内中性的、消偏振的介质-金属-介质膜系。

这是一种宽波段的消偏振分光膜系,其设计步骤如下。

1. 设计金属膜

金属膜材料的设计是以在所要求的波段范围内有最小的偏振效应和较好的光谱中性为原则来进行的,根据公式

$$R_{Pmin} \approx \left[\frac{k_1/n_1}{1 + \sqrt{1 + (k_1/n_1)^2}} \right]^2 \tag{2.7-25}$$

若提高金属膜的光学常数的比值 k_1/n_1,则 R_{Pmin} 增大,于是偏振效应减小。

在可见光区,银有最高的 k_1/n_1 值、最小的偏振效应和较好的光谱中性,因此银膜在可见光区是良好的消偏振金属膜层。虽然银膜的附着力差,机械强度和化学稳定性也不好,但是可以应用在胶合棱镜中。

在近紫外区,铝有较高的 k_1/n_1 值、较小的偏振效应和中性好等特点,因此铝膜在近紫外区是良好的消偏振金属膜层。另外,铝膜对玻璃的附着力比较强,机械强度和化学稳定性也比较好,所以可以用在近紫外平板消偏振分光镜中。其中金属膜的厚度是由分光镜的 $R:T$ 值确定的。

2. 设计金属膜两侧的匹配膜系

匹配膜系的设计原则:①进一步改善金属膜的横波效应;②进一步改善分光膜的光谱中性;③使分光膜具有最小的吸收损耗;④应和立方棱镜匹配,使整个膜系具有最小的偏振效应。

具体的设计步骤如下:

(1) 设计与玻璃匹配的消偏振膜。该设计分两步进行:第一步,先按和立方棱镜玻璃达到消偏振的要求设计匹配膜折射率。如果立方棱镜的折射率是 1.38,则求得匹配膜的折射率为 1.9859。第二步,可以验证已经求得的折射率值对银膜并没有最好的消偏振性能,从对银膜消偏振并改善光谱中性出发,求得匹配膜的折射率为 2.35,反过来再考察折射率为 2.35 的 ZnS 匹配膜对玻璃的影响,并由此导出 ZnS 膜厚度的设计原则,对入射侧的 ZnS 膜厚度应为 $\lambda/(4\cos\theta_1)$,对出射侧的 ZnS 膜厚度为 $\lambda/(8\cos\theta_1)$,据此,可得到最好的消偏振效果。

(2) 设计和金属膜匹配的消偏振膜。金属膜两侧介质材料相同,入射角相同,对同一厚度的金属膜而言,介质折射率越大,偏振效应越小,光谱中性越好。高折射率膜层对改善消偏振的带宽有很大的作用,且由于金属膜的相移,使其两侧的高折射率介质膜厚不等,入射侧的膜层比出射侧的厚。

(3) 匹配膜厚度设计。即设计入射侧和出射侧的初始厚度。现以具体例子分析:

对于可见光区的宽波段消偏振膜系,选择银膜为金属膜,考虑到玻璃和银膜的消偏振,采用 ZnS 作为匹配层。对于银膜在 45° 入射时在长波段的偏振度大,短波段的偏振度小,因此 ZnS 膜的厚度设计要以能使银膜在长波段的偏振效应得到改善为目的。为此以中心波长 $\lambda = 600\ \text{nm}$ 来设计入射侧 ZnS 膜的初始厚度,即

$$d_1 = \lambda/(4n_1\cos\theta_1) = 600\ \text{nm}/(4\times2.35\times\cos27°) \approx 71.7\ \text{nm}$$

式中,$\theta_1 = 27°$ 是空气中的入射角为 45° 时 K_9 玻璃中的入射角。

出射侧 ZnS 膜的厚度选择要复杂一些:首先,ZnS 膜厚度的设计仍然要以减小偏振为目的;其次,要使整个膜系的势透射率接近最佳值。

金属膜是一种吸收膜,但吸收率不仅与金属膜的光学常数有关,还与出射介质有关,改变出射介质,可以改变吸收值。

势透射率 $\qquad\qquad\qquad\qquad \psi = \left(1 + \dfrac{A}{T}\right)^{-1}$ $\qquad\qquad\qquad$ (2.7-26)

因此为了得到最少的吸收,必须合理选择金属膜材料并匹配其后置介质。

根据既要减小偏振,又要获得最佳势透射率的原则,可计算出出射侧 ZnS 膜的初始厚度为

$$d_3 = \frac{600}{8\times2.35\times\cos27°} \approx 35.8\ \text{nm}$$

但是以上求出的 ZnS 膜的初始厚度并未考虑 ZnS 膜对银膜的消偏振是否为最佳。若考虑 ZnS 膜的厚度选择对整个要求波段范围内(可见光区)各波长处所产生的偏振和中性的影响,则 d_1 和 d_3 仍需进一步修正,修正的原则是:当 $R:T$ 值高时,d_1 和 d_3 应相应地加厚,反之则减薄。

(4) 优化设计。解析设计到此为止。如果为了进一步改进上述膜系的性能,获得最佳设计

结果,采用单纯形法进行优化设计。优化主要针对宽带中性分光和消偏振两个目标。构造如下评价函数

$$F = W_1 \sum^{L} \left[\frac{R_S + R_P}{2} - R_0 \right]^2 + W_2 \sum^{L} \left| 1 - \frac{R_P}{R_S} \right| \qquad (2.7\text{-}27)$$

式中,F 为评价函数;W_1,W_2 为权因子;R_0 是要求的 $R:T$ 中的反射率;L 为波点数。优化设计时对膜系的吸收率的值进行约束。

总的来说,采用金属-介质组合膜系设计的消偏振分光镜比全介质的膜系层数少,结构简单,消偏振的光谱范围宽,消偏振效果好。

2.7.4　消偏振截止滤光片

截止滤光片在斜入射使用时,偏振效应使其光谱特性严重劣变,在许多应用中已到了不消除偏振效应就不能用的地步。这里介绍泰伦(Thelen)提出的用截止滤光片消偏振设计方法。

1. 利用间隔层厚度失调来实现

首先,可以根据上面单波长消偏振方法,再结合试凑法设计消偏振截止滤光片;其次,1981年,泰伦提出:通过调整多半波滤光片的间隔层厚度,使在特定入射角时得到消偏振截止滤光片。多半波滤光片是以全介质 F-P 滤光片为基础的。F-P 滤光片的透射率公式为

$$T = \frac{(1-R_1)(1-R_2)}{(1-\overline{R})^2} \cdot \frac{1}{1 + \dfrac{4\overline{R}}{(1-\overline{R})^2} \sin^2 \theta}$$

式中,$\overline{R} = \sqrt{R_1 R_2}$,$\theta = \dfrac{\varphi_1 + \varphi_2}{2} - \rho g \pi$,间隔层位相厚度 $\delta = \rho g \pi$,ρ 是以 $\lambda_0/2$ 为单位的间隔层光学厚度。

通常,反射层是由 $\lambda/4$ 膜堆组成的,而且 R_1 和 R_2 在 g_0 附近近似为常数。因此峰值透射率位置由 $\theta = m\pi$ 决定。令间隔层 2ρ 的位相厚度为 $\delta_{2\rho}$,则 $\delta_{2\rho} = 2\rho g(\pi/2)$。当 $\rho = 1$ 时,在 g_0 处 $\delta_{2\rho} = \pi$,$\delta_{2\rho}$ 与偏振态无关;而 φ_1 和 φ_2 为反射相移,与偏振态有关。

在 g_0 处,对 S 偏振和 P 偏振都有 φ_1,$\varphi_2 = 0$ 或 π,所以 $\theta = 0$ 或 π。因此在 g_0 处 S 偏振和 P 偏振的透射率峰值位置重合,但两偏振态的通带宽度不等,造成两分量截止点位置不重合。F-P 滤光片 $G \mid HLHLHLH 2LHLHLHLH \mid A$ 的反射率曲线如图 2.7-2 所示。图中,$\theta_0 = 45°$,$n_A = 1$,$n_S = 1.52$,$n_H = 2.28$,$n_L = 1.45$。

当 $\rho \neq 1$,即失调半波层时,在 g_0 处 $\delta_{2\rho} \neq \pi$,g_0 不再是透射率峰值位置,而在其他位置,两偏振分量的反射相移不等,因此两分量的透射峰位置不再重合,而两分量的通带宽度仍不相等,所以两分量的截止点位置就有可能重合,如图 2.7-3 所示。

多半波滤光片是由全介质 F-P 滤光片演变而来的,它改善了 F-P 滤光片的通带特性和截止点陡度,但截止位置仍以后者为基础。因此若将多半波滤光片的半波层失调,就可以实现消偏振截止点,如图 2.7-4 所示。

2. 利用多元对称周期膜系实现

上述消偏振截止滤光片的设计原理是通过失调半波滤光片的间隔层厚度来达到截止点消偏振的,由于它的基础是 F-P 滤光片,因此通带狭窄是其主要缺点,称之为窄带消偏振截止滤光片。为此,1984 年泰伦根据赫平等效层理论,提出了一种用多元对称周期膜系设计宽带消偏振截止滤光片的理论,其原理是:假设多元对称周期膜系的基本周期为

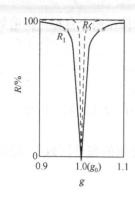 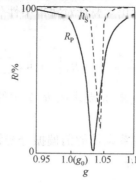 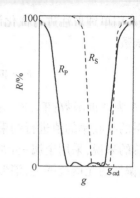

图 2.7-2　F-P 滤光片 $G\,|\,HLHL$　　图 2.7-3　$\rho=0.9$ 时,F-P 滤光片　　图 2.7-4　半波层失调的多半波

$HLH2LHLHLHLH\,|\,A$ 的反射率曲线　　　　的反射率曲线　　　　　　滤光片的反射率曲线

$$c_1A_1c_2A_2\cdots c_{v-1}A_{v-1}c_vA_vc_vA_vc_{v-1}A_{v-1}\cdots c_2A_2c_1A_1 \qquad (2.7-28)$$

其中,A_j 表示膜层的折射率为 n_j,其有效光学厚度为 $\lambda_0/4$,c_j 为调谐系数,v 表示周期的元数,它是大于 2 的整数。

式(2.7-28)的半结构为 $\qquad c_1A_1c_2A_2\cdots c_{v-1}A_{v-1}A_v \qquad (2.7-29)$

令 $B_j=c_jA_j,j=1,2,\cdots,v$;$B=\sum\limits_{j=1}^{v=2}B_j$。因此式(2.7-28)的半结构的矩阵为

$$\boldsymbol{Q}=\boldsymbol{B}\boldsymbol{B}_{v-1}\boldsymbol{B}_v$$

$$=\begin{bmatrix}Q_{11} & \mathrm{i}Q_{12}\\ \mathrm{i}Q_{21} & Q_{22}\end{bmatrix}=\begin{bmatrix}B_{11} & \mathrm{i}B_{12}\\ \mathrm{i}B_{21} & B_{22}\end{bmatrix}\begin{bmatrix}\cos\delta_{v-1} & \mathrm{i}\sin\delta_{v-1}/\eta_{v-1}\\ \mathrm{i}\eta_{v-1}\sin\delta_{v-1} & \cos\delta_{v-1}\end{bmatrix}\begin{bmatrix}\cos\delta_v & \mathrm{i}\sin\delta_v/\eta_v\\ \mathrm{i}\eta_v\sin\delta_v & \cos\delta_v\end{bmatrix} \qquad (2.7-30)$$

式中,$\delta_j=\dfrac{\pi}{2}c_jg$。

将式(2.7-30)展开,得

$$Q_{11}=B_{11}\left(\cos\delta_{v-1}\cos\delta_v-\frac{\eta_v}{\eta_{v-1}}\sin\delta_{v-1}\sin\delta_v\right)-B_{12}(\eta_{v-1}\sin\delta_{v-1}\cos\delta_v+\eta_v\cos\delta_{v-1}\sin\delta_v) \qquad (2.7-31)$$

对于 Q_{12},Q_{21},Q_{22} 有类似的表达式。

对于整个基本周期的矩阵为

$$\boldsymbol{M}=\begin{bmatrix}M_{11} & \mathrm{i}M_{12}\\ \mathrm{i}M_{21} & M_{22}\end{bmatrix}=\begin{bmatrix}Q_{11} & \mathrm{i}Q_{12}\\ \mathrm{i}Q_{21} & Q_{22}\end{bmatrix}\begin{bmatrix}Q_{22} & \mathrm{i}Q_{12}\\ \mathrm{i}Q_{21} & Q_{11}\end{bmatrix}$$

$$=\begin{bmatrix}Q_{11}Q_{22}-Q_{12}Q_{21} & 2\mathrm{i}Q_{11}Q_{12}\\ 2\mathrm{i}Q_{22}Q_{21} & -Q_{12}Q_{21}+Q_{11}Q_{22}\end{bmatrix} \qquad (2.7-32)$$

对于对称周期膜系:$M_{11}=M_{22}$,$M_{11}M_{22}+M_{12}M_{21}=1$,在截止点 $M_{11}=\pm1$,因此这时 $M_{12}M_{21}=0$。对于式(2.7-32),则 $M_{12}M_{21}=4Q_{11}Q_{12}Q_{21}Q_{22}=0$。因此有

$$\text{或 } Q_{11}=0,\quad \text{或 } Q_{12}=0,\quad \text{或 } Q_{21}=0,\quad \text{或 } Q_{22}=0 \qquad (2.7-33)$$

令 $Q_{11}=0$,由式(2.7-31)得

$$\tan\delta_{v-1}=\frac{B_{11}/B_{12}-\eta_v\tan\delta_v}{\eta_{v-1}+B_{11}\eta_v\tan\delta_v/B_{12}\eta_{v-1}} \qquad (2.7-34)$$

在光线斜入射时,两偏振分量的有效折射率不同,但其位相厚度相等,两偏振分量的截止点重合,这时

$$\left[\frac{B_{11}/B_{12}-\eta_v\tan\delta_v}{\eta_{v-1}+B_{11}\eta_v\tan\delta_v/B_{12}\eta_{v-1}}\right]_{\mathrm{P}}=\left[\frac{B_{11}/B_{12}-\eta_v\tan\delta_v}{\eta_{v-1}+B_{11}\eta_v\tan\delta_v/B_{12}\eta_{v-1}}\right]_{\mathrm{S}} \qquad (2.7-35)$$

这是一个关于 $\tan\delta_v$ 的二次方程。

同理，令 $Q_{12}=0$，$Q_{21}=0$，$Q_{22}=0$，可得到同样形式的关于 $\tan\delta_v$ 的二次方程。

在上述式子中，η_j 由膜层材料和光线入射角确定，位相厚度 $\delta_1,\delta_2,\cdots,\delta_{v-2}$ 在设计中可任意给定，将确定的 η_j 和 σ_j 参数代入式(2.7-35)，解出 δ_{v-1}。

由于 $\delta_j=\dfrac{\pi}{2}c_jg$，所以

$$\delta_1=\frac{\pi}{2}c_1g,\quad \delta_2=\frac{\pi}{2}c_2g,\quad \cdots,\quad \delta_v=\frac{\pi}{2}c_vg \tag{2.7-36}$$

给定 $\displaystyle\sum_{j=1}^{v}c_j$，由式(2.7-36)，可得

$$c_1=\left(\delta_1\Big/\sum_{j=1}^{v}\delta_j\right)\sum_{j=1}^{v}c_j,\quad c_2=\left(\delta_2\Big/\sum_{j=1}^{v}\delta_j\right)\sum_{j=1}^{v}c_j,\quad \cdots,\quad c_v=\left(\delta_v\Big/\sum_{j=1}^{v}\delta_j\right)\sum_{j=1}^{v}c_j \tag{2.7-37}$$

以及

$$g_{\mathrm{ed}}=\sum_{j=1}^{v}\delta_j\Big/\left(\frac{\pi}{2}\sum_{j=1}^{v}c_j\right) \tag{2.7-38}$$

式中，g_{ed} 为两偏振分量截止点重合的波数位置。

按照上述方法设计后，如果发现截止边缘的重合情况不很理想，可以采取以下措施：

（1）为使两偏振分量的截止边缘在截止波长处重合，可以将方程(2.7-35)微调修改。微调的方法是，将方程(2.7-35)写成如下形式：

$$F_{\mathrm{P}}(\eta_1,\eta_2,\cdots,\eta_v;\delta_1,\delta_2,\cdots,\delta_{v-2},\delta_v)=F_{\mathrm{S}}(\eta_1,\eta_2,\cdots,\eta_v;\delta_1,\delta_2,\cdots,\delta_{v-2},\delta_v)$$

引入微调因子 ξ，$\xi>1$ 并接近于 1，将方程(2.7-35)修改为

$$F_{\mathrm{P}}(\eta_1,\eta_2,\cdots,\eta_v;\delta_1,\delta_2,\cdots,\delta_{v-2},\delta_v)=F_{\mathrm{S}}(\eta_1,\eta_2,\cdots,\eta_v;\xi\delta_1,\xi\delta_2,\cdots,\xi\delta_{v-2},\xi\delta_v) \tag{2.7-39}$$

不断调整 ξ 直至满足要求。

（2）为了压缩通带波纹，可在已设计好的周期膜堆两边再匹配一些周期膜堆，这些匹配周期膜的前 $v-2$ 层膜的位相厚度 $\delta_1',\delta_2',\cdots,\delta_{v-2}'$ 取与基本周期膜系接近的数值，再由方程(2.7-34)和(2.7-35)解出 δ_v' 和 δ_{v-1}'。

（3）为使匹配周期截止位置和原周期膜系的截止位置重合，取

$$\sum_{j=1}^{v}c_j'=\sum_{j=1}^{v}\delta_j'\Big/\frac{\pi}{2}g_{\mathrm{ed}} \tag{2.7-40}$$

再由式(2.7-37)得到匹配周期膜的调谐系数，即

$$c_1'=\left(\delta_1'\Big/\sum_{j=1}^{v}\delta_j'\right)\sum_{j=1}^{v}c_j',\quad c_2'=\left(\delta_2'\Big/\sum_{j=1}^{v}\delta_j'\right)\sum_{j=1}^{v}c_j',\quad \cdots,\quad c_v'=\left(\delta_v'\Big/\sum_{j=1}^{v}\delta_j'\right)\sum_{j=1}^{v}c_j' \tag{2.7-41}$$

如果这样设计的膜系在通带中的透射率仍不够理想，可进行膜系优化处理。

使用上述方法设计的实例是膜系：

$G\,|\,(0.2752H0.3467L0.2752H)$

$(0.9143H0.1867L0.7880H0.1867L0.9143H)$

$(0.7320H0.4648L0.4680H0.4648L0.7320H)$

$(0.6153H0.7847L0.1900H0.7847L0.6153H)^4$

$(0.7320H0.4648L0.4680H0.4648L0.7320H)$

$(0.9143H0.1867L0.7880H0.1867L0.9143H)$

$(0.1678H0.5613L0.1678H)\,|\,A$

其中，$n_{\mathrm{A}}=1.0$，$n_g=1.52$，$n_{\mathrm{H}}=3.5$，$n_{\mathrm{L}}=1.45$，$\theta_0=45°$，$\lambda_0=1000\ \mathrm{nm}$，其透射率曲线如图2.7-5所示，

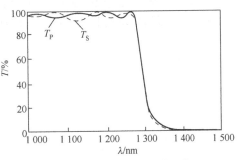

图2.7-5　优化设计的消偏振截止滤光片透射率曲线

通带波纹小,透射率高。

3. 用失调截止滤光片周期膜系中心间隔层来实现

上面的宽带消偏振截止滤光片设计方案复杂,设计膜系结构是非规整的,工艺性差。考虑到上述两种设计方法的共同性和差异点,现提出一种改进的设计方案,称为失调截止滤光片周期膜系中心间隔层的消偏振截止滤光片设计方法。

$G\left|\left(\dfrac{L}{2}HLH\dfrac{L}{2}\right)^s\right|A$ 为短波通滤光片, $G\left|\left(\dfrac{H}{2}LHL\dfrac{H}{2}\right)^s\right|A$ 为长波通滤光片,现在将它们修改

为 $G\left|\left(\dfrac{L}{2}H\rho LH\dfrac{L}{2}\right)^s\right|A$ 和 $G\left|\left(\dfrac{H}{2}L\rho HL\dfrac{H}{2}\right)^s\right|A$。当失调因子 $\rho=1$ 时就是一般的截止滤光片,它们在光线倾斜入射时 P 偏振和 S 偏振发生分离,形成偏振。在 $\rho\neq1$ 时,就可以得到消偏振的截止滤光片。

思考题与习题

2.1 设计石英玻璃上的减反射膜,使其对 1064 nm 激光的反射率小于 0.1%。

2.2 计算并比较在 K9 平板玻璃单面镀制以下 3 种膜系后,其在可见光波段的反射特性有哪些特点?

(1) $G|L|A$　　(2) $G|2HL|A$　　(3) $G|M2HL|A$

其中, $n_G=1.52$, $n_L=1.38$, $n_H=1.88$, $n_M=1.58$, $n_A=1.0$, $\lambda_0=520$ nm, $\theta_0=0°$。

2.3 石英玻璃($n_g=1.46$)基底上镀制膜系 $G|(HL)^8H|A$,若镀膜材料为 $H-ZnS(n_H=2.35)$, $L-MgF_2(n_L=1.38)$, $n_H d_H=n_L d_L=266$ nm,计算在 $\theta_0=0°$ 时:

(1) 对波长 1064 nm、532 nm、355 nm 光波的反射率;

(2) 以波长 1064 nm 和 355 nm 为中心的两个高反射带的波长宽度;

(3) 以波长 532 nm 为中心的高透射带的波长宽度和起、止波长。

2.4 若将 2.3 题的薄膜器件放置在以 30° 角入射的光路中,其高反射带的特性将发生哪些变化?

2.5 欲用膜系 $G|(HL)^8H|A$ 实现对 1064 nm 和 532 nm 两个波长同时高反射,确定膜层的光学厚度。

2.6 使用 $TiO_2(n=2.25)$ 和 $SiO_2(n=1.45)$ 两种材料设计可以在 420~720 nm 波段提供高反射的全介质薄膜器件。

2.7 已知膜系 $G|HLHLHLH2LHLHLHLH|G$ 中, $n_G=1.52$, $n_H=2.25$, $n_L=1.45$, $n_A=1.0$,试计算峰值透射率和通带宽度。

2.8 若仅将 2.7 题膜系中的 $2L$ 层改为 $760L$,其光谱透射特性将发生哪些改变?

2.9 若器件 $A|HLH2000LHLH|A$ 中反射膜堆 HLH 在 1525~1565 nm 波段有近似相同的反射率($\lambda_0=1450$ nm, $\theta_0=0^0$),试计算在 1525~1565 nm 波段有多少个通带?通带频率宽度和波长宽度各是多少?相邻通带的频率间隔和波长间隔是多少?通带峰值透过率是多少?

2.10 使用 $TiO_2(n=2.25)$ 和 $SiO_2(n=1.45)$ 两种材料设计一个可以在 450~650 nm 波段进行偏振分光的立方棱镜,为保证反光与折射光传播方向垂直,用于制作棱镜的玻璃材料的折射率应当是多少?

2.11 有人欲用 2.10 题中的立方棱镜实现对自然光的 1:1 分光,可以吗?为什么?

第3章　光学薄膜制造技术

光学薄膜可以采用物理气相沉积(PVD)、化学气相沉积(CVD)和化学液相沉积(CLD)3种技术来制备。CLD工艺简单，制造成本低，但膜层厚度不能精确控制，膜层强度差，较难获得多层膜，还存在废水废气造成的污染问题，已很少使用。CVD一般需要较高的沉积温度，而且在薄膜制备前需要特定的先驱反应物，在薄膜制备过程中也会产生可燃、有毒等副产物。但CVD技术制备薄膜的沉积速率一般较高。

PVD需要使用真空镀膜机，制造成本高，但膜层厚度可以精确控制，膜层强度好，目前已被广泛采用。在PVD方法中，根据膜料汽化方式的不同，又分为热蒸发、溅射、离子镀及离子辅助镀技术。其中，光学薄膜主要采用热蒸发及离子辅助镀技术制造，溅射技术在近十余年已用于光学薄膜大批量制造。

3.1　光学真空镀膜机

光学真空镀膜机大多数是热蒸发真空镀膜设备，主要由三大部分组成：真空系统、热蒸发系统和膜层厚度控制系统。图3.1-1所示为光学真空镀膜机的外形，它由真空室、真空机组和电控柜三部分组成。真空室内配置有先进的行星夹具和用于离子束辅助的离子源。

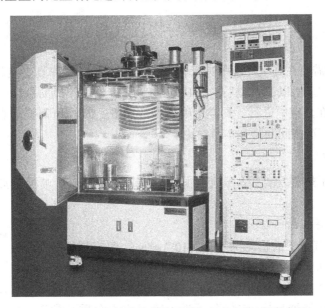

图3.1-1　光学真空镀膜机前貌及真空室内全貌(行星夹具)

1. 真空系统

光学镀膜机真空系统的组成形式有：小型镀膜机采用"高真空油扩散泵+低真空机械泵+低温冷阱"，大型镀膜机采用"高真空油扩散泵+低真空机械泵+罗茨泵+低温冷阱"，也有采用"高真空低温冷凝泵+低真空机械泵"无油真空系统的。

由"高真空油扩散泵+低真空机械泵+低温冷阱"组成的真空系统中，低真空机械泵首先将真空室抽到低于5Pa的低真空状态，为油扩散泵后续抽真空室提供前提条件；当油扩散泵抽真空室时,机械泵又与油扩散泵组成串联机组,机械泵成为帮助油扩散泵排气于大气中的必不可少的设备。机械泵与油扩散泵组成的机组,可以将真空室抽到 10^{-3} Pa 的高真空。

罗茨泵作为提高"机械泵+油扩散泵"机组抽气速度、压缩抽真空时间、提高生产效率的辅助真空泵,在用于批量生产的大型镀膜机中发挥着重要作用。

低温冷凝泵的最大优点是无油,有效避免了油扩散泵的油污染问题。采用低温冷凝泵无油真空系统的镀膜机镀制的膜层的牢固度明显优于有油真空系统镀膜机镀制的膜层。

2. 热蒸发系统

光学真空镀膜机中设置有电阻热蒸发电极两对,电子束蒸发源一个或两个。电阻热蒸发电极用于蒸发低熔点材料,电子束蒸发源用于蒸发高熔点材料。

3. 膜层厚度控制系统

精密的膜层厚度控制系统是光学真空镀膜机不同于机械、电子行业镀膜机的地方。

用于光学镀膜机的膜层厚度控制系统有两大类:第一类是石英晶体膜厚仪,它是基于石英晶体振荡频率随膜层厚度增加而衰减的原理进行测厚的,它测量的是膜层的几何厚度。第二类是光电膜厚仪,它以被镀零件的光透射或反射信号随膜层厚度的变化值作为测量厚度的依据,测量的是膜层的光学厚度。这两种方法用于光学膜层厚度控制,都有很高的测量精度。需要注意的是:光电膜厚仪控制的是光学厚度,光电膜厚仪的灵敏度比较低;石英晶体膜厚仪测量的是几何厚度,但测量灵敏度为 0.1 mm。不过,近年来,利用直接监测被镀零件的光谱透射或光谱反射特性的方法取代监测膜层光学厚度的宽波段光学膜层监测仪已经逐步成熟,依靠监控膜层厚度来保证光学膜层性能的年代即将过去。

3.2 真空与物理气相沉积

由于 PVD 技术需要在真空环境中进行,因此,将 PVD 设备称作真空镀膜机。这些设备共同的特点是需要高真空。所以,"真空"是 PVD 的基础,是光学镀膜机的基础。

PVD 为什么要在真空中进行?真空用哪些参数计量?PVD 所需要的真空条件是如何确定的?真空如何获得?这些问题将在本节讨论。

1. PVD 与真空

图 3.2-1 示意了热蒸发的基本原理:加热使膜料汽化蒸发后,喷涂至放置在工件架上的零件表面。

(1) 大气 PVD 存在的问题

常温常压下,空气分子的密度为 1.28×10^{-3} g/cm³,每克气体分子含有的分子个数是 2.08×10^{22},气体分子间的距离是 3.34×10^{-6} mm,气体分子的空间密度为 2.68×10^{16} 个/mm³,因而,空气中的活性气体分子与膜层、膜料、蒸发器反应,空气分子进入膜层成为杂质。常压时,气体分子密度太高,蒸发膜料大多因碰撞而无法直线到达被镀件。

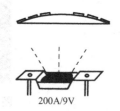

图 3.2-1　热蒸发原理

(2) 真空 PVD 的优点

真空是压强小于 101.325 kPa(1 个标准大气压)的气体状态。PVD 需要的真空条件应能够保证:气体分子的平均自由程大于蒸发源到被镀件之间的距离,被镀膜层材料容易蒸发(高真空条件下,膜料蒸发温度大幅下降);容易获得高纯膜,膜层坚硬,成膜速度快。

2. 真空与压强

真空是一种气体状态(并非一无所有)。真空度是表征真空状态气体稀薄程度的物理量。

真空度的计量采用与压强相同的方法和单位。需要注意的是:低压强对应高真空度,高压强对应低真空度。

压强计量单位现已统一采用 Pa,1 标准大气压 $= 760\,\mathrm{mmHg} = 1.013\,25 \times 10^5\,\mathrm{Pa}$。

在真空行业中,真空区间还被不严格地划分为:粗($10^5 \sim 10^2\,\mathrm{Pa}$)、低($10^2 \sim 10^{-1}\,\mathrm{Pa}$)、高($10^{-1} \sim 10^{-5}\,\mathrm{Pa}$)、超高($10^{-5} \sim 10^{-12}\,\mathrm{Pa}$)、极高($< 10^{-12}\,\mathrm{Pa}$)5 个真空段。

3. PVD 所需真空度

PVD 所需真空度的基本确定原则是"气体分子的平均自由程大于蒸发源到被镀件之间的距离"。按照气体分子运动理论,气体分子平均自由程 $\bar{\lambda} = \dfrac{1}{\sqrt{2}\pi\sigma^2 n} \approx \dfrac{2}{3p}(\mathrm{cm})$,式中,$\sigma$ 是气体分子的直径,n 是气体分子的密度,p 是对应于 n 的气体压强。如果蒸发源到被镀件之间的距离 $d = 1\,\mathrm{m}$,由此确定的 PVD 所需真空度应当是 $p < 2d/3 = 7 \times 10^{-3}\,\mathrm{Pa}$。

要想使膜料蒸汽的每一个分子都无碰撞地喷镀到零件表面是不可能的。但是应当弄清楚,在所需要的真空度情况下,分子的碰撞概率到底有多大?

按照真空工程研究所得到的气体分子的碰撞概率 N_p/N_0 与分子平均自由程 $\bar{\lambda}$ 及蒸发源到被镀件的距离 $d(\mathrm{cm})$ 之间的关系是

$$N_p/N_0 = 1 - \exp(-d/\bar{\lambda}) \approx 1 - \exp(-3pd/2)$$

将上面得到的真空度参数代入可得到 $N_p/N_0 = 63\%$,如此高的碰撞概率使我们对于"气体分子的平均自由程大于蒸发源到被镀件之间的距离"的原则感到不妥。

于是人们将上述原则修正为"气体分子的碰撞几率 $N_p/N_0 < 10\%$"。按照这一新的原则,当 $d = 1\,\mathrm{m}$ 时,计算得出 $p \approx 7 \times 10^{-4}\,\mathrm{Pa}$。如果 $d = 0.5\,\mathrm{m}$,则 $p \approx 1.4 \times 10^{-3}\,\mathrm{Pa}$。对于大多数光学镀膜机而言,蒸发源到被镀件之间的距离都在 $50\,\mathrm{cm}$ 左右,所以光学镀膜机制造商就将真空度指标设定为 $p < 1.3 \times 10^{-3}\,\mathrm{Pa}$。

3.3 真空获得与检测

用于获得真空的设备叫真空泵,检测真空度的仪器叫真空计。

3.3.1 真空泵

1. 真空与真空泵

"抽真空"是指抽出容器内气体,获得真空状态的过程或动作。"真空泵"是指用于抽出容器内气体的机器。

真空泵的主要性能参数:

抽气速率(体积流率):其单位为 $\mathrm{L/s}$,$\mathrm{m^3/s}$;

极限真空:可以抽到的最低压强(最高真空度);

启动压强:泵无损启动,并有抽气作用时的压强;

前级压强:排气口压强;

最大前级压强(反压强):超过了就会使泵损坏或不能正常工作的前级压强。

（1）气体传输泵：能使气体不断吸入和排出而达到抽气目的。它又分为：

变容式：泵腔容积周期性变化完成排、吸气。如油封旋片式机械泵、滑阀泵、罗茨泵。

动量传递泵：用高速旋转的叶片或高速射流，把动量传递给气体分子，使气体分子连续地从入口向出口运动。如分子泵、油扩散泵。

（2）气体捕集泵：利用泵体、工作物质对气体分子的吸附和凝结作用来抽出容器内的气体。如吸附泵、吸气剂泵、低温泵。

常见真空泵的使用范围：机械泵为 $1 \sim 10^5$ Pa，罗茨泵为 $10 \sim 10^4$ Pa，油扩散泵为 $1 \sim 10^{-5}$ Pa，涡轮分子泵为 $1 \sim 10^{-8}$ Pa，溅射离子泵为 $1 \sim 10^{-8}$ Pa，低温泵为 $10^{-1} \sim 10^{-8}$ Pa。

实际工程中，能够直接用于抽大气并向大气中排气的真空泵只有机械泵，而单独使用机械泵只能获得低真空。上述可以获得高真空的任何一台真空泵，其最大前级压强都低于 101.325 kPa。因此，镀膜机的真空机组最少需要两个真空泵形成接力式真空机组，才能获得所需的高真空度。

3. 旋片式机械泵

图 3.3-1 所示为油封旋片式机械泵的结构。

抽、排气工作是由转子带动始终与定子保持相切的旋片的旋转进行的。油封的作用是密封和润滑。

（1）理论基础

根据 Boyle- Malotte 定律：$pV = RT$，若能将原压强为 p_0 的容器体积 V 扩展 ΔV，扩展容积后的压强为 p_1，且温度 T 不变，则由

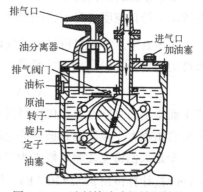

图 3.3-1　油封旋片式机械泵结构

$$p_0 V = RT, \quad p_1(V + \Delta V) = RT$$

得

$$p_0 V = p_1(V + \Delta V)$$

即

$$p_1 = \frac{p_0 V}{V + \Delta V}$$

显然，容器体积扩展 ΔV 时，压强由 p_0 下降为 p_1，具有了抽气能力。

（2）工作过程

图 3.3-2 是机械泵转子转动一周过程中五个瞬间的状态图。在图（a）中，镶嵌在转子上的叶片 1 位于转子与定子（泵腔唯一的"切点"）的切点处，从此刻开始，沿顺时针方向旋转；到图（b）的时刻，转子叶片 1 与"切点"之间的空间已经由图（a）时的 0 扩展为 V_1，其中充入了由进气口扩散进入的气体；到图（c）的时刻，转子叶片 1 与"切点"之间的空间已经由图（b）时的 V_1 变为转子叶片 1 与叶片 2 形成的最大吸气空间 V_2，其中由进气口扩散进入的气体量也达到最大。与此同时，叶片 1 的抽气作业已经结束；到图（d）的时刻，叶片 1 再次回到"切点"位置，转子叶片 1 与叶片 2 形成的空间已与排气口接通，叶片 1 与叶片 2 之间的空间已经缩小，其中的气体压力也因增大而被挤出排气口；到图（e）的时刻，叶片 2 转到"切点"位置，在图（c）时叶片 1 与叶片 2 之间的气体已经全部经排气口排出，转子完成了一个抽、排气周期的工作。转子周而复始地重复上述过程，与进气口相连接的容器中的气体便被抽出，容器中的气压不断下降。

（3）性能指标

前级压强：1.013×10^5 Pa（1 个标准大气压）

启动压强：1.013×10^5 Pa（1 个标准大气压）

工作压强：$1.013 \times 10^5 \sim 1.333 \times 10^{-1}$ Pa

极限真空：5×10^{-2} Pa

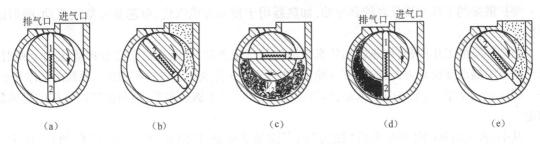

| （a） | （b） | （c） | （d） | （e） |

图 3.3-2　机械泵转子的状态

油封旋片式机械泵的理论抽速为

$$S_{th} = ZnV_S$$

式中,Z 是镶嵌在转子上的叶片个数,n 是转子的转速,V_S 是泵腔的容积。

直联泵(高速)的抽速明显高于普通机械泵。

实际上,抽速并非始终如一,在一开始抽大气和容器压强较低(小于 1 Pa)时,机械泵的抽速都大大低于理论抽速。

4. 油扩散泵

油扩散泵外形如图 3.3-3 所示。油扩散泵的内部构造如图 3.3-4 所示。

（a）突腔式

（b）直腔式

图 3.3-3　油扩散泵外形

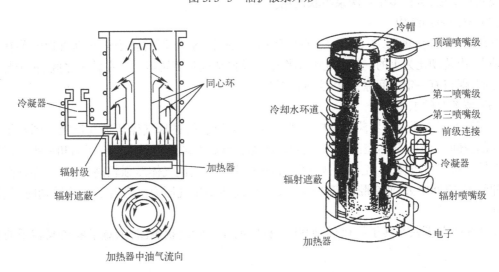

图 3.3-4　油扩散泵的内部构造

油扩散泵的工作介质是高纯真空油,加热器用于使油加热汽化,泵芯是油蒸气流动/喷射的导向管道。

油扩散泵的工作原理:加热器加热真空油使其汽化蒸发,油蒸气沿泵芯导向管道向上喷射,遇到伞形喷嘴改变运动方向,向斜下方喷出,油蒸气分子俘获由进气口扩散进入泵腔的气体分子,并一同运动到泵壁,沿泵壁向下流动,到达油槽时,气体分子遇热蒸发,被与排气口连接的机械泵抽走。

其中,多级喷嘴的作用是形成"接力"向下的运动动能,以阻止"反扩散"(气、油)。位于油槽底部的分馏槽的作用是将真空油分级,重馏分低蒸气压油蒸气沿中心高级导流管蒸发,利于获得高极限真空。

油扩散泵的性能指标:启动压强为 10^{-1} Pa,最大前级压强为 1 Pa,工作压强为 $10^{-1} \sim 10^{-6}$ Pa,极限真空度为 10^{-7} Pa。

使用油扩散泵时,有两点值得注意:一是油扩散泵既不能直接抽大气,也不能直接向大气中排气;二是油扩散泵必须在有水冷的条件下使用。

5. 罗茨泵

为了提高由机械泵和油扩散泵组成的真空机组的抽气速度,现在大多数镀膜机都增设有罗茨泵。

(1) 罗茨泵的特点

罗茨泵是一种旋转式变容真空泵,它是由罗茨鼓风机演变而来的。根据罗茨泵工作范围的不同,又分为直排大气的低真空罗茨泵、中真空罗茨泵(又称机械增压泵)和高真空多级罗茨泵。

一般来说,罗茨泵具有以下特点:在较宽的压强范围内有较大的抽速;启动快,能立即工作;对被抽气体中含有的灰尘和水蒸气不敏感;转子不必润滑,泵腔内无油;震动小,转子动平衡条件较好,没有排气阀;驱动功率小,机械摩擦损失小;结构紧凑,占地面积小;运转维护费用低。

由于罗茨泵是一种无内压缩的真空泵,通常压缩比很低,故高、中真空罗茨泵都需要前级泵。罗茨泵的极限真空除取决于泵本身结构和制造精度外,还取决于前级泵的极限真空。为了提高极限真空度,可将多个罗茨泵串联使用。

(2) 罗茨泵的结构

罗茨泵的结构如图3.3-5所示。在泵腔内,有两个"8"字形的转子相互垂直地安装在一对平行轴上,由传动比为1的一对齿轮带动作彼此反向地同步旋转运动。在转子之间、转子与泵壳内壁之间,保持有一定的间隙,可以实现高转速运行。

(3) 罗茨泵的工作原理

罗茨泵的工作原理与罗茨鼓风机相似。转子不断旋转,被抽气体从进气口吸入到转子与泵壳之间的空间,由于吸气后空间 V_2 是全封闭状态,所以,在泵腔内气体没有压缩和膨胀。但当转子顶部转过排气口边缘,V_2 空间与排气侧相通时,由于排气侧气体压强较高,则有一部分高压气体返冲到 V_2 空间中去,使泵腔内气体压强突然增高达到排气压力。当转子继续转动时,气体排出泵外。

图3.3-6是罗茨泵转子从0°转动90°过程中的4个瞬间状态图,示意了罗茨泵转子的转动状态。

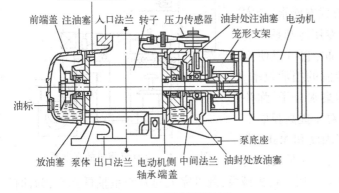

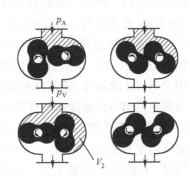

图 3.3-5　罗茨泵的结构　　　　　　　　图 3.3-6　罗茨泵转子的转动状态

3.3.2　低温冷凝泵

图 3.3-7 是低温冷凝泵的结构示意图。低温冷凝泵是一种利用低温冷凝和低温吸附原理抽气的气体捕集式真空泵,是获得无油高真空环境的设备。低温泵的最大特点是无油污染,因而被广泛应用于半导体、集成电路、光电器件的制造工艺过程。

低温冷凝:用液 He 冷却固体表面达 4.2 K,空气中除 H_2 和 He 以外,大部分气体的饱和蒸气都低于 1 Pa,即空气中主要气体成分都会被冷凝,即达到抽真空的目的。

低温吸附:在低温表面上黏结一些固体吸附剂,气体分子到达这些多孔的吸附剂上面被捕集。

图 3.3-7　低温冷凝泵结构示意图

低温泵的特点:

(1) 真正的无油真空泵:利用低温冷板来冷凝、吸附气体而获得和保持真空,清洁无污染;

(2) 抽速快:特别是对 H_2O 和 H_2 等气体抽速很快;

(3) 运行费用低:运行时只需电力和冷却水,不需液氮等低温液体,操作简单方便;

(4) 适应性强:真空腔内无运动部件,来自外界的干扰或来自真空系统的微粒不影响低温泵工作;

(5) 可以安装在任何方位;

(6) 运动部件少且低速运行,寿命长;

(7) 所有型号的低温泵都可以达到 10^{-7} Pa 的极限真空度,部分特殊品种的极限真空度可达 10^{-9} Pa。

3.3.3　PVD 使用的高真空系统

图 3.3-8 示意的是目前广泛应用于光学薄膜制造的真空镀膜机的真空系统。图中,1 是进行薄膜制造的真空容器。2 是高真空阀门。3 是低温冷阱,它作为有油真空机组必须配套的挡油

装置,对于防止油蒸汽进入真空室,获得牢固镀层,有无法替代的作用。低温冷阱的常见冷却方式有冷水、冷冻水、液态氮、液态氦等。近几年,有一种专用冷却系统被广泛用于真空镀膜机的冷阱——Polycold,它可以使冷凝板降温至–192℃,大大提高了低温冷阱的挡油效率。使用 Polycold 冷凝板,还可以有效地捕集水分子,弥补有油真空机组不能抽除水蒸气的缺陷,对于提高膜层牢固度,特别是无烘烤低温镀制膜层的牢固度和 MgF_2 膜层的牢固度有突出的作用。4 是油扩散泵。5 是旋片式机械泵。6 是低真空阀门,通过这些阀门,只用一台机械泵,既可完成对真空室抽低真空,为油扩散泵最终抽高真空制造必需的低真空基础,又可帮助油扩散泵排气于大气中,保证油扩散泵正常工作。7 是低真空测量用的热偶真空计。8 是高真空测量用的电离真空计。

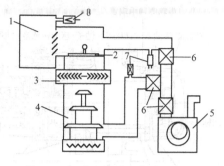

图 3.3–8　真空渡膜机的真空系统

3.3.4　真空度的检测

1. 热电偶真空计

(1) 热电偶真空计的原理

热电偶真空计是通过热电偶中热丝的温度与压强的关系来确定真空度的。

所谓热电偶是指任何两根不同材料的金属,当其两个接点的温度不相等时,便出现了温差热电效应。在材料选定后,回路的热电动势仅取决于两个接点的温度。如果热电偶不是由两根金属丝组成的,而是由多根金属丝串接而成的,则回路的热电动势等于各个接点分热电动势的代数和。

热电偶真空计由玻璃制成,通过小管 8 和真空系统相接,如图 3.3–9 所示,在真空计内的两根引线上装有热丝 3,另外两根引线上焊着一对温差电偶 4,温差电偶的另一端与热丝在 A 点焊接。

由于在低压下,气体的热传导系数与压强成正比,所以在通过热丝的电流一定的条件下,热丝的温度随着规管内真空度的提高而升高,温差电偶电动势也就随之增大。因此,通过测量温差电偶电动势,就可确定被测系统的真空度。

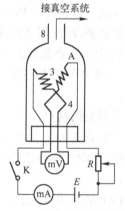

接真空系统

灯丝通电后,其热量散失的途径有以下 3 种:

灯丝辐射损失　　　　　$Q_1 = C_1(T^4 - T_{04})$
灯丝引线的热传导损失　$Q_2 = C_2(T - T_0)$
气体碰撞的热传导损失　$Q_3 = C_3(T - T_0)p$

图 3.3–9　热电偶真空计示意图

式中,C_1,C_2,C_3 是常数,T 是灯丝的温度,T_0 是管壁的温度。

工作时,灯丝加热功率一定,当加热与散热达到热平衡时,则有

$$Q_{灯丝} = Q_1 + Q_2 + Q_3$$

当气压变化时,灯丝温度随之变化,以保持平衡态。

显然,气压越高,平衡态所对应的灯丝温度越低。因此,用热电偶测出灯丝的温度,就可以换算出相应的环境压强。

热电偶真空计的测量范围为 $0.13 \sim 13\,\mathrm{Pa}$。

(2) 热电偶真空计的特性

热电偶真空计的优点:

① 测量的压强是被测容器的真实压强;

② 能连续测量,并能远距离读数;

③ 结构简单,容易制造;

④ 即使突然遇到气压急剧升高,也不会烧毁。

热电偶真空计的缺点:

① 标准曲线因气体种类而异,故对于空气测量得到的标准曲线不能直接用于其他气体;

② 由于热惯性,压强变化将使热丝温度的改变滞后,读数亦必定滞后;

③ 稳定性受外界的影响,规管必须安装在不易受辐射热或对流热干扰的位置;

④ 老化现象严重,必须经常校准。

2. 热阴极电离真空计

（1）热阴极电离真空计的原理

具有足够能量的电子在运动中与气体分子碰撞,可能引起分子的电离,产生正离子及电子。而电子在一定的"飞行"路程中与分子的碰撞次数,又正比于分子的密度,一定温度下也正比于气体压强,故产生的正离子数也正比于压强。由此可见,电离现象是与压强有关的现象,可作为一种真空测定原理的依据。借助于电测量技术,热阴极电离真空计不难成为一种非常有效的真空度测量技术。

最简单的热阴极电离真空计就是一只三极管,如图 3.3-10 所示,通过 B 管与真空系统相接,使用时,在灯丝电路中通以电流,灯丝受热后便发射电子,由于栅极加上正电压,便吸引电子使其加速,中途与气体分子相碰,气体的密度越大,碰撞机会越大,产生的正离子也越多。另外,由于板极电压为负,便吸引正离子在板极电路中形成板极电流 I_p,气体分子密度越大（即压强越大）,板极电流也越大。所以,通过测量板极电流便可以确定气体的压强,热阴极电离真空计就是根据这个原理制成的。热阴极电离真空计是测量极高真空的仪器,测量范围为 $0.1 \sim 1 \times 10^{-5}$ Pa。

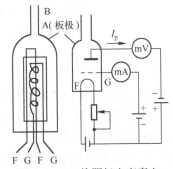

图 3.3-10　热阴极电离真空
计原理示意图

（2）热阴极电离真空计的特性

热阴极电离真空计的优点:

① 测出的是总压强;

② 反应迅速,可连续读数,还可以远距离控制;

③ 可测很低的压强,一般的电离真空计就可测量到 5×10^{-5} Pa,如改进后制成超高真空计,可测量到 10^{-7} Pa;

④ 规管小,易于连接到被测量处;

⑤ 一般电离真空计的校准曲线直线范围宽,通常为 $10^{-1} \sim 10^{-5}$ Pa;

⑥ 对机械震动不敏感。

热阴极电离真空计的缺点:

① 灵敏度与气体种类有关;

② 压强大于 10^{-1} Pa 时,灯丝易于被烧毁,一旦真空系统突然漏气,如不设置专门的保护线路,灯丝往往立即被烧毁;

③ 在工作时产生化学清除作用及电清除作用,造成压强的改变,影响测量准确度;

④ 玻璃壳、电极的放气,会导致测量误差。

3. 冷阴极电离真空计

（1）冷阴极电离真空计的原理

放电管在压强（$10^{-1} \sim 10^{-2}$ Pa）较低时自持放电就熄灭,要将下限扩展到高真空范围,可用磁场控制电子运动的方法,增加电子的路程。利用这种方法制成的真空计,就是冷阴极电离真空计,也称磁控放电真空计。图 3.3-11(a)是冷阴极电离真空计的原理示意图。两块相对放置的金属板 2 为阴极,中间用一金属 1 做阳极,外加磁场 N 和 S 是垂直于电极平板的永久磁铁。当电子向阳极运动时,因其速度方向与磁场成一角度,所以其轨道不是直线而是螺旋线。又因阳极是方形的,故电子不一定第一次就碰上它,而是穿过去,然后受对面阴极的排斥,又返回。电子是以螺旋状轨迹(打滚直线前进)在阳极前后振荡多次,然后才打上阳极的。由于电子路程大大加长,故碰撞和电离的分子数增加,使得在较低压强(约 10^{-6} Pa)下仍能维持放电。外电路中的电流是由电子及离子的电流共同组成的,比热阴极电离真空计的离子流大得多,以至可以直接用微安表直接测量。

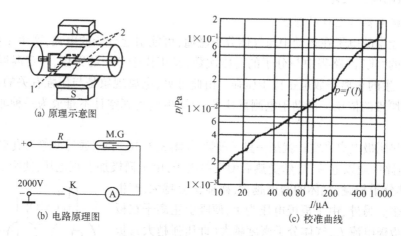

(a) 原理示意图

(b) 电路原理图

(c) 校准曲线

图 3.3-11 冷阴极电离真空计

放电电流与压强关系的校准曲线如图 3.3-11(c)所示。当压强过低时,放电不稳定,最后熄灭;当压强偏高(10^{-1}~1 Pa)时,曲线逐渐趋于饱和,放电电流几乎与压强无关。因为这时的电子自由路程很短,电子在每一自由路程中从电场获得的能量少,电离的可能性小。尽管这时碰撞次数较多,但总的电离效果几乎没有增加。如果压强继续增高,则放电最后亦会熄灭。此时电子自由路程过短,不可能在这么短的路程中获得足够能量以引起电离。

(2) 冷阴极电离真空计的特性

冷阴极电离真空计的优点:

① 不怕突然接触大气压,因为放电会自动熄灭,管子可不遭受任何损害,使用寿命很长;

② 测量结果总是压强;

③ 受活泼性气体的影响小,不怕毒化或影响电子发射;

④ 能连续读数,能远距离测量和实现自动控制;

⑤ 结构简单牢固,易于改造;

⑥ 因为放电电流较大,故测量电路无须放大器。

冷阴极电离真空计的缺点:

① 在低压强范围,它的灵敏度不如热阴极电离计高;

② 电清除作用严重,导致很大的测量误差;

③ 常发生放电形式的跃迁,使电流产生与压强无关的变动;

④ 由于使用电压高,电极存在场致发射,这也是与压强无关的现象,它限制了测量下限,故一般只能测到 10^{-6}~10^{-5} Pa,测量上限为 1 Pa。

3.4 热蒸发

光学薄膜器件主要采用真空环境下的热蒸发方法制造。本节主要介绍用热蒸发方法制造光学薄膜的原理,详细的热蒸发工艺将在下一章中介绍。

1. 电阻加热蒸发

(1)电阻加热蒸发特性

低压大电流使高熔点金属制成的蒸发源产生焦耳热,使蒸发源中承载的膜料汽化或升华。

优点:简单、经济、操作方便。

缺点:①不能蒸发高熔点材料;②膜料容易热分解;③膜料粒子初始动能低,膜层填充密度低,机械强度差。

(2)选用蒸发源应考虑的因素

① 熔点高,热稳定性好;

② 蒸发源在工作温度有足够低的蒸气压;

③ 不与膜料反应;

④ 高温下与膜料不相湿(相渗),或虽相湿,但不相溶;

⑤ 经济实用。

(3)常用蒸发源材料和形状

可以采用电阻加热蒸发的膜料有金属、介质、半导体,它们中有先熔化成液体然后再汽化的蒸发材料,也有直接从固态汽化的升华材料,有块状、丝状,也有粉状,其蒸发特性更是各有特点,不能一概而论。为了适应不同膜料的不同蒸发特性,几乎每一种膜料都有与其相适应的电阻加热蒸发源材料和形状。图3.4-1是目前实际使用的电阻加热蒸发源形状。几种蒸发源材料的熔点和热平衡蒸气压如表3.4-1所示。

表3.4-1　几种蒸发源材料的熔点和热平衡蒸气压

蒸发源材料	熔点/℃	平衡温度/℃	
		蒸气压在 $1×10^{-6}$ Pa 时	蒸气压在 $1×10^{-3}$ Pa 时
钨(W)	3 410	2 117	2 567
钽(Ta)	2 996	1 957	2 407
钼(Mo)	2 617	1 592	1 957
铌(Nb)	2 468	1 762	2 127
铂(Pt)	1 772	1 292	1 612

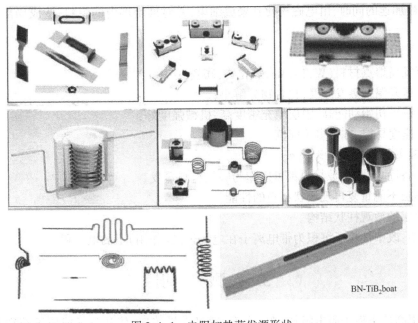

图3.4-1　电阻加热蒸发源形状

2. 电子束加热蒸发

（1）结构

图 3.4-2 是目前广泛使用的 e 型电子束蒸发源（简称电子枪）的原理示意图及其实物照片。

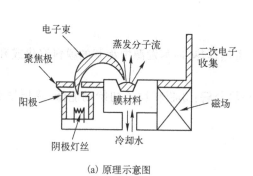 

(a) 原理示意图 　　　　　　　　　　　　　 (b) 实物照片

图 3.4-2　e 型电子束蒸发源

常用的电子束蒸发源有电子束偏转角度为 270°、运行轨迹为"e"的 e 型枪和电子束偏转角度为 180°、运行轨迹为"c"的 c 型枪两种。

优点：①电子束焦斑大小可调，位置可控，既方便使用小坩埚，也方便使用大坩埚；②可一枪多坩埚，既易于蒸发工艺的重复稳定，也方便使用多种膜料；③灯丝易屏蔽保护，不受污染，寿命长；④使用维修方便。

（2）原理

灯丝通大电流，形成热电子流：$I_e \propto KT^2$，电子流在电位差为 U 的电场中被加速至 v，即由

$$\frac{1}{2} m_e v^2 = eU$$

得

$$v = 5.93 \times 10^5 \sqrt{U} \,(\mathrm{m/s})$$

例如，当 $U = 6 \sim 10\,\mathrm{kV}$ 时，$v = 4.6 \sim 6 \times 10^7\,\mathrm{m/s}$。

电子流被加速的同时，由电磁场使其聚成细束，并对准坩埚内的膜料，造成局部高温而汽化蒸发。

（3）特点

① 可蒸发高熔点材料（W，Ta，Mo，氧化物，陶瓷，……）；

② 可快速升温到蒸发温度，化合物分解小；

③ 膜料粒子初始动能高，膜层填充密度高，机械强度好；

④ 蒸发速度易控，方便多源同蒸。

（4）热蒸发镀膜技术的优缺点

优点：设备简单，大多数材料都可以作为膜层材料蒸发。

缺点：膜层不能重复再现块状材料的性能。

原因：膜层的微观柱状结构。

改进措施：改中性粒子沉积为带电离子在电场辅助（作用）下的电沉积。

3.5　溅　　射

溅射指用高速正离子轰击膜料（靶）表面，通过动量传递，使其分子或原子获得足够的动能

而从靶表面逸出(溅射),在被镀件表面凝聚成膜。

溅射镀与热蒸发镀相比,其优点是:膜层在基片上的附着力强,膜层纯度高,可同时溅射多种不同成分的合金膜或化合物;缺点是:需制备专用膜料靶,靶利用率低。

3.5.1　辉光放电溅射

辉光放电溅射指利用电极间的辉光放电进行的溅射。

1. 辉光放电

辉光放电指气压在 $1 \sim 10 \, Pa$ 时,高压电极间气体电离形成低压大电流导体,并伴有辉光的气体放电现象。

气体放电等离子体:

离子——电子与气体粒子间非弹性碰撞的产物,即失去电子后的气体粒子。

等离子体——电子和离子总数基本相等,整体呈现电中性的气态导体。

气体放电——正、负两电极间的间距、电压、气压满足一定条件时,绝缘气体变成导电气体的现象。

(1) 直流辉光放电

图 3.5-1 所示为气体辉光放电的伏安特性曲线。图中:

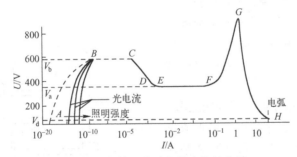

图 3.5-1　气体辉光放电伏安特性曲线

AB 段——非自持暗放电状态;

BC 段——自持暗放电状态;

CE 段——气体击穿,辉光出现,建立稳定放电状态之前的过渡段;

EF 段——正常辉光放电状态(增加放电功率时,放电电流增大,极间电压不变);

FG 段——反常辉光放电状态;

GH 段——增大放电功率时,电流急剧增大,极间电压反而迅速下降,是辉光放电向弧光放电过渡的阶段;

H 后段——弧光放电状态。

气体辉光放电的典型应用:①正常辉光放电用于离子源。增大电流时,离子浓度增加,而电压不变,离子能量不变。②反常辉光放电用于溅射。电流电压可调,方便成膜速率和轰击能量的控制。③弧光放电用于弧源离子镀。一源同时完成快速成膜和离子轰击双重功能。

图 3.5-2 示意了直流辉光放电的发光区、电压降

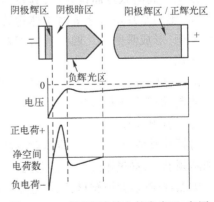

图 3.5-2　直流辉光放电的发光区、电压降及净空间电荷与位置的关系

及净空间电荷与位置的关系，显然，发光区是由多个辉区和暗区相间而成的。极间电压也并不是均匀降落在每一段，而是主要降落在阴极辉区和阴极暗区。电子和带正电的离子也不是均匀分布在两个电极之间，离子主要集中在阴极暗区，电子主要集中在阴极辉区和负辉光区。

阴极暗区（克鲁克思暗区）：正离子只在此区占优势，可形成明显的冲击阴极的离子流；两极间压降几乎全部降落在此区，电场对离子的加速作用主要在此区完成。

辉光溅射就是建立在此实验基础之上的，靶材作为阴极，被镀零件作为阳极或偏置，可以放在阴极暗区之外任何方便的地方。

（2）低频交流辉光放电

低频交流辉光放电用于零件同时双面镀。两靶交替成为阴阳极，在每半周内，两极间足以建立直流辉光放电。图 3.5-3 所示为低频交流溅射示意图。

图 3.5-3　低频交流溅射示意图

2. 射频辉光放电

极间电压变化频率超过 10 MHz 时，电场能够通过任何一种类型的阻抗耦合进去，电极不再被要求一定是导体。因此，可用于溅射任意一种材料。即可以溅射非金属靶，又可以在绝缘体上镀膜。

3. 溅射方式

（1）二极溅射（阴极溅射/直流溅射）

直流溅射原理示意图如图 3.5-4 所示。

阴极——靶材；阳极——被镀件。一般情况下，两极间距离为 3～4 倍于阴极暗区宽度即可。

优点：结构简单，操作方便，可长时间工作。

缺点：①成膜速率低，这是由二极直流辉光放电离化率低（百分之几）所致的；②基片温度升高（二次电子轰击），不耐高温镀件不宜；③工作气压高，气体对膜层有污染；④不能溅射介质靶材。

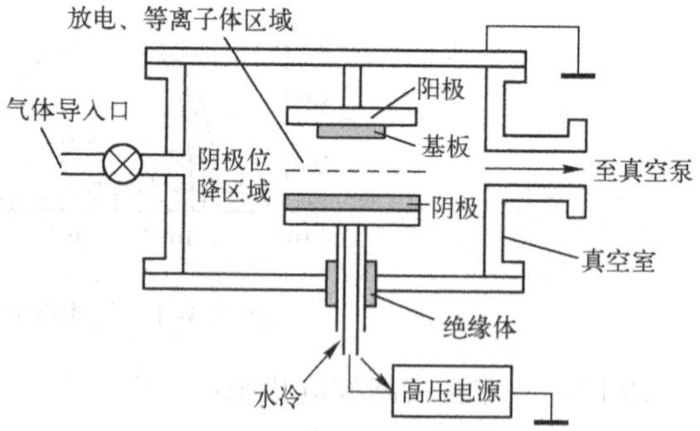

图 3.5-4　直流溅射原理示意图

（2）三极/四极溅射

三极和四极溅射是为了克服直流溅射基片温度升高的缺点而设计的，其特点是：①热阴极与阳极间的低压大电流弧光放电形成等离子体，靶和基片虽置于等离子体边缘，但不参与放电；②靶上施加负偏压，将离子从等离子体引向靶，形成溅射镀。四极溅射相对三极溅射在热阴极前增设了一个辅助阳极，有稳定放电的作用。

优点：离子密度高，工作气压低，成膜速率快，基片温升低。

缺点：仍不能溅射介质靶。

（3）射频溅射

射频溅射是为了克服直流溅射不能溅射介质靶材的缺点而设计的，靶材作为一个电极，其上施加高频电压，穿过靶的是位移电流。

优点：可溅射介质靶材，工作电压、气压均较直流放电低。

缺点：成膜速率低，仍有基片过热问题。

3.5.2 磁控溅射

磁控溅射指在平行于阴极表面施加强磁场,将电子约束在阴极靶材表面近域,提高电离效率。其常见结构如下。

1. 被镀件参与放电(阳极)型

(1)平面磁控溅射

平面磁控溅射装置的结构示意图如图 3.5-5 所示。靶为平面阴极,平行于阴极表面的磁场将电子约束在阴极靶材表面附近,形成高密度等离子体,可有效地提高溅射速率,并减少轰击零件的电子数目,降低了零件因电子轰击而产生的温升。

(2)柱面磁控溅射

图 3.5-6 所示为几种柱形磁控溅射装置结构示意图。它最大的特点是既可以用于柱形零件的外表面溅射沉积,也可以用于管状零件的内表面溅射沉积,还可以用于大面积平面的均匀溅射沉积(柱面靶扫描溅射沉积)。

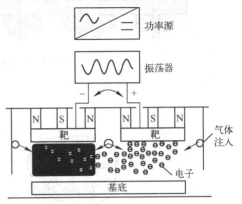

图 3.5-5 平面磁控溅射装置结构示意图

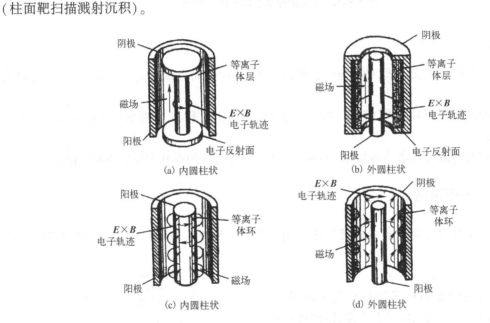

(a)内圆柱状 (b)外圆柱状

(c)内圆柱状 (d)外圆柱状

图 3.5-6 柱形磁控溅射装置示意图

2. 被镀件不参与放电型——磁控溅射源

在磁控器内自设一个阳极,形成一个可独立工作的溅射源。被镀件独立于溅射源之旁。

(1)S 枪型磁控溅射源

图 3.5-7 所示是 S 枪型磁控溅射源剖面示意图。这是一种既可以直流工作,也可以射频工作的溅射源。其工作功率密度可达 $50 \mathrm{W/cm^2}$。

(2)平面磁控溅射源

图 3.5-8 是圆形和矩形平面磁控溅射源结构示意图。其中阳极是平行置于阴极靶旁的条形或圆环形金属(图中未画出)。

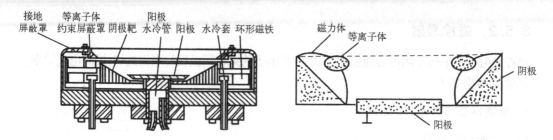

图 3.5-7　S枪型磁控溅射源剖面示意图

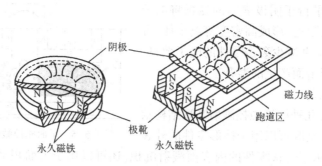

图 3.5-8　平面磁控溅射源结构示意图

3. 特点

（1）电场与磁场正交设置，约束电子在靶面近域，致使靶面近域有高密度等离子体，溅射速率很高；

（2）磁控溅射源相对被镀件独立，基片不再受电子轰击而升温，可对塑料等不耐高温的基片实现溅射镀；

（3）磁控溅射源可以像热蒸发源一样使用，从而使被镀件的形状和位置不再受限制。

3.5.3　离子束溅射

用离子源发射的高能离子束直接轰击靶材（见图 3.5-9），使靶材溅射、沉积到零件表面成膜。

特点：

（1）溅射出的膜料粒子能量有几十电子伏特，比常规溅射高，致使膜层附着力强，结构致密；

（2）利用离子束流能量的可调控性，可定量研究溅射率及膜层质量与离子束性能参数之间的关系；

（3）溅射率与离子能量、离子束入射角有关（不同质靶材的溅射率差别不超过一个数量级）；

（4）膜层应力随离子束参数改变而可调控。

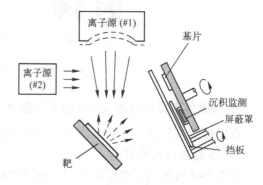

图 3.5-9　双离子束溅射沉积装置示意图

3.5.4　离子、靶材与溅射率

热蒸发中影响蒸发速率的是膜料的汽化温度和蒸发源的加热温度。在溅射镀膜中，影响溅射速率的是靶材的溅射率和溅射装置的功率。

溅射率又称溅射产额,定义为一个入射离子可以击出的靶材原子数。研究表明,溅射率的高低与入射离子的种类、靶材的种类、入射离子的能量,以及入射角有很大关系。

图 3.5-10 是溅射率与入射离子能量的关系曲线。图中表明:溅射率是在入射离子能量超过某一值 A 之后才有的,即存在入射离子能量阈值;溅射率与入射离子能量之间在 AB 段是 2 次方关系;在 BC 段有线性关系;在 CD 段出现饱和;在 D 点之后因注入而使溅射率下降。

图 3.5-11 是溅射率与入射离子原子序数的关系曲线。显然,对应每一种惰性气体离子都有峰值;而且在惰性气体离子中,原子序数大者,溅射率高。

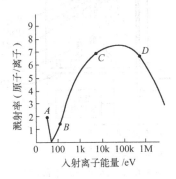

图 3.5-10　溅射率与入射离子
能量的关系曲线

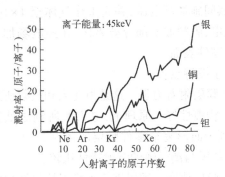

图 3.5-11　溅射率与入射离子
原子序数的关系曲线

图 3.5-12 是溅射率与入射角的关系曲线,图中 $s(\theta)/s(0)$ 是 θ 角入射溅射率与 0° 角入射溅射率的比值。很明显,存在最佳入射角,但其与入射离子及靶材种类有关。

表 3.5-1 所示为同一靶材在不同惰性气体离子轰击时有不同的溅射率,而同一惰性气体离子对不同靶材也有不同的溅射率。

表 3.5-1　离子能量为 500 eV 时的溅射率[10]

氧化元素	He	Ne	Ar	Kr	Xe
B	0.24	0.42	0.51	0.48	0.35
C	0.07	—	0.12	0.13	0.17
Al	0.16	0.73	1.05	0.96	0.82
Si	0.13	0.48	0.50	0.50	0.42

溅射率与靶材原子序数的关系曲线如图 3.5-13 所示。溅射率随着靶材原子 d 壳层电子填满程度的增加而增大。

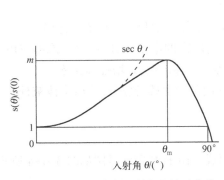

图 3.5-12　溅射率与入射角的关系曲线

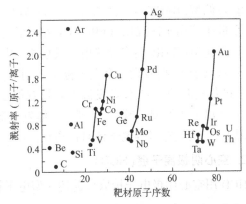

图 3.5-13　溅射率与靶材原子序数的关系曲线

3.6 离 子 镀

离子镀兼有热蒸发的高成膜速率和溅射高能离子轰击获得致密膜层的双优效果。

图 3.6-1 是最简单最原始的两极型离子镀原理示意图,膜料仍是加热蒸发,但蒸发源设置为阳极,工件为阴极,在其间施加高电压,并充工作气体至 $1×10^{-1}$ Pa,形成辉光放电,膜料原子部分被离化,在强电场加速下轰击并沉积在零件表面。

离子镀特点:

① 膜层附着力强。这是由注入和溅射所致的。

② 绕镀性好。原理上,电力线所到之处皆可镀上膜层,有利于面形复杂零件膜层的镀制。图 3.6-2 示意了热蒸发镀膜与离子镀的绕镀特性比较。

③ 膜层致密。溅射破坏了膜层柱状结构的形成。

④ 成膜速率高。与热蒸发的成膜速率相当。

⑤ 可在任何材料的工件上镀膜。绝缘体可施加高频电场。

离子镀的常见类型:

蒸发源:可以是任何一种热蒸发方式。

离化方式:直流辉光放电、高频辉光放电、弧光放电、电子束型、热电子型、……

已形成的实用技术有活动反应离子镀、空心阴极离子镀、弧源离子镀、……

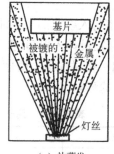

图 3.6-1　两极型离子镀原理示意图

基片
阴极暗区
辉光区
加热电阻丝
镀料
进气管

电阻丝加热电源

负偏压电源
(1~5kV 可调)

1. 活化反应离子镀(ARE)

图 3.6-3 是典型的活化反应离子镀装置示意图。工作时,工作气体和蒸发膜料蒸气在电子枪散焦电子和膜料发射二次电子,以及外加高压作用下,通过辉光放电,发生强烈化学反应,生成化合物沉积在被镀件表面。

活化反应离子镀的种类有:

① 基本型(ARE):工件不加偏压。

② 负偏型(BARE):工件加负偏压 1~5 kV。

③ 低压等离子体沉积(LPPD):工件与活化电极合并。

④ 强化型(EARE):专设热电子发射极,提高等离子体浓度和膜料粒子离化率。

⑤ 双电子枪型:专设一个电子枪来发射辉光放电所需的电子。其特点是:能够将电子约束在电子枪蒸发源的上方,使蒸发源上方具有很强的等离子体浓度,以增强离化率。

⑥ 等离子体源型:专设一个等离子体发生器,其内部产生辉光放电,等离子体被外扩引出到蒸发源上方,蒸气穿过等离子体时被离化。

2. 空心阴极离子镀(HCD)

HCD 用空心阴极电子枪取代前述 e 型电子枪而成。HCD 装置示意图如图 3.6-4 所示。

基片

被镀的　金属

灯丝

(a) 热蒸发

被镀的　金属

灯丝

(b) 离子镀

图 3.6-2　热蒸发镀膜与离子镀的绕镀特性比较

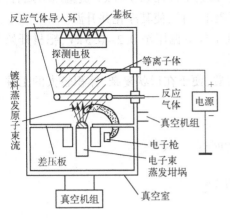

图 3.6-3 活化反应离子镀装置示意图

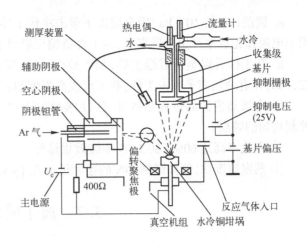

图 3.6-4 HCD 装置示意图

HCD 既是蒸发源,又是离化源。在图 3.6-4 中,辅助阳极与阴极之间先发生反常辉光放电,放电离子轰击钽管阴极,使其温升达 2300~2400 K 时,钽管发射大量热电子参与放电,使放电转变为弧光放电。

从 HCD 枪引出的是离子、电子混合束。其中,电子束轰击阳极膜料,使其温升蒸发;离子在坩埚上方与蒸发膜料原子碰撞,产生高速中性粒子(离子与金属蒸气原子之间发生共振型电荷交换碰撞所致)和金属蒸气离子,并形成对负偏工件的冲击溅射效果,形成致密、均匀的膜层。

与高压电子枪相比,HCD 枪的优点是:可在 $10 \sim 10^{-2}$ Pa 的宽气压范围稳定工作,不像高压电子枪那样只能工作在气压低于 10^{-1} Pa;低压大电流电源较高压电源简单、安全、操作方便。

3. 弧源离子镀(多弧离子镀)

(1)电弧蒸发源及其特性

图 3.6-5 是电弧蒸发的结构示意图。

① 引弧机构

图 3.6-5 中采用接触短路引弧器,这是一种完全类似电焊引弧动作的结构装置。在接触引弧的瞬间,引弧点形成高温,致使金属靶材蒸发,极间电场使金属蒸气原子离化,并依靠离化金属维持弧光放电。

② 磁场稳弧

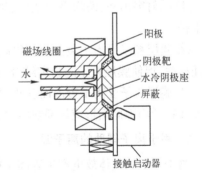

图 3.6-5 电弧蒸发的结构示意图

弧光放电形成后,阴极靶面出现高电流密度($10^5 \sim 10^7$ A/cm^2)的放电亮斑(阴极弧斑),其形状位置多样易变,做无规则运动。

无磁场时:弧斑会跑出靶面,使放电不稳定;同时,弧斑较大,使靶面刻蚀不均匀;并且容易产生大颗粒(微米级)金属熔滴,导致膜层质量劣变。

加磁场后:阴极弧斑被约束在靶面内;弧斑被破散成均匀分布的微小弧斑,形成均匀刻蚀并消除了熔滴。

③ 水冷稳弧

阴极靶面温度过高将导致放电不稳或灭弧。采用水冷,可以起到很好的稳定放电作用。

(2)弧源离子镀的特点

① 蒸发源、离子源合二为一。只用一台电弧放电蒸发源,即可完成下列工作。

a. 镀前（$10^{-2} \sim 10^{-3}$ Pa）用金属离子轰击净化工件。即给工件加 0.5~1 kV 负偏压引弧后，采用小电流弧光放电产生金属离子，在工件负偏压吸引下轰击工件，使其净化并升温。

b. 在工件升温至所需温度后，加大放电功率，降低工件负偏压至 0.2~0.3 kV，靶材开始蒸发，同时伴有金属离子轰击工件，利于形成高强度的膜层。

② 电弧蒸发源的位置和数量可以根据需要任意安置，便于在形状复杂、体积较大的工件上镀制均匀的膜层。

③ 离化率高达 60%~80%，离子镀效果最好。

④ 蒸发速度快，例如镀制 TiN 的速度可达 0.1~5 µm/s。

3.7　离子辅助镀

如图 3.7-1 所示，在热蒸发镀膜技术中增设离子发生器——离子源，产生离子束，在热蒸发进行的同时，用离子束轰击正在生长的膜层，形成致密均匀结构（聚集密度接近于 1），使膜层的稳定性提高，达到改善膜层光学和机械性能的目的。

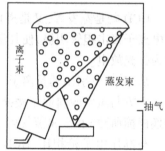

图 3.7-1　离子束辅助电子束蒸发示意图

1. 离子辅助的作用

（1）镀前轰击

在镀膜前 0.5~3 min，用离子束轰击将要镀膜的零件表面（取代低真空离子轰击），既起到清洗被镀表面的作用，又压缩了离子轰击时间，更重要的是使离子轰击的作用得到了最大程度的发挥。

（2）镀中轰击

① 溅射突出岛，消除阴影效应，破坏柱状结构，形成均匀填充生长；

② 膜层粒子受离子轰击而获得高于离位阈能的能量时，就可以产生级联碰撞，增加原子/分子迁移率，促使膜层粒子间紧密结合，有利于形成致密结构；

③ 膜层粒子受离子轰击而获得高于离位阈能的能量时，其晶格震动加剧，形成局部热峰。当多数粒子均因此而形成局部热峰时，将产生强烈的淬火效应。

2. 用于离子辅助的离子源

离子源利用气体放电产生等离子体，并能从等离子体中引出离子束。

（1）冷阴极辉光放电离子源与热阴极弧光放电离子源

图 3.7-2 和图 3.7-3 分别是冷阴极辉光放电（PIG）离子源与热阴极弧光放电（Kaufman）离子源的原理示意图。

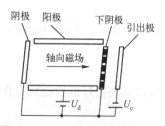

图 3.7-2　PIG 离子源原理示意图

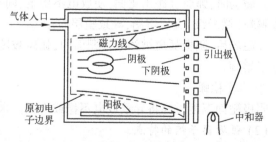

图 3.7-3　Kaufman 离子源原理示意图

① 原理比较

PIG：冷阴极二次电子发射维持辉光放电；Kaufman 离子源：热阴极电子发射维持弧光放电。其共同点是：采用磁场辅助维持放电。

② 特性比较

PIG：① 冷阴极工作寿命长，适用于活性气体；②结构简单，操作方便；③放电电压高（400～500 V），束流小（10～20 mA），能散度大，束流与能量不能非相关调节。

Kaufman 离子源：①低工作气压，低放电电压（50 V），束流大（数百毫安），能散度小，束流与能量可以非相关调节；②热阴极灯丝寿命短，不宜使用活性气体，结构较复杂。

（2）等离子体源

早期的离子源只能发出一束直径有限的离子束，用于离子辅助的面积往往受到离子束直径的限制，导致膜层性能的不均匀。

等离子体源作为在真空室中产生整体均匀等离子体的离子发生器，近年来得到迅速发展，正在逐步取代离子束源，成为离子辅助技术中的主体。目前应用的主流等离子体源当属 End-Hall 源（见图 3.7-4）和 Leybold 公司的 APS 源（见图 3.7-5）。

 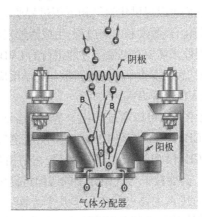

（a）实物照片　　　　　　　　　　（b）原理示意图

图 3.7-4　End-Hall 源示意图

End-Hall 源和 APS 源的共同特征是单源大面积均匀辅助，辅助效果受到等离子体源放电功率及其稳定性，以及工作真空度的影响。

从大量介绍离子辅助制作各种膜层的工艺参数及其膜层性能的对比测试结果看，离子辅助对于提高膜层的填充密度和表面光洁度有非常明显的效果。正是由于离子辅助明显地提高了膜层的填充密度，所以，与膜层填充密度相关的光学性能、机械性能和环境稳定性等薄膜器件的综合性能得到了提高。因此，离子辅助技术已经成为光学薄膜制造工艺中不可缺少的组成部分。

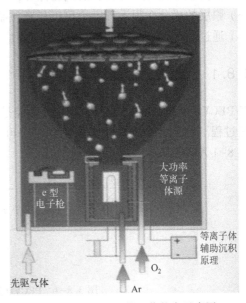

图 3.7-5　APS 源的工作状态示意图

3.8 等离子体增强化学气相沉积

化学气相沉积(Chemical Vapor Deposition,CVD),顾名思义就是利用气态先驱反应物,通过原子、分子间化学反应的途径来生成固态薄膜的技术。与 PVD 不同,CVD 过程大多是在较高的压力(较低的真空度)环境下进行的,较高的压力主要是为了提高薄膜的沉积速率。化学气相沉积按照沉积过程中是否有等离子体参与,可分为一般 CVD(也称为热 CVD)和等离子体增强化学气相沉积(Plasma-Enhanced Chemical Vapor Deposition,PECVD)。本节主要介绍 PECVD 技术,包括 PECVD 过程和常用的 PECVD 设备及工作原理。

等离子体增强化学气相沉积是在低压化学气相沉积过程进行的同时,利用辉光放电等离子体对沉积过程施加影响的薄膜化学气相沉积技术。从这个意义上讲,传统的 CVD 技术依赖于较高的基底温度实现气相物质间的化学反应与薄膜的沉积,因而可以称为热 CVD 技术。

在 PECVD 装置中,工作气压约为 $5\sim500\,Pa$,电子和离子的密度一般可以达到 $10^9\sim10^{12}$ 个/cm^3,而电子的平均能量可达 $1\sim10\,eV$。PECVD 方法区别于其他 CVD 方法的特点在于等离子体中含有大量高能量的电子,它们可以提供化学气相沉积过程所需的激活能。电子和气相分子的碰撞可以促进气体分子的分解、化合、激发和电离过程,生成活性很高的各种化学基团,从而显著降低 CVD 薄膜沉积的温度范围,使得原来需要在高温下才能进行的 CVD 过程得以在低温实现。低温薄膜沉积的好处是可以避免薄膜与基底间发生不必要的扩散与化学反应、薄膜或基底材料的结构变化与性能恶化、薄膜与基底中出现较大的热应力等。

大多数化学元素可以通过与化学基团结合而被汽化,例如 Si 与 H 反应形成 SiH_4,而 Al 与 CH_3 结合形成 $Al(CH_3)_3$ 等。在热 CVD 过程中,上述气体在通过加热的基底时,吸收一定的热能而形成活性基团,如 CH_3 和 $AL(CH_3)_2$ 等。其后,它们相互结合而沉积为薄膜。而在 PECVD 的场合下,等离子体中电子、高能粒子与气相分子的碰撞将提供形成这些活性化学基团所需的激活能。

PECVD 的优点主要表现在以下几个方面:

(1)和传统的化学气相沉积相比,工艺温度更低,这主要是由于等离子体激活反应粒子代替了传统的加热激活;

(2)和传统 CVD 相同,膜层的绕镀性好;

(3)膜层的成分在很大程度上可以任意控制,容易获得多层膜;

(4)通过高/低频混合技术可以控制薄膜应力。

3.8.1 PECVD 过程的动力学

在 PECVD 过程中,粒子获得能量的途径是其与等离子体中能量较高的电子或其他粒子的碰撞过程。因此,PECVD 薄膜的沉积过程可以在相对较低的沉积温度下进行,其微观过程如图 3.8-1 所示。

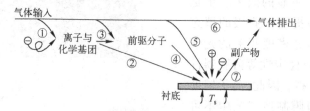

图 3.8-1　PECVD 过程中的微观过程

根据图 3.8-1,在 PECVD 过程中发生的微观过程为:

① 气体分子与等离子体中的电子发生碰撞,产生活性基团和离子。其中,形成离子的概率要低得多,因为分子离化过程所需的能量较高。

② 活性基团可以直接扩散到基底。

③ 活性基团也可以与其他气体分子或活性基团发生相互作用,进而形成沉积所需的化学基团。

④ 沉积所需的化学基团扩散到基底表面。

⑤ 气体分子也可能没有经过上述活化过程而直接扩散到基底附近。

⑥ 气体分子被直接排出系统之外。

⑦ 到达基底表面的各种化学基团发生各种沉积反应并释放出反应产物。

与热 CVD 时的情况相似,在基底表面上发生的具体沉积过程也可以分为表面吸附、表面反应及脱附等一系列的微观过程。同时,沉积过程中还涉及离子、电子轰击基底造成的表面活化、基底温度升高引起的热激活效应等。

具体来说,基于辉光放电方法的 PECVD 技术,能够使反应气体在外界电磁场的激励下实现电离,形成等离子体。在辉光放电的等离子体中,电子经外加电场加速后,其动能通常可达 10eV 左右,甚至更高,足以破坏反应气体分子的化学键,因此,通过高能电子和反应气体分子的非弹性碰撞,就会使气体分子电离(离化)或者使其分解,产生中性原子和分子生成物。正离子受到离子层加速电场的加速与上电极碰撞,放置基底的下电极附近也存在一个较小的离子层电场,所以基底也受到某种程度的离子轰击。因而分解产生的中性物以扩散的形式到达管壁和基底。这些粒子和基团(这里把化学上是活性的中性原子和分子物都称为基团)在漂移和扩散的过程中,由于平均自由程很短,所以都会发生离子-分子反应和基团-分子反应等过程。到达基底并被吸附的化学活性物(主要是基团)的化学性质都很活泼,由它们之间的相互反应从而形成薄膜。

下面以非晶 Si 薄膜的沉积为例,对 PECVD 的典型过程进行简要的讨论。

利用热 CVD 方法,可以分别在 1000℃ 和 600℃ 左右制备 Si 的单晶和多晶薄膜。在很多情况下,需要在更低的温度下制备 Si 薄膜,来制造太阳能电池、光敏元件、平面显示器件等。利用 PECVD 技术,可以将 Si 薄膜的沉积温度降至 300℃ 以下。在这样低的温度下,沉积的 Si 薄膜具有非晶态的结构,且含有大量的氢。非晶 Si 中含有的氢具有饱和 Si 原子的悬空键,可降低非晶 Si 的缺陷能级密度。

根据图 3.8-1 对 PECVD 过程的描述,在用 SiH_4 制备非晶 Si 的时候,首先发生的过程应该是电子与 SiH_4 分子发生碰撞,将其分解为活性基团的反应

$$SiH_4 \rightarrow SiH_3 + H, \ SiH_4 \rightarrow SiH_2 + H_2, \ SiH_4 \rightarrow SiH_2 + 2H$$

当然,在碰撞过程中,也会产生少量的离子和其他活性基团。上述三个反应均要经过中间激发态 SiH_4^*,并各自有一定的发生概率。而且,能量势垒较高的最后一个反应发生的概率较大。这一点完全不同于热 CVD 时的情况。在热 CVD 的情况下,活性基团的产生是通过分子间的碰撞过程实现的,其能量势垒较低的反应的发生概率要大一些。

上述 SiH_3、SiH_2、H 三种活性基团将进一步与其他分子或活性基团发生碰撞和反应。例如,活性基团 H 将进一步与 SiH_4 反应而分解出 SiH_3。

$$H + SiH_4 \rightarrow SiH_3 + H_2$$

上述各种活性基团及 SiH_4 分子经由扩散过程到达薄膜表面,其中,浓度较高的 SiH_3、SiH_2 是主要的生长基团。

在 Si 薄膜的表面覆盖着一层化学吸附态的 H,而这种 H 的吸附有助于降低 Si 薄膜的表面

能。在吸附了 H 的表面上，包括 SiH$_3$、Si$_n$H$_{2n+2}$ 在内的活性基团的凝聚系数 S_c 都很小。只有在那些 H 已经脱附了的表面位置上，SiH$_3$、Si$_n$H$_{2n+2}$ 等活性基团的凝聚系数才比较大。因此，在非晶 Si 薄膜的沉积过程中，H 的脱附是薄膜沉积过程的控制环节。

H 的脱附机制有以下 3 种：

① 热脱附。在温度比较低的情况下，这种机制所起的作用较小。

② 气相中的活性基团 H 与吸附态的 H 发生反应，生成 H$_2$ 分子。

③ 在离子的轰击作用下 H 的脱附。

后两种 H 的脱附机制共同控制着非晶 Si 薄膜的沉积过程。

将上述 PECVD 过程的简单描述与热 CVD 的模型相比较后发现，两者在许多反应环节上是相同的。最主要的差别在于是否有等离子体及其电子碰撞参与了活性基团的产生。

在 PECVD 过程中，除了与电子的碰撞可以促进活性化学基团的产生、提高气相的反应活性之外，等离子体中的离子对薄膜的轰击效应也可以被用来改变薄膜的微观结构和性能。

3.8.2　PECVD 装置

在 PECVD 装置中，可以利用各种方法来产生所需要的等离子体。例如，二极直流辉光放电、射频辉光放电、微波激发等离子体方法等。下面将依照产生等离子体的能量耦合方式，逐一介绍各种 PECVD 装置。

1. 二极直流辉光放电 PECVD 装置

前面介绍了二极直流辉光放电的产生及其在溅射法薄膜制备技术方面的应用。这种方法产生的等离子体也可以被用于 PECVD 过程。

二极直流辉光放电等离子体可以促进 CVD 过程。例如，等离子体可以促进 SiH$_4$ → SiH$_3$ + H 分解过程的进行。因此，在二极直流辉光放电的情况下，可以在较低的温度下实现非晶 Si 薄膜的 CVD 沉积。

在 PECVD 的情况下，只有在接近等离子体的一定距离范围内才可能有薄膜的沉积。因此，二极直流辉光放电 PECVD 薄膜的沉积一般发生在放置于电极之上的基底上。基底放置在阴极还是放置在阳极上，取决于薄膜所需要的轰击离子强度。例如，在 PECVD 沉积非晶 Si 薄膜的情况下，离子的轰击薄膜中缺少 H 原子的键合，使薄膜内含有较多的悬键，会造成阴极上沉积的薄膜的半导体特性较差。相反，阳极上沉积的非晶 Si 薄膜未受到离子轰击的影响，在薄膜内含有较多的 H，它们在薄膜中与 Si 原子发生键合，客观上起到了减少禁带内束缚态的缺陷能级的作用。因此，阳极上沉积的非晶 Si 薄膜具有较好的半导体特性。另外，离子轰击效应具有提高薄膜中压应力的作用。因此，若需要抵消薄膜中的拉应力，可以考虑将基底放置在阴极上。

为了提高基底表面辉光放电等离子体的均匀性，需要两极的直径大于两极的间距。在基底面积较大的情况下，要用在电极表面开出一系列气孔并送入反应气体的方法，提高气体分布的均匀性。但这种气孔的直径应该远远小于等离子体的鞘层厚度，以免影响等离子体的空间均匀性。

高温的热金属丝在其周围也可以激发出等离子体，起到产生气相活性基团的作用。而使用空心阴极放电装置，则可以产生密度较高的等离子体。这些装置及其产生的等离子体都可以被用于促进薄膜的 CVD 过程。

2. 射频电容或电感耦合 PECVD 装置

二极直流辉光放电 PECVD 方法只能用于电极和薄膜都具有较好的导电性的场合。利用射频辉光放电的方法就可以避免这种限制。由于 PECVD 方法的主要应用领域是一些绝缘介质薄膜的低温沉积，因而 PECVD 技术中等离子体的产生也多借助于射频的方法。射频 PECVD 方法有两种不同的能量耦合方式,即电感耦合和电容耦合方式。

图 3.8-2 是电感耦合的射频 PECVD 装置的典型结构。在该装置中,射频电压被加在相对安放的两个平板电极上,在其间通过反应气体并产生相应的等离子体。在等离子体产生的活性基团的参与下,在基底上实现薄膜的沉积。例如,由于 SiH_4 和 NH_3 反应生成 Si_3N_4 的热 CVD 过程,一般需要在 750℃(低压 CVD)或 900℃(常压 CVD)左右才能进行。而应用 PECVD 装置,则可以在 300℃ 左右的低温下实现 Si_3N_4 介质膜的均匀、大面积沉积。同时,由于 PECVD 装置工作在很低的气压条件下,这提高了活性基团的扩散能力,因而薄膜的生长速度可以达到 30 nm/min。

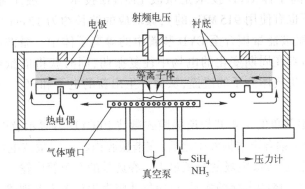

图 3.8-2　电感耦合的射频 PECVD 装置的典型结构

直流或射频二极辉光放电的方法有两个缺点。第一,它们都使用电极将能量耦合到等离子体中,因此,在其电极表面会产生较高的鞘层电位。在鞘层电位的作用下,离子高速撞击基底和阴极,会造成阴极的溅射和薄膜的污染。第二,在功率较高、等离子体密度较大的情况下,辉光放电会转变为弧光放电,损坏放电电极,这使得可以使用的射频功率以及所产生的等离子体密度都受到了一定的限制。

无电极耦合的 PECVD 技术可以克服上述缺点。首先,无电极放电过程不存在离子对电极的轰击,因而不存在电极污染问题。其次,无电极放电过程不存在电极表面的辉光放电转化为弧光放电的危险,因此其产生的等离子体的密度可以提高两个数量级。显然,这些均会大大有利于活性基团的激发,以及薄膜的 CVD 沉积过程。

电感耦合的射频 PECVD 方法就属于一种无电极放电技术,其示意图如图 3.8-3 所示。其中,高频线圈放置于反应容器之外,它产生的交变电场在反应室内诱发交变的电流,使反应气体发生击穿放电和产生等离子体。在反应气流的下游方向放置基底,即可获得薄膜的沉积。当然,也可以选择在等离子体上游方向只输入惰性气体(如 Ar),而在下游输入反应气体(如 SiH_4 和 NH_3)的做法,让后者在与惰性气体的等离子体气流混合、发生活化之后沉积到基底上。

与电容耦合方式相比,电感耦合方式的特点是其放电的无电极特性,即在沉积室内不会形成高电压的鞘层电位,也不存在功率过高使放电过程转化为弧光放电,造成电极损坏的危险。因此,其等离子体的密度可以很高,例如达到每立方厘米 10^{12} 个电

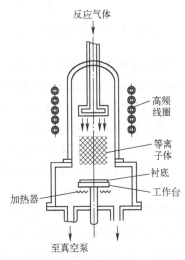

图 3.8-3　电感耦合的射频 PECVD
装置示意图

子的水平。电感耦合 PECVD 装置甚至可以在一个大气压的高气压下工作,形成所谓的高温等离子体射流,用于 CVD 薄膜的沉积。同时,由于电感耦合 PECVD 技术的无电极特性,通常认为它可以避免有电极放电过程可能产生的电极溅射污染。

电感耦合 PECVD 技术的缺点在于其等离子体的均匀性较差,不易实现在较大面积的基底上实现薄膜的均匀沉积。

3. 微波 PECVD 装置

另一种无电极等离子体 CVD 技术是微波 PECVD 技术。一般工业应用的微波频率为 2.45 GHz(少数情况下也有使用 915 MHz 的),其对应的波长约为 12 cm。因此,需使用波导或微波天线两种方式将微波能量耦合至 CVD 装置中的等离子体中。微波电场与等离子体中的电子发生相互作用,后者在周期变化的电场中往复振荡,同时获得能量而加速。在获得能量的同时,电子将不断发生气体分子的碰撞,从而产生出新的电子和离子,维持等离子体放电的过程。

图 3.8-4 所示为最简单的 1/4 波长谐振腔式微波 PECVD 装置示意图。微波天线(即同轴线的内导体)将微波能量耦合至谐振腔中之后,在谐振腔内将形成微波电场的驻波,即引起谐振现象。在谐振腔的中心处,微波电场的幅值最大。在此处的石英管中输入一定压力的反应气体,当微波电场的强度超过气体的击穿场强时,反应气体将发生放电击穿现象,并产生相应的等离子体。此时,在等离子体中或在其下游方向放置基底,并将其调节至合适的温度,即可获得 CVD 薄膜的沉积。

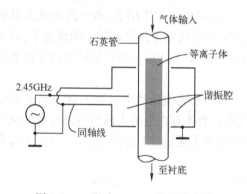

图 3.8-4　微波 PECVD 装置示意图

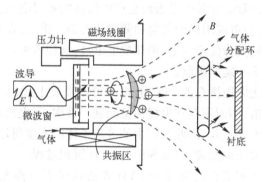

图 3.8-5　电子回旋共振 PECVD 装置示意图

上述微波 PECVD 装置所使用的气体压力一般为 100~1000 Pa。但在少数情况下,也有使用 10 000 Pa 左右的高气压微波 PECVD 装置进行薄膜沉积的。

微波 PECVD 装置的另一种形式如图 3.8-5 所示。这种被称为电子回旋共振(ECR)PECVD 的方法也使用频率为 2.45 GHz 的微波来产生等离子体。微波能量由波导耦合进入反应容器后,使得通过其中的反应气体放电击穿而产生等离子体。为了促进等离子体中电子从微波场中吸收能量,在该装置中还设置了磁场线圈以产生与微波电场相垂直的磁场。电子在微波电场和磁场的共同作用下发生回旋共振现象,即它在沿气流方向运动的同时,还按照共振的频率发生回旋运动。电子在做回旋运动的同时,将与气体分子发生不断的碰撞和能量交换,并使后者发生电离。电子回旋共振的频率 ω_m 与磁感应强度 B 之间满足关系:$\omega_m = qB/m$,式中,q 和 m 分别为电子的电量和质量。为了满足这一共振条件,需要调整等离子体出口处电子共振区的磁感应强度 $B = 8.75 \times 10^{-2}$ T。在共振区内,电子满足回旋共振条件,从而可以有效地吸收微波的能量,使等离子体中电子的密度达到每立方厘米 10^{12} 个电子的高水平。在等离子体的下游输入其他反应气体,即可实现薄膜在基底上的沉积。

ECR 方法需要在较低的压力下工作,以使得电子在碰撞的间隔时间里从回旋运动中获得足够的能量。因此,ECR 方法所使用的真空度较高,约为 $10^{-1} \sim 10^{-3}$ Pa。在这样低的压力下,气体的电离度已接近 100%,比一般射频 PECVD 时高出了 3 个数量级以上。因此,也可以认为 ECR 装置就是一个离子源,其产生的等离子体具有较高的反应活性。因此,ECR 方法的薄膜沉积机制已不同于一般的 PECVD 方法的中性基团机制,而是一种离子束辅助的沉积机制:离子束本身既是被沉积的活性基团,又携带着一定的能量。这导致 ECR-CVD 方法具有以下两个显著的特点。第一,由于 ECR 装置本身就是一个方向和能量可控的离子源,因此,用 ECR 方法制备的薄膜对形状复杂的基底的覆盖性能较好,即使基底上存在深孔,也可以较好地实现薄膜的沉积;第二,在 ECR 方法中,每个沉积离子均携带着几个电子伏特的能量,因此,这种方法具有溅射沉积方法所具有的优点,即所制备的薄膜具有较高的密度,有利于改善薄膜的性能。另外,ECR 方法还具有其他一些优点,如低气压低温沉积、离子束的可控性好、沉积速率高、无电极污染等。这些特点使得 ECR 技术被广泛应用于 SiO_2、非晶 Si 薄膜的沉积,以及各种薄膜的刻蚀等方面。

思考题与习题

3.1 物理气相沉积为什么要在真空环境中进行?

3.2 设蒸发源到被镀件的距离为 50 cm,若要求 90% 以上的蒸气分子不碰撞,则至少要求多高的真空度? 若真空度为 6×10^{-3} Pa,则碰撞的蒸气分子约占多少?

3.3 在真空机组中为什么要使用两个或两个以上的真空泵? 为什么旋片式机械泵是所有真空机组中不可缺少的真空泵?

3.4 在由旋片式机械泵和油扩散泵组成的系统中,机械泵的作用是什么?

3.5 电子束热蒸发与其他热蒸发技术相比有哪些优点?

3.6 在电阻热蒸发技术中,选用蒸发源时应当注意哪些问题?

3.7 磁控溅射方法与热蒸发方法的主要区别是什么? 这两种制造方法对膜层质量将会有什么影响?

3.8 简述直流溅射、射频溅射、磁控溅射各自的特点。

3.9 离子镀、离子束辅助镀、等离子体辅助镀的区别是什么? 各自的优缺点是什么?

第4章 光学薄膜制造工艺

4.1 光学薄膜器件的质量要素

在许多现代光学系统中,光学薄膜器件作为一类功能性光学器件,其质量的优劣直接影响整个系统的工作质量,甚至对整个系统能否正常工作起着决定性的作用。因此,客户对于光学薄膜器件质量的要求越来越高,各种质检实验条件越来越苛刻,验收要求越来越严格。对于薄膜工作者来说,制造出质量优良的光学薄膜器件要比设计出性能一流的光学薄膜器件更加重要,也更加困难。

当然,一个光学薄膜器件性能质量的好坏,同时来自两个方面,一是膜系结构的设计性能,二是薄膜器件的制造性能。从制造的角度来说,保证制造出符合设计性能要求的薄膜,顺利通过客户的质量验收是终极目标。

为此,需要了解每一层膜层的结构参数对薄膜器件整体性能的影响。下面以质量检验的内容来分类,分析膜层结构性能对薄膜器件整体性能的影响。

1. 薄膜器件光学性能

一个光学薄膜器件设计完成后,形成的设计结果包括膜系结构、每一层膜层的折射率和厚度。对于制造者而言,只要制造出的每一层膜层的折射率和厚度准确地与设计所要求的值相等,制造出的薄膜器件就一定具有所设计的光学性能。因此,与制造有关系的影响薄膜器件光学性能的膜层光学参数是膜层的折射率 n 和厚度 d,统称为光学常数。

像所有行业的零件制造一样,经过制造实现的光学膜层的折射率和厚度都有制造误差,最终得到的薄膜器件的光学性能与设计性能是有差距的。差距一定存在,但是如何可以减小差距呢?首先,应当搞清楚膜层的折射率和厚度制造误差产生的原因。

对于 PVD 技术制造的光学薄膜器件,膜层折射率的误差主要来自 3 个方面:

① 膜层的填空密度,也叫聚集密度。它是膜层的实材体积与膜层的几何轮廓体积之比。到目前为止,几乎所有的 PVD 技术都无法得到填充密度等于 1 的膜层。但是,通过实验分析膜层填充密度与各项制造工艺因素之间的关系,是完全可以通过对制造工艺参数的控制和采用新的工艺方法控制膜层的填充密度,达到减小膜层折射率误差的目的的。

② 膜层的微观组织物理结构。由于采用不同的 PVD 制造方法,或者不同的制造工艺参数,就可能由同一膜层材料得到不同晶体结构状态的膜层,不同的晶体结构状态对应不同的介电常数,膜层的折射率也就不同。

③ 膜层的化学成分。光学薄膜大多采用 PVD 中的热蒸发技术制造,几乎每一种化合物膜层材料在蒸发时都有一定程度的热分解,沉积在基片表面的膜层,是蒸发源材料热分解后又在零件表面再次化合反应生成的化合物膜层。由于在零件表面进行的再化合反应的充分程度受到工艺条件的影响,反应进行的程度差异很大,造成再化合反应生成的膜层成为多种化合成分的混合体,因此,制造得到的膜层的折射率就是这些成分的折射率的综合平均值。

按照上面的分析,欲获得所需要的折射率,就需要严格控制膜层上述 3 个方面的性能。

2. 薄膜器件机械性能

光学薄膜器件的机械性能是与其光学性能同样重要的产品质量要素,它包括膜层的硬度和牢固度。

硬度是由膜层材料本征性能和膜层内部结构的紧密程度共同决定的宏观性能。因此,高硬度膜层首先要选用高硬度材料来制造,为高硬度提供先天条件。当然,更为重要的是膜层内部结构的紧密程度,即膜层的填充密度必须达到较高的水平,才能保证由高硬度先天条件材料制造的膜层仍然是高硬度的。

牢固度是指膜层对于基片的附着/黏结程度。它主要由膜层与基片之间结合力的性质来决定,化学键力的结合要比物理性质的范德华力的结合牢固得多。此外,还受到基片表面的清洁程度和成膜粒子的迁移能,特别是与注入效应有关的迁移能分量的大小的影响。带电离子沉积技术,如溅射、离子镀、离子辅助镀,都获得了比单纯用热蒸发工艺更强的膜层牢固度的实验结果,已经充分证实了注入效应对于提高膜层牢固度的重要作用。

3. 薄膜器件环境稳定性

薄膜器件光学性能和机械性能随着时间的推移、使用条件的变化都将有所变化。特别是当环境条件比较恶劣时,薄膜器件光学性能和机械性能是否还能满足要求,也是薄膜器件性能的一个重要指标。

常见的环境因素包括盐水盐雾、高湿高温、高低温突变、全水浴半水浴、酸碱腐蚀等。理想要求是希望薄膜器件的光学性能和机械性能在经历上述恶劣环境条件较长时间后仍然不变。

为此,应当从两方面入手提高膜层的环境稳定性:一是选用化学稳定性好的材料作为膜料,二是制作结构致密无缝可钻的膜层,这两方面缺一不可。

结构致密,酸、碱、盐、水对膜层的腐蚀是单一的面腐蚀,速度慢,必然耐久性强;结构疏松,酸、碱、盐、水对膜层的腐蚀是渗入膜层内部的体腐蚀,速度快,必然耐久性差。

从上面的分析来看,薄膜器件光学性能、机械性能及其环境稳定性,除了在选用材料时应当注意选用高纯度、高硬度、耐腐蚀的材料作为膜料,更重要的是要提高膜层的填充密度。高填充密度,对应着优良的机械性能和光学性能的环境稳定性。

填充密度成为影响薄膜器件质量的综合质量要素和结构要素。

4. 膜层填充密度对膜层质量的影响

从上面的分析可以看到,填充密度的高低对膜层质量有重大影响,它可以影响到折射率、膜层的机械强度和环境稳定性,还对膜层应力、散射等有直接影响。

填充密度低,膜层与基底的吸附能减少,膜层结构疏松、牢固度差。在膜层的生长过程中,较差的填充密度将导致晶核无序生长,凝结可能在大的聚集体上进行,从而沉积出结构疏松、大颗粒的膜层,使整个膜层呈现出不规则形状或柱状结构。

图 4.1-1 是在不同放大倍率的电子显微镜下拍到的热蒸发工艺制备的膜层的微观结构。

大颗粒、柱状结构的低填充密度膜层,其光学性能存在的主要问题是:① 光线在粗糙表面的散射损失很大;② 有研究结果表明,膜层的折射率 n_f 与膜层的聚集密度 P 紧密相关,若用一级近似表示,则有

$$n_f = Pn_s + (1-P)n_v$$

式中,n_f 为薄膜的折射率;n_s 为实心柱体的折射率,通常取块状材料的折射率值;而 n_v 是空隙内介质的折射率,如干燥空气或真空即为1,如注满潮湿水汽则为1.33。空隙对环境气体的吸入导致膜层的有效光学厚度随环境和温度的变化而变化,光学特性严重不稳定;同时,吸收也因为环境气体的吸入而增大。

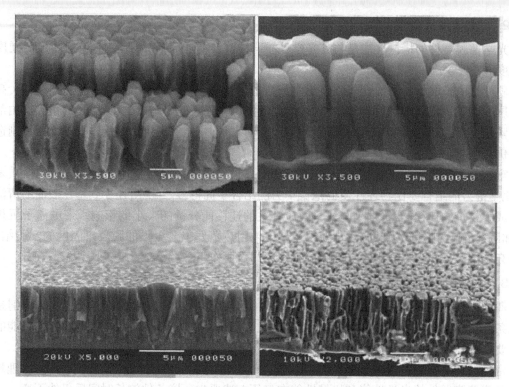

图 4.1-1　热蒸发制备的膜层微观结构

同样,大颗粒、柱状结构的低填充密度膜层,会给膜层的机械性能带来严重的问题:首先,大颗粒、柱状结构意味着表面粗糙,摩擦系数比较大,抗摩擦损伤能力差;第二,结构疏松,又意味着松散易摧垮,必然不结实。

对于使用在非密封仪器内部的低填充密度膜层,腐蚀性气体、高盐含量海水的侵蚀,已经由对致密膜层的面腐蚀变为渗入内部的体腐蚀,其腐蚀速度可想而知。

因此,获得一个较好的膜层填充密度对膜层的质量至关重要。

提高膜层的填充密度应当着重考虑以下几个工艺因素:① 基片温度,② 沉积速率,③ 真空度,④ 蒸入射角,⑤ 离子轰击。

4.2　影响膜层质量的工艺要素

真空镀制光学薄膜的基本工艺过程是:清洁零件→清洁真空室/装夹零件→抽真空和零件加温→膜厚仪调整→离子束轰击→膜料预熔→镀膜→镀后处理→检测。

上述工艺流程中每一步骤的完成质量,都会影响到膜层的质量。

4.2.1　影响薄膜器件质量的工艺要素及作用机理

光学薄膜器件的制造是在真空室内进行的,同时膜层的生长又是一个微观过程,而目前能够直接控制的却是一些与膜层质量有间接关系的宏观因素的宏观过程。

即便如此,人们还是通过长期坚持不懈的实验研究,找到了膜层质量与这些宏观因素之间的规律性关系,成为指导薄膜器件制造的工艺规范,对于制造质量优良的光学薄膜器件发挥着重要的作用。

1. 真空度的影响

真空度对薄膜性能的影响是由于剩余气体与膜料原子、分子的气相碰撞所致的能量损失及化学反应。若真空度低,致使膜料蒸气分子与剩余气体分子碰撞概率增加,蒸气分子动能大大减小,使得蒸气分子无法到达基片,或无力冲破基片上的气体吸附层,或勉强能冲破气体吸附层但与基片的吸附能却很小,从而导致光学薄膜器件沉积的膜层疏松,聚积密度低,机械强度差,化学成分不纯,使得膜层折射率、硬度变差。

通常,随着真空度的提高,膜层的结构改善,化学成分变纯,但应力增大。金属膜和半导体膜的纯度越高越好,它们对真空度的依赖性很大,从而需要更高的真空度。

受真空度影响的薄膜性能主要有:折射率、散射、机械强度和不溶性。

2. 沉积速率的影响

沉积速率是描述薄膜沉积快慢的工艺参量,用单位时间内在被镀表面上形成的膜层厚度表示,单位为 $nm \cdot s^{-1}$。

沉积速率对膜层的折射率、牢固度、机械强度、附着力、应力有明显的影响。如果沉积速率较低,大多数蒸气分子从基底返回,晶核生成缓慢,凝结只能在大的聚集体上进行,从而使膜层结构疏松;沉积速率提高,会形成颗粒细而致密的膜层,光散射减小,牢固度增加。因此,如何适当地选择薄膜沉积的速率是蒸镀工艺中的一个重要问题,具体选择应根据膜层材料确定。

提高沉积速率的方法主要有两种:① 提高蒸发源温度法;② 增大蒸发源面积法。

3. 基片温度的影响

基片温度是膜层生长的重要条件之一。它对膜层原子或分子提供额外能量补充,主要影响膜层结构、凝集系数、膨胀系数、聚集密度。宏观反映在膜层折射率、散射、应力、附着力、硬度和不溶性都会因基片温度的不同而有较大差异。

(1) 冷基片:一般用于蒸镀金属膜。

(2) 高温优点:

① 将吸附在基片表面的剩余气体分子排除,增加基片与沉积分子之间的结合力;

② 促使膜层物理吸附向化学吸附转化,增强分子之间相互作用,使膜层紧密,附着力增大,提高了机械强度;

③ 减少蒸气分子再结晶温度与基片温度之间的差异,提高了膜层密集度,增加了膜层硬度,消除内应力。

(3) 温度过高弊端:使膜层结构变化或膜料分解。

4. 离子轰击的影响

镀前轰击:使基片表面因离子溅射剥离而再清洁和电活化,提高膜层在基片表面的凝集系数和附着力。

镀后轰击:提高膜层聚集密度,增进化学反应,使氧化物膜层的折射率增加,机械强度和抗激光损伤阈值提高。

5. 基片材料的影响

(1) 基片材料的膨胀系数不同将导致薄膜热应力不同;

(2) 化学亲和力不同将影响膜层附着力和牢固度;

(3) 基片的粗糙度和缺陷是薄膜散射的主要来源。

6. 基片清洁的影响

残留在基片表面的污物和清洁剂将导致：① 膜层对基片的附着力差；② 散射吸收增大，抗激光能力差；③ 透光性能变差。

7. 膜层材料的影响

膜层材料的化学成分(纯度和杂质种类)、物理状态(粉或块)、预处理(真空烧结或锻压)将影响膜层结构和性能。

8. 蒸发方法的影响

不同的蒸发方法提供给蒸发分子和原子的初始动能差异很大，导致膜层结构有较大差异。表现为折射率、散射、附着力有差异。

9. 蒸气入射角的影响

蒸气入射角指蒸气分子入射方向与被镀基片表面法线的夹角，它影响着膜层的生长特性和聚集密度，对膜层的折射率和散射特性有较大影响。为了获得高质量薄膜，需要控制膜料蒸气分子的入射角，一般应限制在30°之内。

10. 烘烤处理的影响

在大气中对膜层加温处理，有利于应力释放和环境气体分子及膜层分子的热迁移，可使膜层结构重组，所以，对膜层折射率、应力、硬度有较大影响。

表4.2-1汇总了镀制工艺参数对薄膜性能的影响，表中"△"表示该工艺参数对薄膜性能有严重影响，"□"表示有关系，"#"表示有依赖关系。

表 4.2-1　镀制工艺参数对薄膜性能的影响

工艺参数 / 性能	基片材料	基片清洁	离子轰击	初始材料	蒸发方法	蒸发速率	真空度	基片温度	蒸气入射角	烘烤处理
折射率			□	□		△	△	△	△	△
透射比			□	□	□	#	#	#		△
散射	△	□	#	#	□	#		△	□	△
几何厚度		□	□				□	△	□	#
应力	△	#		△						
附着力	□	△	△		□			△	□	
硬度		□					□	△	△	△
温度稳定性	□						□	△	□	□
不溶性	#	□	□	□				△		
抗激光损伤	#	□	□	□	□	□			□	□
缺陷	△	□	□		△		□	#	□	□

本节目的旨在分析用PVD法制备的膜层性质与工艺因素之间的一些关系，尽管分析不是很完整，但是至少能够说明它们之间的联系。薄膜制备是一个复杂的过程，在制备过程中因各种因素的交互作用，它们对膜层性能的影响在实际中是综合性的。

图4.2-1示意了一些主要工艺因素对膜层微观结构和化学成分的影响，从另一个角度说明了工艺因素对膜层光学性能、机械性质和抗激光损伤等特性的影响。

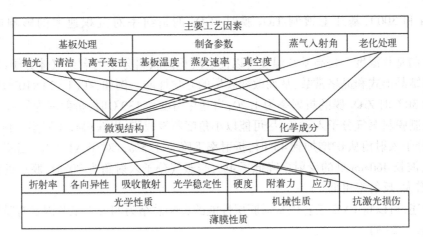

图 4.2-1　主要工艺因素对薄膜性能的影响

4.2.2　提高膜层机械强度的工艺途径

膜层的机械性能受附着力、应力、聚集密度等的影响,由膜层材料和工艺因素之间的关系可知,如果要提高膜层的机械强度就应该着重考虑以下几个工艺参数:

(1)真空度。真空度对薄膜的性能影响是很明显的。膜层绝大部分性能指标的好坏对真空度的依赖性很大。通常,随着真空度的提高,膜层聚集密度增大,牢固度增加,膜层结构得到改善,化学成分变纯,但同时应力也增大。

(2)沉积速率。提高沉积速率不仅可以用提高蒸发速率,即提高蒸发源温度的办法,还可以用增大蒸发源面积的办法来达到。但是采用提高蒸发源温度的办法有其缺点:使得膜层应力太大;成膜气体易分解。所以有时增大蒸发源面积比提高蒸发源温度更为有利。

(3)基片温度。提高基片温度有利于将吸附在基片表面的剩余气体分子排除,增加基片与沉积分子之间的结合力;同时会促使物理吸附向化学吸附转换,增强分子之间相互作用,使膜层结构紧密。例如,MgF_2 膜,基片加热到 250~300℃ 可减小内应力,提高聚集密度,增加膜层硬度;基片加热到 120~150℃ 制备的 ZrO_2-SiO_2 多层膜,其机械强度提高了许多,但基片温度过高会造成膜层变质。

(4)离子轰击。离子轰击对高凝聚力表面的形成、表面粗糙度、氧化作用和聚集密度有影响。蒸镀前的轰击可以清洁表面,增加附着力;蒸镀后轰击可以提高膜层聚集密度等,从而使机械强度和硬度增大。

(5)基片清洁。基片清洗方法不适当或不洁净,在基片上残留有杂质或清洁剂,则引起新的污染,在镀膜时产生不同的凝聚条件和附着力,影响到第一膜层的结构特性和光学厚度,也使膜层容易从基片脱落,从而改变膜层特性。

4.2.3　控制膜层折射率的主要工艺途径

折射率是描述光学薄膜性能的主要参数之一,是薄膜光学性能实现的重要参数条件。因此,在薄膜的镀制过程中应该通过对一些工艺参数的控制来实现与理论值相符合。在实际镀制中应着重考虑以下几方面:

(1)控制真空度。例如,基片温度为 30℃,在 $6.5×10^{-2}$ Pa 下形成 ZrO_2 膜的折射率为 1.6;在 $6.5×10^{-3}$ Pa 下折射率为 1.84;在 $2.6×10^{-3}$ Pa 下折射率为 1.90。

(2)控制沉积速率。通过控制蒸发速率实现。如用电子束蒸发 TiO_2 和 Ti_3O_5,在氧压为

$3.3×10^{-2}$Pa 和 300℃基片上镀制 TiO$_2$ 膜时，TiO$_2$ 的折射率对沉积速率的影响如表 4.2-2 所示。

（3）控制基片温度。提高基片温度可以促进沉积的膜料分子与剩余气体分子的化学反应，改变膜层的结晶形式和晶格常数，从而改变膜层的光学性能。例如，在$(1～2)×10^{-2}$真空温度下，基片温度为 30℃时 ZrO$_2$ 膜的折射率为 1.70；当基片温度为 130℃时，折射率为 1.88。

（4）控制膜料蒸气分子入射角，尽可能以小角度蒸发成膜，以获得致密膜层。例如，MgF$_2$ 膜层，当蒸气分子入射角从 0°增加到 45°时，折射率下降了 1.5%。对于 A1 膜层，当蒸气分子入射角为 60°时，波长 460 nm 处的反射率降低了 4%；当蒸气分子入射角为 70°时，膜层的颗粒度急剧增加，散射增大，反射率更低。

综上所述，可以将 PVD 工艺因素对膜层性能的影响总结为四大类工艺因素对膜层 4 种性能的影响（见表 4.2-3）。

表 4.2-2　沉积速率对膜层折射率的影响

沉积速率/(nm · s⁻¹) \ 膜层材料 折射率	TiO$_2$	Ti$_3$O$_5$
0.15	2.26	2.18
0.40	2.31	2.21
0.60	2.35	2.23
1.00	2.39	2.26

表 4.2-3　工艺因素对膜层性能的影响

膜层性能 \ 工艺因素	膜层原子迁移能凝聚力	制膜环境物化条件	膜层与基底物化差异
填充密度	△	△	
附着力	△	△	△
应力	△	△	
缺陷	△		

显然，成膜原子/分子迁移能和凝聚力的大小，几乎对膜层所有性能都有影响。因此，PVD 技术的发展，主要是针对提高成膜离子迁移能、凝聚力而进行的。

4.2.4　获得致密膜层的方法

在前面分析工艺因素对膜层质量的影响时，我们已经认识到：膜层填充密度的高低，既影响膜层的光学性能，特别是光学性能的环境稳定性和制造重复性，也影响膜层的机械性能，特别是牢固性和耐久性。

事实上，长期以来人们对膜层质量与工艺因素之间内在关系的研究，已经使我们深刻地认识到，能够全面影响和反映光学薄膜质量的特性参数就是膜层的填充密度。特别重要的是，工艺因素对膜层质量各项性能的影响，几乎可以通过工艺因素对膜层填充密度的影响一项来取代或概括。所以，提高膜层填充密度，就能全面提高膜层质量。

既然从膜层质量的角度来说，膜层填充密度的高低反映了膜层质量的好坏，那么，从制造工艺的角度来看，对膜层质量有影响的工艺因素，就一定对膜层的填充密度有影响。以此而论，讨论提高膜层填充密度的方法，必将涉及几乎所有的工艺因素。但是，各项工艺因素对膜层填充密度的影响程度并不一致，多项工艺因素对膜层填充密度的影响也存在一定的相关性。因此，既不能单纯地说哪一项工艺因素对膜层填充密度有决定性的作用，更不能抛开其他工艺因素，一味地追求某一项工艺因素的最佳化。正因为这样，薄膜制造技术的新发展，主要就是针对提高膜层填充密度的新途径、新方法而言的。

1. 提高膜层填充密度的工艺途径

从前面的分析中已经知道，膜层的聚集密度是影响薄膜性能的关键因素，只要提高了聚集密度，薄膜的性能就会有大幅度提高。

研究表明,决定金属膜和介质膜结构的重要参数是基片温度与蒸发物熔点温度之比。只要基片温度低于蒸发物熔点的 0.45 倍左右,热蒸发的光学薄膜就都具有显著的柱状结构。这种柱体从基片开始沿着薄膜的生长方向一直延伸到薄膜的外表面,薄膜就好像由许多大小为数百埃的小柱体紧密地聚集在一起构成的,如图 4.2-2 所示。所有柱体颗粒的外表面形成了比薄膜大得多的内表面。对于光学厚度为可见光区波长的 1/4 的一层薄膜,其内表面的面积通常大约是外表面面积的 10 倍。而且柱体之间留下了大小从数埃到数十埃的贯穿的毛细孔空隙。

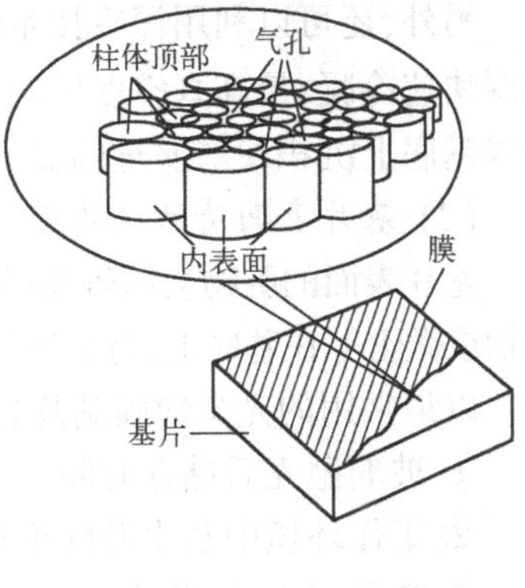

图 4.2-2　膜层柱状结构

薄膜中的每一个柱体颗粒是靠四周的柱体来支持的。柱体聚集得越疏松,即聚集密度越低,那么牢固度也越差。

（1）真空度的影响及改进方法

在抽真空的过程中,真空室的气体分子随真空度的提高而减少,但并不能全部抽出。残余气体分子的数量与容器的压强成正比,与热力学温度成反比,即 $n=N/V=p/KT$,式中,n 为残余气体分子浓度,N 为分子数,V 为容器的体积,p 为容器内的压强,K 为常数,T 为容器内的热力学温度。

残余气体主要来源于抽真空系统极限压强的限制而遗留的一部分气体。此外还有真空系统的漏气,以及真空室内各种材料表面的放气、真空泵油与扩散泵油分解的碳氢化合物等。真空室内残余气体的成分和真空室内环境、真空系统的材料及真空泵油和扩散泵油的性质有关,一般来讲,它们由水蒸气、氢气(特别是含有氢原子的气体)、一氧化碳、二氧化碳及空气等组成。

残余气体分子对膜层的附着性能有很大的影响,对于膜层的结构和性质也有很大的影响。一部分残余气体吸附在基片表面,使得原子沿表面的延伸能力减弱,影响膜的凝结。

在镀膜工艺中,不同的镀膜方法,需要的真空度也不同。一般情况下,光学薄膜要求在 10^{-3} Pa 的真空度下镀制。

真空度对薄膜的作用体现在如下两个方面:一是膜料蒸气分子在真空室内会受到残余气体分子的碰撞而改变速度和方向,严重时会导致不能沉积成膜,或者淀积成松散粗糙的膜层。二是残余气体分子吸附在基底上,或直接和蒸气分子发生复杂的化学反应,从而影响薄膜的化学成分和结晶构造,甚至使薄膜完全变质。

因此,提高真空度,使蒸发分子、原子的平均自由程比蒸发源到基底的距离大很多,这样残余气体对蒸发膜料分子(原子)的碰撞才会减少,残余气体对膜层的污染也减少,膜层的纯度就提高了。同时,蒸发分子、原子的动能大,打击基底的力也大,故对基底的附着力增强,膜层粒子之间的结合紧密,有利于获得高度致密的膜层。

机械泵、扩散泵、罗茨泵、低温泵是获得真空的主要设备。

机械泵和扩散泵是传统的真空获得设备,其性能的提高并不能彻底解决真空的问题,真空室内仍然有少量残余气体,会影响到膜层的性能。但是现代化的真空获得设备中不仅包括机械泵和扩散泵,还有罗茨泵和低温泵,这就基本上可以解决残余气体的危害了,莱宝 RUVAC 系列罗茨泵,在极限真空处的抽速都相当高,而且还将前级真空度提高一个数量级。莱宝 Coolvac 系列低温泵,除了对水蒸气有极高的抽速,也没有碳氢化合物的污染,可以用来产生洁净的高真空和超高真空。另外,莱宝低温泵所独有的 FIRST 快速再生方式,避免了吹氮气再生中气体同时放出后产生腐蚀性或危险性气体(如 H_2 和 O_2,H_2O 和 CO_2)的可能。

另外,还可以利用深冷技术除去残余气体,特别是含有 H^+ 的气体(如 H_2,H_2O),在短时间内实现快速冷凝,最高真空度可达 $2×10^{-5}$ Pa。实践证明,对于不能加热烘烤的零件,深冷技术对于室温基底上沉积膜层质量的提高起着无可替代的作用。

（2）基片表面清洁度的影响及改进方法

基片表面的脏物会妨碍膜料直接与基底接触,减小了附着力,如被油污染更会造成膜层脱落。脏物或微尘等在基底上,将会潜伏于膜层,形成针孔、痕迹等疵病,甚至会影响到膜层的光学性能。

以最常用的光学薄膜基片玻璃来讲,表面污染来源于以下几个方面:

① 玻璃抛光后储存时间较长,表面产生水渍、油斑或霉斑。

② 工作环境中灰尘及纤维物质被零件表面吸附,这也是造成针孔的原因之一。

③ 离子轰击时,负高压电极的溅射,在基片表面形成的斑点。

④ 抽真空系统油蒸气倒流造成的基片表面的污染。

另外,工作环境的清洁也是非常重要的,工作室的相对湿度应低于70%。

要解决这些危害,在使用基片时就应该对基片表面进行清洁,还要不间断地对工作环境和真空室进行清扫。如果条件允许,应当建立无尘工作间。

对于基片的清洁方法,应根据具体情况而定。对于新抛光的基片表面,可用脱脂纱布蘸乙醇与乙醚混合液进行擦拭;对于储存时间较长的基片,则需要脱脂纱布或棉花蘸最细的 CeO_2 或 Fe_2O_3 粉进行更新。擦拭时应尽量均匀,不可破坏表面光洁度和面形。对于较脏的基片,最好不要再使用。

人们往往以为通过上述方法严格清洁的基片表面已很洁净了,其实表面还有一层极薄的油脂、水或溶剂的单分子层,会影响到膜层的附着性能。因此,还需经过最后一道清洗工序——离子轰击,它是利用辉光放电所产生的离子对基底表面进行轰击,利用大质量离子驱逐吸附在基片表面的气体分子,提高真空度,清洁基片表面。此外,离子轰击对基片也有加热的作用,有利于提高膜层的附着能力。

（3）基底温度的影响

聚集密度通常随基片温度的升高而增加,因而在较高的温度下沉积薄膜会增加牢固度。

基底的温度对膜层的结构、密度、颗粒大小及应力都有一定的影响。基底温度也会影响薄膜的内应力。当膜层与基底温差太大时,冷却后收缩变形不一致,产生内应力,从而造成膜层龟裂或脱落。

实验表明,许多金属对基片的温度是很敏感的,如铂、铑、铬,随着基底温度升高,膜的反射率会增加,而铝、银就不同,基底温度太高会造成膜面的粗糙,会导致光的漫射。又如大多数的氧化物、氟化物淀积在高温基底上,密度大、折射率高,而且机械强度、化学稳定性都好。所以,根据不同的薄膜,选择最佳的基底温度,既可获得牢固的膜层又可得到理想的光学特性。只不过选择最佳的基底温度是光学零件镀膜工艺中一个复杂的问题,必须将理论和实验相结合才能达到。

提高基底温度,主要依靠烘烤来达到。烘烤还有一个与离子轰击类似的作用,可使吸附在基底表面及器壁的气体分子逸出,起到清洁作用,使膜与基底的附着力增加。

烘烤加热有碘钨灯位于工件架下方加热和镍铬电热丝位于工件架上方加热两种方法。前者是自下而上的辐射,直接加热于镀膜表面,而且比较清洁;后者温度高且上升得很快。

（4）蒸发速率的影响及改进方法

蒸发速率的大小,直接影响到膜层的沉积速率。沉积速率对膜层的结构与厚度分布都有很大的影响。当沉积速率慢时,临界核少,生长慢,吸附原子在平均滞留时间内,能充分地沿表面移动,在适于生长的位置上,形成岛状结构,并捕获飞来的分子、原子再继续生长成膜,这些膜的颗粒粗大,空隙较多。当沉积速率过快时,临界核多,能很快地普遍生长成颗粒。但颗粒不大,平均厚度转薄时,颗粒就连接成致密的薄膜。

若提高沉积速率,则膜料中含残余气体的量相对减少,对膜层的污染也减少。因此,要想获得高纯度的膜,除了提高真空度外,还需尽可能快速地蒸发。

2. 获得致密膜层的新技术

除了在热蒸发工艺中按照上述原则采取措施提高膜层的填充密度外,还可以在镀膜机上安装离子束源或等离子体源,利用离子辅助提高膜层的填充密度,也可以改用溅射或离子镀膜机,通过带电离子沉积工艺,可以获得非常致密的膜层。

离子束辅助沉积镀膜方法(IBAD)可以消除柱状结构,提高聚集密度,改进膜层质量,提高器件性能、寿命和可靠性。它在原有真空镀膜设备上添加一台宽束离子源就可以实现了。

离子束辅助镀膜对于光学薄膜的成膜过程有着非常重要的贡献;离子束的清洗作用,可以有效地去除基片物理吸附的各类杂质,清除油扩散泵系统微量返油带来的基片污染,可大幅度改善膜层牢固性;离子束辅助沉积过程,由于荷能离子对膜层粒子的动量传递,增加了膜料粒子的能量和迁移率,使膜层中的柱状结构被破坏,空隙被填充,提高薄膜的聚集密度,从而改善膜系光谱性能的稳定性和镀膜工艺的稳定性。

例如,为了提高 Nb_2O_5 薄膜的聚集密度,改善薄膜的光学特性和机械特性,采用霍尔源离子辅助沉积(IDA)技术在 K9 玻璃基板上制备了 Nb_2O_5 单层薄膜,并与常规沉积条件下制备的 Nb_2O_5 薄膜进行比较。由于 IAD 技术使 Nb_2O_5 膜的聚集密度提高了14%,膜层折射率从常规工艺的2.03上升到2.18,膜层的附着力和牢固度从常规工艺的 $1.0 \times 10^7 \ N/m^2$ 提高到 $129.7 \times 10^7 \ N/m^2$。

在使用离子束辅助沉积镀膜方法(IBAD)时,为了得到理想的薄膜和器件性能,应处理好各工艺参数之间的关系。主要的工艺参数有工作室真空度、基片加热温度、膜层沉积速率、荷能粒子动量、离子与膜料粒子的到达比率 C、入射角与靶距等。

在光学薄膜制造行业中,很多企业选用了热蒸发工艺制作光学薄膜器件,并同时采用了离子辅助技术作为获得致密膜层的措施。正是由于大多数企业仍然采用离子辅助技术,离子源的开发近年来得到了迅速的发展,离子源的种类已有 10 种以上,离子辅助工艺研究的论文层出不穷,离子辅助工艺制作的膜层性能不断提高,离子辅助技术的普及程度令人欣慰。

由于溅射和离子镀技术是使膜料粒子成为带电离子后在电场作用下的定向加速沉积,充足的动能,使得成膜粒子既有注入基片一定深度的能力,又有彼此紧密接触的结合能。还有人认为,与溅射和离子镀过程相伴随的溅射剥离效应,是生成致密膜层不可或缺的重要因素。溅射技术在电子、微电子及生物薄膜器件制造业中的成就,离子镀技术在利用超硬薄膜进行表面改性方面的突出表现,使光学薄膜器件制造业对于使用溅射和离子镀技术制造光学薄膜器件有着很高的期望。21 世纪初,为适应光纤通信领域使用的光学薄膜无源器件的高要求,光学溅射镀膜机已经问世,其制造的膜层的聚集密度是热蒸发技术所无法比拟的。相信更多高性能的致密膜层将由溅射工艺得到。

4.3 获得精确厚度的方法

光学薄膜的特性与其每一层薄膜的厚度密切相关,为了镀制符合要求的光学薄膜,在蒸镀过程中对薄膜厚度的监控就显得相当重要。下面介绍几种主要的膜厚控制方法。

4.3.1 目视法

目视法是膜厚控制的最简单的方法,它是利用人眼对薄膜厚度变化时引起光束透过强度的变化,或薄膜的干涉色的变化,来判断膜层的厚度的。

根据薄膜干涉色的变化来控制膜厚是因为当单层薄膜的光学厚度为 $\lambda/4$、薄膜的折射率为基底折射率的平方根时,则对波长为 λ 的光而言,将产生零反射,而对其他波长的光仍有不同程度的反射。这样,如果入射光是白光,因反射光缺少某些颜色的光而带有颜色,颜色的变化决定于光学厚度的变化。对于一定的颜色,必定对应一定的厚度,于是就可以根据反射光的颜色来近似判断薄膜的光学厚度。反射光和透射光的颜色是互补的,当采用白光照射时,由于白光是各色光的混合,如果让其中的红光透过,则反射光呈蓝绿色,所以红色与蓝绿色就互为补色,相应地紫色与黄绿色互为补色。各互补色如下:紫—黄绿;紫蓝—黄;蓝—橙;蓝绿—红;绿—紫红。

此方法结构简单,操作方便,但判读精度低,受人为及外界环境等因素影响较大。

4.3.2 极值法

利用极值法测量正在镀制膜层的 T 或 R 随膜层厚度增加过程中极值个数,获得以 $\lambda/4$ 为单位的整数厚度的膜层。

1. 原理

单层介质膜层的反射率为

$$R = \frac{(n_0-n_2)^2\cos^2\delta_1 + (\frac{n_0 n_2}{n_1}-n_1)^2\sin^2\delta_1}{(n_0+n_2)^2\cos^2\delta_1 + (\frac{n_0 n_2}{n_1}+n_1)^2\sin^2\delta_1}$$

式中

$$\delta_1 = \frac{2\pi}{\lambda}n_1 d_1, \quad n_1 d_1 = m\frac{\lambda}{4}$$

当 $\lambda = \frac{4}{m}n_1 d_1$,即 $n_1 d_1 = m\frac{\lambda}{4}$,$m=1,2,3,\cdots$ 时,R 或 T 就为极值。

① 对一个确定的 λ,当 $n_1 d_1 = m\frac{\lambda}{4}$ 时,T 和 R 有极值;

② 对一个确定的 $n_1 d_1$,当 $\lambda = \frac{4}{m}n_1 d_1$ 时,T 和 R 有极值;

因此可以总结出极值法监控膜层厚度的基础:

① 当选定一个 λ 作为监控波长时,只要膜层的光学厚度是 $\lambda/4$ 的整数倍,其透射和反射光信号就具有一个或多个可供明确判断的极值;

② 对一个欲得到的膜层光学厚度($n_1 d_1$),一定存在一个或多个波长的光可用来依极值原理监控其厚度。

2. 极值法使用中存在的两大缺陷

(1)因为在 T 或 R 的极值点,有 $\frac{dR}{d(n_1 d_1)} = 0$ 和 $\frac{dT}{d(n_1 d_1)} = 0$,而在 T 和 R 的极值点附近,$\frac{\Delta T}{\Delta(n_1 d_1)}$ 和 $\frac{\Delta R}{\Delta(n_1 d_1)}$ 也很小,所以以极值点的准确判断是很困难的。

(2)对于任意膜层厚度 $n_1 d_1$,虽然理论上存在波长 λ,当 $n_1 d_1 = m\frac{\lambda}{4}$ 时,T 或 R 有极值,但是在实际中,由于用于膜厚监控的光电系统中,光源、光学元件、光电传感器,以及膜料透明区的限制,使实际可用的波长限制在很窄的波段范围内。因此,必定会经常出现找不到可使用波长的情况。

光电膜厚监控装置如图 4.3-1 所示。

3. 极值法监控技巧

从前面的分析可见,极值法监控精度不高是由极值点的判读精度不高所致的,也是由极值法监控的原理所决定的。为了克服这一缺点,常采用如下方法:

(1) 过正控制。选用比由 $nd=\lambda/4$ 确定的波长稍短一点的波长作为监控波长,允许 T 或 R 有一定的过正量,让停镀点避开极值点。

(2) 高级次监控。增大 T 或 R 的变化总幅度,减小 T 或 R 的相对判断误差,提高膜层厚度的控制精度。

(3) 预镀监控片。通过提高监控片的 Y,增大 T 或 R 的变化幅度,减小 T 或 R 的相对判读误差。

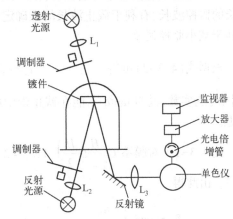

图 4.3-1　光电膜厚监控装置

4.3.3　光电定值法

定值法是用于干涉截止滤光片监控最方便的方法。

为了提高精度,定值法的控制波长并不选在中心波长 λ_0,而是选取位于通带的波长 λ_c 来控制。镀制过程中反射率随膜层厚度的变化如图 4.3-2 所示。

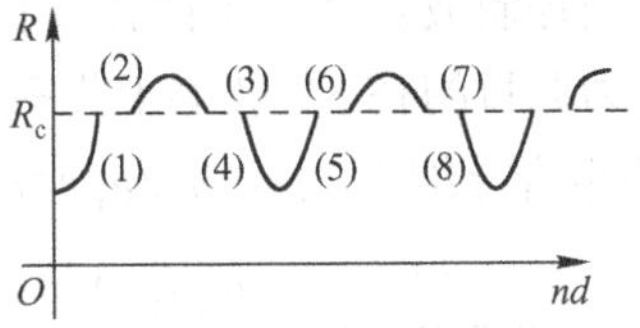

分析:将膜系 $G\left|\left(\dfrac{H}{2}L\dfrac{H}{2}\right)\right|^s A$ 展开成为

$$G\left|\dfrac{H}{2}\dfrac{L}{2}\dfrac{L}{2}\dfrac{H}{2}\dfrac{H}{2}\cdots\dfrac{L}{2}\dfrac{L}{2}\dfrac{H}{2}\right|A$$

其每一层的厚度均为 $\lambda/2$,其第一、二层与基片组合的特征导纳矩阵为

图 4.3-2　定值法监控中反射率随膜层厚度的变化

$$\begin{bmatrix} B \\ C \end{bmatrix}=\begin{bmatrix} \cos\delta_2 & \dfrac{i}{n_2}\sin\delta_2 \\ in_2\sin\delta_2 & \cos\delta_2 \end{bmatrix}\begin{bmatrix} \cos\delta_1 & \dfrac{i}{n_1}\sin\delta_1 \\ in_1\sin\delta_1 & \cos\delta_1 \end{bmatrix}\begin{bmatrix} 1 \\ n_s \end{bmatrix} \tag{4.3-1}$$

考虑到:① $\delta_1=\delta_2=\delta_c=\pi/4$;② 第二层镀制结束对应的反射率是极值,所以 $Y=C/B$ 的虚部等于零,因此控制波长 λ_c 处的位相厚度为

$$\delta_c=\arctan\left(\dfrac{n_1n_2-n_S^2}{n_1^2-n_2n_S^2/n_1}\right)^{1/2} \tag{4.3-2}$$

即得

$$g_c=\lambda_0/\lambda_c=4\delta_c/\pi \tag{4.3-3}$$

监控波长

$$\lambda_c=\pi\lambda_0/4\delta_c$$

镀制第一层后的反射率 R_c 可以这样计算:

因为

$$\begin{bmatrix} B \\ C \end{bmatrix}=\begin{bmatrix} \cos\delta_c & \dfrac{i}{n_1}\sin\delta_c \\ in_1\sin\delta_c & \cos\delta_c \end{bmatrix}\begin{bmatrix} 1 \\ n_s \end{bmatrix} \tag{4.3-4}$$

所以

$$R_c=\dfrac{(n_S-n_0)^2+\left(n_1-\dfrac{n_0n_S}{n_1}\right)^2\tan^2\delta_c}{(n_S+n_0)^2+\left(n_1+\dfrac{n_0n_S}{n_1}\right)^2\tan^2\delta_c}$$

采用定值法监控通常都需要在控制片上先预镀适当的膜层,这样做,既可以获得邻于截止波长的监控波长,有利于截止波长的准确定位;也可以增大每一层膜层的控制信号的变化幅度,有利于减小监控误差。

根据式(4.3-2)可得

$$n_S = n_1 \left(\frac{n_1 \tan^2 \delta - n_2}{n_2 \tan^2 \delta - n_1} \right)^{1/2}$$

式中,n_S 为实数,说明 $\tan^2 \delta$ 不能在截止带中取值。在已有预镀层的控制片上,用定值法控制更加方便。

例 4.3-1　对膜系 $G\left(\dfrac{H}{2} L \dfrac{H}{2}\right)^6 A$,$n_H = 2.35$,$n_L = 1.38$,$n_S = 1.52$,$H$,$L$ 表示 $\lambda_0/4$ 的高、低折射率层。由此得

$$\delta_c = \arctan \left(\frac{n_H n_L - n_S^2}{n_H^2 - n_L n_S^2 / n_H} \right)^{1/2} = \arctan \left(\frac{2.35 \times 1.38 - 1.52^2}{2.35^2 - 1.38 \times 1.52^2 / 2.35} \right)^2 \approx 0.140\pi$$

$$g_c = 4\delta_c/\pi \approx 0.5630$$

根据反射带宽公式得

$$\Delta g = \frac{2}{\pi} \arcsin \left(\frac{n_H - n_L}{n_H + n_L} \right) \approx 0.1617$$

故截止限的 g_e 为

$$g_e = 1 - \Delta g \approx 0.9324$$

这表明控制波长远大于截止波长。考虑到膜料等色散因素,我们希望将控制波长移至截止带附近。为此目的在 K9 玻璃上先镀两层膜,即 $CH'L'$,H' 和 L' 是厚度为 $\lambda_c/4$ 的 ZnS 和 MgF$_2$。这时 λ_c 的组合导纳为 $Y_S = (n_L/n_H)^2 n_S \approx 0.5241$,用 Y_S 代替 n_S 代入式(4.3-2)求得

$$\delta_c = \arctan \left(\frac{n_H n_L - Y_S^2}{n_H^2 - n_L Y_S^2 / n_H} \right)^{1/2} = \arctan = \left(\frac{2.35 \times 1.38 - 0.5341^2}{2.35^2 - 1.38 \times 0.5241^2 / 2.35} \right)^{1/2} \approx 0.2071\pi$$

由式(4.3-3)得 $g_c = 4\delta_c/\pi \approx 0.8144$。$g_c$ 位于 g_e 附近,又在通带中。接着,根据 n_H,n_L,Y_S 和 δ_c,求出

$$R_c = \frac{(Y_S - n_0)^2 + (n_H - n_0 Y_S / n_H)^2 \tan^2 \delta_c}{(Y_S + n_0)^2 + (n_H + n_0 Y_S / n_H)^2 \tan^2 \delta_c}$$

$$= \frac{(0.5241 - 1)^2 + (2.35 - 0.5241/2.35)^2 \tan^2 0.2071\pi}{(0.5241 + 1)^2 + (2.35 + 0.5241/2.35)^2 \tan^2 0.2071\pi}$$

$$\approx 0.4561$$

即 $T_c \approx 0.5439$。由于控制片预镀了 $H'L'$,得 $R_{st} = \left(\dfrac{n_0 - Y_S}{n_0 + Y_S} \right) \approx 0.0975$,而 $T_{st} \approx 0.9025$。

至此以 T_{st} 为起始值,T_c 为定值,便可方便地控制整个膜系。这种方法的精度非常高,若 $\Delta T = 1\%$,则高折射率层的膜层厚度相对误差为 1.35%,低折射率层厚度相对误差为 3.9%,两侧的两个 $H/2$ 层厚度相对误差分别为 2.7% 和 8.7%。

应用光电定值法监控时,选择监控波长对监控过程的重复性有很大影响。监控波长远离截止波长,监控过程中对误差是敏感的,过度频繁地使用定值修正,会造成膜系截止波长的定位误差。选择的监控波长应该尽可能地接近截止波长。在某些情况下,为监控需要而设计的预镀层可以归入膜系设计中,这样半直接监控可以转换为直接监控。

4.3.4　任意膜厚的单波长监控

对于非规则膜系的膜层厚度监控,可以采用下述方法:

（1）对所需的膜层厚度计算出对应的极值波长，用极值法监控。

（2）对于折射率稳定易重复的膜层，可以监控非极值波长的 T 或 R 值。

（3）曲线比拟法。

图 4.3-3 中，曲线 A 是理论计算得到的膜层厚度增长过程中的透过率变化曲线，曲线 B 是膜层镀制过程中厚度增长时的透过率变化曲线。分析表明，当实际厚度与理论厚度相等时这两条曲线存在相似关系：$\dfrac{T_{A1}-T_0}{T_{B1}-T_0}=\dfrac{T_{A0}-T_{A1}}{T_{B0}-T_{B1}}$。据此，对于理论厚度 nd，对应理论值 T_{A0} 和 T_{A1}，在实际制作时，得到 T_{B0}，计算出 T_{B1}，到达 T_{B1} 时停镀，即得到厚度 nd。

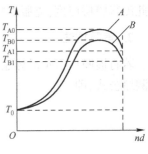

图 4.3-3　曲线比拟原理示意

4.3.5　石英晶振法

1. 频移法

利用石英晶体的压电效应，测量石英晶体振动频率或周期随石英晶片厚度的变化量，以达到测量沉积在石英晶片上的膜层厚度的目的。

依据石英晶片振动频率 f 与晶片厚度成反比的原理：$f=N/d_q$，N 为由石英晶片确定的常数。若在此晶片的一个表面镀上厚度为 Δd_f 的膜层，假设 Δd_f 对应的等效石英厚度为 Δd_q，A 为晶片被镀面积，则可得

$$\Delta m=A\rho_f\Delta d_f=A\rho_q\Delta d_q$$

$$\Delta d_q=\frac{\rho_f}{\rho_q}\Delta d_f$$

而对 $f=N/d_q$ 微分得

$$\Delta f=-\frac{N}{d_q^2}\Delta d_q$$

所以膜层厚度增量引起石英晶片振动频率的变化量为

$$\Delta f=-\frac{N\rho_f}{d_q^2\rho_q}\Delta d_f\approx-\frac{f^2\rho_f}{N\rho_q}\Delta d_f \qquad (4.3\text{-}5)$$

$$\Delta d_f=-\frac{\rho_q}{\rho_f}\frac{N}{f_q^2}\Delta f \qquad (4.3\text{-}6)$$

频移法存在的问题：①忽略了有膜晶片与无膜晶片振动模式的差异；②忽略了有膜晶片连续或继续使用时振动基频的变化。要克服上述问题可以采用周期法。

2. 周期法

若用 f_0 和 d_0 分别表示石英晶片的振动基频和初始厚度，则由 $f_0=N/d_0$ 得

$$f=f_0+\Delta f=\frac{N}{d_0+\Delta d_q}$$

所以

$$d_0+\Delta d_q=\frac{N}{f_0+\Delta f}$$

将 $\Delta d_q=\rho_f\Delta d_f/\rho_q$ 代入上式，并整理可得

$$\Delta d_f=-\frac{\rho_q}{\rho_f}\left(\frac{N}{f}-\frac{N}{f_0+\Delta f}\right) \qquad (4.3\text{-}7)$$

式中，$1/f_0=T_0$ 是无膜石英晶片的振动周期；$\dfrac{1}{f_0+\Delta f}=T$ 是有膜石英晶片的振动周期。

式(4.3-7)也可表示为

$$\Delta d_\mathrm{f} = -\frac{\rho_\mathrm{q}}{\rho_\mathrm{f}} N(T_0 - T) \qquad (4.3\text{-}8)$$

据此测得膜层厚度,克服了频移法存在的第二个问题。

3. 声阻抗法

若将镀膜后石英晶体振动模式的改变也考虑在膜层厚度的计算公式中,则可得出更加精确的测厚公式,即

$$\Delta d_\mathrm{f} = \frac{\rho_\mathrm{q} z_\mathrm{f}}{\rho_\mathrm{f} z_\mathrm{q}} \frac{NT}{\pi} \arctan\left(\frac{z_\mathrm{q}}{z_\mathrm{f}}\right) \tan\left\{\left(1 - \frac{T_0}{T}\right)\pi\right\}$$

式中,z_f和z_q分别是膜层和石英晶片的声阻抗。

晶控法与光控法比较如下。

光控法:

① 直接控制光学膜层的目标参数 T 或 R;

② 不同膜层的厚度误差有相互补偿作用;

③ 对膜层厚度的控制精度较低。

晶控法:

① 监测灵敏度高(0.1nm),易实现自动控制;

② 可直接监控成膜速率,便于工艺稳定重复;

③ 可控制任意膜层厚度;

④ 温度对石英晶体的频率影响较大,需要采取恒温措施。

4.3.6　宽光谱膜厚监控

上述膜厚测量和监控方法主要有两大类:一是利用石英晶体的质量变化和谐振频率之间的关系,间接测量所镀膜厚。其特点是灵敏度高且易于控制,但最大的缺点是在镀膜过程中无法知道制备过程的光谱特性,从而无法及时修正所镀曲线的误差。另一类是光学监控方法,按判别方法又可分为极值法、定值法和宽光谱膜厚监控等。其中,极值法和定值法都是以单波长信号作为监控对象的,所以在窄带滤光片镀制过程中得到了很好的应用。而对较宽波带或多波长都有要求时则显得先天不足。与之相比,宽光谱膜厚监控利用实测的光谱曲线与理论光谱曲线进行比较,以评价函数表示比较结果并将其反馈给控制系统。

法国马塞国家表面和光学薄膜实验室的 E. Pettetier 等人在 1978 年提出以评价函数进行膜厚控制,并在 1981 年发表了用宽带法制备的一个 11 层长波通滤光片的结果。1986 年,加拿大国家研究院的 Powell 等人建立了一台 7 通道宽带监控系统。之后,国内外不少薄膜研究人员对此做了大量的研究。在此首先介绍宽光谱膜厚监控原理和评价函数,然后重点介绍系统硬件和软件组成,最后给出实验结果并对其精度进行分析。

1. 宽光谱膜厚监控原理

图 4.3-4 为宽光谱膜厚监控系统原理框图。假设没有控制片时系统接收到的光能量为 $\varphi_\mathrm{A}(\lambda)$,并设 T_r 和 R_r 分别为控制片后表面的透过率和反射率;T_0,R_0 和 T_i,R_i 分别为控制片前表面镀膜前和镀膜后的透过率和反射率。那么在镀膜开始前透过的光能量为

$$\varphi_0(\lambda) = \frac{\varphi_\mathrm{A}(\lambda) T_\mathrm{r} T_0}{1 - R_\mathrm{r} R_0} \qquad (4.3\text{-}9)$$

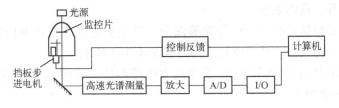

图 4.3-4　宽光谱膜厚监控系统原理框图

在镀膜过程中透过的光能量为

$$\varphi_i(\lambda) = \frac{\varphi_A(\lambda) T_r T_i}{1 - R_r R_i} \tag{4.3-10}$$

结合式(4.3-9)和式(4.3-10)可得

$$\frac{\varphi_i(\lambda)}{\varphi_0(\lambda)} = \frac{T_i(1 - R_r R_0)}{T_0(1 - R_r R_i)} \tag{4.3-11}$$

当制备多层膜时,第 i 层的透过率 T_i,不但与该层的折射率 n_i 和膜厚 d_i 以及所测的波长 λ 有关,而且与前 $i-1$ 层膜中每层的 n 和 d 有关。若前 $i-1$ 层膜的 n 和 d 已知,且在第 i 层膜折射率 n_i 稳定的情况下,则 T_i 仅与所测波长 λ 和厚度 d 有关,即 $T_i = T_i(\lambda, d)$。若第 i 层膜厚设计要求为 d_i,则镀完第 i 层膜后,理论上的透过率为 $A_{0i} = A_i(\lambda, d_i)$。于是,在 λ_1 到 λ_2 的整个宽光谱区间内,变量 d 与设计值 d_i 所表现出的光谱透射为

$$f_i = \int_{\lambda_1}^{\lambda_2} |A_i(\lambda, n_i d_i) - A_i(\lambda, nd)| \mathrm{d}\lambda \tag{4.3-12}$$

式中, f_i 为第 i 层的评价函数。在镀制过程中,当 d 逐渐逼近 d_i 时,应达到一极小值,这样就可达到监控膜厚的目的。为计算的方便,可将式(4.3-12)写为

$$f_i = \int_{\lambda_1}^{\lambda_2} \left[\tau_i - \frac{\varphi_i(\lambda)}{\varphi_0(\lambda)} \right] \mathrm{d}\lambda \tag{4.3-13}$$

式中,以镀膜前和镀膜后的透过光能量 $\varphi_0(\lambda)$ 和 $\varphi_i(\lambda)$ 来取代实时透过率,其中 τ_i 是镀制每层膜前计算出的相对透过率,其值为

$$\tau_i = \frac{T_i(\lambda, n_i d_i)}{T_0} \frac{1 - R_r R_0}{1 - R_r R_i(\lambda, n_i d_i)} \tag{4.3-14}$$

由于一般膜系的光谱特性在较窄的波长内不会发生跃变,故可以用求和式取代式(4.3-13)的积分,即将式(4.3-13)改写为

$$f_i = \sum_{i=1}^{k} \left| \tau_i(\lambda_j) - \frac{\varphi_i(\lambda_j)}{\varphi_0(\lambda_j)} \right| \tag{4.3-15}$$

另外,人们一般只对薄膜光学特性的某些特定的波段或某几个特定的波长的要求较高,而对其他部分不太关心,因此式(4.3-15)可进一步改写为

$$f_i = \sum_{i=1}^{k} \left| \tau_i(\lambda_j) - \frac{\varphi_i(\lambda_j)}{\varphi_0(\lambda_j)} \right| \omega_i \tag{4.3-16}$$

式中, ω_i 是权重因子。这样就可在控制前确定所选的波长点,并将其权重因子值和透射光能存入计算机。控制过程中,根据接收到的光能量计算评价函数值,做出判断,并反馈判断结果以进行监控。

2. 系统的硬件组成

由图 4.3-4 可知硬件部分主要包括光学系统、信号产生、信号采集、控制反馈输出,以及相

关的机械部件等部分。具体来说：

（1）光学部分又包括光源、光路、分光等部分。其中分光部分是在 WDG—3 型光栅单色仪的基础上做适当改动而成的。其组成及其光路如图 4.3-5 所示。

（2）信号产生部分由 CCD 和 CCD 驱动放大电路组成。其中 CCD 选用 RETICON 公司的 SC—0512，其主要参数如下。

光谱响应范围：$200 \sim 1\,000\,nm$

像元尺寸：$25\,nm \times 2.5\,nm$（矩形）

像元数：512

有效接收长度：$12.8\,mm$

线性动态范围：$31\,250 : 1$

饱和光强：$0.035\,\mu J/cm^2$

最高速度：$1\,MHz$

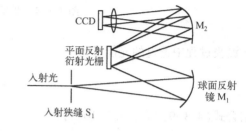

图 4.3-5　分光部分及其光路

（3）信号采集和控制反馈输出部分由 A/D 采集控制卡、计算机及数字反馈输出电路组成。

硬件连接原理图如图 4.3-6 所示。其工作原理是：从光源发出的光经光路聚集，照射到监控片上，再由透镜组聚焦到分光光栅上，经分光后的宽光谱入射到 CCD 上。调节 CCD 精密调节架，使待测光谱全部落在其上。启动其驱动电路、放大电路、A/D 转换电路，把 CCD 采集到的各谱线对应的光强信号串行输入计算机。由计算机软件程序对输入信号进行处理并将处理结果和理论曲线通过评价函数做判别，将判别结果经 A/D 控制卡输出给反馈控制电路控制相关设备和仪器。

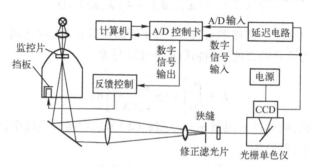

图 4.3-6　系统硬件连接原理图

3. 软件组成

软件部分的设计思路和作用主要包括以下几个部分。

（1）监控片光谱特性实时显示软件。其目的是在屏幕上实时显示出监控片的光谱特性曲线，它是宽光谱膜厚监控仪监控镀膜过程的基础。

（2）薄膜计算软件。在镀膜过程中，我们必须知道镀到什么地方为止。只有事先输入薄膜各层的膜厚和折射率，计算出理论上的终点，才能和实时观察到的光谱曲线相比较。本模块为评价函数提供参考。

（3）初始化定标软件。该部分一方面用于校正由于光源不稳定及 CCD 温度效应引起的误差，另一方面是确定 CCD 像元和谱线位置的对应关系的定标。

（4）调制光解调软件。为消除由于蒸发源和环境光等杂散光对探测结果的影响，需对光源信号进行调制。因此在分析探测器接收到的光信号时，需首先利用本软件做信号还原即解调处理。

（5）薄膜参数自动拟合软件。在上述薄膜计算软件中，输入的是理论上各膜层的折射率和厚度。在实时监控过程中,是通过实际观察到的镀制第 i 层前后光谱曲线的比较来判断是否到达极值点的。由此可能产生多层膜误差积累的现象。为此需编写相关的处理软件以实现自动拟合,从而对理论值做微调,这样就可有效抑制误差的积累。

（6）反馈信号产生软件。此软件用来实现同硬件的联系,由评价函数达到极值时,此软件驱动 A/D 控制卡的数字输出端口,产生一个输出控制信号,用以控制气动阀门关闭挡板或进行其他相关操作。

（7）总控程序。它是将以上几个软件模块有机地结合到一起,并实现人机交互功能的界面。

4.4　获得均匀膜层的方法

4.4.1　影响膜层厚度均匀性的因素

影响膜层厚度均匀性有三大主要因素。

（1）蒸发源发射特性。

① 蒸发源结构的影响。

a. 点源、面源、螺旋丝等不同结构的蒸发源,其发射分布特性各不相同。

理想点源在任意方向沉积的膜层厚度为

$$d = \frac{m}{4\pi\rho}\frac{\cos\theta}{h^2}$$

理想面源在任意方向沉积的膜层厚度为

$$d = \frac{m}{\pi\rho}\frac{\cos\varphi\cos\theta}{h^2}$$

式中, m 是蒸发源向所有方向蒸发的膜料总质量, ρ 是膜料的密度。 h, φ, θ 实际含义如图 4.4-1 所示。

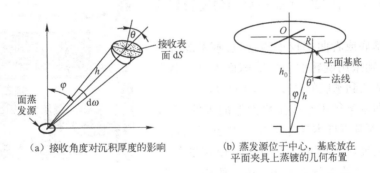

（a）接收角度对沉积厚度的影响　　　（b）蒸发源位于中心,基底放在平面夹具上蒸镀的几何布置

图 4.4-1　膜层厚度公式中各量的实际含义示意图

电子束蒸发源的膜层厚度为

$$d = \frac{m}{\pi\rho}\frac{\cos\theta\cos^N\varphi}{h^2}$$

式中, N 与电子束蒸发源工作时的束斑状态及膜料有关。正常工作状态下, N 在 2~3 之间取值。

b. 每一种蒸发源的发射分布既随经度不同而不同,也随纬度不同而不同,情况更为复杂。

② 同样的蒸发源,不同的膜料,也有不同的蒸发分布特性。这一问题在电子束蒸发时尤为突出,不同的材料有不同的蒸发温度和热导率,造成蒸发点大小不同,有可能是点,也有可能更像

面。更为严重的是挖坑现象使得蒸发角度变小，膜厚分布严重恶化，这是值得每一位业内工作者高度重视的问题。

（2）蒸发源与被镀件的相对位置对于膜层厚度的分布影响非常大。大量的研究已经得出了精确的膜层厚度分布的规律。目前广泛采用的改进膜层厚度分布均匀性的措施都是建立在这些研究结果的基础上的。

（3）被镀件的面形对于膜层厚度的分布影响也很大。大曲率零件表面膜层的厚度均匀性一直是一个棘手的工艺问题，公转又自转的行星夹具就是为解决这一类问题而专门设计的。

4.4.2　获得均匀膜层厚度的途径

（1）可以获得均匀膜层厚度的蒸发源与零件位置
① 点状蒸发源置于被镀件所在球面的球心；
② 面状蒸发源位于被镀件所在的同一球面上。
（2）改善膜层厚度均匀性的措施

由于影响膜层厚度的因素很多，而且还有很多随机因素难于控制，所以，要得到膜厚均匀性很好的薄膜是相当困难的。实践中，首先要选择适宜所镀零件面形的工装，其次要进行试镀，根据测试结果，调整影响膜厚均匀性的参数。采取调整膜厚均匀性的必要措施，经过多次试镀、调整和修正得到符合要求的膜厚均匀性。

① 采用旋转夹具，包括公转、自转、行星夹具。蒸发源的大小和形状是有限的，既不可能很大，也不可能是理想的点源或面源，蒸发的膜料分子呈辐射状飞向被镀基底，使得基底各处获得的蒸发分子概率不同，入射角也有所差异。如何获得均匀的膜层分布以及较好的附着力，关键在于蒸发膜料分子的入射角要尽量小，即真空室中的蒸发源与基底的相对位置要合理布置。如果被镀零件安置在固定支架上，则蒸发源应安置于底板中心，被镀零件离蒸发源的距离越大越好。蒸发源有效蒸发张角 2θ 应小于 $22°$，才能获得均匀度较好的膜层。

图 4.4-2　行星式夹具

对于大的基底或者曲率较小的透镜，蒸发源可安置在边缘，但必须采用旋转的平面或球面夹具。蒸发源到中心的距离与到基底的高度比 $R:h \approx 1:1.9$。

对于镀制曲率半径更小或抛物面形的零件，不仅要求支架转动，而且零件本身也应自转，因此采用自转和公转的行星式夹具。图 4.4-2 为实际使用的行星式夹具。行星式夹具本身自转并公转，假设公转半径为 $20\,cm$、自转半径为 $7\,cm$，公、自转转速比值为 $5/3$，可以得到对于夹具半径为 $7\,cm$ 位置之绕行轨迹，如图 4.4-3 所示。显然行星式夹具之绕行轨迹要比平面夹具绕行轨迹复杂得多，它造成夹具内外位置膜厚较均匀，可以得到大面积均匀膜厚分布。图 4.4-4 所示为平面基板与行星式基板在相同蒸发特性（电子束蒸发源，指数 $N=1$）及几何位置下的膜厚分布曲线，图中所示行星式基板之膜厚均匀性要比平面基板好得多。另外，对于行星式夹具其公转转速和自转转速比值应避免为整数倍，只有在非整数倍的情况下其绕行轨迹才会遍及内外圈达到厚度平均效果。表 4.4-1 所示为平面基板和行星式基板膜厚相对分布数据。

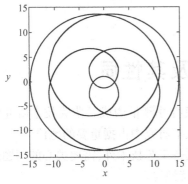

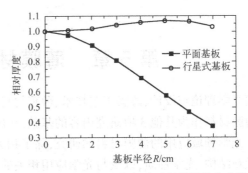

图 4.4-3　行星式夹具绕行轨迹　　图 4.4-4　平面基板和行星式基板膜厚分布曲线

表 4.4-1　平面基板和行星式基板膜厚相对分布数据

R/cm	0	1	2	3	4	5	6	7
平面基板	1	0.976	0.908	0.808	0.693	0.576	0.467	0.372
行星式基板	1	1.005	1.02	1.041	1.061	1.073	1.069	1.041

② 增设膜层厚度调节板。这是长期以来一直采用的调整膜厚均匀性的行之有效的方法。但是大多数都是通过在实验中反复调整修改得到的。即便已经采用了行星夹具，要想获得很均匀的膜层厚度，也需要设置膜层厚度调节板。图 4.4-5 所示为增设了膜层厚度调节板的行星夹具。

图 4.4-5　使用了膜厚调节板的行星夹具

思考题与习题

4.1　光学薄膜的主要质量要素有哪些？最主要的质量要素是什么？

4.2　影响薄膜光学性能的结构要素是什么？决定这些要素准确性的因素有哪些？

4.3　为什么膜层的填充密度是决定膜层质量的关键因素？

4.4　简述光学薄膜的结构要素、质量要素、工艺要素之间的关系。

4.5　在热蒸发技术中，影响膜层质量的主要工艺要素有哪些？

4.6　在热蒸发镀膜前与镀膜过程中进行离子束轰击的作用是什么？两者有什么区别和联系？

4.7　采用物理气相沉积技术制造薄膜器件时，影响膜层折射率的主要因素有哪些？

4.8　使用离子辅助技术提高膜层质量的机理是什么？

4.9　改善膜层厚度均匀性的措施有哪些？

4.10　如果用于光电极值法膜厚监控系统的光电倍增管的光谱响应范围为 $380\sim680\,nm$，当监控光学厚度为 $2000\,nm$ 的 TiO_2 膜层时，可以使用的监控波长有哪些？使用这些波长中不同的波长进行监控操作时有什么区别和联系？

第5章 薄膜材料及其性质

薄膜光学理论与设计、薄膜工艺技术、薄膜材料、薄膜特性测量构成了薄膜技术研究的主要内容。薄膜材料作为其他3项研究内容的基础，在薄膜技术研究中占据重要的地位。

对于光学领域应用的薄膜材料的研究，除了相关的制备工艺技术外，需要关心的问题还包括薄膜的微观结构、光学性质，以及与光学应用相关的机械特性等。

本章围绕光学薄膜材料，从材料科学的角度出发，介绍光学薄膜材料的制备、结构及性质之间的关系，并介绍常见光学薄膜材料的基本特性。

5.1 薄膜的微观结构与性质

材料学研究的重点，是材料的制备、结构及性质之间的关系及其对材料应用的影响。薄膜作为材料的特殊形态，其制备、结构及性质之间的关系与对应的块体之间有较大的差异，因而使其获得新的或者特殊的应用。在材料种类确定以后，薄膜的组分通常就得以确定，此时，在材料学所关心的制备—结构—性质—应用关系中，最值得关注的就是薄膜的微观结构。微观结构的差异，将使得薄膜对外表现出不同的特性，进而得到不同的应用。影响薄膜微观结构的因素，除了薄膜的化学组分，重要的是其制备工艺。例如在光学薄膜中广泛应用的氧化钛薄膜，由于制备条件的差异，可以呈现出非晶结构、锐钛矿结构、板钛矿结构或者金红石结构，不同微观结构的氧化钛薄膜具有完全不同的光学特性和稳定性。研究和了解光学薄膜材料微观结构与其性质的关系，是获得优良薄膜器件的重要基础。

本章的目的是，介绍薄膜作为特殊形态的物质，其微观结构的一般特点，以及薄膜微观结构对其光学特性和力学特性的影响。

5.1.1 薄膜结构的材料学基础

1. 薄膜的结晶学特性

薄膜材料的种类繁多，按照不同的标准可以划分成为不同的类型，例如按照化学键的不同，薄膜材料可以区分为金属型、离子型和共价键型；按照工程应用的特点，可以区分为金属、半导体、陶瓷、聚合物等。

同块体材料一样，薄膜材料还可以依照其结晶特性区分为三大类，即晶态、非晶态和多晶态，其中晶态和非晶态是材料结构的两种极端状态，大多数光学薄膜材料呈现出介于两者之间的状态，即多晶态。

薄膜微观结构研究的主要内容除了化学组成，最重要的是研究其结晶形态、结构缺陷等。核心问题是薄膜材料的结晶状态与结晶形式。

（1）晶态结构

晶态物质的特征是其内部的原子或者分子按照一定的空间对称性规则排列。构成整个晶体的最小化的基本对称单元叫做晶胞，晶胞在三维空间的重复排列就构成了晶体的完整结构。如果把具体的晶体中的原子或分子抽象成一个点，则晶体结构可以抽象为由一系列点构成的阵列，此时，把晶体结构对应的空间结构称为点阵，点阵中的每个点称为阵点。对于理想的晶体，点阵结构的对称性是延伸到整个晶体的,即阵点的有序排列是长程的,在晶体结构中任选一个阵点,其周围的结构都是相同的。

布拉菲(Bravais)通过对晶体结构对称性的归纳得出结论,自然界的晶体结构可用 7 大类(7 种晶系)14 种点阵结构来描述,这 14 种点阵结构也称为布拉菲点阵。7 种晶系和 14 种布拉菲点阵的基本单元及其特点可以分别用图 5.1-1 和表 5.1-1 来描述。

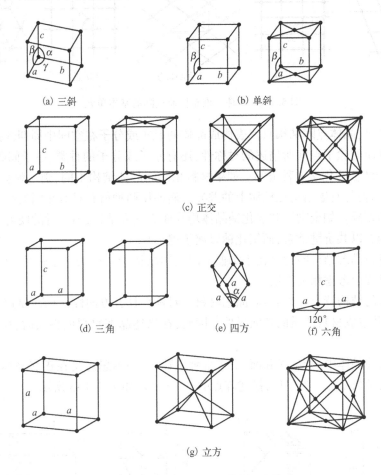

图 5.1-1　14 种布拉菲点阵的基本单元

表 5.1-1　7 种晶系和 14 种布拉菲点阵的特点

晶系	点阵的特性	布拉菲点阵
三斜	$a \neq b \neq c, \alpha \neq \beta \neq \gamma \neq 90°$	简单三斜
单斜	$a \neq b \neq c, \alpha = \gamma = 90°, \beta = 90°$	简单单斜、底心单斜
正交	$a \neq b \neq c, \alpha = \beta = \gamma = 90°$	简单正交、底心正交、体心正交、面心正交
三角	$a = b = c, \alpha = \beta = \gamma < 120° \neq 90°$	三角
四方	$a = b \neq c, \alpha = \beta = \gamma = 90°$	简单四方、体心四方
六角	$a = b \neq c, \alpha = \beta = 90° \gamma = 120°$	六角
立方	$a = b = c, \alpha = \beta = \gamma = 90°$	简单立方、体心立方、面心立方

对于实际中的晶体,由于其尺寸有限,必然存在一个表面,超越此表面晶体的对称结构将中断,因而材料表面的对称性将不同于体内,其对称性高于体内。同样可以归纳出表面结构(二维

或者平面结构)对应的点阵,共有 4 种晶系 5 种布拉菲点阵。图 5.1-2 示出了 5 种二维布拉菲点阵的基本单元。其中 4 种晶系分别为斜角($a \neq b$,$\gamma \neq 90°$)、长方($a \neq b$,$\gamma = 90°$)、正方($a = b$,$\gamma = 90°$)和六角($a = b$,$\gamma = 120°$)。

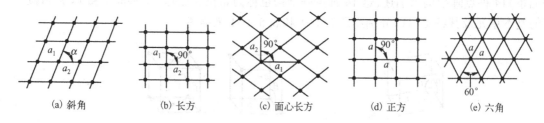

图 5.1-2　5 种二维布拉菲点阵的基本单元

需要注意的是,晶体点阵结构只代表构成晶体的原子或分子在空间中周期性排列的规律,影响和决定晶体性质的除了点阵所描述的对称性,还有原子或分子的种类、原子间距(常用晶格常数来描述)、原子结合的化学键种类等。如果材料相同而晶体结构不同,则材料会表现出不同的性质,如金刚石结构与石墨结构在性质上的差异。而即使两种材料具有相同的晶体结构,其性质也可能有极大的差异。如金刚石和氯化钠晶体均为面心立方结构,但两者的硬度却有天壤之别,原因之一是金刚石以共价键结合,而氯化钠以离子键结合。

了解薄膜材料晶态结构的意义在于掌握不同晶体结构所对应的光学性质,进而在薄膜器件的设计与制备过程中考虑相关性质。

从晶态材料的结构特点可以看到,晶态材料的对称性具有方向性,会造成晶态结构具有空间上的各向异性,并造成材料性质的各向异性。因此,在描述晶态材料的性质时,往往需要指明其所对应的方向。

为了便于描述晶体中的点、线和面,引入米勒指数,其基本思想是在正交坐标系中,以 x, y, z 三个方向的晶格常数 a, b, c 为单位,描述阵点的空间位置,如图 5.1-3 所示。

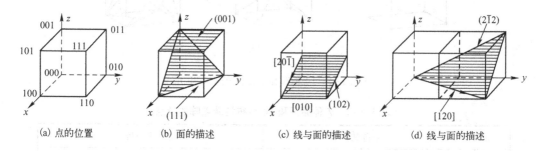

图 5.1-3　晶体中的点、线、面描述

在图 5.1-3(a)中,3 位数字 001、111 等分别表示从坐标原点出发,阵点的 xyz 坐标值,即其空间位置;面的描述同样用 3 位数字,但加上了圆括号(见图 5.1-3(b)),如(001)面表示平行于 xOy 平面,与 z 轴的截距为 1 的平面,而(111)面则表示与 x、y、z 坐标轴的截距均为 1 的平面。(001)是与(002)、(003)等平行的平面,以此类推;点阵中方向或者线的描述是用方括号中的 3 位数字表示的,如图 5.1-3(c)和(d)中的[010]、[120]方向等。

描述点、线、面的数字通常用整数,遇到坐标值为负的线或者面,相应的数字上方加横线表示,如图 5.1-3(c)和(d)所示。

(2)非晶态结构

在物质结晶状态中,与完美的晶态结构相对的另一种极端状态就是非晶态。典型的非晶态材料有玻璃材料、无机氧化物混合物、聚合物等。

非晶态的基本特点可以用图 5.1-4 表示。理想的氧化硅晶体结构在整个空间中都是有序的,即具有长程有序的结构,如图 5.1-4(a)所示。理想的非晶氧化硅结构则是完全无序的,空间中任意位置的氧化硅分子周围的结构均与其他位置不同,如图 5.1-4(b)所示。在实际中,要获得完全的非晶结构与获得理想的晶态结构一样困难,所以往往把具有短程有序结构的材料也称为非晶材料,如图 5.1-4(c)所示的结构也可以认为是非晶的氧化硅。在纳米科学研究中,也把图 5.1-4(c)所示的结构称为纳米晶结构,即材料结构在纳米尺度上是有序的。

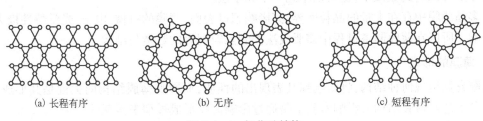

(a) 长程有序   (b) 无序   (c) 短程有序

图 5.1-4 氧化硅结构

我们常遇到的薄膜材料往往不是理想的晶态或者非晶态,而是所谓的多晶结构。多晶结构可以看成晶态结构中存在非晶区域,或者看成非晶结构中存在大量的有序结构。通常把多晶结构中的结晶区域称为晶粒,晶粒尺寸可以从亚微米一直到数百微米,与薄膜的材料、厚度、制备方法等有关。

(3) 固体中的缺陷

目前已经可以制备近乎完美的晶体。即便如此,晶体中仍然存在很多的缺陷。如半导体需要的高质量的硅单晶,单位体积中仍会存在高达 10^{12} 个缺陷。缺陷的存在大大影响了晶体的性质。有必要了解材料缺陷的类型及其对材料性质的影响。

晶体中的缺陷按照其维度可以分为点缺陷、线缺陷和面缺陷,这些缺陷出现的原因及影响各不相同。

晶体中的点缺陷通常为空位,即阵点上没有原子或者分子占据。点缺陷是晶体的主要缺陷,通常由原子或者分子的热运动造成。当原子或者分子的热运动剧烈到一定程度,会摆脱周围原子或分子的束缚,运动到晶体的其他位置而留下空位。可以用统计学规律描述晶体中点缺陷在特定温度 T 时的比率 f,即

$$f = \exp\left(\frac{-E_f}{k_B T}\right) \tag{5.1-1}$$

式中,E_f 为将晶体内部原子移动到晶体表面所需要的能量,也称为缺陷能,典型值约 $1\,\mathrm{eV}$;k_B 为玻尔兹曼常数。由上式可以估算出 $1000\,\mathrm{K}$ 下点缺陷比率约为 10^{-5}。考虑到单位体积内原子数目之巨大,点缺陷密度也就可想而知了。

点缺陷对薄膜中与扩散相关的过程影响巨大,如再结晶、晶粒生长、烧结、相变等,点缺陷的存在降低了原子在材料中扩散所需要的能量。

晶体中另一类缺陷称为位错,即线缺陷。位错分两类:线位错和螺位错,见图 5.1-5。

线缺陷不是由温度变化造成的,即非热力学缺陷,可以通过晶体制备过程的控制来消除。

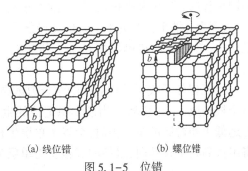

(a) 线位错   (b) 螺位错

图 5.1-5 位错

线缺陷对于材料的机械强度影响巨大，如果不存在位错，则金属材料的强度会极大地提高，但其延展性将会减弱。在薄膜生长中位错也起着重要作用，如位错的出现可以弥补薄膜外延生长过程中晶格常数的失配，降低表面扩散能等。而薄膜应力、热诱导的机械弛豫、原子扩散等均可由位错诱发。

还有一类缺陷为面缺陷，往往称为晶粒间界。晶粒间界存在于两个结晶区域之间，或者两个结晶取向不同的晶粒之间。晶粒间界处的原子与晶体表面原子十分类似，处于较高的能量状态，所以晶粒间界往往是固态扩散、相变、杂质沉积、腐蚀、机械弛豫等过程容易发生的区域。晶粒间界在尺寸上可以达到数微米，也可以小到一个原子层。

在多晶薄膜中存在大量的晶粒间界，其影响超过表面，薄膜的机械、电子、光学特性极大地受到其影响。所以在薄膜制备过程中需要设法控制晶粒间界的数量与结构。

2. 薄膜的形成

薄膜究竟呈现何种结构，将影响到其表现出的性质，而影响薄膜结构的关键是其形成过程。薄膜制备工艺对薄膜结构的影响实质上是通过影响薄膜形成过程来实现的。

薄膜形成大多数是从气相开始的，通过蒸发、溅射、气相分解等过程获得薄膜蒸气，气态原子或分子在衬底表面吸附、凝结、团聚、长大形成连续的薄膜。所以可以定性地将薄膜形成过程划分为吸附过程、成核过程和长大过程。

（1）吸附过程

沉积过程中，蒸气原子与衬底相遇，产生相互的吸引，这一过程称为吸附过程，吸附是薄膜形成的最初阶段。

吸附发生后蒸气原子或分子和衬底的总能量降低，因此会产生放热现象，放出的热量称为吸附热。吸附热的多少与吸附的性质有关。吸附分为物理吸附和化学吸附。物理吸附通过原子间的范德瓦尔兹力发生，对应的吸附热约为 $8 \sim 25\,kJ \cdot mol^{-1}$，而化学吸附则是通过化学反应形成化学键而发生的，对应的吸附热约为 $40 \sim 130\,kJ \cdot mol^{-1}$。

吸附是一个动态过程，由于发生吸附的原子仍然具有热动能等能量，当吸附原子动能超过解除吸附所需要的能量时，则会从衬底上脱离出来。吸附原子在衬底表面的平均驻留时间 τ 与解除吸附能 E_d 及温度 T 有如下关系：

$$\tau = \tau_o \exp(E_d / RT) \qquad (5.1\text{-}2)$$

式中，τ_o 是单原子层的振动常数，约为 $10^{-13}\,s$；R 为气体常数。若 $E_d = 41.868\,kJ \cdot mol^{-1}$，则 $\tau \approx 3\,\mu s$；而 $E_d = 125.604\,kJ \cdot mol^{-1}$，则 τ 可长达 $130s$。温度升高也会造成吸附原子在衬底表面的驻留时间减小。

（2）成核过程

当蒸气原子到达衬底表面通过吸附形成永久驻留的团聚体时，称其为成核过程，核的大小与成核条件有关，大多为几纳米甚至更小。成核过程分为 3 种类型：三维成核、单层生长和单层生长加三维生长，如图 5.1-6 所示。

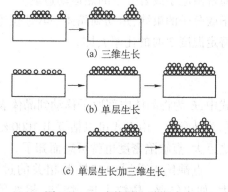

(a) 三维生长

(b) 单层生长

(c) 单层生长加三维生长

图 5.1-6　成核的 3 种形式

当沉积分子或原子相互间的结合力远高于和衬底的结合力时，成核倾向于三维成核的形式，每个核构成一个"孤岛"；当最小稳定核的生长倾向于两维方向，沉积分子或原子相互间的结合力远低于和衬底的结合力时，会发生单层生长；若单层结构形成以后，原子间的结合力开始增强，将出现岛状生长倾向，最终的成核将为单层生长加三维生长方式。

成核的过程基本上决定了薄膜最终的结晶结构。三维生长、高密度的成核形式往往导致多晶薄膜的形成,而单层生长则有利于形成单晶外延薄膜。

（3）长大过程

成核以后,随着蒸气原子的入射和吸附持续进行,核将长大,进入薄膜的长大过程或者生长过程。

通过高分辨透射电子显微镜观察的结果(见图 5.1-7),可以将薄膜的生长过程细分为 4 个阶段,即岛状阶段、凝聚阶段、沟道阶段和连续阶段。

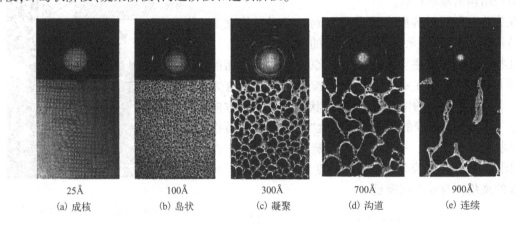

| 25Å | 100Å | 300Å | 700Å | 900Å |
| (a) 成核 | (b) 岛状 | (c) 凝聚 | (d) 沟道 | (e) 连续 |

图 5.1-7　(111)氯化钠晶体表面银膜的生长过程

在岛状阶段,核开始三维生长,其中横向生长速度高于垂直方向,因为生长主要依靠吸附原子的表面扩散,而不是依靠蒸气原子的直接吸附。

在岛的尺寸增大相遇后,便进入凝聚阶段。此时岛的密度由于合并而急剧减小,空出的位置上将会发生新的成核与生长过程。凝聚过程可以通过不同的途径实现,包括奥斯瓦尔德(Oswald)熟化、烧结和团簇迁移等形式,如图 5.1-8 所示。

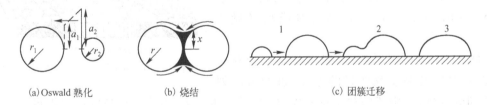

(a)Oswald 熟化　　　(b) 烧结　　　(c) 团簇迁移

图 5.1-8　凝聚的几种形式

在凝聚前,存在各种尺寸的团簇,大的团簇通过从小的团簇获得吸附原子逐渐长大,或者"成熟",这就是所谓的 Oswald 熟化。

烧结过程发生在两个相互接触的团簇之间,表面能和扩散控制的质量传输机制是发生烧结凝聚的主要驱动力。

另一种凝聚是由于团簇在随机迁移过程中相遇而发生的。

在沟道阶段,岛的分布达到临界状态而相互连接,形成网络结构,随着蒸气原子的持续入射和吸附,只留下尺寸为 5~20nm 的沟道,沟道内再次成核、长大,最终使沟道消失而进入连续生长阶段。在沟道阶段末期,往往会在薄膜中留下孔洞结构,特别是当沉积原子表面迁移率低、沉积速度快时更易发生。

凝聚过程往往决定了薄膜最终的结构。

3. 薄膜的微观结构

理想的单晶薄膜和非晶薄膜结构较易描述,只需要确定其结晶结构,则其微观结构就可以借助对相应的块体材料研究的结果来描述。由于大多数光学薄膜的微观结构为多晶态,所以这里重点介绍多晶薄膜的微观结构。

影响薄膜微观结构的因素很多,其中研究最广泛、影响最大的是沉积温度。通过电子显微镜观察,可以总结出薄膜微观结构的基本特点。

在热蒸发和溅射薄膜中最常观察到的微观结构就是柱状结构,图 5.1-9 所示就是一个典型的例子。

柱状结构的出现主要是由于吸附原子在衬底表面的迁移率低,造成薄膜在水平方向的生长速度低于垂直方向。在蒸气流斜入射的情况下,三维岛状结构在垂直方向的快速生长对侧向薄膜的生长还会产生"阴影"效应,最终造成柱状结构的形成。柱体的方向与蒸气流入射方向有关,如图 5.1-9 所示,若蒸气流入射角度为 α,则柱体与衬底法线的夹角 β 与 α 之间满足:

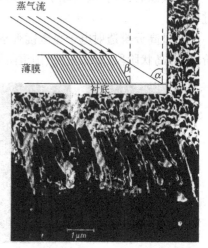

图 5.1-9　2μm 厚铝膜的微观结构

$$\tan\alpha = 2\tan\beta \tag{5.1-3}$$

柱状结构的特点是柱体加孔隙,用聚集密度 p 来描述柱状结构中孔隙的比率,即

$$p = \frac{薄膜中固体部分的体积(柱体体积)}{薄膜的总体积(柱体+孔隙)} \tag{5.1-4}$$

对于热蒸发薄膜,p 介于 0.75~0.95 之间。

柱状结构中柱体的直径、聚集密度等微观特性主要受沉积温度的影响。通过总结实验规律,Movchan 和 Demichishin 提出了薄膜微观结构的"区域"模型,如图 5.1 - 10 所示。Thornton 随后对模型又做了细化。

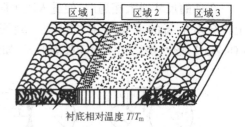

图 5.1-10　薄膜微观结构的"区域"模型

从图 5.1-10 可以看到,薄膜微观结构受衬底相对温度 T/T_m 影响呈现明显的差异,进而可以划分为不同的区域,其中 T 为衬底绝对温度(单位为 K),T_m 为薄膜材料的熔点温度。

当衬底相对温度较低时,薄膜结构呈现区域 1 的特点:薄膜由较为疏松柱体加孔隙结构组成,柱体尺寸为数十纳米,柱体之间有明显的分界,柱体顶部呈拱形,薄膜表面较为粗糙,聚集密度较低。

随着衬底相对温度升高,薄膜结构呈现区域 2 的特点:柱体聚集密度增大,柱体间分界变得不明显,柱体直径增大,薄膜表面粗糙度降低。

衬底相对温度进一步升高后,薄膜结构呈现区域 3 的特点:柱体结构基本消失,薄膜主要由尺寸近似相同的晶粒组成,聚集密度接近于 1,薄膜表面光滑。

对于不同种类的材料,在何种衬底相对温度下进入何种微观结构区域,还要受到沉积方法、沉积速度、沉积气压等因素影响,但有一个大致的范围,如表 5.1-2 所示。

表 5.1-2　区域结构出现的典型温度

	区域 1	区域 2	区域 3
金属	$<0.3T_m$	$(0.3\sim0.45)T_m$	$>0.45T_m$
氧化物	$<0.26T_m$	$(0.26\sim0.45)T_m$	$>0.45T_m$

4. 薄膜微观结构对其性质的影响

了解了薄膜微观结构的特点,有助于解释和预测薄膜器件的性质和特点。

由于薄膜材料大多呈现多晶结构,在生长过程中出现柱状结构,其性质往往不同于相应的块体材料。薄膜各项性质都将不同程度地受其微观结构影响,我们主要关心其光学稳定性和折射率均匀性所受到的影响。

(1) 薄膜光学稳定性

在实践中经常遇到的问题就是薄膜器件的光学特性,特别是窄带滤光片的光学特性在镀制结束后及使用过程中发生的变化,如通带特性变差、中心波长漂移等。造成薄膜光学特性不稳定的主要原因之一就是其柱状结构吸附潮气。

吸潮对薄膜光学特性影响的直接后果是薄膜折射率的变化。对于折射率不同的薄膜材料,吸潮引起的折射率变化规律也略有差异。

对于低折射率薄膜材料,孔隙结构的折射率 n 与聚集密度 p 之间的关系可写为

$$n = pn_s + (1-p)n_v \tag{5.1-5}$$

式中,n_s 为柱体的折射率,n_v 为孔隙的折射率。孔隙折射率在薄膜完全吸潮后可以用水的折射率 1.33 代入。

而对于中等折射率薄膜,孔隙结构的折射率 n 与聚集密度 p 之间的关系为

$$n = \left\{ \frac{(1-p)(n_s^2+2)n_v^2 + p(n_v^2+2)n_s^2}{(1-p)(n_s^2+2) + p(n_v^2+2)} \right\}^{1/2} \tag{5.1-6}$$

对高折射率薄膜,孔隙结构的折射率 n 与聚集密度 p 之间的关系为

$$n = \left\{ \frac{(1-p)n_v^2 + (1+p)n_v^2 n_s^2}{(1+p)n_v^2 + (1-p)n_s^2} \right\}^{1/2} \tag{5.1-7}$$

吸潮过程对光学薄膜稳定性影响的复杂性体现在以下几个方面。

① 对高、低折射率材料的折射率有不同的影响。光学薄膜器件往往由高、中、低折射率的多层薄膜组成,不同材料的折射率在吸潮以后遵循不同的规律变化,造成薄膜器件的光学特性发生复杂的变化。

② 吸潮过程对多层薄膜的影响是一个渐进的过程。这种渐进性体现在 3 个方面:一是吸潮过程可能在镀制过程就开始发生了,并且即使将薄膜加热到高温或者处于高真空环境,吸潮现象也不可能完全消除,如单纯依靠加热来去除吸潮现象,温度可能高达 600℃ 以上。整个吸潮过程依照材料聚集密度的不同可能持续较长的时间,最长可达数年之久。二是吸潮往往从薄膜表面的疵病处开始,逐渐在聚集密度较低的膜层中横向发展,并逐步向深处发展。这也是吸潮过程渐进性的重要原因。吸潮的这一特点,使得在整个吸潮过程中可以观察到吸潮斑点的出现,斑点逐渐扩大连成片,最后形成均匀的吸潮层。图 5.1-11 示出了斑点扩大的过程(设吸潮仅在低折射率层 L 中发生)。斑点最早出现的地方往往是薄膜中缺陷存在的位置,如衬底上的尘粒、粗糙点、麻点、划痕或者不洁净的表面等。三是吸潮引起的薄膜光学特性变化也是一个渐进的过程,图 5.1-12 示出了一个窄带滤光片在吸潮过程中的特性变化,随着吸潮过程的持续,先是通带出现双峰,峰值透过率降低、通带变宽、峰值移向长波,最后恢复到单峰状态,但是中心波长向长波移动、峰值透过率降低。

③ 吸潮过程对光学薄膜器件特性的影响还与多层薄膜的光学结构有关。多层光学薄膜中各层吸潮后对整个薄膜器件特性的影响程度各不相同,图 5.1-13 示出了 F-P 干涉滤光片和长波通截止滤光片中各层膜对中心波长漂移的影响。对 F-P 滤光片,间隔层吸潮引起的中心波长漂移最显著,离间隔层越远,影响越小,且两侧薄膜的影响几乎相同;对长波通截止滤光片,膜系

中央附近的膜层吸潮对于中心波长的漂移贡献最大，两侧膜层的影响逐渐减小，靠近空气侧膜层的影响较靠近衬底侧的膜层大。

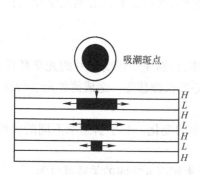

图 5.1-11　窄带滤光片斑点形成与扩大的过程

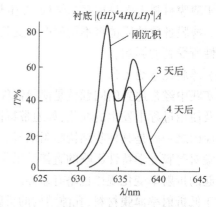

图 5.1-12　窄带滤光片特性受吸潮过程的影响

④ 造成光学薄膜特性不稳定的另外一个原因是柱状结构造成的光学常数各向异性。由于柱状结构的存在，薄膜光学常数在垂直于衬底表面和平行于衬底表面的方向上会存在差异，即存在柱状结构引起的双折射。当所有的柱体垂直于衬底表面排列时，对于正入射的光线不会表现出偏振现象，但是柱体往往并不垂直于衬底表面，所以对正入射的光线同样会产生偏振效应，如图 5.1-14 所示。窄带滤光片的通带出现了双峰，这并不是由吸潮引起的，而是由柱体的双折射效应引起的，通过稳定化处理不能消除双峰结构。这种现象对于超窄带滤光片表现得尤为明显。

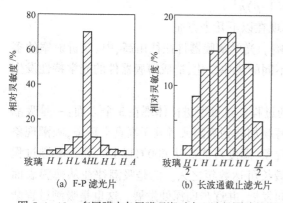

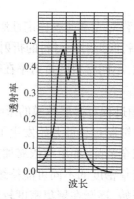

图 5.1-13　多层膜中各层膜吸潮对中心波长漂移的影响　图 5.1-14　单腔窄带滤光片在正入射时出现的双峰结构

为了消除吸潮对于薄膜特性的影响，可以从改善薄膜微结构入手，即消除柱状结构的形成。采取的手段包括选择聚集密度较高的薄膜材料；选择合理的沉积参数，如合理的沉积温度、沉积速度、真空度等；还可以选择不同的沉积方法，如离子束辅助蒸发、反应离子镀、磁控溅射、离子束溅射等荷能沉积技术，从根本上消除柱状结构。

为了消除柱状结构的双折射效应，可以选择离子束溅射等方法，合理控制沉积参数，以获得致密的非晶结构，从而消除光学性质的各向异性。

（2）薄膜折射率的非均匀性

柱状结构的存在、薄膜吸潮及薄膜形成过程中的非均匀性，会造成薄膜折射率沿厚度方向上的非均匀性。这种非均匀性在一般用途的薄膜器件中小到可以忽略的程度，但是在高精度薄膜器件中则必须考虑其带来的影响。在一些特定的场合，可以利用折射率非均匀的薄膜实现零反射等特殊应用,但是在大多数情况下,折射率的非均匀性对膜层性质会带来负面效应。为此需要了解折射率非均匀性产生的原因及其特点。

薄膜折射率的第一类非均匀性源自薄膜生长阶段,尤其对于多晶薄膜,薄膜与衬底界面往往存在一个过渡区域,过渡区域在微观结构、光学特性上有别于其他区域,这会造成折射率的非均匀。这种非均匀性与薄膜材料种类、沉积条件、衬底种类等有关。

第二类非均匀性直接源自柱状结构。一些材料的柱体直径随厚度增加而增大,造成聚集密度从衬底向外逐渐增大,折射率随之出现增大趋势,即所谓正非均匀折射率分布,典型材料有硫化锌。另外一些材料(如冰晶石)的柱体直径随厚度增加而减小,造成聚集密度从衬底向外逐渐降低,折射率随之出现减小趋势,即所谓负非均匀折射率分布。

第三类非均匀性由吸潮过程引起。即使在柱体结构均匀的薄膜中,由于吸潮现象首先发生在薄膜的表层,逐渐向内扩展,并且潮气在表面一侧的吸附高于衬底一侧,会导致折射率的非均匀分布。有趣的是,对于由柱体结构引起的折射率非均匀性,可能由于吸潮使得均匀性改善,这一点对于低折射率材料表现得尤为明显。

折射率的非均匀性可以简单地通过 $\lambda/2$ 厚度膜层在中心波长处的反射率来判定。如果折射率呈现正非均匀分布,则中心波长处的反射率高于衬底表面的反射率 R_0;如果折射率呈现负非均匀分布,则中心波长处的反射率低于衬底表面的反射率。图 5.1-15 示意了折射率非均匀性对 $\lambda/2$ 厚度膜层在中心波长处反射率的影响。

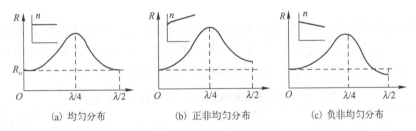

(a) 均匀分布　　　　(b) 正非均匀分布　　　　(c) 负非均匀分布

图 5.1-15　折射率非均匀性对 $\lambda/2$ 厚度膜层在中心波长处反射率的影响

5.1.2　薄膜的光学性质

这里重点介绍光学薄膜的一般性质,5.2 节再介绍具体材料的性质。

对于光学应用的薄膜,需要了解的关键性质是其折射率、折射率与波长的关系、透明波段,以及微观结构对光学吸收和散射的影响。

1. 光学常数

薄膜的光学常数可以用其复折射率表示。需要了解的内容包括折射率与材料类型的关系和折射率与波长的关系。

对于一般材料,复折射率可写为 $N=n-ik$,其中 n 就是常说的折射率,k 为消光系数,k 与薄膜吸收损耗的大小有关。

在光频范围,折射率与介电常数 ε 之间满足

$$n=\sqrt{\varepsilon} \tag{5.1-8}$$

由于大多数晶体材料的介电常数为矢量,表现出各向异性,所以晶体材料的折射率往往也表现出各向异性,可以用折射率椭球来表示,椭球的长短轴分别是 n_o 和 n_e。详细的论述可参考物理光学的相关内容。

材料介电常数的高低与其极化性质的强弱相关,易于极化的材料通常有较高的介电常数,因

而其折射率也较高。按照这一特点，可以得知材料折射率与其类型之间的关系：半导体材料、硫化物、氧化物、氟化物材料的折射率依次递减。

在单波长减反射等简单应用中，只需要知道某一个波长下材料的折射率大小；而在宽波段应用中，则需要知道材料在整个关心的波长范围内的折射率。由于介电常数和折射率是光波频率的函数，折射率将随着波长而发生变化，这一现象称为色散现象，把折射率与波长的关系称为色散关系。如果折射率随波长增加而下降，则称为正常色散关系；反之称为反常色散关系。

描述折射率与波长的关系可以通过实验直接测量不同波长下的折射率的值，以列表形式给出结果，用于光学膜系设计；还可以通过色散方程予以近似描述。按照电介质物理的理论和不同的近似条件，有 3 种色散方程可以利用。

塞尔缪（Sellmeir）方程 $\qquad n^2 = A + \dfrac{B}{\lambda^2}$ （5.1-9）

柯西（Cauchy）方程 $\qquad n = A + \dfrac{B}{\lambda^2} + \dfrac{C}{\lambda^4}$ （5.1-10）

赫尔伯格（Herrzberger）方程 $\qquad n = A + BL + CL^2 + D\lambda^2 + E\lambda^4$ （5.1-11）

式中，A, B, C, D, E 为常数（在不同的模型中这些常数的含义与数值各不相同，不能互换使用），$L = 1/(\lambda^2 - 0.028)$。

运用上述方程的前提是针对具体的薄膜材料选择合适的模型，再通过实验确定相关常数的值。

材料折射率还和其结晶结构紧密相关，如氧化锆薄膜在不同的沉积条件下表现出不同的晶体结构，折射率也相应发生变化，见表 5.1-3。类似的关系在可能呈现多种结晶结构的薄膜材料中均存在，引用这类材料的折射率数据时需要特别注意其所对应的结晶结构。

表 5.1-3　氧化锆薄膜折射率与其结晶结构的关系

沉积温度	室温	300℃	300℃沉积后450℃烘烤	300℃沉积后600℃烘烤
晶体结构	非晶	亚稳立方	立方	单斜
折射率	1.67	1.94	1.94	1.91

2. 光谱特性

折射率与波长的关系是薄膜材料光谱特性的重要内容之一，相关内容已在前面介绍了，这里主要介绍金属薄膜的低吸收反射区和介质薄膜的透明区。

图 5.1-16 所示为常见金属薄膜的反射率曲线。大多数金属在 300 nm 以下的波长范围内有较高的消光系数，表现出高吸收特性。金属薄膜低吸收反射区出现在较长的波长，如金和铜出现在 500 nm 以后，而银则在 350 nm 以后就具有高反射，吸收显著下降，低吸收高反射区可以延伸到数十微米的红外区域。通过测量不同波长下金属薄膜的折射率和消光系数，可以从理论上计算出金属薄膜的光谱特性。遗憾的是对于金属薄膜，其光学参数的不确定性较为突出，受工艺参数影响严重，因而较难获得可靠的光学参数数据。

金属薄膜的另外一个特点是其吸收特性受其两侧介质的性质影响会发生较大的变化。典型的例子是在铝膜表面镀制一对 1/4 波长厚度的氟化镁和硫化锌，则其可见光区的反射率将从 91% 提高到 97% 左右，但同时伴随着紫外光和红外光部分区域的反射率下降。另外一个例子是铬膜的吸收损耗与光线的入射方向相关，如图 5.1-17 所示。需要注意的是，改变光线入射方向或者衬底表面状态，改变的是吸收 A 的大小，薄膜的透射率 T 并没有改变，最终表现为反射率 R 的变化。金属薄膜的这些特性需要在实际使用中加以特别注意。

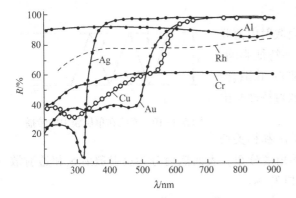

图 5.1-16 常见金属薄膜的反射率曲线

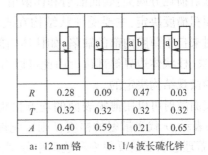

R	0.28	0.09	0.47	0.03
T	0.32	0.32	0.32	0.32
A	0.40	0.59	0.21	0.65

a: 12 nm 铬   b: 1/4 波长硫化锌

图 5.1-17 铬膜光学特性与光线入射方向的关系

金属薄膜的性质还将受到其表面状态的影响,如铝膜表面的氧化状态对其反射特性有显著影响。

相对于金属薄膜,介质薄膜和半导体薄膜具有较为容易预测和可重复的光学特性。介质薄膜透过率的光谱特性可以明显地分为如图 5.1-18 所示的 3 个区域。

短波吸收区Ⅰ:也称为本征或基本吸收区。吸收主要由电子吸收光子能量从价带激发至导带引起,只有当光子能量高于材料的禁带宽度时才会出现本征吸收,因此存在一个短波吸收限波长 $\lambda_{c1}=hc/E_g$,式中,h 为普朗克常数,c 为光速,E_g 为材料的禁带宽度。

半导体材料通常有较小的禁带宽度,所以其短波吸收限波长较长。短波吸收限波长与折射率之间存在近似关系:$n^4/\lambda_{c1}=\mathrm{const}$。即折射率高则短波吸收限波长较长。

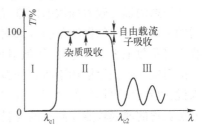

图 5.1-18 介质薄膜透过率的光谱特性曲线

透明区Ⅱ:此区域的吸收主要来自于杂质吸收和自由载流子吸收,吸收的幅度极小,因而表现为透明区。绝缘介质中的吸收主要表现为杂质吸收,而半导体材料的吸收则主要来自于自由载流子吸收。半导体材料的特点之一是自由载流子浓度受温度影响变化显著,因此其吸收也明显表现为温度的函数,这往往造成半导体材料不适于在高温下使用。

长波吸收区Ⅲ:主要由晶格振动引起,同样存在一个长波吸收限波长 λ_{c2},它与材料的原子量 M 和化学键结合力 F 的大小有关:

$$\lambda_{c2} \propto \sqrt{M/F} \tag{5.1-12}$$

在大多数应用中,需要根据波长范围选择具有适当的透明区域的薄膜材料,这一点大大限制了薄膜材料选择的余地,特别是对红外区域和紫外区域应用的薄膜。

3. 吸收与散射

薄膜的损耗是在应用中需要特别关注的特性之一。光学薄膜的损耗主要有两种形式:吸收和散射。薄膜的吸收与其光学常数相关,而散射则与其微观结构相关。若薄膜的总损耗为 L,它包含吸收 A 和散射 S,即 $L=A+S$。根据能量守恒有:$T+R+L=1$。

吸收是薄膜固有的性质,其大小与薄膜的微观结构、化学剂量比、吸潮、杂质污染等因素有关。对于一些沉积过程中会发生分解的薄膜材料,化学剂量比成为影响吸收大小的关键因素。

吸收的大小可以用消光系数 k 或吸收系数 $\alpha(=4\pi k/\lambda)$ 来表示。单层膜的吸收可以写为

$$A=\frac{n_1}{n_0}=\frac{t_{01}^2\alpha d}{1-2r_{12}r_{10}\cos(4\pi n_1 d/\lambda)+(r_{12}r_{10})^2}\left[(1+r_{12}^2)+\frac{r_{12}\lambda}{2\pi n_1 d}\sin(4\pi n_1 d/\lambda)\right] \tag{5.1-13}$$

式中，各项的含义如图 5.1-19 所示。

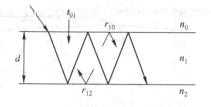

图 5.1-19　光线在单层膜中的传播

散射损耗分两类：表面散射和体散射。表面散射由薄膜的表面粗糙度决定，主要受柱状结构在表面处的特征影响；体散射来自于薄膜内部的缺陷，如柱体内部的缺陷、孔隙、微尘、裂纹、柱状体边界等部位。由此可以看出，散射特性是由薄膜的微观结构决定的。

表面散射可以用薄膜表面的均方根粗糙度 σ 和相关长度 l 来表示，σ 代表散射的幅度，l 则影响散射的角度分布。表面散射分为反射散射 S_r 和透射散射 S_t，若理想表面的反射率和透射率分别为 R_o 和 T_o，则

$$S_r = R_o \left\{ 1 - \exp\left[-\left(\frac{4\pi n_o \sigma}{\lambda} \right)^2 \right] \right\} \left\{ 1 - \exp\left[-2\left(\frac{\pi l}{\lambda} \right)^2 \right] \right\} \tag{5.1-14}$$

$$S_t = T_o \left\{ 1 - \exp\left[-\frac{2\pi\sigma}{\lambda}(n_1 - n_o)^2 \right] \right\} \left\{ 1 - \exp\left[-2\left(\frac{\pi l}{\lambda} \right)^2 \right] \right\} \tag{5.1-15}$$

有多种理论模型可描述散射强度及空间分布与薄膜表面粗糙度的关系，典型的有标量理论和矢量理论，详细的内容超出了本书的范畴，读者可以参考相关的文献。

体散射的描述较表面散射困难，没有一个完善的理论模型来描述体散射与直接可测量参数之间的关系。简单的做法是引入散射消光系数，把散射损耗等同于吸收来处理，把吸收的贡献用吸收消光系数来表示。这样，体散射损耗可以用吸收损耗的计算方法来处理。

散射损耗强烈地依赖于薄膜的微观结构，因而不同的制备方法将引起不同的散射损耗。通常来说，更致密、更均匀的微观结构和光滑的表面将有助于获得较低的散射损耗，这一点上，用溅射方法获得的薄膜较蒸发制备的薄膜具有更低的散射损耗；良好的晶态薄膜有最低的散射损耗，非晶薄膜次之，多晶薄膜最差；在区域模型描述的薄膜中，区域Ⅰ至区域Ⅲ，薄膜的致密程度提高、表面趋于光滑，因而散射损耗相应地降低。

5.1.3　薄膜的力学性质

光学薄膜在应用中除了应当具有一定的光学特性外，还应具有与其应用相适应的力学特性，如足够的机械强度、与衬底间良好的附着力、适当的应力状态等，薄膜的微观结构在影响其力学性质方面起着重要的作用。

1. 机械强度

足够的机械强度是对薄膜力学特性的基本要求之一。强度特性是材料自身具有的特性，这里不做详细叙述，只介绍一些影响薄膜强度的因素。

薄膜的机械强度包括抗张强度和耐压强度，其中耐压强度常用其硬度来表示。薄膜的硬度目前可以采用摩擦磨损实验和纳米压痕仪进行测试。从有限的实验数据中可以大致总结出一些影响薄膜硬度的因素。

对于金属薄膜，低温下快速沉积获得的薄膜硬度较高，对金属薄膜做退火处理后其硬度将下降。与金属相反，氧化物薄膜的硬度随沉积温度的升高而增大，但是总体硬度仍低于相应的块体材料。在实际中，试图通过提高沉积温度来提高氧化物薄膜硬度的做法并不可取，原因是显著提高薄膜硬度所需要的温度往往高于 800℃，这对光学薄膜的沉积是不现实的。从结晶结构上看，晶态薄膜的硬度会高于多晶结构薄膜的硬度，疏松的柱状结构会导致薄膜硬度的下降，吸潮过程也会造成薄膜硬度的降低。

2. 附着力

薄膜的机械强度往往是一个从摩擦磨损实验上无法与薄膜附着力分离的性质。高强度薄膜

如果与衬底之间缺乏良好的附着力,也容易在摩擦磨损等破坏性实验中受损。增强薄膜与衬底间的附着力,是获得具有良好机械特性的薄膜的另一项基本要求。

（1）附着力的类型与性质

附着力可以分为如图 5.1-20 所示的 4 种类型。

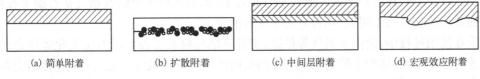

(a) 简单附着　　　　(b) 扩散附着　　　　(c) 中间层附着　　　　(d) 宏观效应附着

图 5.1-20　附着力的 4 种类型

简单附着就是薄膜与衬底之间存在清晰的界面,两者以物理或者化学键结合。影响这种附着的主要因素是衬底表面的污染。

扩散附着是薄膜与衬底之间通过相互扩散或者溶解形成一个渐变的界面。可以通过加热、离子轰击等方法促进扩散过程的发生来增强扩散附着。由于溅射过程更有利于扩散的发生,所以溅射薄膜的附着力高于蒸发薄膜。

为了提高薄膜与衬底之间的附着,可以通过增加中间层的方法,即所谓的中间层附着。中间层可以是有意识添加的,也可能就是多层薄膜中的一层。中间层可以是单一化合物、固熔体或者多种化合物;可以是薄膜与衬底之间形成的化合物、薄膜之间形成的化合物,也可以是薄膜或者衬底与环境气氛所形成的化合物。常见的中间层多为氧化物或者氮化物。对于光学薄膜,中间层的选择除了要考虑增加附着力,还要考虑其对薄膜光学特性的影响。

宏观效应附着最典型的例子是机械锁合,当衬底表面粗糙,或者存在微孔与裂纹时,沉积原子就会进入到不平整的区域,产生机械锁合作用,同时附着表面积增大,提高了附着力。对于光学和电学应用的薄膜,这种方法会严重影响薄膜的功能特性,所以不能应用;但是对机械应用的薄膜就可能是一种有效的途径。

薄膜与衬底之间存在 3 种性质的附着力:范德瓦尔兹力、化学键和静电力。范德瓦尔兹力的键能在 0.04~0.4 eV 之间,与材料种类有关;化学键在薄膜与衬底之间较难形成,但是其结合强度最大,对应的键能为 0.4~10eV;当薄膜与衬底之间的功函数存在较大差异时,便会产生静电力作用,其键能约为 0.1 eV。

需要指出的是,这里只介绍了薄膜与衬底间的附着力,事实上薄膜与薄膜之间的结合力也值得关注。

（2）影响附着力的因素

影响附着力的因素很多,主要有衬底材料种类、衬底表面状态、衬底温度、沉积方式、沉积速率、沉积气氛等。

衬底材料种类主要影响薄膜与衬底间的化学键。例如,金和玻璃之间的结合力较差,是由于金的化学稳定性强,不能与玻璃间形成氧化物结合,而和铂、镍、铬、钛等金属之间可以形成金属键,附着力良好,因此可以首先在玻璃表面镀制铬等薄膜作为中间层以增强附着力。所以选择合适的衬底材料或者在衬底表面形成中间层,有助于获得附着牢固的薄膜。

清洁的衬底表面对于形成结合良好的薄膜十分重要,受污染的衬底表面的吸附层,会破坏简单附着所需要的物理或者化学结合力。

较高的衬底温度有利于薄膜与衬底间的互扩散,形成牢固的扩散附着。但是过高的衬底温度会造成薄膜晶粒粗大,热应力增高,会从其他方面劣化薄膜性能,因此需要做适当的取舍。

相对而言,荷能沉积,如离子束辅助蒸发、磁控溅射、离子束溅射、激光蒸发等方法获得的同种薄膜与衬底的结合力高于简单热蒸发获得的薄膜。原因是荷能束有利于去除衬底表面吸附层、活化衬底表面、促进薄膜与衬底间的互扩散。

较高的沉积速度会降低薄膜与衬底界面处形成化合物中间层的概率,同时形成相对疏松的膜层,往往会导致附着力的下降。

沉积气氛主要是在沉积初期影响附着力的大小,如果沉积环境的残余气氛有助于在薄膜与衬底界面处形成化合物中间层,则将有助于提高附着力。

薄膜在使用过程中,会由于氧气等扩散,使得薄膜与衬底界面继续发生氧化等化合过程,薄膜的附着力缓慢增强,即产生所谓的附着力的时间效应。时间效应不完全有利于附着力的提高。吸潮过程也是一个缓慢的过程,当吸潮影响到薄膜与衬底界面时,会造成薄膜与衬底的剥离,产生局部"鼓泡"现象,这是负面的时间效应。

3. 应力

薄膜中普遍存在应力。薄膜单位面积截面上承受的力称为应力,按照应力的起源分为外应力和内应力。外应力是外部对薄膜施加的力,如光学零件在装夹过程中所受的力,这是人为可调节的力,在此不做进一步介绍。对于光学薄膜,需要关心的主要是薄膜的内应力。内应力按照其性质可以细分为热应力和本征应力。热应力起源于薄膜与衬底之间的热膨胀系数的差异,它是可逆的;本征应力源自薄膜的结构因素和缺陷,是应力中不可逆的部分。

应力按照其作用可以分为张应力和压应力(见图5.1-21)。在张应力的作用下,薄膜有收缩的趋势。当张应力过大时,会造成薄膜开裂、衬底朝向薄膜一侧翘曲。在压应力的作用下,薄膜有伸展的趋势,过高的压应力会使薄膜起皱、脱落、衬底背向薄膜一侧弯曲。习惯上对张应力取正号,压应力取负号。

从力学的角度考虑,薄膜承受压应力的能力高于张应力,所以在满足应用要求的情况下,常设法使薄膜呈现压应力。

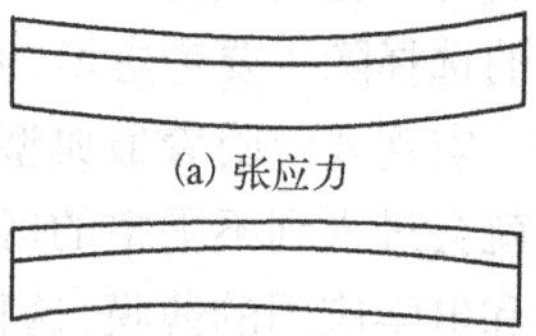

(a) 张应力

(b) 压应力

图 5.1-21　薄膜中的应力

(1) 应力的起因

薄膜在使用温度不同于沉积温度时会出现热应力。热应力 σ_T 可以通过下式计算:

$$\sigma_T = \frac{Y_s}{1-v_s}(\alpha_f - \alpha_s)(T_d - T) \tag{5.1-16}$$

式中,α_f 和 α_s 分别为薄膜和衬底的热膨胀系数,Y_s 为衬底的杨氏模量,v_s 为衬底的泊松比,T_d 为薄膜沉积温度。

热应力的幅度可以通过选择适当的衬底材料加以控制,甚至可以改变其符号。如金属薄膜在玻璃衬底上多数呈现张应力,而在碱金属卤化物衬底上则呈现压应力。

本征应力按照其产生的位置可以划分为界面应力和生长应力。界面应力的产生是由于薄膜与衬底之间存在结构失配。当薄膜与衬底间的晶格存在较大差异时,在界面处会形成较大的应力。界面应力会导致在薄膜与衬底的界面处形成一个过渡区以抵消应力。

对生长应力虽然有许多的研究,但是定量描述生长应力仍存在较大的困难。这里只定性地介绍本征应力的一般特点。

对于厚度较大的薄膜,若界面应力较大而生长应力较小,则随着膜厚的增大,平均应力减小,如图5.1-22所示。从图中还可以看到,应力主要出现于薄膜生长初期,到连续膜形成阶段应力达到最大。

本征应力的数值在 10^8 Pa 量级,金属薄膜和室温下沉积的大多数介质薄膜呈现张应力,厚度较大的介质薄膜呈现压应力。本征应力受衬底材料的影响较小。

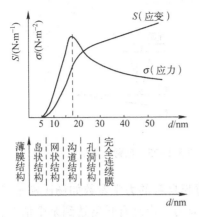

图 5.1-22　薄膜本征应力随厚度的变化

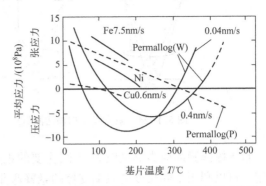

图 5.1-23　金属薄膜应力与沉积温度的关系曲线

（2）影响应力的主要因素

衬底状况、沉积过程和薄膜材料自身状况是影响应力的主要因素。

衬底状况对于应力的影响体现在 3 个方面：材料种类、表面状态和衬底温度。材料的影响主要是其热膨胀系数。表面状态一方面对附着力有较大的影响，另一方面也会影响应力的大小。

衬底温度是对薄膜应力影响最大的因素之一。

衬底温度较低时沉积的金属薄膜一般表现出张应力，衬底温度升高张应力减小，在某个温度附近应力减为零。温度进一步升高可能会导致压应力的出现，如图 5.1-23 所示。

低温沉积的介质薄膜多呈现张应力，升高沉积温度有可能改变应力的大小和性质，但是规律性没有金属薄膜那么明显。

沉积过程对薄膜应力的影响较为复杂，并且缺乏规律性，需要针对薄膜种类、衬底材料、沉积工艺来具体研究沉积温度、沉积速率、沉积气氛、蒸气入射角度等对薄膜应力的影响。

薄膜应力往往表现出时效性，在不同的使用环境和温度下，应力会发生缓变，影响到薄膜器件的性能稳定性。

（3）应力的测试

典型的应力测试方法包括圆盘法和悬臂法，还有一些特殊的技术用于特定的对象。其中圆盘法比较适合于研究薄膜/衬底结构的应力性质，而悬臂法则可用于研究制成器件后的薄膜应力性质。

在薄膜/衬底结构中，若衬底为圆盘结构，则应力引起的圆盘弯曲可以用来测量应力大小，即

$$\sigma_{\mathrm{f}} = \frac{\delta Y_{\mathrm{s}} d_{\mathrm{s}}^2}{3L^2(1-v_{\mathrm{s}})d_{\mathrm{f}}} \tag{5.1-17}$$

式中，d_{s} 为衬底厚度，d_{f} 为薄膜厚度，δ 为变形衬底圆盘的矢高，L 为曲率半径。δ 和 L 为测量量，可以用干涉和激光光点扫描等方法来测量 δ 和 L 的值，其中激光光点扫描法有更高的精度。在图 5.1-24 所示的结构中，反射束的位置是曲率的函数，这样可以用位敏探测器测出曲率来计算应力大小。如果能够测得圆盘表面不同位置处曲率半径的变化，则可以获得应力的分布状况。用加热衬底的方法可以进一步区分出热应力在总应力中的贡献。

悬臂法是十分常见的分析薄膜应力的手段。对于单端固定的悬臂结构或薄膜/衬底结构，应力表达式与式（5.1-17）相同，但是 δ 为变形悬臂自由端位移量，L 为悬臂长度。δ 可以用测微显微镜或激光偏转法测量，如图 5.1-25 所示。

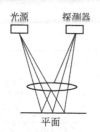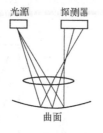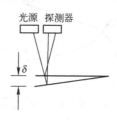

图 5.1-24　激光光点扫描法测量应力　　图 5.1-25　悬臂法测量应力

自支撑薄膜的应力测试较为困难,主要的难点在于薄膜自身的力学参数如杨氏模量等较难确定。可以利用不同长度的双端支撑的悬臂弯曲来估算应力。当悬臂长度达到某个值时,悬臂发生下弯所对应的应变可以写为

$$S = \frac{\pi^2 d_f^2}{kL^2} \tag{5.1-18}$$

式中,L 为悬臂长度,k 的值介于 3～12 之间,3 对应双端支撑,12 对应单端支撑。这种方法的难点仍在于需要确定 k 和杨氏模量才能够计算出应力。

5.2　常用光学薄膜材料

5.2.1　金属薄膜

1. 金属薄膜的特性

在介绍薄膜的光学特性时,已经选择性地介绍了金属薄膜的光谱反射特性、吸收特性的一般特点,本节将进一步介绍金属薄膜在吸收、偏振特性方面的特点。

光波在金属薄膜中的传播随着厚度 d 的增加呈指数衰减,即

$$E = E_o \exp(-2\pi kd/\lambda) \tag{5.2-1}$$

式中,E_o 和 E 分别是入射点和厚度为 d 处的光振幅。光强度 I 可写为

$$I = I_o \exp(-4\pi kd/\lambda) \tag{5.2-2}$$

根据消光系数的值可以估算金属薄膜的透射率。如在可见光区,当 Al 和 Ag 的厚度为 100 nm 时,透射率约 0.0004%。k 越大,则可以在薄膜厚度更小时即获得高反射率。

在斜入射时,金属膜的反射率与入射角 φ_o 之间的关系变得较为复杂,表现出明显的偏振。当薄膜厚度较大时,可以用下列方程计算反射率的 P 偏振和 S 偏振分量,即

$$R_P = \frac{n_o^2(a^2+b^2) + (n^2+k^2)\cos\varphi_o - 2n_o o\cos\varphi_o(na+kb)}{n_o^2(a^2+b^2) + (n^2+k^2)\cos\varphi_o + 2n_o\cos\varphi_o(na+kb)} \tag{5.2-3}$$

$$R_S = \frac{n_o\cos^2\varphi_o + (n^2+k^2)\cos\varphi_o - 2n_o o\cos\varphi_o(na-kb)}{n_o\cos^2\varphi_o + (n^2+k^2)\cos\varphi_o + 2n_o\cos\varphi_o(na-kb)} \tag{5.2-4}$$

$$R = \frac{R_s + R_p}{2}$$

式中

$$a = \sqrt{\frac{\sqrt{p^2+q^2}+p}{2}}, \quad b = \sqrt{\frac{\sqrt{p^2+q^2}-p}{2}}$$

$$p = 1 + (k^2-n^2)\left(\frac{n_o\sin\varphi_o}{n^2+k^2}\right)^2, \quad q = -2nk\left(\frac{n_o\sin\varphi_o}{n^2+k^2}\right)^2$$

若 k/n 小,则反射率的 P 偏振和 S 偏振分量差异大。

2. 常见金属薄膜

常见的金属薄膜包括铝、银、金和铬。

铝膜可以用钨丝、钼舟、钽舟、电子束等蒸发方法制备。

铝是金属膜中唯一从紫外($0.2\,\mu m$)到红外($30\,\mu m$)波段均具有较高反射率的材料,在 $0.85\,\mu m$ 附近反射率存在一个极小值,约 85%。铝膜对玻璃衬底的附着力较好,机械强度和化学稳定性相对较好,可以满足在多种场合下用作外反射膜。

铝膜表面易形成氧化铝层,导致紫外波段的反射率下降,可以用氟化镁作为紫外区铝反射镜的保护层。较高的原料纯度和较快的蒸发速度有利于在紫外区获得较高的反射率。在可见光区,常用 SiO 作为保护层的初始材料,在氧气氛围下缓慢蒸发 SiO 获得 SiO_x,膜层光学厚度约为 500 nm 的 1/2。升高沉积温度或许对提高薄膜附着力有利,但是 50℃ 以上的沉积温度会造成反射率的显著降低。

银膜可以用钨舟、钼舟、钽舟、电子束等蒸发方法制备。

银膜的优点是在可见与红外波段均具有最高的反射率,用作分光薄膜有良好的中性和很小的偏振差异。缺点是紫外区反射率低,与玻璃的附着较差,机械强度和化学稳定性不佳,易于氧化或者硫化,常用作胶合零件和内反射零件,用作外反薄膜需要选择合适的保护层。

Al_2O_3 与银膜间有很高的附着力,常用作银膜与玻璃衬底之间的附着力增强层,以及表面的保护层。采用的膜系为 $G|Al_2O_3\text{-}Ag\text{-}Al_2O_3\text{-}SiO_x|A$,其中厚度为 $30\sim40\,nm$,SiO_x 厚度补足到设计波长的 1/2。离子束辅助蒸发有助于获得致密光滑的银膜,提高其牢固度和短波反射率。

金膜可以用钨舟、钼舟、电子束等蒸发方法制备。

金膜只有在波长大于 800 nm 的红外区才表现出高反射特性,薄膜自身拥有良好的化学稳定性,所以常用作红外系统中的外反射镜。金膜与玻璃的附着力不高,可以用铬或者钛作为附着力增强层。新蒸发的金膜往往较软,经过一周的放置以后硬度会有所增加。由于其化学稳定性好,可以不加特别的保护层。

较快的沉积速度和 $100\sim150$℃ 的沉积温度有助于获得牢固性好的金膜。

铬膜可以用钨舟、电子束等蒸发方法制备。

铬膜的最大优点是其在可见光区的分光特性几乎呈中性,在玻璃上的牢固性极佳,吸收特性受沉积条件的影响较小,提高沉积温度有助于提高其反射率。铬膜光学特性的长期稳定性好,缺点是吸收较大,用作 1:1 分光膜时吸收达 40%。

铬膜常用在光栅、度盘中制作线条或者掩模的阻光材料。

5.2.2 介质薄膜

5.1 节介绍了介质薄膜的光学特性的一般特点,本节重点围绕常见的介质薄膜材料介绍其应用特点。

介质薄膜的种类极其繁多,这里只对常见的氟化物、硫化物和氧化物做详细介绍,目的是帮助读者了解需要从哪些方面掌握薄膜材料的性质。

（1）氟化物

常用的氟化物多为低折射率材料,如冰晶石(Na_3AlF_6)、氟化镁等(MgF_2)。冰晶石有很宽的透明波段($0.2\sim14\,\mu m$),在可见光区的折射率约为 1.35。其优点突出:一是折射率低,二是应力小($10\sim20\,MPa$ 张应力)。缺点是膜层较软,易吸潮。

冰晶石在热蒸发过程中会分解成 NaF(折射率为 $1.29\sim1.31$)和 AlF_3(折射率为 1.39),在低蒸发温度下 NaF 蒸气压高，而高温下 AlF₃ 蒸气压高，所以快速蒸发的膜层折射率高。冰晶石易吸潮是由于其聚集密度为 0.89~0.92，吸潮的后果是折射率上升到 1.45，主要是因为形成了折射率高达 1.49 的水合 AlF_3。如果表面吸潮，则会造成沿厚度方向折射率的不均匀。

另一种常用的氟化物是氟化镁。氟化镁透明区域为 0.12~10 μm，550 nm 处折射率为 1.38。

当沉积温度达到 250℃ 时，氟化镁薄膜在玻璃表面坚硬牢固，因而广泛用作单层增透膜。氟化镁薄膜可与多种薄膜组合构成多层膜，但是它表现出较高的张应力(300~500 MPa)，与硫化锌配合易开裂，为了降低多层膜的张应力可以与氧化铈、氧化铋配合。氟化镁在蒸发前必须做充分的预熔除气，否则易发生喷溅，在膜层表面出现麻点。

氟化镁在低温下沉积获得的薄膜聚集密度低，室温沉积的薄膜聚集密度只有 0.75，易吸潮导致光学稳定性差。

(2) 硫化物

典型的硫化物材料是硫化锌。硫化锌是可见光区重要的高折射率材料，折射率为 2.3~2.6，还是红外区重要的低折射率材料，折射率约为 2.2，其透明波段为 0.38~14 μm。

硫化锌在沉积过程中会分解成硫和锌，在衬底表面重新反应生成硫化锌。这一特点造成硫化锌有较高的聚集密度，但是在高衬底温度下沉积速度下降。在潮湿环境下沉积硫化锌会形成 H_2S 并分解出锌，造成膜料表面发黑，沉积速度也会因此变得不稳定。室温沉积的硫化锌薄膜牢固度低，但是利用离子束辅助蒸发技术获得的硫化锌的牢固度大大加强。

(3) 氧化物

实用的氧化物材料种类繁多。这里介绍常用的氧化钛、氧化锆和氧化硅。二氧化硅(SiO_2)是蒸发过程中分解很小的低折射率材料。它在可见光区折射率为 1.46，透明区域为 0.18~8 μm。二氧化硅薄膜吸收小、膜层稳定牢固、抗磨耐蚀。

二氧化硅薄膜在沉积过程中也会因分解混入 SiO 和 Si_2O_3 等低价氧化物，用红外透射谱可以确定膜层中包含何种化合物。

蒸发获得的二氧化硅多呈非晶结构，结构致密，吸收低，保护性强。

二氧化钛(TiO_2)是可见光区与近红外区重要的高折射率材料，其薄膜性能稳定，牢固性强。

二氧化钛薄膜的性质，主要受薄膜的化学成分、微观结构的影响，并受沉积时所使用的初始材料与沉积条件的影响。二氧化钛在不同沉积条件下可以呈现非晶态、板锐钛矿结构和金红石结构。蒸发条件下较难获得板钛矿结构。多晶态二氧化钛通常是锐钛矿结构和金红石结构的混合体。

蒸发制备二氧化钛薄膜可以使用多种原料，如 TiO, TiO_2, Ti_2O_3, Ti_3O_5 等。使用 TiO 做原料，必须在离子氧环境下以较高的气压和较慢的沉积速度沉积，否则薄膜会出现较高的吸收。用 Ti_2O_3 做原料，对氧的吸收作用较强，可以在适当的工艺条件下获得低吸收的薄膜。观察发现，相同的膜料经过多次蒸发后，薄膜折射率会随着蒸发次数的增多而变化。使用 TiO, Ti_2O_3，随着蒸发次数的增多折射率会下降；使用 TiO_2，随着蒸发次数的增多折射率会增大；只有使用 Ti_3O_5 时，折射率才较为稳定。观察还发现，薄膜的折射率随着沉积温度的升高而增大，但是吸收也相应增大，而氧分压升高的作用正好相反。

无论用何种原料，均不能获得纯 TiO_2，膜层中依照氧化程度存在不同含量的低价氧化物。通过在空气中热处理，能够有效地减小低价化合物的含量，同时减小膜层吸收。利用热处理将 TiO, Ti_2O_3, Ti_3O_5 转变为 TiO_2 的温度分别为 200℃, 250~350℃ 和高于 350℃。通过掺杂少量 ZrO_2 和 Ta_2O_5 可以提高膜层折射率的稳定性，减小膜层的吸收。

二氧化锆(ZrO_2)薄膜具有较高的折射率，膜层牢固稳定，短波吸收低，可以应用于紫外区。

二氧化锆薄膜呈现四方相结构，在强激光作用下会转变为单斜相，因而抗激光损伤能力不高,可以通过掺杂少量氧化钇(Y_2O_3)来获得稳定的四方相结构。

二氧化锆在实际使用中受到一些缺点的限制。蒸发所得到的二氧化锆薄膜有明显的负折射率非均匀性,适当掺入 Ta 或 Ti 的氧化物可以减小这种非均匀性。薄膜往往呈现较高的张应力,与二氧化硅组成多层膜易破裂。在衬底为 Ba,Cd,Pb 含量较高的玻璃时,易与玻璃中的成分反应在界面处生成雾状斑痕,在潮湿环境中更易出现。通过清洁和干燥衬底、在衬底表面预先沉积一层 1/4 波长的二氧化硅等办法可以避免或减轻雾状斑痕的出现。

5.2.3 特殊材料

除了常规光学薄膜对材料所提的要求外,一些新的应用或者特殊的应用对薄膜材料提出了特别的要求。这里选择红外与紫外薄膜、任意折射率薄膜材料加以简要介绍。其他一些特殊要求,例如抗激光损伤薄膜材料,限于篇幅不做深入介绍。

1. 红外与紫外薄膜

红外与紫外区光电系统的应用越来越广泛,对相应波段的光学薄膜材料也提出了更高的要求。

红外区覆盖一个很宽的波长范围,常用的波长为 $0.75 \sim 50\ \mu m$,没有一种材料能覆盖如此宽的区域。大多数介质薄膜在红外区都会出现长波吸收,限制了其使用。常用的红外材料同样可以区分为金属卤化物、硫化物和半导体材料。

金属卤化物包括低折射率的 ThF_4,PbF_2,BaF_2,CsI 等,存在的主要问题是易于潮解。硫族化合物包括 ZnS,$ZnSe$,$CdSe$ 等,常用作红区段的低折射率或中等折射率材料。半导体材料多用作高折射率材料,短波吸收波长通常较长,典型的材料包括 Si,Ge,Te,$PbTe$ 等。

红外薄膜材料在使用过程中需要注意其折射率和吸收特性与温度的关系。通常,红外带通滤光片在温度降低时中心波长会略向短波移动,而温度升高则会出现明显的中心波长长移,在使用半导体材料时这一点尤为明显,与其载流子温度特性相关。

常用的红外薄膜组合包括:近红外区的 Ge-SiO 组合;$4 \sim 10\ \mu m$ 的 Ge-ZnS 组合;$8 \sim 20\ \mu m$ 的 PbTe-ZnSe 组合;更长波段的 PbTe-CdSe,PbTe-CsI 组合等。

紫外区可以细分为近紫外($200 \sim 400\ nm$)、真空紫外($30 \sim 200\ nm$)、软 X 射线($1 \sim 30\ nm$)等。

在近紫外($200 \sim 400\ nm$)区,有少量的氧化物薄膜可以用作高折射率材料,如 HfO_2,ZrO_2,MgO 等,也有一些低折射率材料可供选择,如 LiF,MgF_2 等。但是到了真空紫外($30 \sim 200\ nm$)区,不再有合适的高折射率材料,只有少数低折射率材料可以继续使用。常使用 $Al-MgF_2$ 组合镀制 $110 \sim 200\ nm$ 的紫外反射镜。用驻波场方法设计用于 $146\ nm$,$170\ nm$ 和 $190\ nm$ 的准分子激光反射镜。在 $30 \sim 100\ nm$ 波长范围,所有材料都表现出强吸收,只有部分金属材料如金、铂、铑、钨等还保持一定的反射率(常在 20% 左右)。

进入软 X 射线区,只有利用金属超晶格薄膜结构才有可能获得实用的反射薄膜。常用的金属超晶格薄膜组合包括:In-Be,Ag-Be,Rh-Be,Mo-Be,Au-C 等。另外,Si,Ti,Al,In,Pb,C 等薄膜材料(厚度介于几纳米至数百纳米)具有此波段选择透过的特性,因而可用作滤光片,但此时薄膜必须制成无衬底结构。

2. 任意折射率薄膜

由于薄膜材料种类的限制,往往无法直接获得具有适当折射率的薄膜材料。此时,可以采用多种途径予以解决。从膜系设计的角度,可以采用等效膜和合成膜(或称代换对)方法。这里只介绍用膜料混合的方法获得任意折射率材料。

采用高低折射率膜料混合的方法，可以获得折射率介于高、低之间的任意折射率材料。可以用理论模型预测混合膜料的折射率。

根据 Lorentz-Lorenz 色散理论，N 种介质混合的折射率为

$$n^2 = \sum_{i=1}^{N} \left(\frac{a_i n_i^2 c_i}{\rho_i} \right) \Big/ \sum_{i=1}^{N} \left(\frac{a_i c_i}{\rho_i} \right) \tag{5.2-5}$$

式中，$a_i = (n_i^2 + 2)^{-1}$，c 为质量浓度，ρ 为密度。

如果式(5.2-5)中 $a_i = 1$，则上述模型变形为 Drude 模型。两种模型适用于不同的膜料组合，如 ZnS-MgF$_2$ 组合服从 Lorentz-Lorenz 模型，而 Ge-ZnS 组合则服从 Drude 模型。

实现的途径包括气相混合与固相混合。气相混合就是用多个源同时蒸发，通过控制各种原料的蒸发速率获得不同比例的混合材料薄膜。固相混合是将原料按照比例预先混合，用同一蒸发源蒸发获得任意折射率薄膜。气相混合的难点在于精确控制各个源的蒸发速率，固相混合的难点在于要求混合膜料的各个成分有相近的蒸气压，或者有稳定的蒸气压差异。

3. 抗激光损伤薄膜

随着高功率激光系统的应用日益广泛，对具有优良抗激光损伤特性的薄膜材料的需求也随之增大。薄膜对激光损伤的抵御能力在整个光学系统中相对较低。影响薄膜抗激光损伤能力的因素多种多样，包括薄膜原材料、薄膜制备工艺、薄膜微观结构、膜系的构成与性质等。这里简要介绍薄膜微观结构与其抗激光损伤能力间的关系。

激光对薄膜破坏的机理十分复杂，概括起来主要为吸收和强场作用。

吸收的后果是造成薄膜局部过热，或者造成衬底表面热损伤，诱导薄膜损伤。强场会使薄膜产生类似于介电击穿的损伤，在超短脉冲激光作用下，损伤多由场效应造成。概括起来，在长脉冲激光作用下，材料的本征吸收和外部因素引起的吸收是损伤的主要原因，吸收导致膜层升温，直至膜层或衬底损坏；短脉冲激光作用下，膜层缺陷和杂质、驻波峰值电场等因素会导致介电击穿损伤。

由于激光损伤在不同膜系中的表现不同，所以通常针对减反射膜层和高反射膜层分别予以研究。

减反射膜比高反射膜更易损伤，其损伤通常发生在吸收较大的区域，如薄膜与衬底的界面处。这里由于薄膜生长过程的缘故，往往出现较高的缺陷密度。可以通过对衬底预处理、镀制保护层、选择适当的镀层材料等途径提高减反射膜的抗损伤能力。超光滑衬底表面有助于获得高损伤阈值；在多层膜镀制前沉积一层半波长氧化硅或氧化铝，有利于提高 1.06 μm 激光损伤阈值，而氧化硅或氟化镁则有利于提高紫外增透膜的激光损伤阈值；不同的材料组合将获得不同的损伤阈值，目前，由 SiO$_2$-TiO$_2$ 组成的多层减反膜拥有最高的抗损伤性能。从材料折射率和消光系数与损伤阈值的关系中可以观察到大致的结果，即折射率和消光系数降低则损伤阈值升高。

对氧化钛薄膜观察到有趣的性能特点，当薄膜的微观结构为金红石结构或金红石与锐钛矿结构的混合结构时，两者的损伤特性没有明显的差异。但是当薄膜均为金红石结构，而晶粒尺寸减小到接近非晶结构时，损伤阈值显著提高。对多种氧化物薄膜的损伤特性研究发现，低温下沉积的薄膜呈现非晶状态，虽然膜层机械强度不高，但是损伤特性却优于高温下沉积的薄膜。

高反射膜的损伤特性与减反射膜有较大差异。最常用的高反射膜由 SiO$_2$-TiO$_2$ 组成，损伤通常发生在最外层的 TiO$_2$ 层或者第一个 SiO$_2$-TiO$_2$ 膜层界面上。设法通过驻波设计，降低 TiO$_2$ 层的电场强度，有利于提高损伤阈值。在多层膜空气侧增加一个半波长氧化硅薄膜可以降低薄膜的损伤概率。在高反射情况下，损伤阈值对不同的偏振态有较大的差异。

可见光区常用的抗损伤高反射膜除了由 SiO$_2$-TiO$_2$ 组成外，还有 SiO$_2$-Ta$_2$O$_5$，MgF$_2$-ZnS，

ThF$_4$-ZnS 等组合。紫外区侧有 MgO-LiF,MgF$_2$-Sc$_2$O$_3$等组合。

最后需要特别指出的是,要获得高性能光学薄膜器件,除了了解薄膜自身的性质外,还应当对衬底材料的性质有准确的把握,限于篇幅,这里不再细述。

思考题与习题

5.1　薄膜材料依据结晶特性可分为晶态、非晶态和多晶态,试简要叙述晶态结构和非晶态结构的基本特点。

5.2　晶体中的缺陷主要包含哪些类型？它们对薄膜的生长起着怎样的作用？

5.3　简述薄膜成核及生长过程。

5.4　设单个原子层的振动常数约为 10^{-13}s,若该原子在基片上的解吸附能 $E_d = 41.868$kJ $\cdot$ mol^{-1},试求该原子在基片表面的驻留时间。

第6章　光学薄膜特性测试与分析

光学薄膜的设计与制备都是希望能够获得在某些环境条件下满足特定要求的薄膜器件。但是,在实际的薄膜制备过程中,由于薄膜制备方法和制备工艺参数,如真空度、沉积速率、基底温度等的差异都会使薄膜材料在组分上存在化学计量的偏差,在结构上不再是均匀、致密的薄膜,而存在着微结构与各种形式的缺陷,因此,就需要对实际制备的薄膜的光谱特性(透射率、反射率)以及吸收和散射等进行测试和分析。同时,为了对所获得的薄膜器件的光谱特性进行分析并对膜系进行适当的修正,从而使实际制备的光学薄膜尽可能符合要求,还需要对薄膜的光学常数和厚度进行测量和分析。此外,光学薄膜器件都要在实际的环境下使用,除了薄膜的光学特性要满足特定的要求,薄膜的使用还受到许多非光学特性的影响,如薄膜与基底之间的附着力,薄膜的应力,以及薄膜抗环境条件的能力等。因此,光学薄膜特性的测试主要包括3个方面:薄膜光学特性测试、薄膜光学常数和厚度测试,以及薄膜非光学特性的测试。

本章首先简要介绍光学薄膜的分类、符号,以及相应的检测项目、检测方法和检验规则。其次,主要围绕以上3个方面介绍光学薄膜特性的测试技术和分析方法。

6.1　光学薄膜特性的检测标准

光学薄膜特性检测既是薄膜试制工作过程中所需要的,也是最终确认器件性能所必需的。光学薄膜性能检测的依据来自系统设计的需要,反映在零件图纸的技术要求中。所有设计者提出这些要求的最基本的依据就是国家标准(详见:http://www.hxedu.com.cn),也可参考其他国家或一些国际行业协会的标准,提出高于国家标准的要求。

6.1.1　国标(JB/T 6179—92)中规定的光学零件镀膜的分类、符号及标注

表6.1-1给出了国标JB/T 6179—92中规定的光学薄膜的种类及相应的图示符号。所有的光学零件图纸都必须依据国标规定进行标注。

表6.1-1　光学薄膜的种类及相应的图示符号

序号	1	2		3	4	5	6	7	8
种类	减反射膜	反射膜、高反射膜		滤光膜	分束膜	分色膜	偏振膜	导电膜	保护膜
		内反射膜	外反射膜						
符号	⊕	⊼	⊻	⊖	⊤	⊥	⊘	⊜

1999年的光学零件镀膜国家标准针对减反射膜、外反射膜、内反射膜、中性滤光膜、窄带干涉滤光膜、分束膜及截止滤光膜等提出了详细的技术要求、试验方法和检验规则。

6.1.2　国标(JB/T 8226—1999)中规定的光学零件镀膜检测项目

检测项目就是国标中技术要求的内容。主要包括镀膜后零件的光学性能、表面质量、膜层的抗磨强度、膜层与基底之间的附着力,以及镀膜后零件抵抗环境的能力等。依据所检测的薄膜种类的不同,其检测的项目和具体的要求也各不相同。下面具体给出常见减反射膜、反射膜、滤光

膜、窄带干涉滤光膜、分束膜及截止滤光膜的具体光学特性要求。镀膜后零件的表面质量、膜层的抗磨强度、膜层与基底之间的附着力,以及镀膜后零件抵抗环境的能力将不一一列举,只做简单的介绍。

1. 镀膜后零件的光学性能

（1）减反射膜的光学性能

国标中,减反射膜按照其膜系结构的不同可分为:

① 单层减反射膜:要求其中心波长 λ_0 在光谱的可见区内选定,在波长为 $0.8\lambda_0 \sim 1.12\lambda_0$ nm 范围内（当 $0.8\lambda_0 < 400$ nm 时,取 400 nm 为限;当 $1.12\lambda_0 > 700$ nm 时,取 700 nm 为限）,镀膜后零件表面中心的反射率 R 依据基底折射率的不同也有不同的要求,其中基底折射率越小, R 的值越高,具体要求可参见减反射膜的国标要求。

② 双层减反射膜:要求中心波长 λ_0 在光谱的可见区内选定,在 λ_0 处 R 一般不大于 0.3%。

③ 宽带减射薄膜:要求波长在 $\lambda_1 \sim \lambda_1 + \Delta\lambda$ 范围内,最大反射率 R_{max} 不大于 0.8%,且 $\Delta\lambda$ 不小于 220 nm, λ_1 在光谱的可见区内选定。

（2）外反射膜的光学性能

外反射膜分为:用于可见光区的镀铝加介质保护膜和用于紫外-可见光区内的镀铝加介质保护膜。

镀膜后零件的光学性能主要包括白光反射率和光谱反射率。对于上述两种类型的外反射膜均要求其在可见光范围内的白光反射率不小于 87%。对应用于可见光区的外反射膜,要求在 400~420 nm 范围内的最小反射率 R 不小于 82%,在 420~700 nm 范围内的最小反射率 R 不小于 86%;对应用于紫外-可见光区的镀铝加介质保护膜,要求在 200~800 nm 范围内的最小反射率 R 不小于 80%。

（3）内反射膜的光学性能

内反射膜分为:真空镀银内反射膜、溶液沉淀法镀银内反射膜和真空镀铝内反射膜。

国标中规定,镀内反射膜后零件的光学性能主要包括白光反射率和光谱反射率。对真空镀银内反射膜、溶液沉淀法镀银内反射膜和真空镀铝内反射膜的白光反射率 R 分别不小于 90%、88% 和 85%;在 400~700 nm 范围内光谱的最小反射率 R 分别不小于 80%、78% 和 80%。

（4）中性滤光膜的光学性能

国标中对中性滤光膜的要求是,白光光密度 $D = \lg(1/T)$ 及其偏差应符合产品标准或技术规范中的规定, T 为白光透射率。对于薄膜的中性程度,一般要求在 400~700 nm 光谱区域内,最大透射率与最小透射率之差 ΔT 应符合表 6.1-2 的规定。

表 6.1-2 中性滤光膜的中性程度要求

D	>1.10	≤1.10~0.7	<0.7~0.4	<0.4~0.2	<0.2~0.1
ΔT	≤3%	≤4%	≤5%	≤6%	≤8%

（5）窄带干涉滤光膜的光学性能

对于窄带干涉滤光膜,要求中心波长 λ_0 在光谱的可见区内选定,中心波长偏差 $\Delta\lambda_0$ 和相对半宽度 RHW 应满足产品标准或技术规范中的规定。依据相对半宽度 RHW 的不同,其短波限、长波限,以及最大透射率 T_{max} 和截止区域内最大透射率 T_c 的要求都各不相同,具体参见国标。

（6）分束膜的光学性能

分束膜包括单波长分束膜、波段分束膜,其中波段分束膜又分为选定波段和比值分束膜及白光等比分束膜。

单波长分束膜应满足产品标准或技术规范中所规定的波长 λ_0、光线入射角 α、反射率与透射率之比(R/T)及其偏差、反射率与透射率之和($R+T$)和偏振特性等要求。

波段分束膜也应满足产品标准或技术规范中所规定的波段范围 $\Delta\lambda$、光线入射角 α、反射率与透射率之比(R/T)及其偏差、反射率与透射率之和($R+T$)和偏振特性等要求。

白光等比分束膜要求白光的反射率与透射率之比的偏差应不超过 ±0.2;且白光的反射率与透射率之和($R+T$)应满足表 6.1-3 中的要求。

表 6.1-3　白光等比分束膜要求

序　号	型　式	$R+T$	序　号	型　式	$R+T$
1	全介质型	≥98%	3	半透金属铝型	≥76%
2	半透金属银型	≥88%	4	半透金属铬型	≥58%

此外,还对膜层的中性程度(在 420~700 nm 波段内的透射率最大值和最小值之差 ΔT 不应大于 10%)和偏振特性也有一定的要求。

（7）截止滤光膜的光学性能

截止滤光膜分为:长波截止滤光膜和短波截止滤光膜。

对于截止滤光膜一般要求检测的光学性能指标有:截止波长 λ_c、截止区域 λ_{c1}~λ_{c2}、截止区域最大透射率 T_c、透射区域 λ_{T1}~λ_{T2},以及透射区域的平均透射率等,具体要求参见国标。

2. 镀减反射膜后零件的表面质量

镀膜后零件表面质量的检测包括:零件表面的外观、麻点、针孔、擦痕和色斑。

镀膜后零件的外观要求是指,膜层表面不允许出现损坏的痕迹,如起皮、脱膜、裂纹和灰雾等现象。

麻点和擦痕的要求一般按照抛光表面疵病的原级数 J,其总个数和总长度允许增加的数值要依据薄膜种类而定。

色斑是指零件表面的局部腐蚀及在镀膜后形成的在反射光中能观察到而在透射光中观察不到的局部的干涉色突变,其允许存在的面积一般不得超过整个有效孔径面积的 0.5%。

针孔是对金属反射膜特别提出的要求,一般针孔的大小和分布密度要满足一定的要求。

3. 膜层的抗磨强度

当零件的形状和尺寸满足擦拭试验要求时,要求膜层能经受膜层强度试验机的摩擦,摩擦一定的转数后,膜层不磨破;或要求膜层能经受橡皮磨擦头的摩擦。在使用橡皮磨擦头摩擦时,按基底材料显微硬度的不同分为下述两类:

① 对于显微硬度大于 450 kg/mm² 的基底材料,膜层要能经受压力为 9.8N 的橡皮摩擦头的摩擦,摩擦次数因薄膜种类而定。

② 对于显微硬度小于 450 kg/mm² 的基底材料,膜层要能经受外裹清洁纱布,压力为 4.9N 的橡皮摩擦头的摩擦,摩擦次数也要因薄膜种类而定。

当零件的形状和尺寸不可能进行摩擦试验时,要求膜层能经受蘸有酒精和乙醚混合溶液的脱脂纱布擦试,无擦痕。

4. 膜层和基底的附着力

一般要求膜层能承受玻璃胶带纸慢慢地粘拉,不允许有脱落现象。

5. 镀膜后零件对环境的适应性

镀膜后零件对环境的适应性决定着零件的使用环境范围及使用寿命。其检测要求包括:恒定湿热、盐雾和低温。

恒定湿热指标:要求在无包装的情况下,在温度为 $40\pm2℃$、相对湿度为 $90\%\sim95\%$ 的条件下持续 $24h$,膜层没有脱落,光学性能仍符合要求。

盐雾试验指标:要求在无包装的情况下,在质量浓度为 $4.9\%\sim5.1\%$、pH 值为 $6.5\sim7.2$ $(35℃)$ 的盐雾中承受连续喷雾 $8h$,膜层没有脱落,光学性能仍符合要求。值得注意的是:盐雾试验对一般的光学薄膜并没有要求,仅供特殊技术要求下使用。

低温要求:无包装的情况下,在 $-40\pm3℃$ 的低温中保持 $2h$,膜层应无龟裂、脱落,光学性能仍符合要求。

6.1.3 国标(JB/T 8226—1999)中规定的光学零件镀膜试验方法

光学零件镀膜后的试验方法主要是依据上述需要检测的项目而言的,因此包括以下 5 个方面。

(1) 镀膜后零件的光学性能

依据所检测薄膜种类的不同和检测目的的不同,按照国标选取适当的检测仪器和检测方法,来对镀膜后零件的光学性能进行检测。具体参见国标的要求。

(2) 镀膜后零件的表面质量

外观和色斑的检验方法:用 $60\sim100W$ 的白炽灯照明,以黑色屏幕为背景,进行目测检验。

麻点、擦痕及金属反射膜的针孔的检验方法:按照 GB/T 1185 的检验方法。

(3) 膜层的抗磨强度

膜层抗磨强度的检验方法大致包括以下 3 种,具体要依据国标来选择。

① 采用膜层强度试验机。用膜层强度试验机,将同膜层接触的磨头球半径为 $3mm$、表面粗糙度 $R_a=0.4$ 的钢球,外裹两层干的脱脂纱布,使用时磨头对被检膜面的作用力沿重力方向,作用力为 $1.96N(0.2kg)$,当零件表面有效孔径为 $D(mm)$ 时,选择零件转速 $n=10\,000/D$(r/min),磨头触点到零件转动中心的距离应为 $D/3$,零件具体所能经受的转数依膜层种类而定。

② 采用手持式摩擦具。用手持式摩擦具,磨擦保持 $9.8N(1kg)$ 或 $4.9N(0.5kg)$ 的压力对膜层进行摩擦,摩擦具应与被检表面垂直,行程长度约为磨擦头直径的 $2\sim3$ 倍,顺着同一轨迹往返摩擦;清洁表面后进行检验。

③ 脱脂纱布擦试。膜层能经受蘸有酒精、乙醚混合溶液的脱脂纱布擦试,无擦痕。

(4) 膜层和基底的附着力

采用市售的剥离强度不小于 $2.94N/cm^2(0.3kg/cm^2)$ 的胶带纸粘牢镀膜表面后,把玻璃胶带纸从零件的边缘朝镀膜表面的垂直方向慢慢拉起。

(5) 镀膜后零件对环境的适应性

镀膜后零件对环境的适应性检验主要包括恒定湿热、盐雾和低温。具体的检验方法分别参考相应的国标要求。

恒定湿热:按 GB/T 2423.3 的规定。

盐雾:按 GB/T 2423.17 的规定。

低温:按 GB/T 2423.1 的规定。

需要特别注意的是:摩擦、恒定湿热、盐雾和低温等破坏性试验不对同一个零件进行。

6.1.4 国标(JB/T 8226—1999)中规定的光学零件镀膜检验规则

光学零件镀膜后的检验规则包括出厂检验和型式检验两种。

出厂检验的项目为镀膜后零件的光学性能和镀膜后零件的表面质量两种。出厂检验主要是抽样检查,应按照国标 GB/T 2828 进行,规定检查水平为Ⅱ,合格质量水平为4.0。

型式检验一般每年进行一次。在产品出现下列情况之一时也应进行型式检验:

① 新产品或老产品转厂生产的试制定型鉴定;

② 正式生产后,如结构、材料、工艺有较大改变,可能影响产品性能时;

③ 正常生产时,定期或积累一定产量后,应周期性进行一次检验;

④ 产品长期停产后,恢复生产时;

⑤ 出厂检验结果与上次型式检验有较大差异时;

⑥ 国家质量监督机构提出进行型式检验的要求时。

型式检验应包括国标中所规定的全部试验项目,而且型式检验的样品应从出厂检验合格的产品中随机抽取。型式检验的抽样采用 GB/T 2829 中一次抽样检查,规定判别水平为Ⅰ,不合格质量水平为3.0($A_c=2,R_e=3$)。

6.2 薄膜透射率、反射率的测量

薄膜的透射率、反射率、吸收和散射统称为薄膜的光学特性。薄膜的光学特性是光学薄膜使用的首要指标。一般情况下,我们总希望通过控制薄膜的沉积工艺来控制薄膜的光学常数,并通过膜厚控制系统来控制薄膜的厚度,最终达到所希望的光学特性。因此,薄膜光学特性的测量就显得尤为重要。

薄膜透射率和反射率主要采用光谱仪进行测量。按照测量波段的不同,可将测量薄膜透射率和反射率的光谱仪分为紫外-可见近红外分光光度计、红外分光光度计。从测量原理上,光谱仪又可分为单色仪型分光光度计和干涉型光谱仪,如红外傅里叶变换光谱仪。下面对这两种不同类型的光谱仪进行简单的介绍。

6.2.1 光谱仪的基本原理

1. 单色仪型分光光度计

单色仪型分光光度计包括单光路分光光度计和扫描式双光路分光光度计两种。目前常用的分光光度计都属于双光路分光光度计。因此,本节只介绍扫描式双光路分光光度计的测量原理。有关单光路分光光度计,读者可参阅相关的文献资料。

大多数分光光度计都属于扫描式测量,并且自动记录。为了在宽的光谱范围内达到自动平衡,仪器采用双光路测量,其中一束透过测试样品,叫测量光束;另一束不透过测试样品,叫参考光束。将这两束光分别用两只相同的光电探测器接收后直接比较而得到透射率;或者用一只探测器交替地对两束光进行接收并进行比较,获得透射率。再按照单色仪的出射波长进行自动光谱扫描,就可直接记录出透射率随波长变化的光谱透射率曲线。图 6.2-1 是双光路分光光度计测量透射率原理图,调制板使测量光束和参考光束交替地进入单色仪,然后由探测器接收。参考光强 I_r 和测量光强 I_m 由接收器转换成相同形式的电信号后,再进行检波,将参考电信号和测量电信号分开并进行放大比较,最后把二者的比率按波长用记录仪记录下来,便可得到光谱透射率曲线。

表 6.2-1 给出了几种常见的双光路分光光度计的主要性能指标。

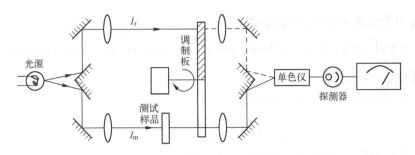

图 6.2-1　双光路分光光度计测量透射率原理图

表 6.2-1　常见的双光路分光光度计的性能指标

型号/厂家	光谱范围/nm	光谱分辨率/nm	光度精度(可见光区)	反射率测试	偏振测试
Lambda900(PE 公司)	175~3300	0.08	0.000 08	可以	可以
U4100(Hitachi 公司)	175~2600	0.1	0.0003	可以	可以
U-3501(Hitachi 公司)	185~3200	0.2	0.0003	可以	可以
UV365(岛津)	190~2500	0.1	0.001		
Cary5000(美国 Varian)	175~3300	≤0.048 nm(UV-Vis) ≤0.2 nm(Nir)	0.0003	可以	可以

2. 干涉型光谱仪

红外光谱仪主要是指在 2.5~25 μm 区域进行光谱测试的仪器。在红外区域常常采用波数来表示光波的波长(波数是波长的倒数,单位为 cm^{-1})。目前几乎所有的红外光谱仪都是傅里叶变换型的。红外傅里叶变换光谱仪(IR-FT)就是基于干涉原理的光谱测试仪器,主要应用于红外光谱区域的测试,是红外波段主要的光谱分析仪器。

红外傅里叶变换光谱仪的基本原理是:应用迈克耳孙干涉仪对不同波长的光信号进行频率调制,在频域内记录干涉强度随光程差改变的完全干涉图信号,并对此干涉图进行傅里叶变换,得到被测光的光谱。图 6.2-2 是红外傅里叶变换光谱仪的工作原理示意图。

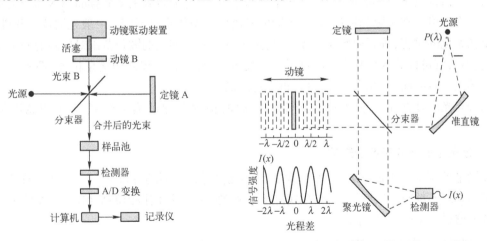

图 6.2-2　红外傅里叶变换光谱仪工作原理示意图

光源发出的光被分束镜分成两束,一束经反射到达动镜,另一束经透射到达定镜。两束光分别经定镜和动镜反射后再回到分束镜。动镜以一恒定速度 v 做直线运动,因而经分束镜分束后的两束光,由于动镜的运动,将形成随时间变化的光程差 d,经分束镜汇合后形成干涉,干涉光通过样品池后被检测,就可得到随动镜运动而变化的干涉图谱。

干涉图是红外光谱 $B(\nu)$ 的傅里叶逆变换。

$$I(\delta) = \int_0^\infty B(\nu)[1 + \cos(2\pi\nu\delta)]\,\mathrm{d}\nu = \int_0^\infty B(\nu)\,\mathrm{d}\nu + \int_0^\infty B(\nu)\cos(2\pi\nu\delta)\,\mathrm{d}\nu \qquad (6.2-1)$$

式中,δ 为光程差,ν 为波数。

当两干涉臂的光程差为零($\delta = 0$)时,有

$$I(0) = 2\int_0^\infty B(\nu)\,\mathrm{d}\nu$$

这时由式(6.2-1)可得

$$E(\delta) = I(\delta) - 0.5I(0) = \int_0^\infty B(\nu)\cos(2\pi\nu\delta)\,\mathrm{d}\nu \qquad (6.2-2)$$

对该式进行傅里叶变换,就可以将其恢复成光谱图

$$B(\nu) = \int_0^\infty E(\delta)\cos(2\pi\nu\delta)\,\mathrm{d}\delta \qquad (6.2-3)$$

与通常的分光型光谱仪相比,红外傅里叶变换光谱仪具有以下特点:

(1)探测的信号增大,大大提高了光谱图的信噪比。

(2)所用的光学元件少,无狭缝和光栅分光器件,因此到达检测器的辐射强度大,信噪比大。

(3)波长(波数)精度高($\pm 0.01\ \mathrm{cm}^{-1}$),重现性好,分辨率高。

(4)扫描速度快。傅里叶变换光谱仪动镜完成一次扫描所需的时间仅为几秒,可同时测量所有的波数区间。

应用光谱仪可以测量各种薄膜的光谱透射率、反射率及光谱吸收率,但大部分光学薄膜为基于干涉效应的多层介质薄膜,薄膜的光谱吸收较小。分光光度计由于精度限制,一般主要用于薄膜光谱透射率和反射率的测量。

6.2.2 薄膜透射率的测量

利用光谱仪测量薄膜的透射率,操作十分简单,一般只需将被测薄膜样品插入到测量室中的测量光路中即可。在实际测量过程中,不同的光谱仪的操作步骤不同。一般光谱仪在开机后,都有一个初始化的过程,等到初始化完成之后,选定自己所要测量的波长范围对样品的测量参数进行设定,然后就可以放入样品进行测量了。一般而言,为了获得较高的测量精度,都要开机后对光谱仪预热一段时间,待光谱仪稳定后,再进行测试。

用分光光度计测量透射率光谱虽然操作简便,但为了保证测量精度,必须注意以下几个因素。

1. 分光光度计分辨率的影响

在测量带宽小于 3 nm 的窄带滤光膜时,必须充分考虑仪器的分辨率;否则,由于测量光束包含的光谱区间不够窄,仪器的测量结果实际上是被测样品在该波段内的平均值,从而使窄带滤光膜的峰值透射率下降,带宽增加。

2. 被测样品大小和厚度的影响

分光光度计一般都是将测量光束和参考光束会聚于样品室中央,一般光斑高为 10～15 mm,宽为 1～2 mm,因此它对样品的厚度和大小有一定的限制。如果测试样品比较厚或采用斜入射测量,光束在接收器光敏面上的位置和会聚状态均会发生变化,这时应在参考光路中引入一块相同的裸基底,以减小测量误差。如果测试样品太小,则可以在测量光束和参考光束中同时引入一个小孔径光阑,以便在测量光束全部通过样品的前提下,保持两光束能量相等。此外,在测试样品

存在较大的楔角(>10′)时,为了压缩光束的发散角,这时适当减小测量光束的截面也是非常有效的。

3. 被测样品后表面的影响

采用分光光度计测量样品的透射率时,不可避免地要将样品后表面的影响带入到测量中。这时,必须用实际测得的样品的透射率和空白基底的透射率来计算镀膜表面的透射率 T_f

$$T_f = \frac{2T_0}{2(T_0/T) + T_0 - 1}$$ (6.2-4)

式中, T_0 为空白基底的实测透射率, T 为实际测得的样品的透射率。

在双光路分光光度计中,也可以在参考光路中引入一块与样品完全一样的空白基底来消除样品后表面的影响。

4. 偏振效应的影响

在分光光度计中,光束经多次反射后,一般都会具有一定的偏振特性。因此,在测量斜入射样品的透射率时,必须考虑光线的偏振特性。最常见的例子就是 45° 分束棱镜透射率的测试。下面分析光线的偏振带来的影响,并由此测量出薄膜的偏振特性。

设测量光束的强度为 I,其中水平分量和垂直分量分别为 I_x 和 I_y,显然 $I = I_x + I_y$,但是 $I_x \neq I_y$。

测量样品为 45° 入射角下使用的立方分光镜,其 p 分量和 s 分量的透射率分别为 T_p 和 T_s。当此分束棱镜按图 6.2-3(a) 的位置放入测量光路时, I_x 对膜层来说是 s 偏振光, I_y 则是 p 偏振光,其透射光束的光强为

$$I_1 = I_x T_s + I_y T_p$$

透射率为
$$T_1 = I_1/I = (I_x T_s + I_y T_p)/I$$

当分光棱镜按图 6.2-3(b) 的位置放置时,其透射率为

$$T_2 = I_2/I = (I_x T_p + I_y T_s)/I$$

则得
$$T_1 + T_2 = \left(\frac{I_x + I_y}{I}\right)(T_p + T_s) = T_p + T_s$$ (6.2-5)

通常我们所指的透射率是对自然光而言的,所以

$$T = \frac{1}{2}(T_p + T_s) = \frac{1}{2}(T_1 + T_2)$$ (6.2-6)

由上式可知,分光棱镜的透射率 T 应为图 6.2-3 所示两种情况下测得的透射率的平均值。

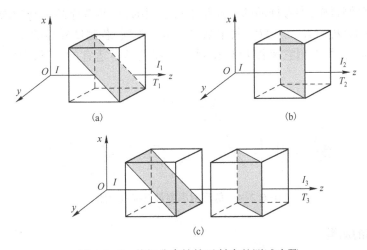

(a)

(b)

(c)

图 6.2-3　偏振分束棱镜透射率的测试步骤

若要讲一步求得 T_p 和 T_s 的值,则必须进行第二次测量。取两只特性一样的棱镜(例如在同一罩中镀成,并安排在相邻的位置上),按图 6.2-3(c)所示放置方位互成 90°,则第三次测量的透射率为

$$T_3 = (I_x T_p T_s + I_y T_p T_s)/I = T_p T_s \tag{6.2-7}$$

把上式和式(6.2-5)联立,就得到

$$\begin{cases} T_p T_s = T_3 \\ T_p + T_s = T_1 + T_2 \end{cases} \tag{6.2-8}$$

解上述方程组,得到 T_p 和 T_s 的解为

$$T_{p(s)} = \frac{T_1 + T_2 \pm \sqrt{(T_1 + T_2)^2 - 4T_3}}{2} \tag{6.2-9}$$

从棱镜分光镜的原理可知,p 分量的透射率应大于 s 分量的透射率,故求 T_p 时式(6.2-9)取正号,求 T_s 时取负号。当分束棱镜消偏振时,根号内的值为零。

测试带有偏振特性的器件时,样品的放置方式十分重要,即分光光度计的偏振面一般是指定的,如平行于水平面。但是如果样品的入射面不是垂直或平行水平面,就会造成样品偏振面的设定与光谱仪偏振面之间有一定的夹角,这个夹角将产生一定的偏振误差。特别是在测试高性能偏振分束棱镜的偏振比时,这种现象则更加严重。

6.2.3 薄膜反射率的测量

薄膜反射率的测量不像透射率测量那样方便。对于透明基底上的透明介质薄膜,可利用分光光度计测量透射率来近似地确定反射率,即 $R = 1 - T$;然而对吸收膜系或对损耗敏感的激光高反射膜,由于 $R + T \neq 1$,因此,必须直接进行反射率的测量。

从原理上讲,反射率的测量同样是方便的,只要测出反射光能流 E_r 和入射光能流 E_0,反射率即为 $R = E_r/E_0$,但实际做起来却并不那么容易。下面分为两种情况进行讨论,即低反射率和高反射率的测量。

1. 低反射率的测量

在测量低反射率时,可以用和标准样品比较的办法。图 6.2-4 所示为低反射率测量系统示意图,其采用的是单次反射测量。先把参考样品放在样品架上,读数为 I_0,然后换成测试样品,读数为 I_1,则 $R = (I_1/I_0)R_0$,其中 R_0 为参考样品的反射率。值得指出的是,参考样品的反射率并不是 100%,在高精度测量中,参考样品的误差是不可忽视的,设参考样品本身的误差为 ΔR_0,则反射率应是 $R = (I_1/I_0)R_0 + (I_1/I_0)\Delta R_0$,其中第二项是误差项,若测试样品的反射率较高,则 I_1 较大,引入的误差也大,所以用它来测量高反射率的样品是不适宜的。下面讨论高反射样品的测量。

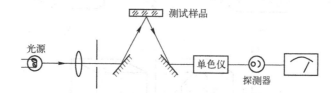

图 6.2-4　低反射率测量系统示意图

2. 高反射率的测量

单次反射测量的主要缺点是所采用的参考样品的反射率精度直接影响测量的精度,利用多

次反射测量可以消除这种影响，实现高反射率的绝对测量。最常用的就是二次反射测量法，常称为 V-W 法。

（1）利用多次反射测量高反射率

图 6.2-5 所示为 V-W 法反射率测量系统原理图。测量时需要一块反射率较高的参考反射镜 R_f。为了降低参考镜的定位精度，一般多采用球面反射镜。

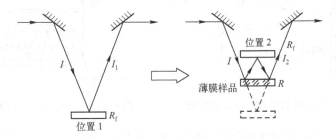

图 6.2-5　V-W 法反射率测量系统原理图

在第一次测量中，R_f 放在位置 1，光线仅受到 R_f 的反射。如果入射光强为 I，光电探测器接收到的光强为 $I_1 = R_f I$。

在第二次测量中，将被测样品放入样品池中，R_f 放到位置 2，位置 2 的样品表面与位置 1 成轴对称。光线在样品表面反射两次，在 R_f 上反射一次，然后沿着与第一次相同的光路投射到光电探测器上，这时接收到的光强为 $I_2 = R_f R^2 I$，式中，R 为样品的反射率。

依据上面两式可求出

$$R = \sqrt{I_2/I_1} \tag{6.2-10}$$

反射率的相对测量误差为

$$|\Delta R/R| = \frac{1}{2}|\Delta I_1/I_1| + \frac{1}{2}|\Delta I_2/I_2|$$

与单次反射测量相比，在样品上反射两次测量反射率时，精度可以提高一倍。在测量时，由于光线要在样品上反射两次，因此，本方法不适用于测量低反射率，特别是减反射薄膜的反射率。此外，此方法要求样品具有一定的面积，以保证光线可以在样品表面进行两次反射。反射率 R 是这两个反射光斑处的样品反射率的几何平均值。

与此相似的反射率测量系统原理图如图 6.2-6 所示。当测试样品 S_m 未放入时，通过转动扇形反射镜 M_0，测得测量光路的光强 $I_m = R_0^2 R_3 I$ 和参考光路光强 $I_r = R_1^2 R_2 I$，则得

$$A_1 = \frac{I_m}{I_r} = \frac{R_0^2 R_3}{R_1^2 R_2}$$

然后放入测试样品，同样测出 $I_m = R_0^2 R_3 R_m^2 I$ 和 $I_r = R_1^2 R_2 I$，于是有

$$A_2 = \frac{R_0^2 R_3 R_m^2}{R_1^2 R_2}$$

式中，R_1，R_2，R_3 分别是 M_1，M_2，M_3 的反射率；R_0 为扇形反射镜的反射率；R_m 是测试样品的反射率；I 是入射光强。比较 A_1，A_2 即得

$$R_m = \sqrt{A_2/A_1} \tag{6.2-11}$$

这种方法由于采用了双光束，可以减少光源波动的影响。

多次反射法的优点在于可以减小误差。二次反射、三次反射……所得到的误差是一次反射的 $1/2$、$1/3$…。反射次数越多，测量精度越高，并且仪器的重复性越好；但是反射次数越多，要求反射镜越大，仪器结构也越复杂。

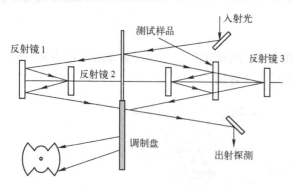

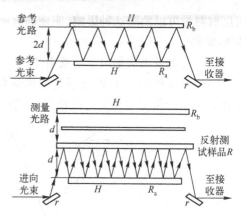

图 6.2-6　双光路 V-W 法反射率测量系统原理图　　　图 6.2-7　分光光度计的多次反射附件结构图

麦克莱(Maclein)将这种多次反射原理用于双光路分光光度计,作为高反射率测量的一个附件,其结构如图 6.2-7 所示。光强为 I 的光束分别通过测量光路和参考光路,在测量光路中,光束受到待测反射镜 R 的 k 次反射,并受到参考反射镜 H 的 $(k-1)$ 次反射;而在参考光路中,由于结构上的特殊安排,光束正好受到 H 的 $(k-1)$ 次反射,于是两光路输出的光强之比为

$$A = \frac{Ir_r^2 R_H^{k-1} R^k}{Ir_r^2 R_H^{k-1}} = R^k$$

式中,r_r 是反射镜 r 的反射率,R_H 是参考反射镜 H 的反射率,R 是待测反射样品 R 的反射率。比值 A 通过光电转换装置显示出来,考虑到 $R \rightarrow 1$,测量误差为 $\Delta A = k\Delta R$ 或 $\Delta R = \Delta A / k$,显然,待测反射镜对测量光束的反射次数 k 越多,测量精度越高。

（2）利用激光谐振腔测量高反射率

Sanders(赛特尔斯)提出了一种低损耗激光反射镜的反射率测量技术,用来测量环形激光陀螺中的高反射镜,其反射率测量精度可优于 ± 0.0001。

图 6.2-8 是该系统的示意图,所测量的是反射镜在某一倾斜入射角时对 p 偏振光的总损耗。图中入射角为 45°,但是可以调节到小于 10°。用这种方法进行测量时,先不放入被测反射镜 M 进行测量,再放入被测反射镜进行测量,两次测量中反射镜 M_2 位置不变,而反射镜 M_1 在第二次测量时移到位置 M_1'。激光腔和被测反射镜的几何位置必须满足两个条件,一是两次测量的激光腔总长应该相等,二是被测反射镜必须是平面反射镜,从而保证等离子激光器具有相同的增益和衍射损耗。

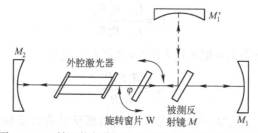

图 6.2-8　利用激光谐振腔测量高反射率系统示意图

激光器窗口的方向决定了偏振方向,图 6.2-8 中所示为相对于被测反射镜的 p 偏振光方向,等离子激光器的窗口定位在激光束的布儒斯特角上;对 s 偏振光而言,窗口需绕光轴转 90°。

旋转窗片给激光腔提供一种损耗的量度。首先,将窗片定位在相对于激光轴的布儒斯特角的方向上,接着往一个方向旋转,直至激光束由于反射损耗增大而突然熄灭为止。然后反向旋转,直至激光再次熄灭。两次熄灭所对应的窗片转角之差,称为跨张角 φ。根据菲涅耳反射定

律,可知旋转窗片在单个界面上的反射率为

$$R = \frac{\tan^2(i_1 - i_2)}{\tan^2(i_1 + i_2)}$$

$$R(\varphi) = \frac{\tan^2\left[\varphi - \arcsin\left(\dfrac{\sin\varphi}{n_g}\right)\right]}{\tan^2\left[\varphi + \text{sarcin}\left(\dfrac{\sin\varphi}{n_g}\right)\right]}$$

式中,i_1 为入射角,i_2 为折射角,φ 为旋转窗片的跨张角,n_g 为窗片的折射率。于是,由 φ 可以算出损耗值。

6.3 薄膜光学常数和厚度的测量

薄膜光学常数(折射率、消光系数)和厚度是薄膜设计和制备所必需的重要参数。在设计薄膜时要首先了解膜层的光学常数。通常为了使制备出的光学薄膜与设计的薄膜具有相同或近似的光学特性,必须首先确定某一工艺条件下每层薄膜的光学常数。

测量薄膜光学常数的方法很多,主要包括光度法、椭圆偏振法、布儒斯特角法、利用波导原理的棱镜耦合法,以及表面等离子激元法等。本节主要介绍最常用的光度法和椭圆偏振法。

6.3.1 光度法确定薄膜的光学常数

所谓光度法,是指通过测量薄膜的透射率和反射率来计算薄膜的光学常数。这种方法虽然精度不是很高,但已能满足薄膜设计和制备的要求,所以得到了广泛的应用。

1. 透明薄膜光学常数的确定

我们知道绝对透明的薄膜并不存在,但是在大多数情况下,可以将实际薄膜近似看成理想透明薄膜,这就需要对薄膜的性质做 3 点假设:一是膜层具有均匀的折射率,即不考虑膜层折射率的非均匀性;二是薄膜没有色散,即薄膜在各个波长下具有相同的折射率;三是薄膜在各波长点的消光系数为零,即满足 $R + T = 1$。

对于符合以上假设的光学薄膜,在光学厚度为 $\lambda/2$ 整数倍处,透射率和反射率就等于清洁基底的透射率和反射率。在光学厚度为 $\lambda/4$ 奇数倍处,反射率恰好是极值。如果薄膜的折射率 n_f 小于基底的折射率 n_s,反射率为极小值;反之为极大值。这时薄膜的反射率为

$$R_f = \left[\frac{n_0 - (n_f^2/n_s)}{n_0 + (n_f^2/n_s)}\right]^2$$

式中,n_0 是入射介质的折射率。从上式可求得薄膜的折射率为

$$n_f = \sqrt{\frac{(1 + \sqrt{R_f})\, n_s n_0}{1 - \sqrt{R_f}}} \qquad (6.3\text{-}1)$$

从上面关于薄膜透射率和反射率的测量可以知道,利用分光光度计可以较准确地测出薄膜的透射率曲线,以及对应 $\lambda/4$ 奇数倍处的透射率峰值,利用 $R = 1 - T$ 就可以换算出反射率的极值。在修正了基底后表面的反射影响后,代入式(6.3-1)就可求出薄膜的折射率。

如果薄膜较厚,也可以从两个相邻极值波长中进一步求得薄膜的几何厚度 d。

设 λ_1 和 λ_2 是两个相邻极大(或极小)值的波长($\lambda_1 > \lambda_2$),则有

$$n_f d = (2m+1)\frac{\lambda_1}{4} = [2(m+1)+1]\frac{\lambda_2}{4}, \quad m = 0, 1, 2, \cdots$$

由上式可得薄膜的几何厚度

$$d = \frac{\lambda_1 \lambda_2}{2n_f(\lambda_1 - \lambda_2)}, \quad \lambda_1 > \lambda_2 \tag{6.3-2}$$

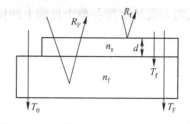

图 6.3-1　薄膜样品的反射、透射关系

值得注意的是,式(6.3-2)中我们没有消除基底后表面反射的影响。在实际的透射率测量中必须考虑基底后表面的影响,如图 6.3-1 所示。厚度为几毫米的基底在分光光度计中进行测量时,后表面的影响可以按照非相干表面的关系进行处理,即前后表面的光强是以强度相加而不是矢量相加的。因此,只要测出空白基底的透射率 T_0 和薄膜样品的透射率 T_F,则式(6.3-1)中反射率极值的修正式为

$$R_f = (2T_0/T_F - 1 - T_0)/(2T_0/T_F - 1 + T_0) \tag{6.3-3}$$

式中,T_0 是未镀前基底的测量透射率;T_F 是膜层为 $\lambda/4$ 奇数倍时测量的极值透射率。把求得的薄膜前表面的反射率 R 代入式(6.3-1),就可求得薄膜的折射率。

在直接测量薄膜样品的反射率时,为了消除基底背面的影响,要将基底做成楔形,或将基底背面磨光、涂黑。若测试基底是平板而又不能将其背面磨毛涂黑时,可用折射率匹配的油粘上另一块折射率相同的基底,或者将反射率极值修正为

$$R_f = \frac{R_F - R_0}{1 - R_0(2 - R_F)} \tag{6.3-4}$$

式中,R_0 是基底背面反射率;R_F 是光度计实测的反射率极值。然后将修正后的极值反射率 R_f 代入式(6.3-1),就可求得薄膜的折射率。例如,设 $n_0 = 1.0$,$n_s = 1.46$,则 $R_0 \approx 0.035$,若实测 $R_F \approx 0.207$,则 $R_f \approx 0.183$,故得 $n \approx 1.90$。但未经修正的折射率为 1.97,明显偏大。

折射率的精度取决于反射率的精度。依据式(6.3-1)可以计算出 Δn 与 ΔR 之间的关系。目前常用的分光光度计对透射率的测量精度为 0.3% ~ 1.0%,对应的折射率的误差为 0.01 ~ 0.09,这样的精度用于薄膜设计和计算通常是足够的。但是,如果膜料的色散很大,那么必须应用稍复杂的公式。一旦测得了具有色散的薄膜的反射率和透射率曲线,就可以得到,对应于四分之一波长奇数倍的极值波长偏离了真正的四分之一波长点,而半波长极值没有变化,这个波长的偏移是色散引起的,测量它可以得到比较精确的折射率值。因为没有吸收,R、T、$1/R$ 和 $1/T$ 的极值都必须相同。假定入射介质的折射率是 1,基底折射率为 n_s,薄膜折射率为 n_f,T 的表达式就成为

$$T = \frac{4}{n_s + 2 + n_s^{-1} + 0.5n_s^{-1}(n_f^2 - 1 - n_s^2 + n_s^2 n_f^{-2})} \cdot \frac{1}{1 - \cos(4\pi n_f d/\lambda)}$$

由于 T 和 $1/T$ 的极值是一致的,极值的位置可以通过 $1/T$ 表达式对 d/λ 微分,并使它等于零来求得

$$\frac{1}{T} = \frac{4}{n_s + 2 + n_s^{-1}} + \frac{1}{8n_s(n_f^2 - 1 - n_s^2 + n_s^2 n_f^{-2})} \cdot \left[1 - \cos\frac{4\pi n_f d}{\lambda}\right]$$

即

$$0 = \frac{d(1/T)}{d(d/\lambda)} = 0.25n'(n_s^{-1}n_f - n_s n_f^{-3})\left(1 - \cos\frac{4\pi n_f d}{\lambda}\right) +$$

$$0.5\pi(n_s^{-1}n_f^2 - n_s^{-1} - n_s + n_s n_f^{-2})\left(n_f + n'\frac{d}{\lambda}\right)\sin\frac{4\pi n_f d}{\lambda}$$

式中,$n' = dn_f/d(d/\lambda)$。由于 $\sin(4\pi n_f d/\lambda)$ 和 $1 - \cos(4\pi n_f d/\lambda)$ 在所有 $\lambda/4$ 偶数倍处都为零,因此容易看出,等式在所有 $\lambda/4$ 偶数倍处都是严格成立的。而在 $\lambda/4$ 奇数倍的波长上,微分不为零。这表明,在有色散的情况下,光学厚度为 $\lambda/4$ 偶数倍处仍为极值,而光学厚度为 $\lambda/4$ 奇数倍处不再是极值,产生了偏移,把上面的等式改写成以下形式,即能决定这个偏移量

$$\tan\frac{2\pi n_f d}{\lambda} = -2\pi\frac{n_f^5-(1+n_s^2)n_f^3+n_s^2 n_f}{n_f^4-n_s^2}\left(\frac{n_f}{n'}+\frac{d}{\lambda}\right) \qquad (6.3-5)$$

当然,由于存在多个未知数,不能直接解这个等式来求得 n,通常利用较简单的四分之一波长的表达式(式(6.3-1))逐步逼近,以达到折射率和色散的一级近似。

设薄膜的折射率 $n_f>n_s$,且满足 $n_f d$ 为 $\lambda/4$ 的奇数倍,则求解步骤为:

① 由反射率的极大值位置,用公式 $n_f d=(2m+1)\lambda/4$ 求出薄膜的光学厚度 $n_f d$;

② 由反射率的值,用式(6.3-1)求出两个不同波长的折射率,同时求出薄膜的色散

$$n'=\frac{\mathrm{d}n_f}{\mathrm{d}\left(\dfrac{d}{\lambda}\right)}=\frac{n_{\lambda_1}-n_{\lambda_2}}{\left(\dfrac{d}{\lambda}\right)_{\lambda_1}-\left(\dfrac{d}{\lambda}\right)_{\lambda_2}}$$

③ 将上面求出的 n_f,d 和 n' 代入式(6.3-5),求出较正确的 $n_f d$ 值,即得到更精确的 n_f。

一般薄膜材料的折射率均有色散。色散的存在使得光谱透射率或反射率曲线上相邻的两个干涉峰的极值大小不再相同。一般情况下,由于短波段折射率较高,使反射率的峰值大于长波段的反射率峰值。在薄膜材料的吸收带以外,薄膜材料的色散都很小。在实际测量中,将峰值反射率表达式(6.3-3)代入式(6.3-1),求出不同极值点处波长的折射率,它们的差值就反映出了薄膜材料色散的大小。为了得到薄膜材料折射率与波长的关系,可以利用以下各种不同的色散关系来处理。

(1) Cauchy 模型

这种色散模型由 Cauchy 提出,折射率和消光系数可以展开为波长的无穷级数。它适用于透明材料,如 SiO_2,AL_3O_2,Si_3N4,BK7,以及玻璃等,其折射率的实部与消光系数均可表示为

$$n(\lambda)=A_n+\frac{B_n}{\lambda^2}+\frac{C_n}{\lambda^4}+\cdots,\qquad k(\lambda)=A_k+\frac{B_k}{\lambda^2}+\frac{C_k}{\lambda^4}+\cdots$$

式中,A_n,B_n,C_n,A_k,B_k,C_k 是 6 个拟合的参量。通常情况下,若波段不是太宽,展开式可以取前面两项,第三项可以不用。

(2) Sellmeier 模型

这种色散模型首先由 Sellmeier 推导出来。它适用于透明材料和红外半导体材料。Sellmeier 模型是 Cauchy 模型的综合,原始的 Sellmeier 模型仅用于完全透明材料($k=0$),但有时也能用于吸收区域:

$$n(\lambda)=\left(A_n+\frac{B_n\lambda^2}{\lambda^2-C_n^2}\right)^2$$

$$k(\lambda)=0 \quad 或 \quad k(\lambda)=\left[n(\lambda)\left(B_1\lambda+\frac{B_2}{\lambda}+\frac{B_3}{\lambda}\right)\right]^{-1}$$

式中,A_n,B_n,C_n,B_1,B_2,B_3 是拟合参量。

(3) Lorentz 经典共振模型

该经典模型的表达式为

$$n^2-k^2=1+\frac{A\lambda^2}{\lambda^2-\lambda_0^2+g\lambda^2/(\lambda^2-\lambda_0^2)}$$

$$2nk=\frac{A\sqrt{g}\lambda^3}{(\lambda^2-\lambda_0^2)^2+g\lambda^2}$$

式中,λ_0 是共振的中心波长,A 是振荡强度,g 是阻尼因子。第一个方程中,右边的式子代表无限能量(零波长)的介电函数。在大多数情况下,用拟合参数 ε_∞ 来代替会更加符合实际情况,它代表了远小于测量波长的介电函数。由上面的方程很容易解出 n 和 k,但是准确描写仍会产生非

常难以处理的表达式，该色散关系主要应用于吸收带附近的折射率色散。

（4）Forouhi-Bloomer 色散模型

这是一种新的描述材料复折射率的色散模型，主要用于模拟半导体和电介质的复折射率。复折射率中的消光系数与折射率的关系为

$$k(E)=\sum_{i=1}^{q}\frac{A_i(E-E_g)^2}{E^2-B_iE+C_i}, \quad n(E)=n(\infty)+\sum_{i=1}^{q}\frac{B_{oi}E+C_{oi}}{E^2-B_iE+C_i}$$

式中　$B_{oi}=\dfrac{A_i}{Q_i}\left(-\dfrac{B_i^2}{2}+E_gB_i-E_g^2+C_i\right)$, 　$C_{oi}=\dfrac{A_i}{Q_i}\left[(E_g^2+C_i)\dfrac{B_i}{2}-2E_gC\right]$, 　$Q_i=\dfrac{1}{2}(4C_i-B_i^2)^{1/2}$

并不是所有的参量在上述方程中都是独立的，其中只有 $n(\infty),A_i,B_i,C_i$ 和 E_g 是独立的拟合参量。这些方程需要一些薄膜分析工具来补充，例如反射率的测量。

Forouhi-Bloomer 色散模型主要用于模拟材料的价带光谱区域的色散，但是，它们也能用于次能带隙区域，以及常规的透明区域，且处理一些带有弱吸收的薄膜的折射率色散。

（5）Drude 模型

该模型主要针对金属薄膜与金属材料。电介质函数由自由载流子决定，当 ω_p 为等离子体频率（$\omega_p^2=4\pi ne^2/m$）和 ν 为电子散射频率时，介电方程为

$$\varepsilon(\infty)=1-\frac{\omega_p^2}{w(w+i\nu)}$$

通常，上述色散方程的参量至少需要三次方的拟合才能确定，然后与实验的透射光谱，以及与从 (n,k) 和吸收薄膜透射率的一般方程算得的光谱做比较。在大多数情况下，应该直接把膜厚作为一个拟合参数。

Forouhi-Bloomer 色散模型、Sellmeier 和 Lorentz 共振色散方程能够延伸用于多层共振；对于材料部分，Drude 模型必须与具体的共振类型联系起来。

对于不少材料，所有的色散模型在一个相当大的光谱区都能得到很好的结果。实验测得的透射率光谱和色散模型计算所得的光谱进行优化拟合是这些方程适用的前提。实际上，所有的色散模型都是随着波长而变化的函数，在很大的波长范围内得到一个良好的拟合结果是很困难的，这是因为 n 和 k（包括薄膜厚度 d）严格决定了透射率光谱的形式，膜层的厚度和折射率决定了干涉波纹的间隔。

同样，薄膜光学常数的确定方法也可以应用到薄膜的制备过程中。在具有光学监控设备的光学薄膜制备系统中，薄膜的光学监控信号就对应制备薄膜的 $R(\lambda)$ 和 $T(\lambda)$ 因干涉而呈周期性的起伏变化。在薄膜镀制过程中，随着膜层厚度的增加，$R(d)$ 和 $T(d)$ 也呈现出周期性变化。我们可以根据这些极大或极小值，应用前面的公式确定正在镀制的该层薄膜的折射率，以及折射率随厚度的变化。

2. 弱吸收薄膜光学常数的确定

前面的讨论中，假定薄膜是无吸收的透明薄膜。事实上，常见的透明薄膜在接近短波吸收带时，消光系数会增大。另外，薄膜在蒸发过程中由于参数控制不当，也会产生较大的吸收。因此在介质薄膜的光学常数测量中，通常把介质薄膜视为弱吸收材料（消光系数 $k\ll1$），这样不但会更加切合实际，也会使实际镀制的薄膜与设计结果更加吻合。

为了直观地了解消光系数 k 对 R 和 T 的影响，图 6.3-2 示出了消光系数分别为 $k=10^{-3}$，10^{-2} 和 0.1 时，反射率 R 和透射率 T 的极值，以及 R 和 T 随波数的变化。从图中可以清楚地看到：

① 消光系数对透射率的影响要大于对反射率的影响。

② 对于较薄的薄膜,当 $k<10^{-2}$ 时对透射率、反射率的影响不是十分显著,但 $k>10^{-2}$ 之后的影响则十分显著。

③ 吸收的影响在半波长的位置最为明显。

人们研究出了许多确定微弱吸收薄膜光学常数的方法。这里重点介绍两种最为常用的方法。

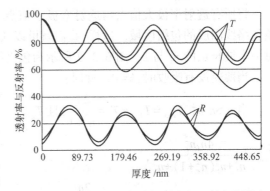

图 6.3-2　消光系数对薄膜透射率与反射率的影响

（1）Hall 方法

J. F. Hall 提出分析微弱吸收薄膜的方法:从 $T_{\lambda/2}$ 处计算薄膜的消光系数,从 $T_{\lambda/4}$ 处计算薄膜的折射率。由于单层吸收薄膜的透射率与反射率为

$$T_f = \frac{(n_f^2+k^2)n_s}{[(1+n_f)^2+k^2][(n_f+n_s)^2+k^2]} \cdot \frac{16\alpha}{1-2r_1r_2\alpha\cos\left(\dfrac{4\pi n_f d}{\lambda}+\delta_1+\delta_2\right)+r_1^2r_2^2\alpha^2}$$

$$R_f = \frac{r_1^2-2r_1r_2\alpha\cos\left(\dfrac{4\pi n_f d}{\lambda}+\delta_1+\delta_2\right)+r_2^2\alpha^2}{1-2r_1r_2\alpha\cos\left(\dfrac{4\pi n_f d}{\lambda}+\delta_1+\delta_2\right)+r_1^2r_2^2\alpha^2}$$

式中,α 为吸收率,且 $\alpha=\exp(-4\pi kd/\lambda)$;此外

$$r_1^2 = \frac{(n_f-n_0)^2+k^2}{(n_f+n_0)^2+k^2}, \quad r_2^2 = \frac{(n_f-n_s)^2+k^2}{(n_f+n_s)^2+k^2}; \quad \delta_1 = \arctan\frac{2n_0 k}{n_f^2-n_0^2+k^2}, \quad \delta_2 = \arctan\frac{2n_s k}{n_f^2-n_s^2+k^2}$$

入射介质为空气（折射率为 1.0）,r_1,r_2 为空气与薄膜和薄膜与基板界面的菲涅耳反射系数,δ_1,δ_2 为薄膜微弱吸收对反射与透射的位相的影响（注意这里的 R 与 T 均没有考虑样品基板后表面的影响）。

如果忽略了薄膜的微弱吸收对反射与透射位相的影响,则透射率和反射率可简化为

$$T_{f,\lambda/2} = \frac{(n_f^2+n_s^2)n_s}{[(1+n_f)^2+k^2][(n_f+n_s)^2+k^2]} \cdot \frac{16\alpha}{(1-r_1r_2\alpha)^2}, \quad R_{f,\lambda/2} = \frac{(r_1-r_2\alpha)^2}{(1-r_1r_2\alpha)^2}$$

在 $\lambda/4$ 处:　$$T_{f,\lambda/4} = \frac{(n_f^2+k^2)n_s}{[(1+n_f)^2+k^2][(n_f+n_s)^2+k^2]} \cdot \frac{16\alpha}{(1+r_1r_2\alpha)^2}, \quad R_{f,\lambda/4} = \frac{(r_1+r_2\alpha)^2}{(1+r_1r_2\alpha)^2}$$

因此,我们可以分别测试薄膜样品的反射与透射光谱并依据各极值点的反射率和透射率的大小,应用上面的公式,联立方程分别求出 $\lambda/2$ 处的消光系数与 $\lambda/4$ 处的折射率的值。该方法的缺点是只能计算出峰值点处的折射率和消光系数,不能给出所有波长点的折射率和消光系数。

（2）透射率包络线法

此方法利用 $\lambda/2$ 及 $\lambda/4$ 处透射率的值来计算微弱吸收薄膜的折射率与消光系数,因此有较强的实用性。

$$T_f = \frac{(16n_0 n_s \alpha)(n_f^2+k^2)}{A+B\alpha^2+2\alpha[C\cos(4\pi n_f d/\lambda)+D\sin(4\pi n_f d/\lambda)]}$$

式中
$$A = [(n_f+n_0)^2+k^2][(n_f+n_s)^2+k^2]$$
$$B = [(n_f-n_0)^2+k^2][(n_f-n_s)^2+k^2]$$
$$C = -(n_f^2-n_0^2+k^2)(n_f^2-n_s^2+k^2)+4k^2 n_0 n_s$$
$$D = 2kn_s(n_f^2-n_0^2+k^2)+2kn_0(n_f^2-n_s^2+k^2)$$
$$\alpha = \exp\left(-\frac{4\pi kd}{\lambda}\right)$$

将所有透射率极大值点与透射率极小值点分别连起来作两条包络线,形成出 T_{max} 与 T_{min} 两条包络线围成的包络区域。这样,我们就可以获得每个波长点上的 $T_{\lambda/2}$ 与 $T_{\lambda/4}$ 的值,进而计算出每一个波长点的 n_f 与 k。图 6.3-3 所示为包络线法的示意图。

当薄膜没有吸收时,$k=0$。此时:

当 $n_f>n_s$ 时,$T_{max}=T_{\lambda/2}=T_s=\dfrac{2n_s}{n_s^2+1}$,且 $T_{\lambda/4}=$

$$T_{min}=\frac{4n_fn_s^2}{n_f^4+n_f^2(n_s^2+1)+n_s^2};$$

当 $n_f<n_s$ 时,$T_{min}=T_{\lambda/2}=T_s=\dfrac{2n_s}{n_s^2+1}$,且 $T_{\lambda/4}=$

$$T_{max}=\frac{4n_fn_s^2}{n_f^4+n_f^2(n_s^2+1)+n_s^2}。$$

当 $k\neq0$ 时,有

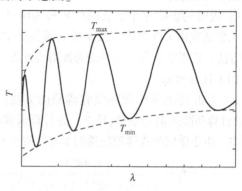

图 6.3-3　包络线法的示意图

$$T_{Fmax}=\frac{17n_0n_sn_f^2\alpha}{(C_1+C_2\alpha)^2} \tag{6.3-6}$$

$$T_{Fmin}=\frac{16n_0n_sn_f^2\alpha}{(C_1-C_2\alpha)^2} \tag{6.3-7}$$

式中 $$C_1=(n_0+n_f)(n_f+n_s),C_2=(n_0-n_f)(n_f-n_s)$$

考虑到基底后表面反射的影响,式(6.3-6)和式(6.3-7)变为

$$\frac{1}{T_{max}}-\frac{R_s}{T_s}\left[1+\frac{x}{16n_0n_sn_f^2\alpha}\right]=\frac{(C_1+C_2\alpha)^2}{16n_0n_sn_f^2\alpha} \tag{6.3-8}$$

$$\frac{1}{T_{min}}-\frac{R_s}{T_s}\left[1+\frac{x}{16n_0n_sn_f^2\alpha}\right]=\frac{(C_1-C_2\alpha)^2}{16n_0n_sn_f^2\alpha} \tag{6.3-9}$$

$$x=4n_sn_f(n_0+n_f)^2-4n_sn(n_f-n_0)^2\alpha^2-16n_0n_sn_f^2\alpha$$

式中,T_{max} 与 T_{min} 分别是实测的透射率最大值和最小值。由式(6.3-8)和式(6.3-9)可求得膜层的折射率为

$$n_f=\left[N+(N^2-n_0^2n_s^2)^{1/2}\right]^{1/2}$$

式中 $$N=(n_0^2+n_s^2)/2+2n_0n_s(1/T_{min}-1/T_{max})$$

根据极值点处的折射率和波长可求得膜层厚度为

$$d=\frac{m\lambda_1\lambda_2}{2[n(\lambda_1)\lambda_2-n(\lambda_2)\lambda_1]}$$

式中,m 为两个极值点之间干涉级次之差值。把膜层的折射率 n 代入式(6.3-8)和式(6.3-9),可求得

$$\alpha=\frac{-B\pm(B^2+4AC)^{1/2}}{2A}$$

式中 $$A=4n_sn_f(n_f-n_0)^2R_s/T_s-[(n_f-n_0)(n_s-n_f)]^2$$
$$B=8n_0n_fn_f^2(1/T_{max}+1/T_{min})$$
$$C=4n_sn_f(n_f+n_0)^2R_s/T_s+[(n_f+n_0)(n_s+n_f)]^2$$

如果同时测出反射率光谱曲线,那么可以求出膜层的非均匀性(薄膜折射率随厚度的变化)。对于非均匀薄膜,其特性可近似地用下列导纳特征矩阵表示

$$\begin{bmatrix}(n_i/n_1)^{1/2}\cos\delta & i\sin(n_i/n_1)^{1/2}\\ i(n_i/n_1)^{1/2}\sin\delta & (n_1/n_i)^{1/2}\cos\delta\end{bmatrix}$$

式中，n_i 为靠近基底侧膜层的折射率，n_1 为空气侧的折射率，而 $\delta=\dfrac{2\pi}{\lambda}(n-ik)d=a-ib$。

令　$x=n_0n_s/(n_1n_i)^{1/2}+(n_1n_i)^{1/2}$，　$y=n_0n_s/(n_1n_i)^{1/2}-(n_1n_i)^{1/2}$

$\quad\quad p=n_0(n_i/n_1)^{1/2}+n_s(n_1/n_i)^{1/2}$，　$q=n_0(n_i/n_1)^{1/2}-n_s(n_1/n_i)^{1/2}$

它们与极值折射率和透射率的关系为

$$\left.\begin{array}{l}(x+bp)^2=4n_0n_s/T_{Fmin}\\[4pt](p+bx)^2=4n_0n_s/T_{Fmax}\\[4pt](y+bq)^2=4n_0n_sR_{Fmax}/T_{Fmin}\\[4pt](q+by)^2=4n_0n_sR_{Fmin}/T_{Fmax}\end{array}\right\} \tag{6.3-10}$$

而 b 与极值反射率和透射率又有如下关系

$$b=\frac{(1-T_{Fmin}-R_{Fmax})/T_{Fmin}+(1-T_{Fmax}-R_{Fmin})/T_{Fmax}}{2(n_s/n_i)+n_i/(n_s+b')} \tag{6.3-11}$$

表征非均匀性的折射率为

$$n_1=n_0\left[\frac{(x-y)(p-q)}{(x+y)(p+q)}\right]^{1/2}，\quad n_i=n_s\left[\frac{(x-y)(p+q)}{(x+y)(p-q)}\right]^{1/2} \tag{6.3-12}$$

这样即可把由实测的透射率光谱曲线确定的 b 值作为求解膜层非均匀性的初始解 b'，通过式 (6.3-10)~式 (6.3-12) 多次迭代，最终得到膜层的平均折射率 $n_f=0.5(n_1+n_i)$，表征非均匀性的折射率 n_1 和 n_i，消光系数 k 和几何厚度 d。

（3）从透射率或反射率曲线求解多波长光学常数的反演法

该方法的运用是基于现代计算机技术的发展，使得大规模的反演运算成为可能。我们可以应用计算机，用数值计算的方法，通过拟合测试获得的薄膜光谱透射率曲线，反演得出薄膜的光学常数。

借助 Forouhi-Bloomer 色散模型，利用改进的单纯形方法拟合薄膜的透射率光谱曲线，从而获得薄膜厚度、折射率和消光系数。该方法只需简单地测量透射率曲线，就可以测试各种薄膜的光学常数，特别适合于较薄的、在可见光区具有很大吸收的半导体薄膜。

由测得的透射率曲线，确定薄膜光学常数和厚度是一个反演过程，由已知薄膜系统的响应来确定系统的参数，首先选定一组初始的 $n(\infty)$，E_g，A_i，B_i，C_i 的值，由 Forouhi-Bloomer 色散模型公式可以得到薄膜的初始迭代 n 和 k，代入薄膜传播矩阵后，就可计算各个波长处的透射率 $T(\lambda_i)_{calc}$。通过最小化理论计算值与分光光度计测得的透射率值之差，就能获得薄膜的光学常数和厚度。因此目标函数取为

$$\text{Metric}=\sum_{\lambda_i}\left(\frac{T(\lambda_i)_{exp}-T(\lambda_i,d,E_g,n(\infty),A_i,B_i,C_i,\cdots)_{calc}}{\sigma(\lambda_i)}\right)+\varphi \tag{6.3-13}$$

式中，$T(\lambda_i)_{exp}$ 是分光光度计测得的透射率；$T(\lambda_i,d,E_g,n(\infty),A_i,B_i,C_i,\cdots)_{calc}$ 是理论计算得到的数值；$\sigma(\lambda_i)$ 是分光光度计的测量误差，一般取为 1%。最小化目标函数 Metric，就是优化色散模型中的各个参数，F-B 模型中 $n(\infty)$，E_g，A_i，B_i，C_i 等参数。式 (6.3-13) 中 φ 的定义为

$$\varphi=\begin{cases}0，&\text{有物理意义}\\M，&\text{无物理意义}\end{cases} \tag{6.3-14}$$

对于没有物理意义的参数 $\varphi=M$，M 是一个极大的数，一般为定值，是一个惩罚函数，使优化过程中自动远离那些没有物理意义的值，这样就把一个约束优化问题变成一个无约束优化问题。

单纯形方法是光学薄膜优化中运用较多的方法,它受初始结构的影响小,并且不需要计算导数,因此特别适用于这种表达式较复杂而且变量较多的情况。Forouhi-Bloomer 色散模型中的参数都有一个范围,如 $n(\infty) = 1 \sim 5$ 等,而薄膜的物理厚度为 $10 \sim 3000\,nm$,因此在确定薄膜光学常数的优化过程中,作为变量的物理厚度和色散模型中各参数在数值上有很大差别,应对它们做一些修改,进行归一化处理

$$v_x' = (v_x - v_x^1)\frac{d_x^2 - d_x^1}{v_x^2 - v_x^1} + d_x^1 \qquad (6.3-15)$$

式中,v_x 表示色散模型的参数变量,d_x 表示薄膜的厚度变量,这样在 $[v_x^1, v_x^2]$ 中均匀分布的色散变量就转化成 $[d_x^1, d_x^2]$ 中均匀分布的变量,给单纯性提供了一个良好的搜索空间。

应用该方法可以十分方便地从单个透射光谱的测试中求出薄膜的 $n(\lambda)$ 与 $k(\lambda)$。

也可用柯西色散关系,通过确认 3 个参数的方法,从薄膜的反射率曲线,直接获得折射率的色散值。但是反射率光谱对薄膜样品的吸收不灵敏,所以反射率光谱的反演,只能得到薄膜折射率的实部。

6.3.2 椭圆偏振法确定薄膜的光学常数

椭圆偏振测量(椭偏术)是研究两种媒质界面或薄膜中发生的现象及其特性的一种光学方法,其原理是利用偏振光束在界面或薄膜上反射或透射时出现的偏振变换。椭圆偏振测量的应用范围很广,如半导体、光学掩膜、圆晶、金属、介质薄膜、玻璃(或镀膜)、激光反射镜、大面积光学薄膜、有机薄膜等;也可用于介电、非晶半导体、聚合物薄膜、薄膜生长过程的实时监测等。借助于计算机后,具有可手动改变入射角度、实时测量、快速获取数据等优点。它是一种高灵敏度的薄膜光学常数的检测方法,对金属薄膜、介质薄膜都适用,而且由于灵敏度高,所以也是超薄光学薄膜的基本测试手段。

椭偏法除了可以测量薄膜的基本光学常数,还可以用来测量薄膜的偏振特性、色散特性和各向异性,特别是在研究薄膜生长的初始阶段,沉积晶粒生长到能用电子显微镜观察以前的阶段,并用来计算吸附分子层的厚度和密度等。

1. 椭圆偏振法的测试原理

若一平行光以 φ_0 入射到如图 6.3-4 所示的镀有单层薄膜的样品上,那么在入射介质和薄膜界面,以及薄膜和基底界面上会产生反射光和折射光的多光束干涉。

这里我们用 2δ 表示相邻两个分波的位相差,其中 $\delta = (2\pi d n_f \cos\varphi_1)/\lambda$,用 r_{1p}、r_{1s} 分别表示光线的 p 分量、s 分量在第一个界面的反射系数,用 r_{2p}、r_{2s} 分别表示光线的 p 分量、s 分量在第二个界面的反射系数。由多光束干涉的复振幅计算可知

$$E_{rp} = \frac{r_{1p} + r_{2p}e^{-i2\delta}}{1 + r_{1p}r_{2p}e^{-i2\delta}}E_{ip} \qquad (6.3-16)$$

$$E_{rs} = \frac{r_{1s} + r_{2s}e^{-i2\delta}}{1 + r_{1s}r_{2s}e^{-i2\delta}}E_{is} \qquad (6.3-17)$$

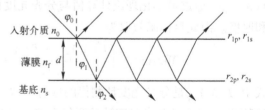

图 6.3-4　光在单层薄膜中的传播

式中,E_{ip} 和 E_{is} 为入射光波电矢量的 p 分量和 s 分量,E_{rp} 和 E_{rs} 为反射光波电矢量的 p 分量和 s 分量,将这 4 个量写成 1 个比量,即

$$\rho = \frac{r_p}{r_s} = \frac{E_{rp}/E_{ip}}{E_{rs}/E_{is}} = \frac{r_{1p} + r_{2p}e^{-i2\delta}}{1 + r_{1p}r_{2p}e^{-i2\delta}} \cdot \frac{1 + r_{1s}r_{2s}e^{-i2\delta}}{r_{1s} + r_{2s}e^{-i2\delta}} = \tan\psi\, e^{i\Delta} \qquad (6.3-18)$$

薄膜的椭偏函数 ρ 是一个复数,可用 $\tan\psi$ 和 Δ 表示它的模和辐角,其表达式为 $\rho = |r_p/r_s|\,e^{i(\delta_p - \delta_s)}$。

上述公式的过程量转换可由菲涅耳公式和折射率公式给出：

$$
\left.
\begin{aligned}
r_{1p} &= (n_f\cos\varphi_0 - n_0\cos\varphi_1)/(n_f\cos\varphi_0 + n_0\cos\varphi_1) \\
r_{2p} &= (n_s\cos\varphi_1 - n_f\cos\varphi_2)/(n_s\cos\varphi_1 + n_f\cos\varphi_2) \\
r_{1s} &= (n_0\cos\varphi_0 - n_f\cos\varphi_1)/(n_0\cos\varphi_0 + n_f\cos\varphi_1) \\
r_{2s} &= (n_f\cos\varphi_1 - n_s\cos\varphi_2)/(n_f\cos\varphi_1 + n_s\cos\varphi_2) \\
n_0\sin\varphi_0 &= n_f\sin\varphi_1 = n_s\sin\varphi_2 \\
\delta &= 2\pi n_f d\cos\varphi_1/\lambda
\end{aligned}
\right\}
\tag{6.3-19}
$$

式中，ρ 是 $n_0, n_f, n_s, d, \lambda, \varphi_1$ 的函数（φ_2, φ_3 可用 φ_1 表示）。由 $\rho = |r_p/r_s|\,\mathrm{e}^{\mathrm{i}(\delta_p-\delta_s)}$ 可知，$\psi = \arctan|r_p/r_s|$，Δ 为 p 光反射位相与 s 光反射位相之差，即 $\Delta = \delta_p - \delta_s$，称 ψ 和 Δ 为椭偏参数。上述复数方程表示两个方程：

$$
\mathrm{Re}\left[\tan\psi\,\mathrm{e}^{\mathrm{i}\Delta}\right] = \mathrm{Re}\left[\frac{r_{1p}+r_{2p}\mathrm{e}^{-\mathrm{i}2\varphi}}{1+r_{1p}r_{2p}\mathrm{e}^{-\mathrm{i}2\delta}}\cdot\frac{r_{1s}+r_{2s}\mathrm{e}^{-\mathrm{i}2\varphi}}{1+r_{1s}r_{2s}\mathrm{e}^{-\mathrm{i}2\delta}}\right]
$$

$$
\mathrm{Im}\left[\tan\psi\,\mathrm{e}^{\mathrm{i}\Delta}\right] = \mathrm{Im}\left[\frac{r_{1p}+r_{2p}\mathrm{e}^{-\mathrm{i}2\varphi}}{1+r_{1p}r_{2p}\mathrm{e}^{-\mathrm{i}2\delta}}\cdot\frac{r_{1s}+r_{2s}\mathrm{e}^{-\mathrm{i}2\varphi}}{1+r_{1s}r_{2s}\mathrm{e}^{-\mathrm{i}2\delta}}\right]
$$

若能从实验测出 ψ 和 Δ，原则上就可以解出 n_f 和 d（$n_0, n_s, d, \lambda, \varphi_1$ 为已知），根据式（6.3-16）~式（6.3-19），推导出 ψ 和 Δ 与 $r_{1p}, r_{1s}, r_{2p}, r_{2s}$ 和 δ 的关系：

$$
\tan\psi = \left[\frac{r_{1p}^2+r_{2p}^2+2r_{1p}r_{2p}\cos2\delta}{1+r_{1p}^2r_{2p}^2+r_{1p}r_{2p}\cos2\delta}\cdot\frac{1+r_{1s}^2r_{2s}^2+2r_{1s}r_{2s}\cos2\delta}{r_{1s}^2+r_{2s}^2+2r_{1s}r_{2s}\cos2\delta}\right]^{1/2}
\tag{6.3-20}
$$

$$
\Delta = \arctan\frac{-r_{2p}(1-r_{1p}^2)\sin2\delta}{r_{1p}(1+r_{2p}^2)+r_{2p}(1+r_{1p}^2)\cos2\delta} - \arctan\frac{-r_{2s}(1-r_{1s}^2)\sin2\delta}{r_{1s}(1+r_{2s}^2)+r_{2s}(1+r_{1s}^2)\cos2\delta}
\tag{6.3-21}
$$

这就是椭圆偏振仪测量薄膜的基本原理。

2. 椭圆偏振仪

椭圆偏振仪（简称椭偏仪）从测量原理上可分为两大类：一类称消光型，如图 6.3-5(a)所示，即以寻求输出最小光强位置为主要操作步骤的椭圆偏振仪；另一类是光度型，如图 6.3-5(b)所示，以测量、分析输出光强变化为目的的椭圆偏振仪。

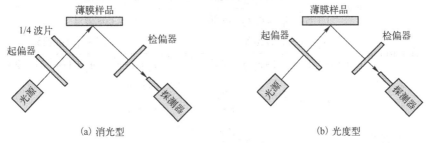

(a) 消光型　　　　　　　　　　　　　　　(b) 光度型

图 6.3-5　椭圆偏振仪

目前椭偏仪的发展非常快，特别是宽波段的光谱椭偏系统已经成为大型的表面或薄膜的精密光学检测设备。

椭偏法具有很高的测量灵敏度和精度。ψ 和 Δ 的重复性精度已经分别达到 ±0.01° 和 ±0.02°，厚度和折射率的重复性精度可分别达到 0.01 nm 和 10^{-4}，且入射角可在 30°~90° 内连续调节，以适应不同样品；测量时间达到 ms 量级，因此，也可用于薄膜生长过程中的厚度和折射率的实时在线监控。影响测量准确度的因素很多，如入射角、系统的调整状态、光学元件质量、环境噪声、样品表面状态、实际待测薄膜与数学模型的差异等。特别是当薄膜折射率与基底折射率相接近(如玻璃基底上的 SiO_2 薄膜),薄膜厚度较小和薄膜厚度及折射率范围位于 (n_f,d)-(ψ,Δ) 函数斜率较大区域时,用椭偏仪同时测得薄膜的厚度和折射率与实际情况有较大的偏差。因此,即使对于同一种样品,不同厚度和不同折射率范围、不同的入射角和波长都存在不同的测量精确度。

椭圆偏振法存在一个膜厚周期 d_0(如 70° 入射角,SiO_2 膜,则 $d_0 = 284\,nm$),在一个膜厚周期内,椭偏法测量膜厚有确定值。若待测膜厚超过一个周期,则膜厚有多个不确定值。透明介质薄膜的椭偏参数与薄膜折射率及厚度的关系如图 6.3-6 所示,可以看出厚度超过一定值之后的多解现象。

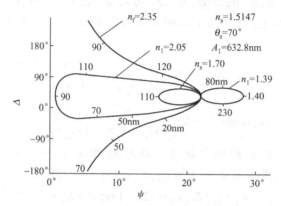

图 6.3-6　透明介质薄膜的椭偏参数与薄膜折射率及厚度的关系

虽然可采用多入射角或多波长法确定周期数,但实现起来比较困难。实际上可采用其他方法,如干涉法、光度法或台阶仪等配合完成周期数的确定。

因此,椭偏法适合于透明的或弱吸收的各向同性的厚度小于一个周期的薄膜,也可用于多层膜的测量。

3. 椭偏参数的反演

对于单层薄膜,反射椭偏参数可以表示为

$$\tan\psi = \left[\frac{r_{1p}^2 + r_{2p}^2 + 2r_{1p}r_{2p}\cos2\delta}{1 + r_{1p}^2 r_{2p}^2 + 2r_{1p}r_{2p}\cos2\delta} \cdot \frac{1 + r_{1s}^2 r_{2s}^2 + 2r_{1s}r_{2s}\cos2\delta}{r_{1s}^2 + r_{2s}^2 + 2r_{1s}r_{2s}\cos2\delta}\right]^{1/2}$$

$$\Delta = \arctan\frac{-r_{2p}(1-r_{1p}^2)\sin2\delta}{r_{1p}(1+r_{2p}^2) + r_{2p}(1+r_{1p}^2)\cos2\delta} - \arctan\frac{-r_{2s}(1-r_{1s}^2)\sin2\delta}{r_{1s}(1+r_{2s}^2) + r_{2s}(1+r_{1s}^2)\cos2\delta}$$

可以改写成

$$\rho = \tan\psi e^{i\Delta} = \frac{r_{1p}}{r_{1s}} = \frac{r_{1p} + r_{2p}e^{-2i\delta}}{1 + r_{1p}r_{2p}e^{-2i\delta}}g\frac{1 + r_{1s}r_{2s}e^{-2i\delta}}{r_{1s} + r_{2s}e^{-2i\delta}}$$

令 $e^{-2i\delta} = Bx$,则上式为

$$\rho = \frac{A + Bx + Cx^2}{D + Ex + Fx^2}$$

同时可以写成

$$(C - F\rho)x^2 + (B - E\rho)x + (A - D\rho) = 0$$

所以它是 x 的二次方程,一般有两个复数解。由于 $x = e^{-2i\delta} = e^{-i\frac{4\pi n_f d\cos\varphi_1}{\lambda}}$,即薄膜的位相厚度,我们可以得到

$$d = \frac{\lambda}{4\pi(n_2^2 - n_1^2\sin^2\varphi_1)^{1/2}}\mathrm{i}\ln x = d_R + \mathrm{i}d_I$$

由于 x 为复数解,$\ln x$ 也是复数,所以上式 d 的解一般为复数。考虑到薄膜的实际厚度是实数,所以我们就可以取 d_I 为零时作为解的判据。

建立评价函数：

$$d_1 = \mathrm{Re}\left[\frac{\lambda}{4\pi(n_2^2 - n_1^2 \sin^2\varphi_1)^{1/2}} \ln x\right] = 0$$

在 n_f 的预定范围内，寻找满足上式（或使 d_1 绝对值最小）的薄膜折射率 n_f，然后将其代入上式求出薄膜的几何厚度 d。

另一种方法是利用 $x = e^{-2i\delta} = e^{-i\frac{4\pi n_f d\cos\varphi}{\lambda}}$，则 $|x| = 1$，$\ln|x| = 0$。因此实际找 n_f 的解就是找适当的 n_f，使 $\ln|x| = 0$。利用 $\ln|x|$ 作为评价函数的优点是在许多情况下，函数 $\partial\ln|x|/\partial n_f$ 接近线性函数，故可以用牛顿迭代法，较快地求出薄膜的折射率。我们可以构建迭代函数：

$$n_{f,m+1} = n_{f,m} - \frac{\ln|x(n_{f,m})|}{\dfrac{\ln|x(n_{f,m-1})| - \ln|x(n_{f,m})|}{n_{f,m+1} - n_{f,m}}}$$

式中，$\ln|x(n_{f,m})|$ 和 $\ln|x(n_{f,m-1})|$ 分别为第 m 和 $m-1$ 次迭代的 $\ln|x|$ 的值。这样的数值计算速度较快，特别是针对已知薄膜的折射率在一定的范围内时，速度很快。

应该指出的是，由于椭偏法将薄膜光学特性的测量转换为偏振光角度量的测量，因此具有很高的灵敏性。灵敏性高是好事，但同时影响因素也很多。例如，薄膜的折射率非均匀性对椭偏法的测试结果就有很大的影响。

另外测量 s 偏振光与 p 偏振光必然使椭偏法与薄膜的折射率各向异性相联系，前面的处理都认为薄膜是各向同性、均匀折射率的膜层。当薄膜的折射率为各向异性且折射率为非均匀性时得不到很好的测试结果。当然，人们也经常用椭偏法来研究薄膜的折射率各向异性。

椭偏法也是测试吸收基底光学常数的很好的方法。当为金属基底或厚的金属薄膜时（不透光，即膜层底部的反射光强与膜层表面的反射光强之比小于 1/50 时，如对金属银薄膜可见区 60 nm 就可视为厚膜，铝薄膜 30 nm 就可以视为厚膜），我们可以用椭偏法直接测试这样的薄膜或基底的光学常数。

对于金属厚膜，其特定光学常数为 $n-ik$，只有两个参量（n 和 k）要定，我们可以推出椭偏参数与这两个待定参量之间的关系为

$$(n-ik)^2 = n_0^2 \sin^2\theta_0 \left[1 + \tan^2\theta_0 \frac{\cos^2 2\psi - \sin^2 2\psi\sin\Delta - i\sin 4\psi\sin\Delta}{(1 + \sin 2\psi\cos\Delta)^2}\right]$$

式中，n_0 为媒质的折射率；θ_0 为入射媒质的入射角。从该关系式可以得到实部相等和虚部相等两个等式，联立可以解出金属膜的折射率：

$$\begin{cases} n^2 - k^2 = n_0^2 \sin^2\theta_0 \left[1 + \tan^2\theta_0 \dfrac{\cos^2 2\psi - \sin^2 2\psi\sin\Delta}{(1 + \sin 2\psi\cos\Delta)^2}\right] \\ 2nk = \dfrac{n_0^2 \sin^2\theta_0 - \tan^2\theta_0 \sin 4\psi\sin}{(1 + \sin 2\psi\cos\Delta)^2} \end{cases}$$

如果金属膜较薄，需要同时测试金属膜的复折射率与厚度，这时一组椭偏参数已经不能满足求解的要求，因此可以通过改变入射角再测一组椭偏参数，或利用光谱椭偏参数系统增加方程的数目，进而求解出金属膜的光学常数。

6.3.3　薄膜厚度的测量

薄膜的厚度可以通过前面所讲到的光度法和椭圆偏振法获得，也可以用其他方法直接测量获得。表 6.3-1 示出了各种薄膜厚度测量方法的主要参数。在这些方法中，大多数只能在薄膜制备完成以后使用，只有少数方法可用于实时测量。

表 6.3-1　不同薄膜厚度测量方法的主要参数

测量方法	测量范围	测量精度	备注
轮廓仪测量法	>2 nm	0.1 nm	需要制备台阶
等厚干涉法	3~2000 nm	1~3 nm	需要制备台阶和反射层
等色干涉法	1~2000 nm	0.2 nm	需要制备台阶和反射层,需要光谱仪
变角度干涉法	80nm~10μm	0.02%	透明薄膜和反光基底
等角反射干涉法	40nm~20μm	1 nm	透明薄膜
椭圆偏振法	零点几纳米至数微米	0.1 nm	数学分析复杂
石英晶体振荡法	0.1纳米至数微米	<0.1 nm	厚度较大时具有非线性效应
称重法	无限制	—	精度取决于薄膜密度

最常用的两种直接测量方法如下。

1. 轮廓仪测量法

探针式轮廓仪又称表面粗糙度仪,主要用于测量零件的表面粗糙度。其测量原理是,把仪器上细小的探针接触到样品的表面,并进行扫描,在扫描过程中,随着探针的横向运动,探针就随着表面高低不平的轮廓上下运动,测出表面峰谷的高度,因而可以测出基底到薄膜表面的高度,从而进行膜层厚度的测量,如图 6.3-7 所示。由于探针在垂直方向上的位移可以通过机械、电子或光学的方法放大几千甚至几百万倍,因此垂直位移上的分辨率可以达到 0.1nm 左右。用探针式轮廓仪测量薄膜的厚度必须在薄膜的表面做一个台阶,从而造成一个高度差。做台阶的方法有两种,一种是在镀膜前对基底表面进行遮蔽;另一种是在镀膜后采用刻蚀的方法去除薄膜。

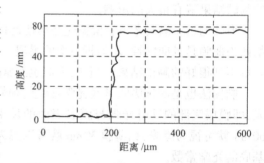

图 6.3-7　探针式轮廓仪测量薄膜的厚度

这种方法具有操作简单、测量直观等优点。其缺点是:容易划伤薄膜,特别是软薄膜的表面并引起测量误差;对表面粗糙的薄膜,其测量误差较大。

尽管在探针上施加的力很小,通常只有 1~30mg,但是由于探针头很小,因而探针对薄膜表面的压强很大,即在薄膜较软时,薄膜表面的划伤以及由此引起的测量误差是不能忽略的。此外,探针的大小也是影响薄膜厚度测量的一个主要因素,探针的直径一般为 3~40μm,测量时对薄膜表面的微粗糙度具有一定的积分平滑效应。

2. 干涉测量法

干涉测量法主要分为双光束干涉法和多光束干涉法。双光束干涉法的原理是利用光的干涉现象,通过干涉显微镜来实现对薄膜厚度的测量。其干涉系统主要由迈克耳孙干涉仪和显微镜组成,图 6.3-8(a)所示为双光束干涉法薄膜厚度测量原理示意图。

由光源发出的一束单色光经聚光镜和分光镜后分成强度相同的参考光束和测量光束,分

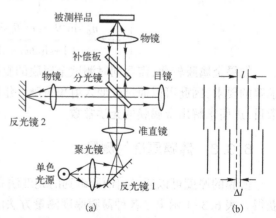

图 6.3-8　双光束干涉法薄膜厚度测量

别经参考反光镜 2 和样品后发生干涉。两条光路的光程基本相等,当它们之间有一夹角时,就产生明暗相间的等厚干涉条纹。将薄膜制成台阶,则测量光束从薄膜反射和从基底表面反射的光程不同,它们和参考光束干涉时,由于光程差不同而使同一级次的干涉条纹发生偏移,如图 6.3-8(b)所示。由此便可以求出台阶的高度,即薄膜的厚度为

$$d = \frac{\Delta l}{l} \cdot \frac{\lambda}{2} \tag{6.3-22}$$

式中,Δl 是同一级次干涉条纹移动的距离;l 为明暗条纹的间距,其可通过测微目镜测出;λ 为入射的已知光波的波长。

该测量方法的特点是非接触、非破坏测量,测量的薄膜厚度为 $3 \sim 2000$ nm,测量精度一般为 $\lambda/10 \sim \lambda/20$。

如果在薄膜沉积时或在沉积后能在待测薄膜上制备出一个台阶,也可利用多光束等厚干涉或等色干涉的方法方便地测量出台阶的高度,即薄膜的厚度。

图 6.3-9(a)所示为多光束等厚干涉法测量薄膜厚度原理示意图。首先,在薄膜的台阶上下均匀地沉积一层高反射率的金属层,如 Al 或 Ag。然后在薄膜上覆盖上一块半反射半透射的平板玻璃片(参考玻璃)。在单色光的照射下,玻璃片和薄膜之间光的反射将导致干涉现象的出现。由等厚干涉的基本条件可知,出现光的干涉的极大条件为薄膜(或基底)与玻璃片之间的距离 L 引起的光程差为入射光波长 λ 的整数倍,即

$$2L + \frac{\lambda}{2\pi}\delta = m\lambda$$

式中,δ 为光在玻璃片和薄膜表面发生两次反射时造成的位相移动;m 为任意正整数。由于从玻璃片表面的反射和从薄膜表面的反射均为向空气中的反射,因而两次反射造成的位相移动之和等于 2π,即光干涉形成极大的条件为

$$L = \frac{1}{2}(N-1)\lambda$$

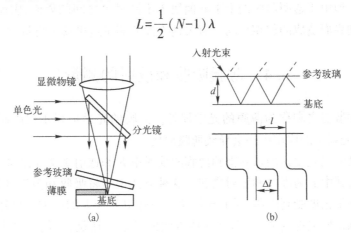

图 6.3-9　多光束等厚干涉法测量薄膜厚度

由于玻璃片与薄膜之间一般是非完全平行的,因而即使在薄膜表面不存在台阶的情况下,玻璃片与薄膜间光的反射也将导致干涉条纹的出现。由上式可知,在玻璃片和薄膜的间距 L 增加 $\Delta L = \lambda/2$ 时,将出现一条对应的干涉条纹。设此类干涉条纹的间隔为 l。

参考图 6.3-9(a)可知,薄膜上形成的厚度台阶也会引起光程差的改变,因而它会使得从显微镜中观察到的光的干涉条纹发生移动,如图 6.3-9(b)所示。因此,条纹移动 Δl 所对应的台阶高度应为

$$d = \frac{\Delta l}{l} \cdot \frac{\lambda}{2} \tag{6.3-23}$$

因此，用光学显微镜测量出 l 和 Δl，就可以计算出台阶的高度，也即测出了薄膜的厚度。

在薄膜上沉积金属层可以显著提高薄膜表面对光的反射率，从而大大提高干涉条纹的明锐程度和等厚干涉法的测量精度。例如，在使用波长 $\lambda=564\,nm$ 的单色光的情况下，将薄膜表面光的反射率提高到 90% 左右，可将薄膜厚度的测量精度提高到 $1\sim3\,nm$ 的水平。

等色干涉法与上述方法的实验装置基本相同。但由于等色干涉法使用非单色光源照射薄膜表面，因而不会观察到等厚干涉条纹的出现。但是，在利用光谱仪的情况下，可以记录到一系列满足干涉极大条件的光波波长 λ。由光谱仪检测到相邻两级干涉极大的条件为

$$2L=m\lambda_1=(m+1)\lambda_2 \tag{6.3-24}$$

式中，L 仍为玻璃片与薄膜的间距；λ_1、λ_2 是非单色光中引起干涉极大的光波波长；m 是相应干涉的级数。与此同时，在薄膜台阶上下形成 m 级干涉条纹的波长也不相同，其波长差 $\Delta\lambda$ 满足

$$2d=2(L+Dd)-2L=m\Delta\lambda \tag{6.3-25}$$

这样，由测量得出的 $\Delta\lambda$ 和 m，即可求出台阶高度 d。联立式（6.3-24）和式（6.3-25）可得

$$d=\frac{\Delta\lambda}{\lambda_1-\lambda_2}\frac{\lambda_2}{2} \tag{6.3-26}$$

式（6.3-26）与式（6.3-23）具有相似的形式，但这里不再利用显微镜来观察干涉条纹的移动，而是采用光谱仪测量玻璃片、薄膜间距 L 引起的相邻两个干涉极大条件下的光波长 λ_1、λ_2，以及台阶 d 引起的波长差 $\Delta\lambda$，并由此推算薄膜台阶的高度。等色干涉法的厚度分辨率高于等厚干涉法，可以达到小于 1nm 的水平。

对于透明薄膜来说，其厚度也可以用上述的等厚干涉法进行测量。这时，仍需在薄膜表面制备一个台阶，并沉积上一层金属反射膜。

但透明薄膜的上下表面本身就可以引起光的干涉，因而可以直接用于薄膜的厚度测量而不必预先制备台阶。但由于透明薄膜的上下界面属于不同材料之间的界面，因而在光程差计算中需要分别考虑不同界面造成的位相移动。有关这方面的测量这里就不再赘述了。

6.4　薄膜吸收和散射的测量

薄膜的吸收和散射之和称为薄膜的光学损耗。薄膜的光学损耗不仅限制了薄膜的光学特性，而且在高能激光系统的应用中还会导致薄膜损伤。

如果用高精度分光光度计测量并得到薄膜的反射率 R 和透射率 T，则根据能量守恒定律，可得损耗 $L=1-R-T$，其中 L 为吸收和散射之和。这种方法很难将吸收和散射区分开来，而且由于反射率和透射率测量精度受到限制，对低损耗薄膜势必引入较大的误差。虽然受抑全反射等技术是比较灵敏的测量低损耗的方法，但是这些方法的灵敏度还是较低，而且不能区分吸收和散射，所以有必要分别对吸收和散射进行独立的研究。

6.4.1　薄膜吸收损耗的测量

测量薄膜吸收损耗有两种方法：一种是通过测量薄膜的消光系数 k 或吸收系数 $\alpha(\alpha=4\pi k/\lambda)$，经过计算得到吸收率；另一种是直接测量薄膜的吸收率 A，其中最常用的方法是量热法。

1.　通过消光系数 k 计算薄膜的吸收率

假设 k（或 α）已知或通过光学常数的测量已经获得，来求薄膜的吸收率。图 6.4-1 所示为光在单层膜中的传播，实线表示正向波，虚线表示反向波。对正、反向波分别求和得

$$E^+(z) = E_0 \frac{t_{01}\exp(i\delta^+)}{1-r_{12}r_{10}\exp(i2\delta)}, \quad E^-(z) = E_0 \frac{t_{01}r_{12}\exp[i(\delta+\delta^-)]}{1-r_{12}r_{10}\exp(i2\delta)}$$

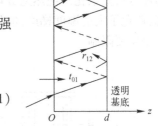

图 6.4-1 光在透明基底薄膜(n_1)中的传播

式中，$\delta = 2\pi n_1 d/\lambda$，$\delta^+ = 2\pi n_1 Z/\lambda$，$\delta^- = 2\pi n_1(d-Z)/\lambda$。于是，电场强度为

$$\begin{aligned}
E^2(z) &= |E^+(z)+E^-(z)|^2 \\
&= E_0^2 \frac{t_{01}^2\{1+r_{12}^2+2r_{12}\cos[4\pi n_1(z-d)/\lambda]\}}{1-2r_{12}r_{10}\cos(4\pi n_1/\lambda)+(r_{12}r_{10})^2}
\end{aligned} \qquad (6.4-1)$$

假定膜层镀在半无限厚的基底上，则吸收率为

$$A = \frac{\alpha n_1}{n_0 E_0^2}\int_0^d E^2(z)\,\mathrm{d}z \qquad (6.4-2)$$

将式(6.4-1)代入式(6.4-2)，积分得

$$A = \frac{n_1}{n_0}\cdot\frac{t_{01}^2\alpha d}{1-2r_{12}r_{10}\cos(4\pi n_1/\lambda)+(r_{12}r_{10})^2}\left[(1+r_{12}^2)^2+\frac{r_{12}\lambda}{2\pi n_1 d}\sin(4\pi n_1/\lambda)\right] \qquad (6.4-3)$$

当膜厚为1/4波长整数倍($n_1 d = m\lambda/4$)时，式(6.4-3)可简化为

$$A_{\lambda/4} = \frac{m\alpha\lambda}{n_0}\cdot\frac{t_{01}^2(1+r_{12}^2)}{4(1+r_{12}r_{10})^2} = \frac{m\alpha\lambda}{2n_0}\cdot\frac{(n_1^2+n_2^2)}{(n_1^2+n_2^2)^2} \qquad (6.4-4)$$

以上推导了单层膜的吸收率与消光系数 k（或 α）之间的关系。对多层膜，由于膜系结构各不相同，得到 A 与 k 之间的关系更加困难。对激光高反射膜 $G(HL)^n HA$，当 n 足够大时，薄膜吸收率的近似表达式为

$$A = \frac{2\pi n_0}{n_H^2-n_L^2}(k_H+k_L)$$

式中，n_H 和 k_H 分别是高折射率材料的折射率和消光系数，n_L 和 k_L 分别是低折射率材料的折射率和消光系数。但是，如果膜系结构稍稍改变为 $G(HL)^n A$，吸收率则完全不同，其表达式为

$$A = \frac{2\pi(n_L^2 k_H+n_H^2 k_L)}{n_0(n_H^2-n_L^2)}$$

这说明对特定的膜系必须推导特定的表达式，然后才能计算吸收率。

2. 薄膜吸收率的直接测量——量热法

量热法的测量原理是很简单的，用激光束照射薄膜样品，由于样品存在吸收，于是产生温度变化，测量这个温度变化，便可以求出吸收率。目前常用的量热计有两种：热偶量热计和光声量热计。其中热偶量热计使用比较广泛，它又分为两种：一种是速率型，将样品加热到稳态温度（即样品吸收激光功率的速率与损失热能的速率相等）后关闭激光，测量温度下降的速率；第二种是绝热型，即样品处于绝热状态，测量激光辐射前后的温度，从而计算出吸收率。

图 6.4-2 为速率型量热计的示意图。它的测量原理是，样品冷却到环境温度，由于是用冷水冷却的，所以环境温度为 0℃；然后用功率为 P_0 的氩离子或染料（做波长扫描）激光束加热样品，直到样品温度达到稳态温度 T_e（实际上稍高于 T_e 而且 T，$T-T_e<1\mathrm{K}$）。关闭激光，让样品逐渐冷却恢复到初始热平衡态，测量冷却过程中不同时刻的温度，则可求出样品的吸收率为

$$A = mc\rho T_e/P_0 \qquad (6.4-5)$$

式中，m 和 c 分别是样品的质量和比热容；ρ 是冷却速率常数，有

$$\rho = \frac{1}{T}\cdot\frac{\mathrm{d}T}{\mathrm{d}t}$$

$\mathrm{d}T/\mathrm{d}t$ 可以从冷却过程收集的数据中，通过对 $\lg T$ 和时间 t 之间的线性关系做最小二乘拟合确定。

速率型量热计的主要缺点是,当材料具有较低的热传导时,样品内存在着大的温度梯度,从而使分析复杂化。绝热型量热计在一定程度上克服了这一缺点,因为样品与环境处于热平衡状态,避免了大的温度梯度,但是它的重复性在很大程度上取决于绝热条件,这是绝热型量热计的一个主要限制。

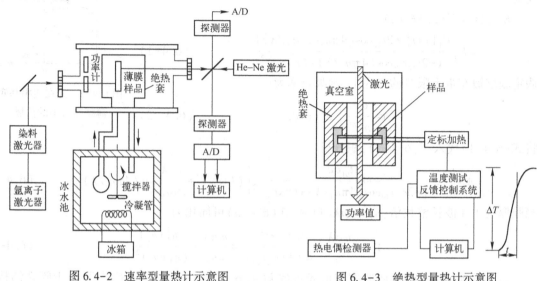

图 6.4-2　速率型量热计示意图　　　图 6.4-3　绝热型量热计示意图

图 6.4-3 是绝热型量热计示意图,样品放在绝热套中,绝热套再放在高真空容器中。开始时,样品与环境处于平衡状态,当激光打开后,样品升温吸热,此时由装在样品及绝缘套上的热敏电阻感应出样品与环境的温度差,通过反馈电路驱动装在绝缘套上的加热器,绝缘套温度逐渐升高,直至与样品温度一致时为止。这样,样品与环境之间不存在热交换。经过时间 t 的激光照射以后,关掉激光,测得样品温度,吸收率为

$$A = mc\Delta T / (P_0 t) \tag{6.4-6}$$

式中,ΔT 为温升。如果利用定标加热,可不必已知样品的质量 m 和比热容 c,此时,吸收率为

$$A = \frac{\Delta T_1}{\Delta T_c} \cdot \frac{\Delta Q_c}{P_0 t} \tag{6.4-7}$$

式中,ΔT_l 和 ΔT_c 分别为激光加热和定标加热所得的温升,P_0 和 t 分别为激光功率和照射时间,ΔQ_c 为电定标热量。

为了精确测量吸收率,下面几点是很重要的:一是需要高的激光强度;二是薄膜样品必须很好地绝热,并严格控制环境温度(<0.1℃)。在这些条件下,吸收率的测量精度可达 0.001%。

在热偶量热法中,精确测温是一个关键问题。原则上,温度可以用粘附在样品上的薄膜电阻、薄膜热偶或热敏电阻进行测量。但是对于低热导率的样品,特别是在速率型量热计中,这种方法有以下几个缺点:首先,温度感受器必须很好地与样品接触,并可靠地连接到样品室外,以便测量;其次,强烈的激光散射可以引起错误的温度指示;此外,各种感受器,尤其是薄膜感受器必须进行仔细的校准。图 6.4-2 中采用激光干涉技术测温,可以克服上述缺点。由于样品的反射率取决于样品基底的光学厚度,样品升温后,玻璃基底产生热膨胀,于是根据玻璃的线膨胀系数和折射率温度系数,可以非常灵活地测出温度变化。

光声量热和光热偏转也是有效的量热技术,但定标比较困难,这里不再讨论。

6.4.2　薄膜散射损耗的测量

薄膜的散射损耗和吸收损耗一样,都是光学薄膜的主要光学损耗形式。散射损耗的后果是光学

系统的反射和透射能量降低,同时带来的杂散光可影响整个光学系统的成像质量、信噪比等性能。

光学薄膜的散射损耗一般是很小的(<1%),但在一些对薄膜质量要求较高的应用领域中,散射损耗的大小对薄膜的质量起着决定性的作用。例如在激光器的高反射镜中,高反射薄膜的总损耗为 0.7%~0.3%,其中由于薄膜的吸收而产生的损耗约为 0.05%,由于表面粗糙度而引起的散射损耗一般约为 0.25%。因此,想要提高激光器中高反射薄膜的反射率,就必须设法降低薄膜的表面粗糙度和散射损耗。此外,在大功率激光系统中,由于光学系统对光线具有一系列的放大作用,如果光学元件有少量的背散射损耗也会被放大,从而破坏激光器的光泵的功能。

1. 薄膜散射损耗的起因及散射的分类

对于光学薄膜而言,引起光学薄膜散射的原因是多种多样的,如光学薄膜膜层微观结构的不均匀性,膜层内部材料折射率的不均匀性,基底表面的粗糙度及其局部缺陷在光学薄膜各薄膜界面上的复现等。另外,薄膜在沉积过程中,蒸发源喷溅的粒子、由于真空室的洁净度而在膜层中形成的微尘、针孔和麻点,以及由于膜层应力等原因在膜层中形成的裂纹等,都会在一定程度上引发光散射。

总体来说,光学薄膜的散射可分为体散射和表面散射两类。

薄膜的体散射起因于薄膜内部折射率的不均匀,以及针孔、裂纹和微尘等薄膜内部结构的不完善性。由于热蒸发制备的薄膜一般都具有柱状结构,柱体边界的密度起伏、孔隙和柱状体的折射率差异等,都会产生散射。薄膜的体散射对于入射光线的影响与薄膜的体内吸收类似,它使薄膜中的光强度随着薄膜厚度的增加而按指数规律衰减。

引起光学薄膜表面散射主要有两类表面缺陷。

一类是表面的气泡、划痕、裂纹、麻点、针孔、微尘和薄膜蒸发时喷溅的微小粒子。它们的线度一般远大于可见光波的波长。原则上说,这种相对较大的缺陷引起的散射,可以用 Mie 散射理论来处理。Mie 散射理论可以计算孤立的、非相关粒子的散射,计算时一般假定粒子具有简单的几何形状,例如球形或椭球形。但在实际计算中,由于散射粒子的形状、分布和介电常数等都无法准确获悉,故一般难以得到定量的结果。由于这些粒子或缺陷的尺寸比较大,因此它们的散射在紫外和可见光区的影响反而不大,而对红外区的影响较大。

另一类表面缺陷就是薄膜表面的微观粗糙度。它主要是由光学薄膜界面的不规则引起的微粗糙度所导致的,其取决于柱状体顶部的凹凸程度,即与粗糙表面的不规则程度相关。Bennett 的研究中发现,在大多数光学系统中,薄膜表面散射的影响是最主要的,且一般比薄膜的体散射大一个数量级。对于高精度光学表面上制备的光学薄膜器件,除了一些喷点引起的薄膜散射外,一般薄膜的散射均是由表面或多层膜界面的微粗糙度造成的。

另外,以散射理论是否考虑散射场的矢量特性为依据,可将薄膜的散射分为两大类:标量散射和矢量散射。标量散射理论主要研究薄膜在 4π 立体角内的散射总和,即总积分散射(TIS)与薄膜表面均方根粗糙度之间的关系,它忽略了散射光的方向和偏振等因素。矢量散射理论是 20 世纪 70 年代发展起来的新理论,它弥补了标量散射理论的不足,在散射的分析计算中考虑了散射光的方向和偏振特性。利用矢量散射理论可计算出薄膜表面散射光在空间各方向的强度分布。因此,矢量散射理论是与角分布散射测试相联系的,它能够较好地体现表面各种空间频率的微粗糙度的大小和状态,能够反映出更多的表面微结构特征。

2. 薄膜散射的间接测量和直接测量

为了描述引起表面散射的粗糙表面,我们引入两个统计参数。

一个是表面均方根粗糙度 σ。由于微观表面高度 $z(x,y)$ 的随机起伏服从高斯分布,所以 $z(x,y)$ 的均方差 σ 就表示表面在垂直方向上偏离平均高度的不规则程度。σ 越大,表示表面起伏越大;反之,则表面越光滑;若 $\sigma=0$,则成为理想的光滑平面。σ 一般称为表面均方根粗糙度。

另外一个是相关长度 l，它表示微观表面的高度在随机起伏中，不规则峰值的平均间距的量度。l 越大，表示表面不规则峰越疏；反之则越密；若 $l=0$，则成为不连续表面。这样，σ 就相当于粗糙表面的振幅，它在很大程度上表征粗糙度表面的散射大小。l 类似于周期，它决定了散射光的角度分布。图 6.4-4(a) 表示理想表面的反射，而图(b)和(c)是两个粗糙表面的散射，它们具有相同的 σ 和不同的 l。

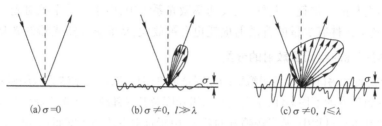

(a) $\sigma=0$ (b) $\sigma\neq0,\ l\gg\lambda$ (c) $\sigma\neq0,\ l\leqslant\lambda$

图 6.4-4　3 种表面散射示意图

基于上述两个统计参数，对于单个表面，当光线垂直入射到表面上时，标量散射理论从亥姆霍兹-基尔霍夫(Helmholtz-Kirchhoff)衍射积分可得到反射散射 S_R 和透射散射 S_T 分别为

$$S_R = R_0 \left\{ 1-\exp\left[-\left(\frac{4\pi n_0\sigma}{\lambda}\right)^2 \right] \right\} \cdot \left\{ 1-\exp\left[-2\left(\frac{\pi l}{\lambda}\right)^2 \right] \right\} \tag{6.4-8}$$

$$S_T = T_0 \left\{ 1-\exp\left\{ -\left[\frac{2\pi\sigma}{\lambda}(n_f-n_0) \right]^2 \right\} \right\} \cdot \left\{ 1-\exp\left[-2\left(\frac{\pi l}{\lambda}\right)^2 \right] \right\} \tag{6.4-9}$$

式中，R_0 和 T_0 分别对应于光滑表面的反射率和透射率。其中

$$R_0 = \left[(n_f-n_0)/(n_f+n_0) \right]^2, \quad T_0 = 4n_0 n_f/(n_0+n_f)^2$$

对于光学薄膜，$\sigma/\lambda\ll1$，$l/\lambda\gg1$ 的情况下，将式(6.4-8)和式(6.4-9)简化后可得

$$S_R \approx R_0 \left(\frac{4\pi n_0\sigma}{\lambda}\right)^2 \tag{6.4-10}$$

$$S_T \approx T_0 \left(\frac{2\pi\sigma}{\lambda}(n_f-n_0)\right)^2 \tag{6.4-11}$$

于是，单个微粗糙表面的总散射为

$$\text{TIS} = S_R + S_T \tag{6.4-12}$$

以上标量散射的基本理论是由 Beckmann 提出的，通常也称为 Beckmann 散射理论。从式(6.4-10)和式(6.4-11)中可以看出，散射与表面均方根粗糙度 σ 的平方成正比，与入射波长 λ 的平方成反比，与相关长度 l 无关，即散射不依赖于相关长度。

如果 $l/\lambda\ll1$，则总积分散射为

$$\text{TIS} = S_R + S_T = R_0(n_0^2+n_0 n_f) \times 2 \times \left(\frac{2\pi}{\lambda}\right)^4 \sigma^2 l^2 \tag{6.4-13}$$

这时散射与 l^2 成正比，且与 λ^4 成反比。然而，对于光学薄膜，通常满足 $\sigma/\lambda\ll1$，$l/\lambda\gg1$。

表面均方根粗糙度测量方法及参数如表 6.4-1 所示。根据测量的结果，用上述公式就可计算出薄膜的表面散射。

表 6.4-1　表面均方根粗糙度测量方法及参数

测 量 仪 器	纵向分辨率	横向分辨率	最大工作长度
干涉仪	0.3 nm	$\approx 2.0\ \mu m$	1.0 mm
探针式轮廓仪	0.1 nm	$\approx 1.0\ \mu m$	2.0 mm
Talysurf 光学轮廓仪	0.01 nm	0.4 μm	0.36~7.0 mm
立体显微镜	± 2.0 nm	≈ 0.5 mm	$\approx 1.0\ \mu m$

以上是通过测量表面的基本特征来计算表面的散射的。下面介绍一种表面散射的直接测量方法,即表面散射损耗的直接测量。散射损耗是反射散射和透射散射之和,如果膜层的反射率足够高,则反射散射便能足够精确地描述散射特性。例如,当 $T=(1\sim3)\%$ 时,激光高反射膜的透射散射率仅占 $(0.003\sim0.01)\%$,而反射散射率可达 $(0.2\sim0.3)\%$,在这种情况下,一般只需测出反射散射。图 6.4-5 是积分散射测量的原理示意图,气体激光器发出的激光束经调制后,入射到待测样品上,待测样品置于积分球内,在待测样品表面,入射光束发生分光,服从反射定律的反射光限制在镜像反射光内,而各方向的散射光大部分集中在漫反射光锥内,镜像反射光束被黑体吸收,漫反射光束在积分球内散射,最终被光电倍增管所检测,得到积分散射。待测样品由转臂装载,转臂还同时装载一个全反射标准片 T,用以确定仪器的满刻度偏转值,以便对测量仪器进行校准。

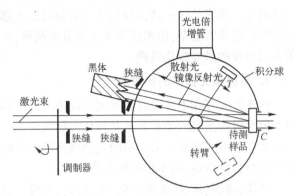

图 6.4-5 积分散射测量原理示意图

积分球内样品的位置可以有几种。如果把图 6.4-5 中样品的放置称为偏置法,则样品放置还可有中置法和边置法。在中置法和偏置法中,测量的是透射散射和反射散射之和。而在边置法中,前边置仅测量透射散射,应用于减反射膜;后边置仅测量反射散射,应用于高反射膜。

上述方法不必做任何复杂的计算就能直接测量出总散射值,但是由于得到的散射信息太少,所以在研究散射特性时,常常用到另一种测量系统,即角分布散射测量系统,其测量的散射对应于矢量散射理论。如图 6.4-6 所示,He-Ne 激光器作为测量光源,样品可以在它自己的平面内旋转,旋转范围为 360°,测量的散射角 θ 为 3°~177°,光路中的偏振器用来改变入射光或散射光的偏振方向。所以这种仪器不仅可以得到散射光的空间分布,而且还可以得到散射光的偏振信息。

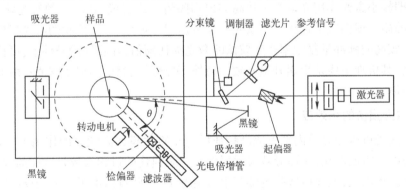

图 6.4-6 角分布散射测量原理示意图

6.5 薄膜激光损伤阈值的测量

随着高功率激光器及其应用范围的日益扩大,光学薄膜的抗激光损伤性能的重要性日益突出,以至于激光损伤阈值几乎已成为光学薄膜不可缺少的性能指标。由于光学薄膜的激光损伤阈值是光学元件整体抗激光损伤性能中的瓶颈,因而这一问题的解决对高功率激光器的发展和应用有着十分重要的现实意义。但是,只有定量地测出薄膜的激光损伤阈值,才有可能通过改善薄膜沉积方法、优化薄膜沉积工艺参数等来进一步提高薄膜激光损伤阈值。因而对光学薄膜的激光损伤阈值的测量也就成了亟待解决的技术问题。

6.5.1　薄膜激光损伤的机理分析

激光是一种亮度极高的强光源,将一束高功率的激光会聚在极小的面积上,原则上可以摧毁一切目标。激光的这一特征反过来又威胁着激光器本身的元件和薄膜的安全。激光对薄膜的损伤机理尽管非常复杂,但概括起来主要分为两种:一是热效应,二是场效应。下面从这两方面简单介绍薄膜的激光损伤机理。

1. 薄膜激光损伤的热效应

由于薄膜存在本征吸收和外因吸收这两种不同的吸收类型,因此,当激光作用在薄膜上时,薄膜就会吸收激光的能量并将其转化为热效应。一般而言,薄膜的这两种吸收都会随着温度的升高成指数形式增加。关于不同光学薄膜吸收的研究表明,出现激光损伤的最终温度主要取决于基底材料的熔点,而不是膜料本身的熔点。

其次,薄膜吸收激光能量后,不仅温度会升高,而且由于短时间内薄膜的急剧加热,会在薄膜局部热点周围产生热弹性压力和热应力波,从而也会加剧薄膜的损伤。

此外,薄膜的热损伤还与薄膜材料的热传导密切相关。薄膜的损伤阈值一般正比于 $T_m\sqrt{CKt}$,其中 T_m,C,K 和 t 分别为膜料的熔点温度、比热容、热导及激光的脉冲持续时间,因此与热导有关的激光波长、脉冲宽度、光斑面积、重复频率和激光模式等都会影响所测量薄膜的激光损伤阈值。在膜料消光系数稳定的波长区域内,薄膜的激光损伤阈值正比于 λ^m,$0<m<1$,所以较长波长的激光损伤阈值高于较短波长的激光损伤阈值。类似地,激光损伤阈值也正比于 τ^n,τ 是激光的脉冲宽度,$n\approx0.3\sim0.5$,且随着膜料和制备工艺的不同而有所不同,其典型值约为 0.35,即较大的脉冲宽度具有较高的损伤阈值。这就是说,激光对薄膜的损伤是激光能量和功率综合作用的结果。对于特定的薄膜,在长脉冲激光作用下,主要表现为热损伤;而在短脉冲激光作用下,则表现为弹性波或热应力波损伤。此外,激光损伤阈值与激光光斑直径 d 之间遵循 d^{-m} 的关系,$m\approx1\sim2$,即较小激光作用光斑产生较高的损伤阈值。或者说,在同样的激光输出条件下,光斑越小,薄膜的激光损伤概率越小。当激光的光斑达到一定程度后,薄膜的激光损伤阈值会趋于一个稳定值。较高的脉冲重复频率产生较低的激光损伤阈值,在相同的条件下,可比单脉冲激光低一个数量级,其机理主要是积累升温所致。另外,多模激光测量的损伤阈值一般低于单模激光测量的损伤阈值。

2. 薄膜激光损伤的场效应

高强度的激光可以在介质内部形成高频强场。介质薄膜在高频场的作用下,可能产生类似于介电击穿的电子雪崩离化,从而导致薄膜损伤。薄膜损伤的过程大致是这样的:由于热离化或表面缺陷形成的场离化,使介质薄膜内部产生自由电子,这些自由电子在激光场中吸收能量使自己的能量大大增加,当它们与介质的原子碰撞时,便会从介质中激发出电子,这种过程持续下去就会产生雪崩离化。雪崩离化与薄膜内部的电场有关,电场强度越大,薄膜损伤的可能性越大。这种损伤机理在低功率激光作用下是不明显的,随着激光功率的增加,这种作用将会逐渐加强。在短脉冲的大功率激光作用下,这种机理是导致薄膜损伤的主要原因。

以上介绍的热吸收和场离化都是薄膜激光损伤的起因,其中,对于长脉冲激光而言,材料的本征吸收和外因吸收所产生的膜层升温是引起薄膜损伤的主要原因;在短脉冲激光作用下,薄膜的激光损伤阈值与多层膜中驻波的峰值电场有关。而表面等离子体对加剧薄膜损伤起着重要的推波助澜作用。一旦薄膜开始受到激光损伤,就会产生很强的等离子体闪光。其中等离子体的产生大大增加了薄膜的吸收,从而也会进一步加速薄膜的损伤。

6.5.2 薄膜激光损伤阈值的测量标准及方法

在国际标准 ISO 11254 中,光学薄膜激光损伤阈值的测量方法是被归类在光学表面激光损伤阈值的测量方法中的,而光学表面又分为镀膜面和未镀膜面(裸表面)两种情况。针对激光束与光学薄膜辐照次数的不同,将国际标准分成 ISO 1125421 和 ISO 1125422 两个部分。前者称为"1 对 1"即"1-on-1"测量,也称为"单次辐照测量",即元件的一个点上只辐照一次,这种方法主要用于单次激光器;后者称为"S 对 1"即"s-on-1 测量",也称为"多次辐照测量",是指用相同的激光能量脉冲以相同的时间间隔在元件的同一点上辐照多次,这种方法主要用于重复频率激光器的测量。

此外,还包括"N-on-1 测量",是指激光能量脉冲由小到大逐渐增加到破坏阈值,在该过程中,激光束以相同的时间间隔多次辐照在元件的同一点上;而"R-on-1 测量",是指用等比例增加的激光能量脉冲以相同的时间间隔在元件同一点上辐照多次,直至发生了损伤。

我国的光学薄膜激光损伤阈值的测量方法大致可分为 3 种类型:①各单位自定的"企标";②国军标《激光光学元件测量方法》(GJB 14872—1992);③国家标准《光学表面激光损伤阈值的测量方法第 1 部分:1 对 1 测量》(GB/T 166012—1996),该标准等效于 ISO 11254。光学薄膜的激光损伤有一定的随机性,服从一定的统计规律。为了准确地衡量光学薄膜的抗激光损伤能力,在激光损伤阈值测量中,常用的方法是"1-on-1 测量"法。

1. 各单位的"企标"

虽然各单位的"企标"情况不一,但是,"企标"通常具有简单、实用等特点。这里只针对一般情况做简单的介绍。在"企标"中一般采用一台稳定的激光器经聚焦后辐照到被测量片表面;一般只针对一到几个测量点进行辐照,每个测量点辐照 100 或 200 个脉冲。激光器选定后,它的能量就确定了;测量片在光路中所处的位置就决定了激光束斑的大小;测量片的位置一旦确定了,辐照在测量片上的激光能量密度或功率密度也就确定了。损伤的判别则在 6~30 倍的显微镜下观察而定。如果不损伤,则认为该光学薄膜能承受这时的能量密度(功率密度),该数值也就理解为该光学薄膜的激光损伤阈值。

2. 国军标(GJB 14872—1992)

国军标(GJB 14872—1992)规定的测量方法是:一台稳定单模的脉冲激光器(要求其脉冲宽度小于或等于 10ns)发出的激光先扩束(要求扩束后的束散角小于 3mrad),再经衰减器衰减后聚焦到被测量片表面,每个测量点辐照 100 个脉冲,但对辐照测量点的数量没有做具体规定。衰减器用来调节激光能量,聚焦的作用是缩小在测量片表面的束斑大小,由此提高其能量密度(功率密度)。损伤的判别是通过约 30 倍的相衬显微镜来观察、确定的。在该标准中,激光损伤阈值定义为未引起损伤的最大辐照能量密度与引起损伤的最小辐照能量密度的算术平均值。

3. 国标(GB/T 166012—1996)和国际标准(ISO 11254)

国标(GB/T 166012—1996)和国际标准(ISO 11254)规定的测量方法是由一台稳定的重频激光器(具有准"高斯"型或准平顶型的空间分布)发出的激光束先扩束,经衰减器衰减后,聚焦于被测量片表面的。对"1-on-1 测量"方法而言,每个测量点辐照 1 个脉冲,但同一个能量密度(功率密度)最少要辐照 10 个测量点;对"S-on-1 测量"方法来说,每个测量点辐照 S 个脉冲(S 可取 10,100,1000 等),同一个能量密度(功率密度)最少辐照测量点的数量是由下式来确定的:$N_{ms}=5int[(1+lgN_p)]$,其中,N_{ms} 为最少辐照测量点的数量,N_p 为每个测量点辐照的脉冲数。其中的衰减器和聚焦系统用来调节激光能量,激光器的输出能量变化区域必须有足够宽的范围,以确保在测量中的能量密度(功率密度)能造成被测量片具有零损伤和 100% 损伤的概率。激光束在辐照前通过分束器取样，并将其引入光束诊断系统，该系统能同时测定激光束的能量及其空间分布和时间分布等激光特性，这就意味着在测量过程中可对激光束的能量密度（功率密度）进行实时监控。此外，对"S-on-1测量"而言，激光的损伤必须通过一个损伤探测系统来进行自动探测，这是因为在对某一测量点进行 S 次（ S 个脉冲）辐照时，一旦探测到损伤应立即中止对该测量点的辐照，并记下辐照次数（ N_{min} ）。对于损伤程度的判别，可通过（100～150）^{x} 相衬显微镜来观察被测量片在激光辐照前、后的状况来确定，并要求在探测时，损伤的确定必须与相衬显微镜观察的结果一致。

此外，标准还对激光在辐照面上的束斑的大小做了规定，即激光束斑的直径通常不小于 0.8 mm；对于较长脉宽的激光，由于功率密度的需要，其束斑的直径可减小到接近 0.2 mm。为了防止不同测量点之间的相互影响，测量点与测量点之间的距离应大于激光束斑直径的 3 倍。由于激光损伤阈值与激光器的脉宽和重复频率有关，光学薄膜激光损伤阈值测量标准中对激光的脉宽和重复频率也进行了分类，从而针对不同的脉宽和重复频率提出了不同的要求。对于激光损伤阈值的计量单位标准也做了规定，即光学薄膜的激光损伤阈值通常用能量密度（J/cm²）作为计量单位；而对连续激光，光学薄膜的激光损伤阈值通常采用线性功率密度（W/cm）来作为计量单位。下面对此将做较详细的讨论。

标准认为，激光束的能量密度（功率密度）与损伤概率呈线性关系，其损伤阈值根据这个线性关系在零损伤概率轴上得到。所以，可以认为激光损伤阈值是损伤概率为零的最大激光辐照能量密度（功率密度）。

6.5.3 薄膜抗激光损伤阈值测量中应注意的几个问题

1. 激光损伤的判别

在以上所介绍的 3 种测量类型中，"薄膜的损伤"均是通过显微镜的观察来判别的，但它们所使用的显微镜种类不一样，并且放大倍率也不同。这就给"损伤"的判别带来差异，并最终反映到测量结果上。所以不同的测量方法必然得到不同的"测量结果"。因此，在给出"测量结果"时，必须注明相应的测量方法及损伤的判别方法。

在国际标准（ISO 11254）的"S-on-1测量"方法中要求采用自动探测系统来判别损伤，它的工作原理是根据光学薄膜（光学表面）因表面损伤而产生的散射光来判别的。而且可以基本做到与显微镜观察、判别的结果相一致。但同时也需要指出，采用显微镜观察来判别损伤，会带有测量者的主观因素。我国的研究成果表明：薄膜经激光辐照发生损伤之前，首先要出现"等离子体"，该等离子体的温度可达到 10^3 K 数量级，同时还伴随有"等离子体闪光"，通过探测该等离子体的闪光就可以间接地对薄膜的"损伤"进行探测。这就是所谓的"等离子体判别"方法。该方法还可用于自动探测系统中，而且克服了"散射光判别"要求基底光洁度高的缺点。总之，损伤的判别对损伤阈值的测量有着直接的影响，尽管采用显微镜判别会带有测量者的主观性，但该方法具有直观、有效等特点。

2. 激光束斑面积的确定

"激光束斑面积"即"激光束在靶平面上的有效面积"。对"企标"来说，它通常是在测量片的位置上，用"敏感相纸"来测得的，然后用读数显微镜测量其直径，最后再计算出面积的大小。而在国际标准（ISO 11254）中，则是通过光束诊断系统来确定的，具体做法是将光束诊断系统置于测量点等效面上（靶平面上）对激光束进行测量，根据束斑的空间分布计算出其面积。束斑面积的具体公式如下：$A_{eff} = Q/(H_{max} \cos\alpha)$ ，其中，Q 为脉冲能量，H_{max} 为最大能量密度，α 为光束的入射角。并且对"平顶型"或"准高斯型"不同的光束有不同的计算方法。在国军标 GJB 14872—

1992 中,虽然没有明确规定如何来确定束斑面积,但该标准也要求测量仪上具有激光能量的接收及分析系统,所以可以认为激光束斑面积也是通过光束分析系统来确定的。激光束斑面积与激光束的能量密度(功率密度)有着直接的关系,即直接影响着激光损伤阈值的数据。"企标"用敏感相纸来测定,显然较为粗糙,其数值往往偏大,造成测出的"损伤阈值"偏小;而在国际标准 ISO 11254 中,"激光束斑面积"是通过测量点等效面上光束的空间分布推导出来的。当前国际上广泛认可,以激光强度峰值的 $1/e^2$ 对应的曲线内面积作为激光束的有效面积。这一定义与国际标准中"激光束斑面积"的确定相符合。而且在国际标准中,还要求在测量过程中对光束的空间分布加以监控。所以,可以认为,国际标准对"激光束斑面积"的确定是较为准确的,具有先进性。

3. 损伤阈值的确定

根据上面的介绍,这 3 种测量方法对损伤阈值的确定是各不相同的。"企标"的损伤阈值应理解为:不损伤(零损伤)的能量密度(功率密度);国军标 GJB 14872—1992 把损伤阈值定义为:未引起损伤的最大辐照能量密度与引起损伤的最小辐照能量密度的算术平均值(这一定义与1984 年国际上所规定的光学介质薄膜激光损伤阈值的定义相吻合);在国际标准 ISO 11254 中把"损伤阈值"定义为:损伤概率为零的最大激光辐照能量密度(功率密度)。这样,3 种方法测出的数据肯定会有差别。所以,在谈"激光损伤阈值"时一定要说明所采用的"测量方法",尤其对光学元件的"验收技术条件",要标注"激光损伤阈值",也一定要注明其"测量方法"或"验收标准"。为使我国在光学表面激光损伤阈值测量方法方面能与国际接轨,建议采用国际标准 ISO 11254,以及我国的国家标准 GB /T 16601。因为国际标准化组织(ISO)在 20 世纪 90 年代初期就开始该标准的制定工作,经过近 10 年的讨论才确定下来,它不但对测量过程,而且对测量装置(包括激光器的类型)和测量报告等均做了详细而明确的规定,其目的是希望按该标准测出的数据有意义,且具有可比性,便于国际间的交流和合作。遗憾的是能符合该标准的测量装置(仪器)还未商品化,国内外均还处于研制阶段。

4. 损伤阈值的计量单位

损伤阈值的计量单位只在国际标准 ISO 11254 中做了明确的规定。对光学薄膜来说,具体可分为两种情况:

一是脉冲激光且其脉宽较窄(相对于热扩散时间)的情况下,应采用能量密度(J/cm^2)作为计量单位;而在脉宽较长(相对于热扩散时间)的情况下,由于热量的累积效应,脉冲的峰值功率则是影响损伤阈值的关键参数,则应采用功率密度(W/cm^2)作为计量单位。

二是对于长脉冲或连续激光而言,这时光学薄膜的损伤完全是激光的热损伤占主导地位,采用的计量单位是线性功率密度(W/cm),鉴于激光束斑通常被认为是圆形的,可把"线性功率密度"理解为"径向功率密度"。我国在损伤阈值计量单位的使用中,至今还没有统一的标准。如光学薄膜承受 $1 \sim 30 ns$ 短脉冲激光照射时(国际标准中的第 1 组和第 2 组)的损伤阈值,应该采用"能量密度"作为计量单位,但却往往使用了"功率密度"作为计量单位。其理由是激光的能量是在很短时间内辐照光学薄膜的,在计量其损伤阈值时要考虑时间因素。其实,按不同的短脉冲宽度来选取损伤阈值的计量单位,已经考虑了时间的因素,而且"功率密度"是每秒内的"能量密度",因此,对于如此短的脉冲激光来说,在这种情况下采用"功率密度"作为计量单位是不合适的。

激光损伤阈值是光学薄膜所具有的一种性能,在相同的波长下,1 ns 和 30 ns 脉冲宽度的激光对光学薄膜的损伤机理是基本一样的,其损伤阈值也应比较接近。但进一步的分析认为:不同脉冲宽度的激光对光学薄膜的作用还是有所不同,也就是说同样的光学薄膜在 1 ns 和 30 ns 激光

辐照时的损伤阈值是不一样的。在国际上已有如下的经验公式,能使在这个范围内的不同脉冲宽度的激光损伤阈值相互换算:

$$\text{LIDT}(Y) = \text{LIDT}(X) \cdot \text{SQRT}(Y/X)$$

式中,X,Y 分别为激光的不同脉冲宽度(单位是 ns);LIDT(Y)为 Yns 下的激光损伤阈值(单位是 J/cm^2);LIDT(X)为 Xns 下的激光损伤阈值(单位是 J/cm^2)。假定某一光学薄膜在 10 ns 脉冲宽度激光辐照下测出的损伤阈值为 $4\,\text{J/cm}^2$,那么在用 20 ns 脉冲宽度激光来辐照时的损伤阈值约为 $5.66\,\text{J/cm}^2$。国内外通常还把这一类短脉冲激光的损伤阈值归到脉冲宽度为 1ns 情况下的损伤阈值,以便互相比较。由此可见,采用合适的"计量单位"对于研究光学薄膜的损伤阈值也是一件十分重要的事情,应尽快实施国际标准(国家标准)。这不仅是与国际接轨的问题,而且会加深对激光损伤阈值含义的理解。在国际标准 ISO 1125421 的附录 C 和 ISO 1125422 的附录 D 中均叙述了如何正确理解和采用损伤阈值的计量单位的问题,并举例说明了如何正确使用计量单位。

5. 国家标准(GB/T 166012—1996)实施中的问题

国家标准《光学表面激光损伤阈值的测量方法第 1 部分:1 对 1 测量》(GB/T 166012—1996)在实施中所遇到的问题也是国际标准 ISO 11254 在我国实施中所遇到的问题,大致包括以下几个方面。

(1) 测量装置(仪器)

前面已经提到,目前符合该标准的测量装置(仪器)还未商品化,国内外均还处于研制阶段。这是一个关键问题,以至该标准实施、普及起来较为困难。所以当务之急是促成这种测量装置(仪器)能尽快地研制成功,并正式投入生产。

(2) "1 对 1 测量"的局限性

国际标准 ISO 11254 有两个部分,即"1 对 1 测量"和"S 对 1 测量",然而国家标准仅有第 1 部分:"1 对 1 测量",而且当时在制定时由于国际标准 ISO 11254 还处于"草案"时期,故还有不少不完善的地方。对重频激光来说必须考虑激光辐照的累积效应,也就是应采用"S 对 1 测量"。在"S 对 1 测量"中,可以对 S 规定不同的数据(1, 10,100, 1000 等)来进行测量,从而绘制出各个不同 S 值的损伤概率与脉冲能量的曲线(简称损伤概率曲线),由此得到不同 S 值(每个测量点辐照不同次数)的激光损伤阈值。这些数值是递减的,这可进一步理解激光对光学薄膜损伤的累积效应。当 S=1 时,这是一个特殊情况,即"1 对 1 测量"。由此可见,我国的当务之急是完善国家标准的第 1 部分:"1 对 1 测量"方法,并着手编制第 2 部分:"S 对 1 测量"方法,但更为迫切的是把符合标准的测量装置(仪器)研制出来并正式投产;否则"S 对 1 测量"与"1 对 1 测量"一样难以实施。

6.6 薄膜非光学特性的检测

前面介绍了薄膜透射率、反射率、光学常数、厚度,以及薄膜的吸收与散射、薄膜激光损伤阈值等薄膜光学特性的检测。作为薄膜器件,除了以上光学特性,还有许多非光学特性上的要求,这些特性也是保证薄膜正常使用的关键条件,如薄膜与基底之间的附着力、薄膜的应力、薄膜抗环境特性,以及薄膜的微观结构和组分等。本节主要介绍薄膜的这些非光学特性的检测技术。

6.6.1 薄膜附着力的测量

薄膜的附着力是指薄膜与基底或薄膜与薄膜之间的键合力或键合强度,是单位面积上的力或能。薄膜的附着力通常在 $0.05 \sim 10\,eV$ 之间。根据薄膜附着力产生的原因可分为物理吸附和化学吸附两类。

薄膜物理吸附能的作用范围通常在 $0.05 \sim 0.5\,eV$ 之间,相当于 $0.03 \sim 0.25\,GPa$。它是范德瓦尔兹力、静电力及机械锁合等物理作用的结果。而化学吸附能则较强,通常在 $0.5 \sim 10\,eV$ 之间,其作用力在 $10^6\,N \cdot cm^{-2}$ 以上。它是基底与薄膜原子之间产生了化学键合力的结果,其中化学键可以是离子键、共价键或金属键。

目前,薄膜附着力的测量方法主要有剥离法、划痕法和拉伸法等。

1. 剥离法

剥离法是检测薄膜附着力最常用的方法,是将剥离强度不小于 $2.94\,N \cdot cm^{-2}$ 的玻璃胶带粘牢在薄膜表面,把玻璃胶带从零件的边缘朝镀膜表面垂直方向慢慢拉起,看薄膜是否脱落,从而定性地判断薄膜附着力的大小。

对于附着力较大的薄膜,也可采用另外一种检测方法,即用环氧树脂等强力黏结剂将一个硬的薄片粘在薄膜上,用小刀将薄膜的一端切开,再塞入圆柱形楔子,测量薄膜被剥离的距离 l。如果 l 大,则薄膜的附着力就小;反之,薄膜的附着力就大。并以此来定性地测量薄膜附着力的大小。图 6.6-1 所示为使用薄片剥离法测量薄膜附着力的示意图。

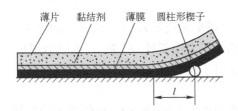

图 6.6-1 薄片剥离法测量薄膜附着力示意图

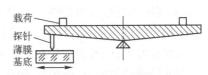

图 6.6-2 划痕法测量薄膜附着力示意图

2. 划痕法

如图 6.6-2 所示,划痕法是将硬度较高的探针垂直于薄膜表面,通过施加载荷对薄膜进行划伤试验的方法来评价薄膜的附着力的。当探针前沿的剪切力超过薄膜的附着力时,薄膜将发生破坏与剥落。在探针移动的同时,逐渐增加载荷,并在显微镜下观察划开薄膜露出基底时所需要的临界载荷 F_c,并以此作为附着力大小的量度。另外,当载荷一定时,薄膜剥离痕迹的完整程度也依赖于薄膜附着力的大小,因而也可以根据划痕边缘的完整程度来比较薄膜附着力的大小。

3. 拉伸法

拉伸法就是利用黏结或焊接的方法将薄膜黏结在拉伸棒的端面上,测量将薄膜从基底上拉伸下来所需的载荷的大小,薄膜的附着力就等于拉伸时的临界载荷 F 与被拉伸的薄膜的面积的比值。图 6.6-3 示出了拉伸法测量薄膜附着力的示意图。显然,在使用黏结剂的情况下,其黏结程度决定了这一方法可以测量的附着力的上限。焊接虽然可以增加界面的结合强度,但焊接过程可能会由于局部加热温度的影响而改变薄膜与基底的界面组织和附着力。

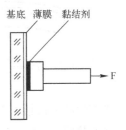

图 6.6-3 拉伸法测量薄膜附着力示意图

4. 薄膜附着力测量的其他方法

除了以上几种方法外,薄膜附着力的测量方法还包括以下几种。

(1) 摩擦法:用纱布、皮革或橡胶等材料摩擦薄膜表面,以薄膜脱落时所需的摩擦次数和摩擦力的大小来推断薄膜附着力的大小。

（2）超声波法：用超声波的方法使周围介质发生强烈的振动，从而在近距离时对薄膜产生破坏效应，根据薄膜发生脱落时的超声波的能量水平来推断薄膜的附着力。

（3）离心力法：使薄膜与基底一起进行高速旋转，在离心力的作用下，使薄膜从基底上脱落，用旋转离心力来表征薄膜的附着力。

（4）脉冲激光热疲劳法：利用薄膜与基底在脉冲激光作用下周期地发生热胀冷缩，使薄膜与基底不断地弯曲变形，从而引起界面疲劳并造成薄膜脱离时，用薄膜表面单位面积上所吸收的激光能量来表征薄膜的附着力。

值得注意的是，以上各种测量方法所得到的薄膜附着力之间只有相对的意义，要想把各种测量方法得到的结果之间的关系搞清楚，就必须进一步搞清楚薄膜与基底的相互作用，以及薄膜从基底上剥离下来的机理。

6.6.2 薄膜应力的测量

从广义上讲，薄膜应力是指存在于薄膜任意断面上，由断面一侧作用于另一侧的单位面积上的力。这种应力往往分布不均匀。一般情况下，薄膜的应力是指垂直于薄膜表面的断面上的应力的平均值。

薄膜应力主要是在薄膜的制备过程中产生的。根据薄膜材料的不同，有的薄膜具有压应力特性，有的薄膜具有张应力特性。习惯上将薄膜的张应力用正号"+"表示，压应力用负号"-"表示。几乎所有的薄膜都存在应力，薄膜应力的存在对于膜层的牢固度构成了很大的威胁，同时严重限制着膜层厚度，以及薄膜层数的增加。

在基底较薄的情况下，薄膜应力的存在使薄膜器件发生表面变形，在张应力的作用下，薄膜本身具有收缩趋势；在压应力作用下，薄膜向基底内侧弯曲，如图 6.6-4 所示。当薄膜中的张应力超过薄膜的弹性限度时，将引起薄膜自身的破裂，破裂使膜层离开基底表面而跷起。图 6.6-5 示出了薄膜在张应力和压应力作用下，薄膜从基底表面脱落的情况。

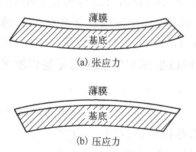

图 6.6-4　薄膜器件在应力作用下的变形情况

（a）张应力作用　　　　（b）压应力作用

图 6.6-5　薄膜从基底表面脱落情况

薄膜的应力包括以下三部分。

（1）热应力（σ_t）：由于薄膜沉积过程中，膜层与基底之间的热膨胀系数不同而引起的应力。它可以表示为

$$\sigma_t = (a_f - a_s) E_f \Delta t \tag{6.6-1}$$

式中，a_f 和 a_s 分别为膜层与基底的热膨胀系数；E_f 为膜层材料的杨氏模量；Δt 为镀膜时的基底温度与测量时的基底温度之差。

（2）张应力（σ_s）：如果膜层上表面的表面张应力为 σ_1，下表面（即膜层与基底界面的表面）

张应力为 σ_2，膜层厚度为 d，则膜层总的张应力可表示为上下表面张应力的平均值，即

$$\sigma_s = (\sigma_1 + \sigma_2)/d \qquad (6.6\text{-}2)$$

（3）内应力（σ_i）：又称为本征应力，是膜层本身所产生的应力，包括薄膜沉积过程中由于膜层从薄膜表面到基底表面的温度梯度所引起的应力，膜层内部缺陷所产生的应力。其大小主要取决于薄膜的微观结构和内部缺陷等因素，其中晶粒间界和薄膜的晶格常数与基底晶格常数的失配等造成的相互作用是主要的。Hoffman 等人认为，薄膜的内应力与晶核生长、合并过程中产生的晶粒间的弹性应力有关，其平均值为

$$\sigma_i = \lfloor E_f/(1-v_f) \rfloor \Delta/a \qquad (6.6\text{-}3)$$

式中，v_f 是薄膜的泊松比，Δ 为薄膜晶界的收缩，a 为平均晶粒尺寸。

薄膜的总应力为 $\qquad\qquad \sigma_f = \sigma_t + \sigma_s + \sigma_i \qquad (6.6\text{-}4)$

薄膜应力的测量方法主要有悬臂法、衍射法和干涉法等。

1. 悬臂法

用很薄的玻璃基底做成长条形的薄片，将薄片的一端固定在镀膜机的真空室中，然后在薄片的下表面上沉积薄膜，膜层应力使玻璃薄片发生弯曲变形，测出玻璃薄片自由端的位移 δ，如图 6.6-6 所示，就可以得到薄膜的应力为

$$\sigma_f = \frac{\delta E_s d_s^2}{3 d_f L^2 (1-v_s)} \qquad (6.6\text{-}5)$$

图 6.6-6　悬臂法测量薄膜应力原理示意图

式中，E_s 和 v_s 分别是玻璃薄片的杨氏模量和泊松比，d_s 为玻璃薄片的厚度，d_f 为薄膜的厚度，L 为玻璃薄片的长度。自由端的位移可以采用光学的方法测量，也可以采用电容法来测量。

值得注意的是，该方法往往是在真空室内直接测量的，这就使得在薄膜的沉积过程中，除了薄膜应力会导致玻璃薄片变形，入射原子的动量也会影响玻璃薄片的变形，因此，最好在薄膜沉积结束后，再来测量自由端的位移，这样会更准确一些。

2. 衍射法

当薄膜处于应力作用下时，薄膜就会发生变形，导致薄膜的晶格发生畸变，从而使薄膜的晶格常数发生变化，所以用小角度的 X 射线衍射仪或电子衍射仪测量出薄膜晶格常数 a，就可以计算出薄膜的应力为

$$\sigma_f = \frac{E_f}{2v_f} \cdot \frac{a_0 - a}{a_0} \qquad (6.6\text{-}6)$$

式中，a_0 是块状薄膜材料的晶格常数，a 是薄膜的晶格常数。

3. 干涉法

干涉法就是利用光的干涉原理来测量薄膜的应力的方法。首先用干涉仪测量出未镀膜的玻璃薄片基底的干涉条纹，然后在玻璃薄片基底表面上再镀制所要测量的薄膜，由于薄膜应力的作用，玻璃薄片将发生变形，使干涉条纹发生位移，在干涉仪上测出干涉条纹的变化量，就可以计算出薄膜的应力了。一般有两种干涉系统：

一种是迈克耳孙干涉系统，如图 6.6-7 所示。用熔融石英薄片作为干涉仪的一个镜子，其两端搁置在球轴承上，使其中心可以自由弯曲。He-Ne 激光束在石英棱镜前表面分束，其中一束被石英薄片反射，当石英薄片由于应力引起变形时，即发生干涉条纹位移，根据条纹的位移量可以计算出变形量 δ，并以此计算出薄膜的应力

$$\sigma_f = \frac{\delta E_s d_s^2}{3 d_f L^2 (1-v_s)} \qquad (6.6\text{-}7)$$

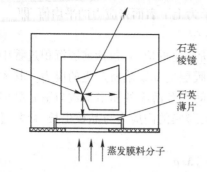

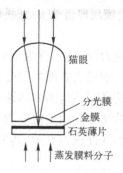

图 6.6-7　迈克耳孙干涉仪测量薄膜应力　　　　图 6.6-8　"猫眼"干涉仪测量薄膜应力

另一种为"猫眼"干涉仪,如图 6.6-8 所示。在石英薄片的基底后面设置"猫眼"透镜,"猫眼"透镜的前表面使入射平行光会聚到后表面,后表面上镀有分光膜,使一部分光反射,另一部分透射,透射光束射到紧靠后表面的基底上,并被金膜反射。从"猫眼"后表面和基底上表面反射的两束光会合后发生干涉。当基底的下表面沉积薄膜时,薄膜应力使基底发生变形,这时相干光束的光程差变化,引起干涉条纹变化。若薄膜呈现压应力,干涉条纹收缩;若薄膜呈现张应力,干涉条纹向外扩张。读出条纹变化数目,即可求出位移量 δ,并计算出应力

$$\sigma_f = 4E_s d_s^2 \delta / [3d_f D^2(1-v_s)] \tag{6.6-8}$$

式中,D 为玻璃薄片的直径。

6.6.3　薄膜的环境试验

一般情况下,薄膜制备工艺决定了薄膜都具有柱状的微结构,该结构使薄膜内部存在一定的空隙,并造成薄膜器件光学特性和机械特性的不稳定,因此,对某些在特殊环境下使用的薄膜必须进行各种各样的环境试验。

(1) 恒温恒湿试验。它是最常规的环境试验。一般是在相对湿度为 95%、温度为 55℃的环境下存放 6～24 小时;或在 40℃下存放 10 天;或在室温至 80℃的环境温度下做多次的循环试验,然后检测薄膜样品在试验前后的膜层的机械和光学特性的变化。例如,对于要求较高的超窄带滤光片,就要进行恒温恒湿试验,然后测量其透射率峰值的位置变化及峰值大小的变化。

(2) 液体侵蚀。一般是在室温下将薄膜样品浸泡在每升含 45 g 盐的溶液中,或根据用户要求在稀释的酸或碱溶液中浸泡 6～24 小时,试验后测试薄膜的光学特性和机械特性,并与试验前测得的值进行比较。

(3) 温度试验测试。薄膜的热膨胀系数一般比基底的热膨胀系数大一个数量级,加之膜层存在的内应力,从而在高温情况下,使膜层与膜层之间可能形成位错,因此,薄膜在高温下使用时,必须经过烘烤试验。

(4) 耐冷及耐辐射等特殊的环境试验。对于某些特殊应用的薄膜器件,还要根据实际使用要求进行各种环境试验。如在太空中应用的光学薄膜器件,环境温度的变化非常大,因此,在温度试验时,一般要求温度的变化范围很大:−40～80℃。此外,由于宇宙中各种高能射线(X 射线和 γ 射线)的辐照,也会减低光学薄膜器件的使用寿命。为了正确估算在太空中应用的光学薄膜器件的寿命,必须对光学薄膜器件进行辐照试验。

6.6.4　薄膜结构和化学成分检测

1. 薄膜结构检测

薄膜的性能取决于薄膜的结构和化学成分。其中薄膜结构可依据所研究的尺度范围划分为

以下 3 个层次：

① 薄膜的宏观形貌,包括薄膜的尺寸、形状、厚度、均匀性等;

② 薄膜的微观形貌,如晶粒及物相的尺寸大小和分布、孔洞和裂纹,以及界面扩散层和薄膜结构等;

③ 薄膜的显微结构,包括晶粒内的缺陷、晶界,以及外延界面的完整性、位错组态等。

针对研究的尺度范围,可以选择不同的研究手段,其中,扫描电子显微镜(SEM)、透射电子显微镜(TEM)和 X 射线衍射技术使用最为广泛,这里主要介绍这 3 种测试技术。

（1）扫描电子显微镜(SEM)

扫描电子显微镜的制作比较简单,是最常用的薄膜微结构的检测技术。一般是在薄膜表面或薄膜的截面上喷镀金膜,然后观测薄膜的表面形态或断面的薄膜微观结构。SEM 一般可以将图像放大 10 万倍以上,因此可以十分清楚地看到纳米级的微观结构。

图 6.6-9 是扫描电子显微镜的结构。由炽热的灯丝阴极发射出的电子在阳极电压的加速下获得一定的能量;加速后的电子将进入由两组同轴磁场构成的透镜组,并被聚焦成直径为5 nm左右的电子束,装在透镜下面的磁场扫描线圈对这束电子施加不断变化的偏转力,从而使其按照一定的规律在被检测样品表面的特定区域上进行扫描。能量为 30keV 左右的电子束入射到样品表面上后,将与样品表面的原子发生相互作用,其作用区域如图 6.6-10 所示。在电子束与样品表面的原子发生相互作用中,有些入射电子被直接反射回来,而另一部分电子将能量传递给样品表面的原子,这些原子在获得能量后将发射出各种能量的电子,其能量分布如图 6.6-10(b)所示。同时,这一过程还会引起样品表面原子发射出特定能量的光子。将这一系列的信号分别接收处理后,就可得到样品表面层的各种信息。

（2）透射电子显微镜(TEM)

透射电子显微镜在检测薄膜结构时,一般必须制备复型样品,或者制备出无基底的楔形薄膜样品,这样电子束才可以穿过薄膜样品进行成像。透射电子显微镜不仅可以对微小的结构成像,

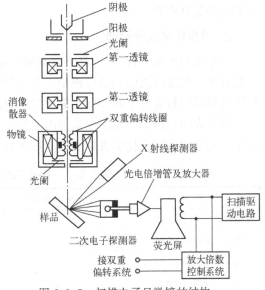

图 6.6-9 扫描电子显微镜的结构

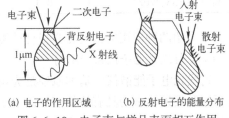

(a) 电子的作用区域　(b) 反射电子的能量分布

图 6.6-10 电子束与样品表面相互作用

也可以测试出微小区域内薄膜的晶体状态,可以十分方便地获得薄膜的结晶特性,如非晶态、多晶态及单晶态,还可以测出晶体薄膜的晶格常数。透射电子显微镜一般可以观测到薄膜接近0.1 纳米级的微结构。

从仪器结构上看,透射电子显微镜与扫描电子显微镜相比既有相同之处,又具有自己的特点。首先,透射电子显微镜的电子束不采用扫描的方式对样品的特定区域进行扫描,而是固定地照射在样品上一个很小的区域。其次,透射电子显微镜的工作方式是使被加速的电子束穿过厚度很薄的样品,并在穿过样品的过程中与样品的原子点阵发生相互作用,从而产生与薄膜结构有关的各种信息。

（3）X 射线衍射技术

X 射线衍射是利用与原子相互作用力大的 X 射线衍射照射薄膜样品的表面,从其衍射图样来分析薄膜的微观结构的方法。

X 射线衍射技术是一种适用于观测晶体薄膜晶格缺陷、位错的方法,它让聚焦的非常细的 X 射线穿过薄膜样品,带有薄膜整个厚度内晶格缺陷信息的衍射图样就可在荧光屏上显示出来。若使薄膜样品与荧光屏平行并移动,使 X 射线连续照射在薄膜样品的不同位置,就可以在较大的面积上进行薄膜微结构的检测。

由于 X 射线具有较强的穿透能力,因此,当检测较厚的薄膜样品时,使用 X 射线衍射技术就比较简单、方便。此外,由于 X 射线的衍射角较大,因此与电子衍射技术相比,X 射线衍射技术所测得的晶格常数具有更高的精度。

值得注意的是,薄膜结构的检测和分析,要求具有材料学的基础知识和相关技术,具体请参阅相关的文献资料。

2. 薄膜化学成分检测

对于理想薄膜而言,由于其具有准确的化学计量比,因此,其光学特性和机械特性与块状材料相近似。但是薄膜的制备过程是一个十分复杂的物理化学过程,所得到的薄膜的化学计量比往往与块状材料有所不同,因此,需要对薄膜的化学成分进行检测和分析。

薄膜表面及内部一定深度范围内的化学成分及其分布的检测和分析方法较多,表 6.6-1 给出了一些常用的薄膜化学成分的检测技术及主要参数。

表 6.6-1 各种薄膜化学成分检测技术及主要参数

检 测 技 术	分析元素范围	检测极限/%	空间分辨率	检测深度
X 射线光电子能谱(XPS)	Li～U	约 0.1～1	约 100 μm	约 1.5 nm
俄歇电子能谱(AES)	Li～U	约 0.1～1	50 nm	约 1.5 nm
卢瑟福背散射技术(RBS)	He～U	约 1.0	1.0 mm	约 20 nm
二次离子质谱(SIMS)	H～U	约 0.0001	约 1.0 nm	约 1.5 nm
X 射线能量色散谱(EDX)	Na～U	约 0.1	约 1.0 μm	约 1.0 μm
X 射线波长色散谱(WDX)	B～U	约 0.01	约 1.0 μm	约 1.0 μm

这里介绍两种常用的薄膜化学成分检测技术。

（1）X 射线光电子能谱(XPS)

X 射线光电子能谱仪的基本原理是光电效应,即利用能量较低的 X 射线源作为激发源,通过分析样品发射出来的具有特征能量的电子,实现对样品化学成分进行分析的仪器。

用 X 射线照射到样品中的原子上,只要 X 射线的光子能量 $h\nu$ 大于原子某一芯能级对真空能级的间隔,就能将该能级上的电子激发,并使其逸出样品表面,这时被激发出来的电子的能量为

$$E = h\nu - E_b$$

式中,ν 为入射 X 射线的频率,E_b 是被激发出来的电子在原来能级上的结合能。在入射 X 射线的能量(频率)固定的情况下,测量激发出来的光电子的能量 E,就可以获得样品中元素含量及其分布情况。通常,这些仪器都有成分与能谱的对照图,它们能较准确地分析出各元素不同价态的含量,从而为制备薄膜提供有力的帮助。

X 射线光电子能谱仪通常采用轻元素(如 Mg 或 Al)的 K_a 特征 X 射线作为激发源,其能量为 1253.6 eV 或 1486.6 eV。其缺点是,由于 X 射线的聚焦能力较差,因而其空间分辨率不高,只

有 0.5 mm 左右。其优点是 X 射线电子能谱的峰宽很小,因此,它不仅可以反映所研究样品的化学成分,还可以反映出相应元素所处的键合状态。

（2）俄歇电子能谱（AES）

俄歇电子能谱仪是指用电子束激发样品中元素的内层电子,使该元素发射出俄歇电子,接收并分析这些电子的能量分布,从而实现对样品化学成分分析的仪器。

通常采用 1~10 eV 的电子束轰击样品原子内部壳层的电子并使其激发,如果电子束在能级 K 上离化了原子,得到激发,使它发射出二次电子而留下一个空穴,则留下的空穴便由次能级（L_1）的电子跃迁来补充,如果跃迁能量（E_K-E_L）又去激发另外一个电子（如 L 能级上的另一个电子）使其脱离样品表面,则这时释放出的电子就称为俄歇电子,如图 6.6-11 所示。可见,俄歇电子是作为无辐射的俄歇跃迁的产物而放射出来的。这种三电子过程涉及 2 个能级（KL_1L_2）,即上面所说的 1 个 K 能级和 2 个 L 能级,这种跃迁称为 KL_1L_2 跃迁。此外,还有 KL_2L_1 及 LMM 跃迁等。在 KL_1L_2 跃迁中,俄歇电子的能量为

$$E_{KL1L2}=E_K-E_{L_1}-E_{L_2}-\varphi$$

式中,E_K 是 K 能级的能量,E_{L_1} 和 E_{L_2} 分别是原子一次电离后相应能级的能量,φ 是能量分析器测得能量值与样品功函数之差。由此可见,俄歇电子的能量仅与 3 个能级的能量有关,而与入射电子的能量无关。各种原子都有各自对应的俄歇电子能量,因而,通过测定俄歇电子的能量就可以判定原子的种类,进而进行样品化学成分的分析。

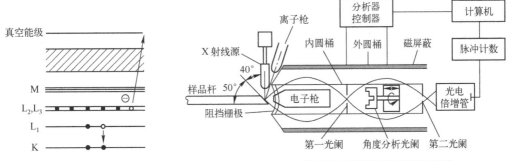

图 6.6-11　俄歇电子能谱的激发　　　　图 6.6-12　俄歇电子能谱仪的原理示意图

图 6.6-12 是俄歇电子能谱仪的原理示意图。由扫描电子枪发射的电子束照射在样品表面上,从样品表面激发的俄歇电子经筒镜式电子能量分析器做能量分析后,再由电子倍增管放大和锁相放大后进行微分检测,给出俄歇电子产额 $N(E)$ 对能量的微分 $dN(E)/dE$,$dN(E)/dE$ 与俄歇电子能量 E 的图谱就是俄歇电子能谱。

为了使样品表面不受污染,俄歇电子能谱仪常工作在超高真空环境下。同时,在仪器中一般还配有离子枪,可以对样品表面进行离子溅射,以清洁样品表面或进行样品化学成分的深度分析。

X 射线光电子能谱和俄歇电子能谱各有优缺点,在薄膜化学成分检测和分析中往往相互配合使用,互相补充,以得到最佳的分析结果。例如,对于多层光学薄膜,由于基底和膜层本身都是绝缘材料,因而采用 X 射线光电子能谱测量其化学成分比较合适;而用俄歇电子能谱测量其化学成分沿深度的分布则具有快速、方便的优点。

思考题与习题

6.1　简要描述用分光光度计测量样片的透射率光谱时,为了保证测量精度一般必须注意哪些问题,并简要说明原因。

6.2　试分析在多次反射率测量系统中,反射率测量精度与反射次数之间的关系。

6.3　在 K9 玻璃基片上沉积 TiO_2 单层薄膜,用分光光度计测得其在 $\lambda = 550\,nm$ 处的极小透射率为 71%,另外测得 K9 玻璃基片在该波长处的透射率为 92%,试求该 TiO_2 单层膜在 550nm 处的折射率。

6.4　已知石英基片上单层 ZnSe 薄膜在 $\lambda = 550\,nm$ 处的极大透射率为 90.5%,且 ZnSe 薄膜在 550nm 处的折射率为 2.5,试求 ZnSe 薄膜在该波长处的消光系数和吸收率。

6.5　设单层薄膜样片测得的透射率光谱曲线在 405 nm 和 630 nm 波长处为透射率极值,如果这两个极值是基片的透射率,且为极大值,求膜层的光学厚度是多少? 若这两个极值是基片的透射率,且为极小值,试求膜层的光学厚度又是多少?

6.6　设 ZnS 和 MgF_2 的复折射率分别为 $n_H = 2.3 - i3 \times 10^{-4}$ 和 $n_L = 1.38 - i9 \times 10^{-5}$,试求反射镜 $S \mid (HL)^7 H \mid A$ 和 $S \mid (HL)^7 \mid A$ 的吸收率各是多少?

6.7　试分析微分散射光的空间分布与积分散射之间的关系,并给出相应的表达式。

6.8　在用悬臂法测量薄膜的应力中,已知悬臂玻璃基片的厚度为 0.1 mm,长度为 40 mm,当制备的薄膜的厚度为 0.2 mm 时,测得的玻璃基片自由端的位移为 0.2 μm。试求该薄膜的应力是多少?(已知玻璃基片的弹性模量为 $7.5 \times 10^3 \, kg/cm^2$,泊松比为 0.2065。)

第7章　功能薄膜及其应用

薄膜材料的功能化是薄膜材料的发展趋势之一。功能薄膜是指具有电、磁、光、声、热、过滤及吸附等物理性能和催化、反应等化学性能的薄膜材料。功能薄膜按其性能不同可分为电功能薄膜、磁功能薄膜、光功能薄膜等。本章主要介绍几种最常见的功能薄膜，包括透明导电薄膜、太阳能薄膜及超硬质薄膜等，并简要介绍这几种薄膜的特性、制备及应用领域。

7.1　透明导电薄膜

透明导电薄膜是新型电子薄膜系列中的一种重要光电薄膜，尤其是透明导电氧化物(TCO)薄膜是性能优良的透明导电材料，它在可见光谱范围内透明，对红外光具有较强的反射，又有低的电阻率，具有良好的耐摩擦性和化学稳定性，且与玻璃具有较强的附着力。因此，目前它是一种比较优良的透明导电材料，已经在太阳能电池、液晶显示器、触摸屏、气体传感器、建筑用玻璃幕墙、飞机和汽车窗导热玻璃等产品中得到广泛应用。

由于透明导电氧化物薄膜是一种新型的光电薄膜，在应用时又和其他电子功能薄膜掺融在一起，因此在使用时必须考虑其透明、导电及其他特殊的性能要求，其所涉及的理论较深、较宽也较新。本节简要介绍透明导电薄膜的分类，重点介绍透明导电氧化物薄膜的基本特性、应用、制备技术及特性检测等。

7.1.1　透明导电薄膜的分类

透明导电薄膜是把光学透明性能与导电性能结合在一起的光电薄膜材料。这种光电薄膜材料打破了人们的传统观念，即自然界中透明的物质通常是不导电的，而导电的物质通常是不透明的。透明导电薄膜也正是由于其透明与导电特性的结合，使其成为具有明显特色的一种功能薄膜材料。

透明导电薄膜主要分为金属薄膜、氧化物薄膜以及其他化合物薄膜。其中透明导电氧化物薄膜占主导地位，目前主要包括 SnO_2、In_2O_3、Cd_2InO_4、ZnO 及其掺杂物 SnO_2:Sb、SnO_2:F、In_2O_3:Sn(通常简称为 ITO 薄膜)、ZnO:Al(通常简称为 AZO 或 ZAO 薄膜)等。近年来，在透明导电氧化物薄膜掺杂的研究中发展了一些新的薄膜体系，主要有在 ZnO 薄膜中掺杂 B、Al、Ga、In 和 Sc 等Ⅲ族元素，或掺杂 Si、Ge、Sn、Pb、Ti、Zr 和 Hf 等Ⅳ族元素，也可以掺入 F^- 来替代 O^{2-}，从而提高薄膜的导电性能和稳定性。

在研究和开发 TCO 薄膜中，人们将 TCO 薄膜材料进行优化组合，制备出了具有新特性的TCO 薄膜。如用磁控溅射技术制备出了 ZnO-SnO_2 薄膜可同时具有 ZnO 和 SnO_2 的优点。由二元 TCO 材料之间以及它们与 MgO、Ga_2O_3 等材料组合可以得到一些新的三元 TCO 薄膜，如Zn_2SnO_4、$ZnSnO_3$、$MgIn_2O_4$、$GaInO_3$ 等。同样，某些三元 TCO 薄膜之间也可以组合成 TCO 薄膜。通过 TCO 薄膜材料组合构成的新的 TCO 薄膜，既可以通过组分调整改变薄膜的电学、光学、化学和物理特性，也可以获得单一 TCO 薄膜所不具备的性能，从而满足某些特殊需求。

按照透明导电薄膜的材料组成可将其分为透明导电金属薄膜、透明导电氧化物(TCO)薄膜、非氧化物透明导电化合物薄膜和导电性颗粒分散介质体等四类，其具体的分类和组成如表 7.1-1所示。

表 7.1-1　透明导电薄膜的分类、组成及实例

类　别	组　成	实　例
金属薄膜	单层薄膜	Ni、Pt、Au、Ag、Cu
	双层和三层薄膜	$Au/Bi_2O_3/$基底、$Au/Cu/$基底、$ZnS/Ag/Zns$、$SnO_2/Ag/SnO_2$
氧化物薄膜	未掺杂	SnO_2、In_2O_3、Cd_2InO_4、Cd_2SnO_4、ZnO、CdO
	掺杂	$SnO_2:Sb$、$SnO_2:F$、$In_2O_3:Sn(ITO)$、$ZnO:Al(AZO)$
非氧化物薄膜	单层薄膜	CdS、ZnS、LaB_6、TiN、TiC、ZrN
	双层薄膜	TiO_2/TiN、ZrO_2/TiN
导电性颗粒分散介质体	Al、Ag、Au、Ru、ZnO、$SnO2$ 等颗粒分散在 SiO_2 中	

7.1.2　透明导电薄膜的基本特性

这里主要介绍透明导电金属薄膜和目前普遍应用的透明导电氧化物薄膜。

1. 透明导电金属薄膜的基本特性

金、银、铜、铂等金属薄膜在可见光和红外波段都具有良好的反射性,这主要是由于其自由载流子的浓度约为 10^{20} 个/立方厘米,可使金属的等离子体频率落在近紫外光区,所以其在可见光区是不透明的。如果要增加其在可见光范围内的透明度,同时又要保持其在红外波段的高反射性,就必须将这些金属薄膜的厚度制备得极薄。当金属薄膜的厚度减小至 20 nm 以下时,对光的反射和吸收都会减小,此时的金属薄膜才具有较好的透光性。透光性越好的薄膜,其导电性就越差,所以必须将透明导电金属薄膜的厚度控制在 3~15 nm 之间。理论上,金属薄膜可以成为良好的透明导电薄膜,但是,在实际制备厚度小于 10 nm 的金属薄膜时,极易形成岛状结构,使薄膜的电阻率明显提高。而且,当这种岛状结构严重时,还会使相当一部分入射光散射掉,从而影响薄膜的透射率。在利用等离子体辅助技术制备薄膜时,为了避免出现岛状结构,并得到电阻率较低的金属薄膜,可以在基底表面加偏压,用离子或电子来轰击基底表面,或在基底表面与金属薄膜之间镀上一层氧化物过渡层。虽然通过这些方法可以沉积出较薄且连续的金属薄膜,但是,此时金属薄膜的电阻率仍然受表面效应和杂质的影响,因此,制备透明导电金属薄膜具有相当大的难度。此外,大多数金属薄膜与玻璃基底之间的结合力都较差。总之,透明导电金属薄膜既有透光性不足,强度较低和附着力较差的缺点,也有沉积温度低和易制备出低电阻薄膜的优点。

2. 透明导电氧化物薄膜的基本特性

透明导电氧化物薄膜具有广泛和重要的应用前景,在光电子应用中所使用的大多都是这种薄膜。透明导电氧化物薄膜材料是半导体中重要的一种,其基本特性包括:具有较大的禁带宽度(一般均大于 3.0 eV),n 型氧化物半导体的直流电阻率约为 $10^{-5}\sim10^{-4}\ \Omega\cdot cm$,在可见光波段内具有较高的透射率(>80%),并且在紫外波段具有截止特性,在红外波段具有较高的反射率,在短波频率下(6.5~13 GHz)具有较强的发射特性。

常用的透明导电氧化物薄膜主要包括二元和三元体系,如 SnO_2、In_2O_3、ZnO、CdO、Cd_2InO_4、Cd_2SnO_4(锡酸镉)、$SrTiO3$(钛酸锶)以及在这些体系基础上所形成的各种掺杂体系,其中二元氧化物透明导电材料的一个基本特征是元素 Sn、In、Zn、Cd 和 O 反应后,它们的 d 电子轨道都处于填满状态。在二元氧化物透明导电体系上又出现了三元氧化物及多元复合氧化物透明导电薄膜材料。这里主要介绍最常用的氧化铟锡(ITO)和氧化锌(ZnO)及其掺杂的透明导电氧化物薄膜。

(1)氧化铟锡(ITO)

氧化铟锡(ITO)透明导电薄膜是一种体心立方铁锰矿结构(即立方 In_2O_3 结构)的 n 型宽禁

带透明导电材料。其具有优异的光学性能，在波长为 550 nm 处，对可见光的透射率可高达 85%以上，红外反射率大于 81%，紫外吸收率大于 85%；而且具有低的电阻率，其电阻率一般在 $10^{-5} \sim 10^{-3}\ \Omega \cdot cm$ 之间，能隙宽度为 $E_g = 3.5 \sim 4.3\ eV$；同时还具有高的硬度及耐磨性，且容易刻蚀成一定形状的电极图形等。因此，ITO 薄膜被广泛应用于液晶显示器、电致发光显示器、电致变色显色器、场致发光平面显示器、太阳能电池、防雾气防霜冻视窗和节能玻璃幕墙等。此外，ITO 薄膜对微波还具有强烈的衰减作用，衰减高达 85%，在防电磁干扰的透明屏蔽层的应用上具有很大的潜力。

在 In_2O_3 中掺入 Sn 后，Sn 元素替代 In_2O_3 晶格中的 In 元素并以 SnO_2 的形式存在。因为 In_2O_3 中的 In 元素为三价，形成 SnO_2 时将贡献一个电子到导带上，同时在一定的缺氧状态下产生氧空位，形成 $10^{20} \sim 10^{21}\ cm^{-3}$ 的载流子浓度和 $10 \sim 30\ cm^2/(V \cdot s)$ 的迁移率。综合 Sn 替代和氧空位的结果，ITO 的结构可表示为 $In_{2-x}Sn_xO_{3-2x}$。

常规方法制备的 ITO 薄膜都是多晶结构，而且晶体一般会出现择优生长的现象，这与薄膜的制备方法和制备工艺参数之间有着较大的关系，薄膜可以在（222）方向上择优生长，也可以在（400）或（440）方向上择优生长。因此，通过控制薄膜的生长工艺参数，可以控制其晶体的生长方式，从而控制 ITO 薄膜的光学性能和电学性能。表 7.1-2 给出了不同薄膜制备方法和生长工艺参数制备出的 ITO 薄膜的性能。从表中可以看出，ITO 薄膜的性质主要取决于制备方法和沉积工艺参数，特别是基底温度等。

表 7.1-2　不同制备方法和生长工艺参数下 ITO 薄膜的性能

制备方法	基底温度 $T/℃$	载流子浓度 $N/(10^{20}\ cm^{-3})$	迁移率 $\mu/(cm^2 \cdot V^{-1} \cdot s^{-1})$	电阻率 $\rho/(10^{-4}\Omega \cdot cm)$	透射率 $T/\%$
RFMS	未加热	3	15	4	85
RFMS	200	12	12	4	95
RFMS	450	6	35	3	90
DCMS	250	9	35	1.4	85
DCMS	400	20	27	1.3	85
反应蒸发	350	5	30	4	91
离子束溅射	<200	18	—	1.5	80
溶胶-凝胶	室温	5.6	19	5.8	—

虽然 ITO 薄膜是目前光电性能较优且使用最广泛的一种透明导电氧化物薄膜，但是在实际应用中仍然存在一些问题。首先，其在还原气氛中热处理后薄膜中会有金属 In 出现，这说明其化学稳定性欠佳；其次，ITO 薄膜在实际应用中受制于金属 In 的稀少，即市场对透明导电薄膜的巨大需求与 In 资源的稀少形成尖锐的矛盾。因此，必须寻求质量优异、原材料便宜的替代材料，而 ZnO 基透明导电薄膜就是其中最重要的一种。

（2）氧化锌（ZnO）

ZnO 薄膜材料具有光、电、压电及铁电等特性，近年来引起了人们极大的研究兴趣。作为一种压电材料，ZnO 具有较大的耦合系数；在光电导性能方面，由于其响应速度快、感应能力强而被应用于光学传感器。通过 Al 或 Ga 掺杂后，ZnO 薄膜同时还具有良好的可见光透过性和类金属的电导率，因此常作为透明导电薄膜。

在 Ⅱ～Ⅵ族半导体材料中，ZnO 晶体的离子性介于共价化合物和离子化合物之间。由于 ZnO 的组成元素 Zn 和 O 蒸气压不同，要制备符合化学计量比的完美 ZnO 单晶是非常困难的，所以化合物偏离化学配比会直接导致高密度的空位等晶格缺陷的形成。同时较宽的禁带宽度会导致氧空位的形成能比较低，因而 ZnO 通常以 n 型导电类型存在，故 ZnO 又被称为单极型半导体。

ZnO 既可以具有闪锌矿结构,也可以具有纤锌矿结构。一般情况下,ZnO 及其掺杂物都是六方密排纤锌矿结构。ZnO 薄膜的电阻率一般为 10^{-1} $\Omega \cdot cm$ 或更低,载流子浓度可达 $10^{16} \sim 10^{19}$ cm^{-3},而且这些参数一般都取决于沉积技术、工艺参数及膜层的厚度。早在 1982 年人们就采用射频磁控溅射技术制备出了电阻率小于 4.5×10^{-4} $\Omega \cdot cm$ 的未掺杂的 ZnO 透明导电薄膜,但这些薄膜在高温环境下极不稳定,因此未掺杂的 ZnO 薄膜在应用上远不及 ITO 透明导电薄膜。1983 年人们首次采用喷涂热分解方法制备出了导电性能良好的 In 掺杂 ZnO(ZnO:In)透明导电薄膜。随后人们在 ZnO 薄膜中尝试的掺杂元素包括Ⅲ族元素(如 Al、Ga、In、B)和Ⅳ族元素(如 Si、Ge、Ti、Zr、Hf)以及Ⅶ族元素(如 F)等。表 7.1-3 给出了各种掺杂 ZnO 薄膜的电学特性。

表 7.1-3　不同掺杂 ZnO 薄膜的电学特性

掺杂元素	掺杂量/ (at. %)	载流子浓度 $N/(10^{20} cm^{-3})$	电阻率 $\rho/(10^{-4}\Omega \cdot cm)$	掺杂元素	掺杂量/ (at. %)	载流子浓度 $N/(10^{20} cm^{-3})$	电阻率 $\rho/(10^{-4}\Omega \cdot cm)$
Al	1.6~3.2	1.5	1.3	Si	8.0	8.8	4.8
Ga	1.7~6.1	14.5	1.2	Ge	1.6	8.8	7.4
In	1.2	3.9	8.1	F	0.5	5.0	4.0
B	4.6	5.4	2.0				

图 7.1-1 示出了未掺杂 ZnO 薄膜和 Al 掺杂 ZnO 薄膜的光学特性曲线。未掺杂 ZnO 薄膜的禁带宽度约为 3.2~3.3eV,而掺杂 ZnO 的禁带宽度约为 3.4~3.9eV。

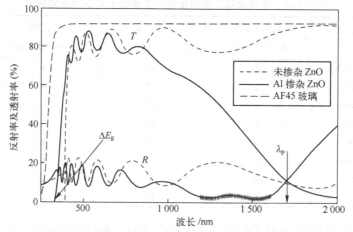

图 7.1-1　未掺杂 ZnO 薄膜和 Al 掺杂 ZnO 薄膜的光学特性曲线

7.1.3　透明导电氧化物薄膜的制备

为了制备出具有低电阻率和高可见光透射率的透明导电氧化物薄膜,人们开发了各种相应的薄膜制备技术。事实上,各种薄膜制备技术都被尝试用于透明导电氧化物薄膜的制备。例如,真空热蒸发、磁控溅射、脉冲激光沉积、溶胶-凝胶、热喷涂、化学气相沉积、原子层外延等薄膜制备的常见方法均被用于制备透明导电氧化物薄膜。透明导电氧化物薄膜的不同用途对薄膜的结晶取向、表面平整度、导电性、光学性能及气敏性等有不同的要求。采用不同技术和工艺制备透明导电薄膜主要是为了满足实际应用中对薄膜提出的不同要求。以下介绍透明导电氧化物薄膜的常用制备技术,以及工艺参数对其光电特性的影响。

1. ITO 薄膜的制备及工艺参数对其性能的影响

(1) ITO 薄膜的制备技术

ITO 薄膜的制备技术主要包括以下几种。

① 真空热蒸发技术

对于制备 ITO 薄膜而言，真空热蒸发镀膜工艺一般包括以下 3 种方式。

a. 直接蒸发氧化物薄膜材料，如 In_2O_3 和 SnO_2 的混合物；

b. 采用反应热蒸发，即在蒸发金属的同时通入氧气，进行化学反应。蒸发的膜料一般为含 3.8 at.%Sn 的 In/Sn 合金；

c. 对蒸发的金属薄膜进行氧化热处理。

在热蒸发镀膜中要严格控制基底的温度、蒸发速率、氧分压等工艺参数。在直接蒸发氧化物膜料镀制透明导电氧化物薄膜时，由于氧化物的分解会或多或少地存在氧含量不足的现象，因此，在蒸发过程中需要在沉积气氛内保持一定的氧分压；或在空气环境下对沉积的薄膜进行必要的热处理，以保证薄膜的光电特性。在恰当的氧分压下蒸发 In_2O_3 和 SnO_2 混合物可获得 ITO 薄膜。而在反应热蒸发中，蒸发速率一般应控制在 10～30nm/min，基底的温度应保持在 400℃ 以上；也可以采用两个坩埚同时蒸发 In 和 Sn。

真空热蒸发制备的 ITO 薄膜的电学和光学特性与氧分压密切相关。无论是直接蒸发氧化物膜料还是采用反应热蒸发，氧分压对 ITO 薄膜的性能都有显著的影响。氧分压增大可以提高 ITO 薄膜在可见光的透射率，但过高的氧分压会导致薄膜电阻率的升高。

② 磁控溅射技术

根据所用电源的不同，磁控溅射可分为直流磁控溅射和射频磁控溅射。依据溅射中加入气体的不同，又可分为非反应磁控溅射和反应磁控溅射。目前制备 ITO 薄膜的溅射技术主要有直流磁控溅射，其所用的靶材为金属合金；另外一种是射频磁控溅射，所用的靶材大多是氧化物陶瓷靶。

一般认为采用氧化物陶瓷靶比较容易控制薄膜中的化学计量比，而且不需要进行后续的热处理。通常在溅射过程中通入适量的氧气，就可以改善薄膜的结构、电学特性和光学特性。

③ 其他物理方法

除了上述方法，还可以采用离子束溅射技术、脉冲激光沉积技术，以及离子束辅助沉积技术等物理方法来制备 ITO 薄膜。其中离子束辅助沉积的最大优点在于可以降低沉积温度，甚至在室温下能够在玻璃和塑料基底上制备出高质量的 ITO 薄膜。

④ 化学气相沉积技术

化学气相沉积技术具有设备简单、薄膜生长速率快、操作简单等优点。但是一般在制备 ITO 薄膜时都需要后续处理，并且先导物的获得也比较困难，因此在制备 ITO 薄膜时该技术用得不多。反应的原料可采用铟和锡的乙酰丙酮化合物或二乙基己酸铟和四氯化锡。

⑤ 溶胶-凝胶法

溶胶-凝胶法是指有机或无机化合物经过溶液、溶胶、凝胶固化，经热处理而制得氧化物或其他化合物固体的方法。它具有工艺简单、成本低廉、工件形状不限，并可实现大面积镀膜等优点。在溶胶-凝胶制备 ITO 薄膜的工艺中，首先将基底浸入水解类金属化合物中，随后以一定的速度取出，并放入含有水蒸气的容器中，在这样的气氛下发生水解并凝固，再经过 500℃ 左右的烘烤，水和碳基集团被蒸发掉，形成透明导电薄膜。反应式如下：

$$M(OR)_n + nH_2O \rightarrow M(OH)_n + nROH, \quad 2M(OH)_n \rightarrow M_2O_n + nH_2O$$

式中，M 代表金属，R 代表烃基集团。

⑥ 喷涂热分解法

喷涂热分解法是指利用金属化合物的热分解，在预先加热的基底上形成薄膜。由于其工艺简单、成本低廉且适用于大面积的工业生产，因此，一直被广泛应用于透明导电薄膜的制备中。有关具体的制备工艺这里不做详细介绍，感兴趣的读者可以进一步查阅相关文献资料。

（2）工艺参数对 ITO 薄膜特性的影响

① 沉积温度对 ITO 薄膜电学和光学特性的影响

沉积温度是各种薄膜制备过程中最重要的工艺参数之一。随着沉积温度的升高，薄膜的导电性能得到改善。然而温度的升高并不是无限的，而是有一个临界值，超过这个临界值后，导电性能将随着沉积温度的升高而下降。对于不同的制备方法，最佳沉积温度的范围不同，这与各种不同的制备技术中沉积粒子本身所具有的迁移能有关。一般情况下，要制备具有优良导电性和透光性的 ITO 薄膜，基底温度要求在 350℃ 以上，射频溅射要求在 450℃ 左右，喷涂热分解要求在 400℃ 以上。电子束热蒸发技术在 200℃ 时就可以获得高质量的 ITO 薄膜，其电阻率达到 $2.4 \times 10^4 \, \Omega \cdot cm$，载流子浓度达到 $8 \times 10^{20} \, cm^{-1}$，迁移率到达 $30 \, cm^2/(V \cdot s)$。

利用反应热蒸发沉积 ITO 薄膜时，在基底温度为 100℃ 左右时，获得的 ITO 薄膜的透射率仅为 16%；随着基底温度的升高，透射率也会相应提高。当基底温度为 400℃ 时，透射率可达到 80%，这主要是因为氧化物在 100℃ 时开始形成，在 400℃ 时结晶性得到改善。掺杂使得 ITO 薄膜的氧化温度提高，Sn 的掺杂扰乱了 In_2O_3 的氧化体系。

② 氧分压对 ITO 薄膜电学和光学特性的影响

氧分压是另外一个影响 ITO 薄膜性能的主要参数，在溅射技术中氧分压的影响尤为显著。采用直流磁控溅射合金靶反应沉积 ITO 薄膜时，当氧分压大于 0.1Pa 后，薄膜的电阻率随着氧分压的增大而迅速增大。在低的氧分压下，氧原子不足以充分氧化金属靶面和已经溅射出来的金属粒子，从而使薄膜的化学配比失衡，使薄膜具有金属性特征；而在高的氧分压下，金属粒子完全被氧化，形成化学配比好的氧化物薄膜，也使薄膜具有高的电阻率。一般来说低的电阻率对应的氧分压的范围比较小。

此外，氧分压对 ITO 薄膜的透射率也有重要的影响。对直流反应溅射沉积 ITO，当氧分压低于 0.16Pa 时，透射率低于 10%；当氧分压大于 0.4Pa 时，透射率可达 80%~90%。这也说明在制备高透射率的 ITO 薄膜时也存在一个临界氧分压。

影响 ITO 薄膜性能的工艺参数不只是基底温度和氧分压，只有对所有可能影响 ITO 薄膜性能的参数进行合理的优化，才能制备出高质量、满足使用要求的 ITO 薄膜。

另外，几乎所有经后续退火处理的 ITO 薄膜，其导电率和透射率均有不同程度的改善。后续退火对 ITO 薄膜性能的影响主要体现在改变薄膜中的亚氧化物的含量和载流子的浓度。ITO 薄膜在 N_2 气氛围中经退火处理后，载流子浓度会有明显的提高，而且光学禁带宽度一般也会有所增大。

2. ZnO 薄膜的制备及工艺参数对其性能的影响

（1）ZnO 薄膜的制备技术

ZnO 薄膜具有以下突出优点：①廉价的原材料；②无毒；③具有可以与 ITO 相比拟的电学和光学特性；④具有优异的性能价格比；⑤易于制备，生产成本低。

正是由于 ZnO 薄膜以上明显的优点，人们研究了用不同的方法来制备 ZnO 薄膜，其制备方法主要包括反应溅射、脉冲激光沉积、化学气相沉积、喷涂热分解，以及溶胶、凝胶等。其中磁控溅射技术是目前应用最多的方法。以下简单介绍 ZnO 薄膜的磁控溅射技术，以及喷涂热分解技术。

① 磁控溅射技术沉积 ZnO 薄膜

溅射技术已广泛应用于 ZnO 薄膜的制备。其中主要包括直流反应磁控溅射（DCMS）、射频磁控溅射（RFMS）和中频磁控溅射（MFMS）。在溅射技术沉积 ZnO 薄膜中，金属靶或氧化物靶均可作为溅射的靶材。沉积工艺参数对薄膜的结构特性和生长速率具有显著的影响，其中主要包括工作气体组分、等离子条件、沉积温度等。一般情况下，提高基底温度有利于薄膜结晶性能的改善。在溅射氧化物靶材的过程中,工作气氛中氧浓度的增加有利于薄膜结晶状况的改善和晶粒尺寸的增加。在溅射制备 ZnO 薄膜中,广泛使用 ZnO+Zn 靶、$Ar+O_2$ 或 $Ar+O_2+H_2$ 气氛,其中 ZnO+Zn 有利于保证薄膜中 Zn 的含量,从而改善薄膜的导电性能。适量 H_2 的加入可以控制 Zn/O 的比例,有利于降低薄膜的电阻率。此外,在溅射中给基底上施加负偏压或采用磁控溅射都可以降低沉积温度,从而实现在柔性基底上制备 ZnO 薄膜。

未掺杂的 ZnO 薄膜的特性不稳定,克服该缺点的最好办法是对 ZnO 薄膜进行掺杂,In、Al、Ga 和 Sn 等是最常用的掺杂剂。上面讲到的溅射法也可以用于制备掺杂的 ZnO 薄膜,掺杂量一般为 $(2.5 \sim 25)$ at. %。掺杂后的 ZnO 薄膜一般具有优良的光电性能,其电阻率可达到 10^{-4} $\Omega \cdot cm$ 左右,对可见光的透射率大于 80%。

② 喷涂热分解制备 ZnO 薄膜

喷涂热分解技术已成功用于大面积制备 ZnO 薄膜。该技术具有操作简便、成本低廉、易于大面积沉积等优点。通常所采用的原料为醋酸锌水溶液。在溶液中加入少量的醋酸,可以有效抑制溶液中氢氧化锌的沉积,提高薄膜的质量。喷涂热分解制备 ZnO 时的基底温度一般在 350~550℃之间。

例如,利用 0.4mol $Zn(C_2H_3O_2)_2 \cdot H_2O$ 溶液,在基底温度为 300~390℃的条件下,可以在普通的钙玻璃基底上沉积出透射率大于 85%,电阻率介于 2~100$\Omega \cdot cm$ 的 ZnO 薄膜。电阻率可以通过控制工艺参数进行适当的调节。一般情况下,沉积的 ZnO 薄膜具有较高的电阻率,因此需要进行后续的退火处理。也可以用氯化铝和醋酸锌为原料,制备出透明导电的 AZO 薄膜,其中 Al/Zn 的比例为 $(0 \sim 6)$ at. %,此时再经过退火处理就可以获得电阻率低且透光性良好的 AZO 薄膜了。

此外,采用喷涂热分解也可以制备出 In 掺杂的 ZnO 薄膜,即 IZO 透明导电氧化物薄膜。

以上介绍了目前应用最为广泛的两种 ZnO 薄膜的沉积技术。当然除了以上介绍的 ZnO 薄膜的制备方法外,几乎所有制备 ITO 薄膜的方法都可以用于制备 ZnO 以及掺杂的 ZnO 薄膜,这里就不再一一介绍了。

(2) 工艺参数对 ZnO 薄膜特性的影响

基底温度对 ZnO 薄膜的电学特性具有显著的影响。例如,在直流磁控溅射中,当基底温度在 250~350℃之间时,可以获得最低的电阻率(3.5×10^{-4})$\Omega \cdot cm$。温度对电学性能的影响主要源于薄膜结晶状态的改善。此外,薄膜厚度对其电阻率也有影响,厚度较薄时,ZnO 薄膜的电阻率随着厚度的增加而急剧减小;当薄膜厚度大于 250 nm 时,薄膜的电阻率趋于稳定。

在溅射工艺中,对氧分压的控制也极为重要。氧分压的大小不仅影响 ZnO 薄膜的电阻率,也影响薄膜在可见光波段的透射率。此外,适当的掺杂能较大幅度地提高 ZnO 薄膜的电学性能(如 Al、In、Ga 等元素的掺杂),同时还可以解决 ZnO 薄膜的电学稳定性问题。这是 ZnO 薄膜作为透明导电薄膜实用化最为重要的问题。例如,Al 掺杂 ZnO(AZO)薄膜不但具有优异的光学、电学性能和稳定性,同时由于其较低的成本而受到广泛的关注。Al 掺杂 ZnO 薄膜具有较高的载流子浓度,载流子浓度的提高主要源于 Al^{3+} 对 Zn^{2+} 的替代。但是,当铝的掺杂量过高时,由于 Al 氧化物的形成,会导致薄膜电阻率的升高。因此,适当的 Al 掺杂可以提高 ZnO 薄膜的载流子浓度,在使用中应根据要求控制 Al 掺杂的比例。

7.1.4 透明导电氧化物薄膜的特性测试

透明导电氧化物薄膜的特性测试主要包括膜层厚度的测试、薄膜光学特性的测试,以及电学特性的测试。其中光学特性的测试包括透射率、反射率的测试,以及薄膜光学常数的测试,这一部分与第 6 章介绍的薄膜光学特性的测试方法和仪器一样,这里不再赘述。以下主要介绍薄膜厚度的测试和透明导电薄膜的电学特性测试。

1. 透明导电氧化物薄膜的厚度测试

薄膜厚度的测试方法很多,每种方法所依据的物理特性参数各不相同,各自有其自身的特点和适用范围。结合透明导电氧化物薄膜的特性,其厚度测试的常用方法主要有:触针式轮廓仪、金相法、干涉法,以及光谱模拟计算法。

（1）触针式轮廓仪

触针式轮廓仪又称表面粗糙度仪,主要用于测量零件的表面粗糙度。其测量原理是把仪器上细小的探针接触到样品的表面并进行扫描,在扫描过程中,随着探针的横向运动,探针就随着表面高低不平的轮廓而上下运动,检测表面峰谷的高度,因而可以测出基底到薄膜表面的高度,从而进行膜层厚度的测试。用轮廓仪测试薄膜的厚度就必须在薄膜的表面做一个台阶,从而造成一个高度差。做台阶的方法有两种:一种是在镀膜前对基底表面进行遮蔽;另一种是在镀膜后采用刻蚀的方法去除薄膜。对于 ZnO 薄膜,可以用稀盐酸去除薄膜,从而形成厚度测试时所需要的台阶。由于轮廓仪在纵向上的分辨率较高,一般为纳米级,因此该方法的测量误差一般小于5%,可测量的范围为几十纳米到几微米。利用轮廓仪测量薄膜厚度的优点是测量误差小、直接快速、操作简便。

（2）金相法

金相法是指将被测样片制作成包含薄膜层的金相样品,然后采用光学显微镜或扫描电子显微镜对薄膜样品的横截面进行放大测量的方法。其中扫描电子显微镜不仅放大倍数大,而且当基底和薄膜材料的原子序数接近时,可采用 X 射线能量色散技术和背散射电子像技术来增加基底与薄膜之间的衬度,使分辨更容易,薄膜的厚度测量更准确。不足之处是该方法是一种对薄膜层有破坏作用的测试技术。

（3）光干涉测试法

光干涉测试法测量薄膜厚度一般是通过干涉显微镜来实现的,它的原理是利用光的干涉现象。干涉显微镜可视为迈克耳孙干涉仪和显微镜的组合,其原理示意图如图 7.1-2（a）所示。由光源发出的一束光经聚光镜和分光镜后分成强度相同的 A、B 两束光,分别经参考反射镜和样品后发生干涉。两条光路的光程基本相等,当它们之间有一个夹角时,就产生明暗相间的干涉条纹（等厚干涉）。将薄膜制成台阶,则光束 B 从薄膜反射和从基底表面反射的光程不同,它们和光束 A 干涉时,由于光程差而造成同一级次的干涉条纹,如图 7.1-2（b）所示。由此便可以求出台阶的高度,即薄膜的厚度为

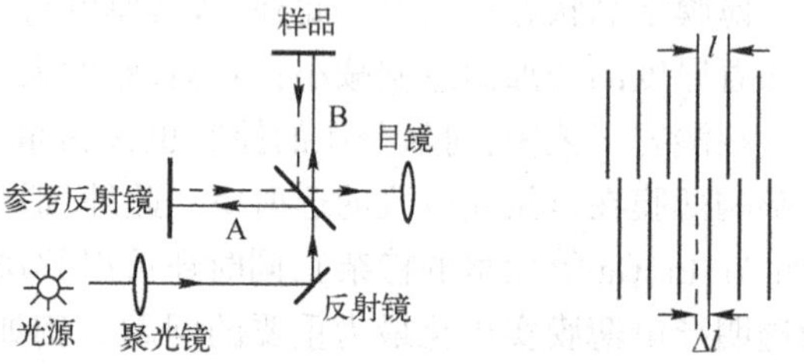

(a) 原理图　　　(b) 干涉条纹移动

图 7.1-2　干涉显微镜测试薄膜厚度

$$d = \frac{\Delta l}{l} \cdot \frac{\lambda}{2}$$

式中,Δl 是同一级次干涉条纹移动的距离,l 为明暗条纹的间距,其可通过测微目镜测出,λ 为入射的已知光波的波长。

该测量方法为非接触、非破坏测量,测量的薄膜厚度为 3~2000 nm,测量精度约为 2~3 nm。

（4）光谱模拟计算法

光谱模拟计算法是指通过测量薄膜的光谱特性,然后依据理论模型进行模拟计算来给出薄膜厚度的测试方法。光谱的测量包括透射率、反射率及椭偏测量。该方法也属于非破坏性测量。具体的方法这里不再赘述。

2. 透明导电薄膜电学特性的测试

（1）四探针法测量薄膜的电阻

测量电阻最简单的方法是二点法，即用两个电极接触样品的表面，然后测量流过两点间的电流和两点间产生的压降。但是，这种方法不能将金属电极和样片之间的接触电阻与样片本身的电阻区分开来，因此其测量结果不够准确。对于薄膜表面电阻的测量，常用的方法是四探针法，如图 7.1-3 所示。测量系统由 4 个对称的、等间距的电极构成，每个电极的另一端由弹簧支撑以减小其尖端对样片表面的损伤。当由高阻抗的电流源提供的电流流经外侧两个电极时，就可以用电势计测量出内侧电极间的电势差。电极间距一般为 1 mm。

下面具体介绍四探针法测量电阻的原理。设电极尖端尺寸为无限小，而被测样片为无限大。对于块状样片，其厚度远大于电极间的间距，即 $d \gg s$。假设两个外电极所扩展的电流场为半球形分布，则电阻的微分可表示为

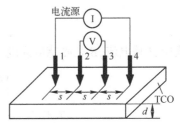

图 7.1-3　四探针法测量薄膜表面电阻示意图

$$dR = \rho\left(\frac{dx}{A}\right)$$

对内侧电极的电阻进行积分

$$R = \int_{x_1}^{x_2} \rho\, \frac{dx}{2\pi x^2} = \frac{\rho}{2\pi}\left(-\frac{1}{x}\right)\Big|_{x_1}^{x_2} = \frac{1}{2s} \cdot \frac{\rho}{2\pi}$$

考虑到外侧电极之间电流的重叠效应，电阻为 $R = V/2I$。综合以上两式，可以求得块状样片的电阻率为

$$\rho = 2\pi s\,(V/I)$$

对于很薄的薄膜样片而言，即 $d \ll s$。此时电流场由球形变成环形分布。因此，面积表达式为 $A = 2\pi x d$。积分表达式也相应变为

$$R = \int_{x_1}^{x_2} \rho\, \frac{dx}{2\pi x d} = \int_{s}^{2s} \frac{\rho}{2\pi d} \cdot \frac{dx}{x} = \frac{\rho}{2\pi d}\ln x\Big|_{s}^{2s} = \frac{\rho}{2\pi d}\ln 2$$

再把 $R = V/2I$ 代入上式，即可得到薄膜样片的电阻率为

$$\rho = \frac{d\pi}{\ln 2}\left(\frac{V}{I}\right)$$

通过该式可以看出，薄膜样片的电阻率与测试系统电极间的间距 s 无关。如果薄膜样片的电学特性在薄膜厚度方向上是非均匀分布的，则上式所表示的就是薄膜的平均电阻率。若上式两边分别除以薄膜的厚度 d，则可以得到

$$R_{sh} = \rho/d = \frac{\pi}{\ln 2}\left(\frac{V}{I}\right)$$

该式就是薄膜表面电阻的表达式。依据熟知的电阻表达式

$$R = \frac{\rho l}{w d}$$

式中，l 和 w 分别是薄膜的长度和宽度，此时不难发现，如果 $w = l$（即正方形），则有

$$R = \rho/d = R_{sh}$$

因此，表面电阻 R_{sh} 可以看成一个方形薄膜样片的电阻，因此又将其称为方块电阻，其单位为 $\Omega/\square$。

从以上的推导过程可以看出，四探针法测量电阻的特点是，测量结果与样片及探针的几何形状有关。实际上，样片并不像所假设的那样具有无限大的尺寸，因此会有测量误差；而且样片面积越大，测量的精度就越高。一般情况下，当正方形样片的边长大于探针间距 s 的 100 倍时，测

量误差可以忽略不计;当其为间距 s 的 40 倍时,测量误差小于 10%;为间距 s 的 10 倍时,测量误差大于 10%。

（2）霍尔效应法测量薄膜的电学特性

只测量透明导电薄膜的电阻是不够的,为了全面评价透明导电薄膜的电学特性,利用霍尔效应不仅可以测量样片的电阻率,还能进一步测量样片的载流子浓度 N 和载流子的霍尔迁移率 μ_H。

霍尔效应是一种电磁效应。即在匀强磁场中放一块半导体或导体材料,沿 Z 方向加以磁场 B,沿 X 方向通以工作电流 I,则在 Y 方向产生出电动势 V_H,如图 7.1-4 所示。这一现象称为霍尔效应。V_H 称为霍尔电压,其表达式为

$$V_H = \frac{IB}{eNd}$$

式中,I 是电流,B 是磁感应强度,d 是样片的厚度,e 是电子（空穴）电荷。

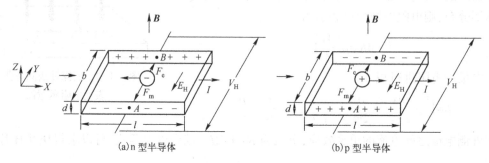

(a)n 型半导体　　　　　　　　(b)p 型半导体

图 7.1-4　霍尔效应原理图

通过测定霍尔电压 V_H,就可得到半导体薄片的载流子浓度 n_s;同时利用范德堡（Van der Pauw）方法可以方便地测量出半导体薄膜的电阻 R_{sh}。利用下面的关系式即可求得载流子的霍尔迁移率

$$\mu_H = \frac{|V_H|}{R_{sh}IB}$$

已知样片的厚度 d,则样片的体电阻率和载流子浓度分别为

$$\rho = R_{sh}d, \quad N = n_s/d$$

根据霍尔电压的正负,还可以判断出样片的导电类型。如图 7.1-4(a)所示,霍尔电压为负,即 $V_H < 0$,样片属 n 型半导体;反之,图 7.1-4(b)的样片为 p 型半导体。

早期测量霍尔效应采用矩形薄样片。1958 年范德堡提出了对任意形状样片电阻率和霍尔系数的测量方法,这种方法在目前的实际测量中得到广泛的应用,人们将其称为范德堡法。

范德堡法可以测量样片的电阻率、载流子的浓度、迁移率,并且不受样片几何形状的影响,但在测量中样片要符合以下 3 个条件:①样片厚度均匀,表面平坦;②接触点在样片的周边上;③接触点一般小于样片边长的 1/6,且为欧姆接触。

图 7.1-5 示出了几种常用的范德堡测量法样片的几何形状。

根据范德堡测量方法,共需测量 8 组不同的电压,如图 7.1-6 所示。根据不同组合的电压测量,可以求出两个电阻率,即

$$\rho_A = 1.1331f_A d(V_2 + V_4 - V_1 - V_3)/I, \quad \rho_B = 1.1331f_B d(V_6 + V_8 - V_5 - V_7)/I$$

式中,ρ_A 和 ρ_B 的单位是 $\Omega \cdot cm$,d 是样片的厚度(cm),$V_1 \sim V_8$ 分别是测得的电压,I 是电流(A),f_A 和 f_B 是与样片形状有关的几何系数,它们与 Q_A 和 Q_B 两个电阻有关。对于规则的几何形状样片有 $f_A = f_B = 1$。Q_A 和 Q_B 可以由测量出的电压计算如下

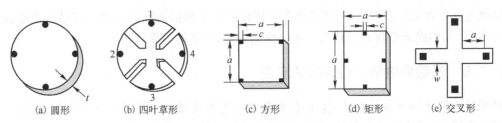

(a) 圆形　　(b) 四叶草形　　(c) 方形　　(d) 矩形　　(e) 交叉形

图 7.1-5　几种常用的范德堡测量法样片的几何形状

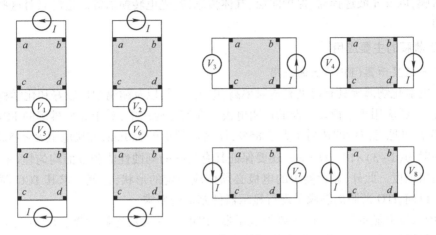

图 7.1-6　电阻率测量示意图

$$Q_A = \frac{V_2 - V_1}{V_4 - V_3}, \qquad Q_B = \frac{V_6 - V_5}{V_8 - V_7}$$

式中, Q 和 f 的相互关系如下

$$\frac{Q-1}{Q+1} = \frac{f}{0.693}\text{arcosh}\left(\frac{e^{0.693/f}}{2}\right)$$

测量出 Q 就可以算出 f, 从而算出 ρ_A 和 ρ_B。值得注意的是, 如果 ρ_A 和 ρ_B 相互之间的差别大于 10%, 那么就说明该样品不够均匀, 不能准确地确定电阻率, 应当放弃使用这种方法或重新制作样片。一旦知道了 ρ_A 和 ρ_B, 就可以求出平均电阻率

$$\rho = (\rho_A + \rho_B)/2$$

　　电阻率测量完后, 用同一样片可以接着进行霍尔效应的测量。同样, 通过不同的测量组合可以测量一组霍尔电压。如图 7.1-7 所示, 将样片放置在磁场的垂直方向上, 恒定电流经对角接触点 (a 点和 d 点) 流入样片, 在另一个对角 (b 点和 c 点) 测量霍尔电压, 即 $V_H = V_{bc}$。然后, 改变电流的方向, 从 d 点和 a 点, 测量 V_{da}。再将接触点对调, 电流施加在 b 点和 c 点上, 分别测量出 V_{ad} 和 V_{da}。最后再将测得的 4 个不同的电压值进行平均, 就可以计算出霍尔电压 V_H, 载流子浓度 (cm^{-3}) 可通过下式求得

$$N = \frac{IB}{e|V_H|}$$

式中, I、B 和 e 都是已知的, 因此可以计算出霍尔迁移率

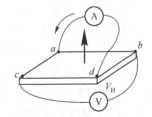

图 7.1-7　霍尔效应测量
示意图

$$\mu_H = \frac{1}{\rho e N} \quad [\text{cm}^2/(\text{V}\cdot\text{s})]$$

　　在实际测量中, 可以将透明导电薄膜样片制成 10mm×10mm 的方形样片, 并选择 4 个角为接线点。导线的连接可以根据材料的特性, 选择不同的方法, 如采用导电胶直接黏结, 也可以采用

焊接法来连接。在采用焊接法时,通常要先在样片的 4 个角的表面上沉积一层结合性能较好的良导电薄膜(如铝膜或金膜),以便改善焊接性能,增加测量的可靠性。

7.1.5 透明导电氧化物薄膜的应用

透明导电氧化物薄膜在电子、电气、信息和光学等各领域中得到了广泛的应用,已用于平板显示器的电极、窗玻璃防结露发热薄膜、节能红外线反射膜、太阳能电池的电极、太阳能集热器的选择性透射膜,以及光波选择器、保护涂层、气体传感器、光电转换器等。这里只对这些应用进行扼要的介绍。

1. ITO 薄膜的主要应用

(1) 在平板显示器(FPD)上的应用

透明导电氧化物薄膜具有可见光透射率高、电阻率低,以及耐腐蚀性较好和化学稳定性高等特点,因此被广泛应用于平板显示器的透明电极。在实际应用中,对于高分辨率的 FPD 而言,要求 TCO 薄膜在可见光波段的透射率大于 85%,厚度通常小于 150nm,方块电阻 $R_s < 15\Omega/\square$,相应的电阻率一般为 $(1\sim3)\times10^{-4}\ \Omega\cdot cm$;还要保证其有良好的刻蚀性能和表面均匀性($\pm5\%$),以及良好的表面粗糙度。此外,显示器中的电极必须做成一定的形状,这就要求其 TCO 薄膜材料要易于刻蚀。目前,ITO 薄膜能够满足现行显示器件制造的要求。

此外,场致发射显示器(EL)、等离子显示器(PDP)、有机发光显示器(OLED)、电致荧光显示器(ECD)等平板显示领域都大量采用了低电阻率和高透射率的 ITO 薄膜来作为电极。

(2) 在其他显示器件上的应用

随着掌上电脑(PDA)、电子书等触摸式输入电子产品的悄然兴起,相应的材料制备也应运而生。由于触摸式电子产品工作原理的特殊性,所需的 ITO 薄膜必须沉积在柔性聚酯材料(PET)上,薄膜的沉积温度一般不能太高($<120^\circ C$),甚至要求在室温下沉积。同时要求 ITO 薄膜较薄,方块电阻小而且均匀稳定。所以,对 ITO 薄膜的沉积工艺提出了更高的要求。采用离子束辅助沉积技术可以在室温下制备出具有优良电学和光学性质的 ITO 薄膜。

(3) 在太阳能电池上的应用

ITO 薄膜作为减反射层和透明电极,是太阳能电池的重要组成部分,对于提高太阳能电池的转换效率起着重要的作用。如 $ITO/SiO_2/p\text{-}Si$ 太阳能电池的转换效率可达 $13\%\sim16\%$。

(4) 在透明视窗上的应用

ITO 薄膜作为面发热体,大量应用于热镜。ITO 薄膜在可见光波段的高透射率和在红外光波段高反射率,可以将其作为寒冷环境下视窗或太阳能集热器的观察窗,使热量保持在一个封闭的空间里,起到热屏蔽的作用。它可以大量节约高层建筑的能源消耗。此外,还可以大量用于汽车、火车、航天器等交通工具的玻璃防雾和防结霜薄膜。

(5) 在防电磁干扰上的应用

实验表明,$5\Omega/\square$ 的 ITO 薄膜具有 $-30\ dB$ 的电磁波屏蔽能力,完全达到了实用化的要求。而家用电器等对电磁防护屏的要求是方块电阻小于 $2\ k\Omega/\square$。低电阻率的透明导电薄膜还可用于雷达屏蔽保护区、防电磁干扰等透明窗口。

2. ZnO 薄膜的主要应用

ZnO 薄膜已经在许多应用中逐渐替代了 ITO 薄膜。ZnO 薄膜作为一种新的多功能半导体薄膜材料,已经在表面声学波器件、平板显示器、太阳能电池、建筑玻璃等领域得到了应用。近年来,随着信息产业的发展,为了增加信息的储存密度,短波激光器件和发光二极管引起了人们的极大兴趣。ZnO 作为紫外发光器件的主要材料已成为新的研究热点。ZnO 薄膜的主要应用包括以下几个方面。

（1）在 CIS 太阳能电池透明电极上的应用

在太阳能电池中，以 $CuInSe_2$、$CuInS_2$（CIS）或 $CuInGaSe_2$（CIGS）为吸收层，采用磁控溅射技术制备 ZnO 或 Al 掺杂 ZnO（ZAO）作为窗口和电极。作为窗口材料，要具有高的透射率和低的电阻率。此外，还要求透明导电薄膜材料的制备工艺对 CIGS 薄膜吸收层的损害程度小。如高能粒子轰击将破坏 CIGS 吸收层和 CdS 缓冲层，因此应尽量避免高能粒子对 CIGS 层的轰击，同时高的沉积温度对 CIGS 层也具有一定的负面作用。目前，采用直流磁控溅射制备的 ZAO 薄膜已经在大面积的 CIGS 太阳能电池中得到广泛的应用。

（2）在非晶硅太阳能电池透明电极上的应用

Al 掺杂 ZnO（ZAO）薄膜还可作为非晶硅太阳能电池（a-Si）的透明电极。这类电池通常采用 In_2O_3、ITO 或 SnO_2:F 材料作为透明电极，但是在沉积非晶硅太阳能电池的工艺中使用了等离子体化学气相沉积技术，电极氧化物必须暴露在氢气或 SiH_4 等离子体中，因此透明电极会还原成金属而降低太阳能电池的转换效率。此外，ITO 薄膜还存在原料成本高的缺点。所以，在非晶硅太阳能电池透明电极的应用中目前大多采用 ZAO 透明导电薄膜。

7.2 太阳能薄膜

太阳能是太阳内部或表面的黑子连续不断的核聚变反应所产生的能量。太阳能以其独特的优势成为人们关注的焦点。丰富的太阳辐射能是重要的能源，取之不尽、用之不竭，且具有无污染、廉价等特点而成为新能源的发展趋势之一。目前，对于太阳能的利用主要有两种形式，一是把太阳能转换成热能，二是利用光伏效应将太阳能直接转换成电能。其所涉及的薄膜技术包括太阳能光热转换薄膜（太阳能选择吸收薄膜）和太阳能光电转换薄膜（薄膜太阳能电池）。

7.2.1 太阳能光热转换薄膜

1. 太阳光谱选择吸收

太阳主要以电磁辐射的形式给地球带来光与热。太阳辐射波长主要分布在 $0.25 \sim 2.5\,\mu m$ 范围内。从光热效应来讲，太阳光谱中的红外波段直接产生热，黑体辐射的强度分布只与温度和波长有关，辐射强度峰值所对应的波长约为 $10\,\mu m$。

由此可见，太阳光谱的波长分布范围基本上与热辐射不重叠。因此要实现最佳的太阳能热转换，所采用的材料必须满足以下两个条件：①在太阳光谱内吸收光线程度高，即有尽量高的吸收率 α；②在热辐射波长范围内有尽可能低的辐射损失，即有尽可能低的发射率 ε。一般来说，对同一波长而言，材料的吸收率和发射率有同样的规律，即吸收率高则相应的发射率也高。但吸收率 α 与反射率 R 及透射率 T 满足如下关系：$\alpha+R+T=1$。对于不透明材料，由于 $T=0$，则 $\alpha+R=1$。对于黑色物体，$R\approx0$，则 $\alpha=1$。根据以上讨论，可知最有效的太阳能光热转换材料是在太阳光谱范围内，即 $\lambda<2.5\,\mu m$，有 $\alpha\approx1$（即 $R\approx0$）；而在 $\lambda>2\,\mu m$，即热辐射波长范围内，有 $\varepsilon\approx0$（即 $R\approx1$ 或 $\alpha\approx0$）。一般将具备这一特性的薄膜材料称为选择性吸收材料。如不完全满足以上条件，在热辐射波长范围内 ε 有较大的值，则尽管在太阳光谱有 $\alpha\approx1$，但仍有很大的热辐射损失。这类材料通常称为非选择性薄膜材料。所有选择性吸收薄膜的构造基本上分为两个部分：红外反射底层（铜、铝等高红外反射率金属）和太阳光谱吸收层（金属化合物或金属复合材料）。吸收薄膜在太阳峰值辐射波长（$0.5\,\mu m$）附近产生强烈的吸收，在红外波段则自由透过，并借助于底层的高红外反射特性构成选择性吸收薄膜。

图 7.2-1 中的倒"Z"字形虚线是理想情况下太阳能选择吸收薄膜的反射光谱,在 2.5 μm 处存在一个从低反射率到高反射率的突变点。倒"Z"字形实线是实际制备的选择吸收薄膜的反射光谱,其膜系结构为"衬底/SS(不锈钢)/Mo-Al$_2$O$_3$"。

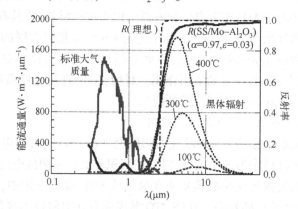

图 7.2-1　太阳辐射光谱,3 个温度下的黑体辐射光谱和选择吸收薄膜的反射光谱

2. 太阳能光热转换选择吸收薄膜的作用原理

目前已开发出大量的太阳能光热转换选择吸收薄膜,其太阳光吸收可归结为本征吸收和光干涉吸收。作为一类重要的光吸收薄膜,金属陶瓷薄膜主要依据光干涉吸收原理制备。这种薄膜通常是将金属纳米颗粒均匀地嵌入电介质材料中,常用的金属有 Al、Cr、Ni、Co、Cu、Mo、W,电介质有 AlN、Al$_2$O$_3$、Cr$_2$O$_3$、NiO、Co$_2$O$_3$ 等。高反射金属基底材料主要为金属 Al、Cu 和不锈钢 SS。这种金属陶瓷薄膜通过金属纳米微粒/电介质复合薄膜与高反射金属基底的光干涉原理实现对太阳光的良好吸收。实际中使用的选择性吸收薄膜,多是将超细金属颗粒分散在金属氧化物的基体上形成黑色吸收涂层(薄膜)。通常采用电化学、真空蒸发和磁控溅射等工艺来实现。

3. 太阳能光热转换选择吸收薄膜的制备

目前制备太阳能光热转换吸收薄膜,即金属-电介质复合陶瓷薄膜常用的方法有以下两种。

（1）电镀法

电镀法制备的太阳光热转换吸收薄膜有黑铬、黑钴、黑钼、黑镍、黑镍-钼等涂层,其中黑镍涂层的制备方法最典型。一般采用氯化物电解液来制备黑镍涂层。由氯化物电镀液电解沉积的黑镍选择性吸收层是由空隙率不同且孔不重叠的两层膜构成的,其吸收率 $\alpha>0.92$,热发射率 $\varepsilon<0.15$。沉积于不同基材上的黑镍,加热到 200℃ 并维持 800 h,在潮湿室内湿老化处理 500 h,其光学性能不变。

电镀法制备太阳能能光热转换选择吸收薄膜主要存在以下几个缺点:

① 在电镀过程中会使薄膜内存在微量水滴和气泡,这种水滴和气泡构成晶格粒子扩散的快速通道,使薄膜和金属基底相互渗透扩散,降低了薄膜与基底的结合力,影响了薄膜的光谱选择性及使用寿命;

② 电镀主要用于具有高电流效率的材料(如镀镍),而对于 Cr 和 Al 等薄膜,其电流效率较低,电镀过程中耗能高,薄膜质量不好;

③ 电镀所使用的电镀液中有很多磷酸盐、氰化物等有毒物质,环境污染大。

鉴于以上缺点,研究新型电镀液,改进电镀过程中的工艺参数,获得高质量的薄膜,同时进一步降低电镀过程中的环境污染及生产成本,是电镀法制备太阳能光热转换吸收薄膜应解决的问题。

（2）物理气相沉积法

真空热蒸发、溅射镀膜和离子镀等称为物理气相沉积(PVD),是薄膜制备的基本技术。与电镀法相比,这类方法的特点是薄膜与基底的附着力强,膜层纯度高,可同时制备多种不同成分的合金膜或化合物,环境污染小。目前,采用磁控溅射技术可以制备多种光谱选择性吸收涂层,其中多层(渐变)Al-N/Al 选择性吸收薄膜是研究最深入、应用最广泛的薄膜,它占据了国内太阳能热水器的大部分市场,其太阳能吸收率 $\alpha = 0.92$,热发射率 $\varepsilon \approx 0.05$。具有 Al-N/Al 光谱选择性吸收薄膜的全玻璃真空集热管,在太阳辐射为 900 W/m^2 时,集热管内的空晒温度可达270℃。此外,采用溅射法制备的光谱选择性吸收薄膜还有 $M-Al_2O_3$(M 代表金属 Ni、Co、Mo、W)等复合陶瓷薄膜和 M-AlN、$Cr-Cr_xO_y$、$TiAlN/TiAlON/Si_3N_4$ 和 $NbAlN/NbAlON/Si_3N_4$ 等组合吸收薄膜。

目前对这类方法的研究主要是优化制备工艺和制备参数,通过控制合适靶材大小、靶基距离、基底温度及溅射速率来改进薄膜质量,获得高质量的薄膜。

7.2.2 太阳能光电转换薄膜

太阳能光电转换装置就是太阳能电池。太阳能电池,又称光伏电池。太阳能电池发电的原理是利用光生伏特效应。当太阳光源或其他光辐射到太阳能电池的 pn 结上时,电池就吸收光能,从而产生电子-空穴对。这些电子-空穴对在电池的内建电场,即 pn 结电场的作用下,电子和空穴被电场分离,在 pn 结的两侧,即电池两端形成由电子和空穴组成的异性电荷积累,即产生"光生电压",这就是所谓的"光生伏特效应"。若在内建电场的两端用导线接上负载,负载中就有"光生电流"通过,从而就有功率输出。所以,太阳的光能就直接变成了可以利用的电能。图 7.2-2 所示为太阳能电池工作原理示意图。如果将多个 pn 结串联起来,就可以得到具有一定电压的太阳能电池。太阳能电池的直接输出一般都是 12 V(DC)、24 V(DC)、48 V(DC)。

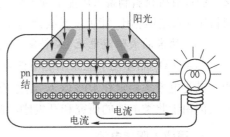

图 7.2-2 太阳能电池工作原理示意图

1. 太阳能电池的种类

到目前为止,太阳能电池已经发展到了第三代,其中,第一代是单晶硅太阳能电池,第二代是非晶硅和多晶硅太阳能电池,第三代是以铜铟镓硒(CIGS)为代表的薄膜化合物太阳能电池。

按制备电池采用材料的不同,太阳能电池又可以细分为以下几种。

(1)硅基太阳能电池

硅基太阳能电池分为单晶硅太阳能电池、多晶硅薄膜太阳能电池和非晶硅薄膜太阳能电池3 种。

单晶硅太阳能电池转换效率最高,技术也最为成熟。在实验室里最高的转换效率为 23%,规模生产时的效率为 15%,在大规模应用和工业生产中仍占据主导地位。但由于单晶硅成本高,大幅度降低其成本很困难,为了节省硅材料,发展了多晶硅薄膜和非晶硅薄膜作为单晶硅太阳能电池的替代产品。

多晶硅薄膜太阳能电池与单晶硅太阳能电池比较,成本低廉,而效率高于非晶硅薄膜太阳能电池,其实验室最高转换效率为 18%,工业规模生产的转换效率为 10%。因此,多晶硅薄膜太阳能电池不久将会在太阳能电池市场上占据主导地位。

非晶硅薄膜太阳能电池成本低、重量轻,转换效率较高,便于大规模生产,有极大的潜力。但受制于其材料引发的光电效率衰退效应,稳定性不高,直接影响了它的实际应用。如果能进一步解决稳定性问题并提高转换率,那么非晶硅大阳能电池无疑是太阳能电池的主要发展产品之一。

(2) 多元化合物薄膜太阳能电池

多元化合物薄膜太阳能电池材料为无机盐,主要包括砷化镓Ⅲ~Ⅴ族化合物、硫化镉、硫化镉及铜铟硒薄膜电池等。

硫化镉、碲化镉多晶薄膜太阳能电池的效率较非晶硅薄膜太阳能电池高,成本较单晶硅太阳能电池低,并且也易于大规模生产,但由于镉有剧毒,会对环境造成严重的污染,因此,并不是晶体硅太阳能电池最理想的替代产品。

砷化镓(GaAs)Ⅲ~Ⅴ化合物电池的转换效率可达28%,GaAs化合物材料具有十分理想的光学带隙,以及较高的吸收效率,抗辐照能力强,对热不敏感,适合于制造高效单结电池。但是GaAs材料的价格不菲,因而在很大程度上限制了GaAs电池的普及。

铜铟硒薄膜电池(简称CIS)适合光电转换,不存在光致衰退问题,转换效率和多晶硅一样,具有价格低廉、性能良好和工艺简单等优点,将成为今后发展太阳能电池的一个重要方向。唯一的问题是材料的来源,由于铟和硒都是比较稀有的元素,因此,这类电池的发展又必然受到限制。

(3) 有机聚合物太阳能电池

以有机聚合物代替无机材料是太阳能电池制造的一个研究方向。由于有机材料具有柔性好,制作容易,材料来源广泛,成本低等优点,从而对大规模利用太阳能,提供廉价电能具有重要意义。但以有机材料制备太阳能电池的研究刚开始,不论是使用寿命,还是电池效率都不能和无机材料特别是硅电池相比,能否发展成为具有实用意义的产品,还有待于进一步研究探索。

(4) 纳米晶太阳能电池(染料敏化太阳能电池)

纳米TiO_2晶体化学能太阳能电池是新近发展的,具有廉价的成本和简单的工艺及稳定的性能。其光电效率稳定在10%以上,制作成本仅为硅太阳能电池的1/5~1/10,寿命能达到20年以上。但由于此类电池的研究和开发刚刚起步,估计不久的将来会逐步走向市场。

2. 薄膜太阳能电池

决定太阳能电池产业化和大规模应用的条件是开发出低成本、适合大面积、大规模生产的太阳能电池。薄膜太阳能电池具有非常好的优势。目前薄膜太阳能电池主要可分为三类:硅基薄膜太阳能电池、化合物半导体薄膜太阳能电池、染料敏化TiO_2太阳能电池(光化学电池)。

(1) 非晶硅薄膜太阳能电池的组成及制备技术

非晶硅(a-Si:H)薄膜太阳能电池是基于氢化非晶硅(a-Si:H)薄膜,以及掺杂的非晶硅薄膜组成的具有p-i-n结类型的光电转换器件。到目前为止,非晶硅薄膜太阳能电池从技术上最为成熟,同时也是目前产业化最广泛的一类太阳能电池。非晶硅薄膜太阳能电池成本低,光电转换效率也低。

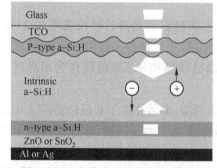

图7.2-3 氢化非晶硅太阳能电池的
结构示意图

氢化非晶硅(a-Si:H)薄膜太阳能电池按其薄膜组成可分为:① 透明导电上电极薄膜,主要有SnO-F、SnO-In、ITO、ZnO-Al(ZAO)、ZnO-Ga、ZnO-B等。② 吸收层薄膜,即氢化非晶硅(a-Si:H)薄膜。③ 下电极薄膜,主要由ZnO-Al或ZnO-Ga薄膜与导电性好的Ag、Al薄膜配合使用。④ 缓冲层。

图7.2-3是氢化非晶硅太阳能电池的结构示意图。第一层为普通玻璃,是太阳能电池的载体。第二层为绒面的TCO,即所谓的透明导电膜,一方面光从TCO穿过被太阳能电池吸收,所以要求它具有高的透射率;另一

方面作为电池的电极,所以要求它导电。TCO 制备成绒面可以起到减少反射光的作用。氢化非晶硅太阳能电池就是以这两层为衬底生长的。太阳能电池的第一层为 p 层,即窗口层。下面是 i 层,即太阳能电池的本征层,光生载流子主要在这一层产生。再下面为 n 层,起到连接 i 层和背电极的作用。最后是背电极和 Al/Ag 电极。目前制备背电极通常采用掺铝 ZnO(Al),简称为 ZAO。

下面结合每一类薄膜的性能要求,介绍这些薄膜的常用制备技术。

① 氢化非晶硅(a-Si:H)薄膜的制备技术

制备氢化非晶硅(a-Si:H)薄膜的主要技术是等离子体增强化学气相沉积(PECVD)技术。不同种类的 PECVD 技术所采用的激发等离子体的手段有所不同,主要分为以下几种。

a. PECVD 技术制备 a-Si:H 薄膜的基本原理是硅烷(SiH_4)的分解反应过程。为了提高薄膜的沉积速率和改善薄膜的物理性能,通常要在气相中充入 H_2、He 或 Ar 等气体,以促进 Si 的还原并提高等离子体的密度。

b. 射频等离子体增强化学气相沉积(RF-PECVD)采用的射频电源的激发频率为 13.56MHz。为了提高薄膜的沉积速率,目前已研制出更高频率的射频电源,如 70MHz 和 150MHz。由 70MHz 的射频等离子体增强化学气相沉积制备的由 a-Si:H-a-SiGe:H-a-SiGe:H 本征层组成的 3 个 p-i-n 结的叠层太阳能电池具有很高的光电转换效率。

c. 采用中频磁控溅射技术。目前,只有直流和射频等离子体增强化学气相沉积技术被真正应用于制作大面积的非晶硅太阳能电池。但是,这两种方法的最大缺点是沉积速率低,通常情况下的沉积速率仅为 0.1~0.2nm/s。因此,为了降低生产成本,提高沉积速率,采用中频磁控溅射是一种比较好的选择。

② 上下电极薄膜的制备技术

上下电极薄膜材料的性能对太阳能电池性能的影响也是至关重要的。常用的透明上下电极薄膜是 SnO-F、SnO-In、ITO、ZnO-Al、ZnO-Ga、ZnO-B 等。常用的下电极薄膜材料还包括导电性很好且反射率较高的 Ag、Al 薄膜。

沉积 SnO-F、SnO-In、ITO、ZnO-Al、ZnO-Ga、ZnO-B 等透明导电薄膜常采用中频磁控溅射技术,其中频电源的频率通常为 20kHz 和 40kHz,用于实际生产线上的中频电源的功率已经高达 10kW 以上。采用中频磁控溅射,一方面可以抑制溅射时出现的打弧现象,使工艺参数便于控制在一个稳定的范围内;另一方面,其输出功率一般比射频(RF)溅射高,使沉积速率可以达到一个较高的水平。

采用中频磁控溅射技术沉积 ZnO-Al 薄膜时的典型工艺如下。

中频磁控溅射电源的频率:40kHz

衬底温度:约为 220℃

本底真空度:1.0×10^{-3} Pa

溅射时的工作真空度:充 Ar 后的真空度为 $4.0 \times 10^{-1} \sim 1.0$ Pa

靶电压:430V

靶电流密度:约为 $15mA/cm^2$

上述条件下沉积 ZAO 薄膜时的沉积速率约为 2nm/s。电阻率可以低于 5.0×10^{-4} Ω·cm。

Ag 或 Al 金属电极同时可以起到反射层的作用,一般采用沉积速率较高的蒸发镀膜技术进行沉积。为了增加光程和光的吸收作用,提高太阳能电池的光电转换效率,一般希望采用一定的镀膜工艺措施,使 Ag 或 Al 薄膜产生织构表面,而不是形成光滑的表面。

(2) CIS 薄膜太阳能电池中的薄膜制备技术

CIS 薄膜太阳能电池是以铜铟硒(CIS)为吸收层的薄膜太阳能电池。目前,还有在 CIS 中掺入部分 Ga、Al 来代替 CIS 中的 In,从而形成 CIGS 或 CIAS 薄膜太阳能电池的结构;而且这一类电池被认为是未来最有希望实现产业化和大规模应用的化合物薄膜太阳能电池。美国的 $CuInSe_2$ -Cd(Zn)S 薄膜太阳能电池的光电转换效率可达 12%,这使 CIGS 薄膜太阳能电池排在高性能薄膜太阳能电池的前列。表 7.2-1 给出的是美国可再生能源实验室的 CIGS 薄膜太阳能电池的效率。

表 7.2-1　美国可再生能源实验室的 CIGS 薄膜太阳能电池的效率

太阳能电池的结构	光电转换效率(%)	电池的面积(cm²)
ZnO-CdS-CIGS-Mo	18.8	0.449
ZnO-CIGS-Mo	15	0.462
ZnO-CdS-CIGS-Mo(不锈钢基底)	17.4	0.414

CIGS 薄膜的制备方法很多,包括溅射、喷涂热解、电沉积等。近年来,物理气相沉积(PVD)方法被认为是最优选用的方法。

图 7.2-4 是 CIS 和 CIGS 太阳能电池的结构示意图。该太阳能电池的薄膜组成为:玻璃-Mo电极薄膜/p 型吸收层 CIS 或 CIGS 薄膜/CdS 过渡层薄膜/n 型 ZnO 窗口层/Al 栅网点极/AR(增透膜)。

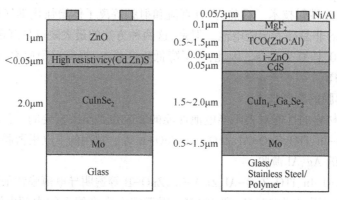

图 7.2-4　CIS 和 CIGS 太阳能电池的结构示意图

下面结合这一典型的 CIS 薄膜太阳能电池的结构,阐述薄膜技术在 CIS 太阳能电池中的应用。主要介绍 CIGS 薄膜的制备技术。

① Mo 背电极薄膜的沉积。在电池研究过程中,包括 Mo、Pt、Ni、Al、Au、Cu 和 Ag 在内的很多金属都被试着用来制作背电极接触材料。研究发现,除了 Mo 和 Ni,在制备 CIGS 薄膜的过程中,这些金属都会和 CIGS 产生不同程度的相互扩散。扩散引起的杂质将导致更多复合中心的产生,最终将导致电池效率的下降。在高温下 Mo 具有比 Ni 更好的稳定性,不会和 Cu、In 产生互扩散,并且具有很低的接触电阻,所以一直被用作理想的背电极材料。

Mo 的沉积厚度约为 $0.5 \sim 1.5 \, \mu m$。首先在钠钙玻璃上采用射频磁控溅射、直流磁控溅射或真空热蒸发的方法沉积厚度约为 $1.0 \, \mu m$ 的 Mo 层。由于直流磁控溅射技术制备的 Mo 薄膜的均匀性好,薄膜的沉积速率高,所以,一般在沉积 Mo 薄膜时多采用这种技术。

② CIGS 薄膜的沉积。具有黄铜矿结构的化合物材料 $CuInSe_2$(CIS)或 $CuInGaSe_2$(CIGS)在可见光范围内的吸收系数高达 $10^5 \, cm^{-1}$,通过改变镓的含量,其禁带宽度在 $1.04 \sim 1.67 \, eV$ 范围内可调,可以制备出最佳禁带宽度的半导体材料。同时具有好的稳定性,耐空间辐射,属于最好的薄膜太阳能材料之一。美国可再生能源实验室用 Cu、In、Se、Ga 四元共蒸发沉积法制备的薄膜太阳能电池的转化效率已经高达 18.8%。虽然共蒸发法在小面积电池上取得了最好的效率,在大面积制备薄膜太阳能电池的产业化应用方面,却存在其难以克服的障碍。目前采用较多的方

法仍然是磁控溅射法。基于磁控溅射的工艺也有很多,主要有溅射预制薄膜后硒化方法,预制薄膜的制备等。基于以上的要求,制备的 CuIn(CuInGa)预制薄膜厚度为 600~700 nm,Se 化后 CuInGaSe₂ 薄膜的厚度为 1.8~2.0 μm,整个厚度会有 2~3 倍的提高。

③ CdS 过渡层薄膜的沉积。CIGS 薄膜太阳能电池性能的优劣,主要取决于电池 pn 结的制备,整个 pn 结实际是跨越过渡层的,所以过渡层的制备决定着电池的性能。采用过渡层结构还有另外一个原因,就是在 CIGS 电池中,ZnO 带隙为 3.2 eV,而 CIS 带隙只有约 1.02 eV,它们的带隙相差悬殊,直接接触构成异质结时,会产生晶格失配现象,使异质结界面失配,缺陷态增多,这将导致电池的转化效率偏低。在它们之间增加一层很薄的过渡层,可以解决这一问题。经过几十年的筛选优化研究,CdS 仍然是目前最好的材料之一。CdS 的制备方法主要有真空蒸发法、喷涂法、电沉积法、磁控溅射法和化学水浴法。其在 CIGS 薄膜太阳能电池中的厚度约为 0.05 μm。

④ 窗口层 ZnO 薄膜的沉积。窗口层 ZnO 薄膜是由高阻 ZnO(本征 ZnO 或 i-ZnO)和低阻 ZnO(ZnO:Al 或 n-ZnO)组成的。高阻 ZnO 薄膜对电池的转换效率具有重要的作用,当其厚度为 50 nm 左右时可以有效消除电池中出现的短路现象,提高太阳能电池的光电转换效率。ZnO 薄膜一般采用(射频)磁控溅射技术来沉积,采用纯 ZnO 靶材。

低阻 ZnO(ZnO:Al)的制备通常采用在 ZnO 薄膜中掺杂 Al 等金属,从而获得 AZO 等低电阻率的透明导电薄膜。氧化锌薄膜是一种宽带隙的透明导电材料($E_g \approx 3.2 \sim 3.4$ eV),其在可见光区中有较高的透射率(>85%),在薄膜太阳能电池中被广泛用作透明电极材料。它和 ITO 一样,都属于非常重要的透明导电材料,由于它不用昂贵的稀有金属,价格非常便宜,性能优越,电阻率小于 3×10^{-3} Ω·cm,在薄膜太阳能电池的应用中更具有优势。

用于太阳能电池异质结的 n 型层,是由本征 ZnO 和掺杂 ZnO 构成的。本征 ZnO 具有高电阻率、高透射率,厚度一般为 50~100 nm;掺杂 ZnO 为高电导率(低电阻率)的窗口层,一般要求其厚度为 0.2~1.5 μm,在可见光范围内的透射率大于 85%。磁控溅射是一种优良的制备 n 型 ZnO 的方法,包括用金属靶的反应磁控溅射和用 ZnO 陶瓷靶的无氧磁控溅射。用于 CIS 或 CIGS 透明电极的 ZnO 薄膜一般采用射频磁控溅射技术沉积。

⑤ Ni-Al 金属电极薄膜的沉积。在 ZAO 薄膜的表面上,一般采用热蒸发或直流磁控溅射技术沉积上一层栅网电极。

⑥ 增透膜的沉积。最后再采用真空热蒸发技术沉积一层厚度约为 100nm 的单层 MgF₂ 减反射层或由二氧化硅和二氧化钛组成的宽带减反射层。

以上就是 CIS 或 CIGS 薄膜太阳能电池中涉及的主要薄膜及其制备技术。CIS 薄膜太阳能电池具有非常好的应用前景,目前已经开始产业化生产,但还存在一些新的问题和挑战。

7.3 超硬薄膜材料

硬质薄膜材料一般用作提高基体表面的耐磨性能或耐腐蚀性能的膜层。超硬薄膜一般是指硬度较高的硬质薄膜。关于超硬薄膜的定义并不严格,一般认为硬度在 2000 Hv 以上的硬质薄膜材料可以成为超硬薄膜。德国 Munich 技术大学的 S. Veprek 教授建议,硬度大于 4000 Hv 的硬质薄膜为超硬薄膜。本章主要介绍金刚石薄膜、类金刚石薄膜、立方氮化硼薄膜、碳氮薄膜和其他硬质薄膜,而且主要介绍这些薄膜的制备方法、性质及其主要应用。

7.3.1 金刚石薄膜

金刚石被认为是自然界中最硬的物质。在自然界中,碳以 3 种同位素异型体的形式存在,即非晶态的炭黑、六方片状结构的石墨和立方体的金刚石。其中,金刚石有许多优异的特性,如金刚石是所有天然物质中最硬的材料,具有热导率高、全波段透光率高,以及觉禁带、高绝缘、抗辐射、化学惰性和耐高温等。这些优异特性一直吸引着广大科技工作者浓厚的研究兴趣。但是,自然界中的天然金刚石非常稀少,而且价格昂贵,使其应用受到了很大的限制。为了满足对金刚石的需求,人们开始研制开发人造金刚石。下面介绍几种比较典型的金刚石薄膜沉积技术。

1. 金刚石薄膜的制备技术

(1) 热丝化学气相沉积(HFCVD)

热丝 CVD 技术是在低压下生长金刚石的最早方法,而且也是最大众化的方法。1982 年,Matsumoto 等人将难熔金属丝加热到 2000℃以上,在此温度下,通过灯丝的 H_2 气体很容易产生氢原子。在碳氢热解过程中,原子氢的产生增加了金刚石薄膜的沉积速率。金刚石被选择沉积,而石墨的形成则被抑制,使金刚石薄膜的沉积速率达到 mm/h 的量级,而这一沉积速率对于工业生产是非常重要的。热丝 CVD 系统简单,成本相对较低,运行费用也较低等特点使之成为工业上普遍采用的方法。HFCVD 可以使用各种碳源,如甲烷、丙烷、乙炔和其他碳氢化合物,甚至一些含有氧的碳氢化物,如丙酮、乙醇和甲醇等。含氧基团的加入使金刚石的沉积温度范围大大变宽。

除了典型的 HFCVD 系统,也有一些在 HFCVD 系统基础上的改进系统。最常见的是直流等离子体与 HFCVD 的复合系统。在这一系统中,可以在基片和灯丝上施加偏压。在基片上加一定的正偏压、灯丝上加一定的负偏压,会使电子轰击基片,使表面氢得以脱附。脱附的结果使金刚石薄膜的沉积速率增加(约 10 mm/h),这一技术称为电子辅助 HFCVD。当偏压足够大,建立起一个稳定的等离子体放电时,H_2 和碳氢化合物的分解大幅增加,最终导致生长速率的增加。当偏压的极性反转时(基片为负偏压),基片上会出现离子轰击,导致在非金刚石基片上金刚石成核的增加。另外一种改进是用多个不同灯丝取代单一热灯丝以便实现均匀沉积,最终形成大面积的金刚石薄膜。HFCVD 的缺点是,灯丝的热蒸发会在金刚石薄膜中形成污染物。

(2) 微波等离子体 CVD(MWCVD)

20 世纪 70 年代,科学家发现,利用直流等离子体可以增加原子氢的浓度。因此,等离子体成为另外一种将 H_2 分解成原子氢,并激活碳基原子团来促进金刚石薄膜形成的方法。除了直流等离子体,另外两种等离子体也受到人们的关注。微波等离子体 CVD 的激发频率为 2.45 GHz,射频等离子体 CVD 的激发频率为 13.56 MHz。微波等离子体在微波频率引起电子振动方面是独特的。当电子与气体原子或分子碰撞时,可产生很高的离化率。微波等离子体经常被称为具有"热"电子、"冷"离子和中性粒子的物质。薄膜沉积过程中,微波通过窗口进入到等离子体增强 CVD 合成反应室中。发光等离子体一般呈球状,球状的尺寸随着微波功率的增加而增大,金刚石薄膜在发光区一角的基片上生长,基片不必直接接触发光区域。

(3) 射频等离子体 CVD(RFCVD)

射频可以由两种不同方式产生等离子体,即电容耦合法和电感耦合法。射频等离子体 CVD 使用的频率为 13.56 MHz。射频等离子体的优点在于,它弥散的区域远大于微波等离子体。但是,射频电容耦合等离子体的局限性是,等离子体的频率对于溅射而言不是最佳频率,尤其是等离子体包含氩时。由于来自等离子体的离子轰击会导致对金刚石的严重损伤,因此电容耦合等离子体不适合于生长高质量的金刚石薄膜。利用射频感应等离子体,人们已经生长出多晶金刚石薄膜,其沉积条件与微波等离子体 CVD 相似。利用射频感应等离子体增强 CVD,人们还获得了同质外延金刚石薄膜。

(4) 直流等离子体 CVD

直流等离子体是金刚石薄膜生长时激活气体源(一般为 H_2 和碳氢气体的混合物)的另外一

种方法。直流等离子体辅助 CVD 具有生长大面积金刚石薄膜的能力,生长面积的大小仅受电极尺寸和直流电源的限制。直流等离子体辅助 CVD 的另外一个优点是直流喷注的形成,这一系统所得到的典型金刚石薄膜的沉积速率为 80 mm/h。此外,由于各种直流电弧方法可以在非金刚石基片上以较高的沉积速率沉积高质量的金刚石薄膜,因此其为金刚石薄膜的沉积提供了可市场化的方法。

（5）电子回旋共振微波等离子体增强化学气相沉积（ECR-MPECVD）

前面所讲的直流等离子体、射频等离子体、微波等离子体都是将 H_2 或碳氢化合物离化分解成原子氢和碳氢原子团,从而有助于金刚石薄膜的形成。由于电子回旋共振等离子体可以产生高密度的等离子体（$>1\times10^{11}$ cm^{-3}）,因此,ECR-MPECVD 更适合于金刚石薄膜的生长和沉积。但是,由于 ECR 过程中所使用的气体压力（$10^{-4}\sim10^{-2}$ 托）较低,从而使金刚石薄膜的沉积速率很低,因此,该方法目前只适用于实验室中金刚石薄膜的沉积。

（6）燃焰法化学气相沉积

Hirose 等人首次使用该方法沉积出了金刚石薄膜。该方法是在焊接吹管的喷烧点处,使 C_2H_2 和 O_2（1:1）混合气体在内燃点接触基片的明亮点形成金刚石晶体。该方法较传统 CVD 方法的优点是,设备简单,成本低,沉积速率高,可在大面积和弯曲的基片表面沉积金刚石薄膜;其缺点是由于沉积很难控制,所沉积的金刚石薄膜在显微结构和化学成分上都是不均匀的。这一技术制备的金刚石薄膜在摩擦领域的应用得到了推广。

2. 金刚石薄膜的性质及应用

（1）金刚石的力学性能及应用

依靠很强的化学键结合形成的金刚石具有特殊的力学和弹性性质。金刚石的硬度、密度、热导率都是已知材料中最高的。在所有的材料中,金刚石的弹性模量也是最大的。金刚石薄膜的摩擦系数仅为 0.05。此外,金刚石具有最高的热导率,如果金刚石薄膜采用纯碳同位素制备,则其热导率将增加 5 倍以上。采用碳的同位素制备金刚石主要是为了减小金刚石的声子散射。作为超硬材料,金刚石薄膜是很好的涂层材料,可以涂覆在刀具、模具表面,显著提高其表面强度,增加其使用寿命。金刚石薄膜的摩擦系数低,热导率高,可用于宇航用高速轴承。金刚石薄膜的高热导率、低摩擦系数和良好的透光性也使其常作为导弹的整流罩材料。

（2）金刚石的热学性能及应用

现在,人造金刚石薄膜的热导率已基本接近天然金刚石的热导率。由于金刚石的热导率高,电阻率高,因而可作为集成电路基片的绝缘层,以及固体激光器的导热绝缘层。此外,金刚石的热导率高,热容小,尤其是在高温时散热效果显著,是散热极好的热沉材料。随着高热导率金刚石薄膜沉积技术的发展,已使金刚石薄膜热沉积在大功率激光器、微波器件和集成电路上的应用成为现实。

但是,人造金刚石薄膜由于制备工艺不同,其性能也有较大的差异。如热输运性质,主要表现为热扩散率和热导率差别较大。另外,人造金刚石薄膜呈现出强烈的各向异性,同样的膜厚,平行于薄膜表面的热导率明显小于垂直于薄膜表面的热导率。这些都是由于成膜过程中控制参数的不同而引起的。由此可见,金刚石薄膜的制备工艺还有待于进一步完善,以使其优异的性能得到更广泛的应用。

（3）金刚石薄膜的电学性能及应用

金刚石还具有禁带宽（5.5 eV）、载流子迁移率高（2200 cm^2/V·s）、热导性好（20 W/（cm·K））、饱和电子漂移速度高（2.5×10^7 cm^2/s）、介电常数小（5~7）,击穿电压高（$10^6\sim10^7$ V/cm）及电子空穴迁移率大等特点,其击穿电压比 Si 和 GaAs 要高两个数量级,电子、空穴迁移率比单晶硅、GaAs 还要高很多。金刚石薄膜可作为宽带隙的半导体材料。目前已成功研制出了金刚石薄膜场效应晶体管和逻辑电路，这些器件可在 600℃ 以下正常工作，在耐高温半导体器件中具有很大的应用前景。因为金刚石的带隙宽，其可用于蓝光发射、紫外光探测，以及低漏电器件。

（4）金刚石薄膜的光学性能及应用

金刚石具有优良的光学性质，除了在 3~5 μm 内存在微小的吸收峰（声子振动引起的），从紫外（225 nm）到远红外（25 μm）整个波段范围内，金刚石都具有高的透射率，是大功率红外激光器和探测器的理想窗口材料。金刚石在红外波段的光学透明性，使其成为制作高密度、防腐耐磨红外光学窗口的理想材料，可用于导弹拦截的红外窗口。此外，金刚石的折射率高，可作为太阳能电池的减反射薄膜。雷达波穿透金刚石薄膜不易失真，利用这一特性可以将其用作雷达罩；飞机和导弹在超音速飞行时，头部锥形的雷达无法承受高温，且难以耐高速雨点和尘埃的撞击，用金刚石制作成雷达罩，不仅散热快，耐磨性好，还可以解决雷达罩在高速飞行中承受高温聚变的问题。

（5）金刚石薄膜的其他应用

金刚石薄膜具有高的杨氏模量和弹性模量，便于高频声学波的高保真传输，是制作高灵敏度的表面声学波滤波器的新型材料。金刚石具有高弹性模量以及高的声音传播速度，可以做高档音响的高保真扬声器振动膜材料。

此外，金刚石具有良好的化学稳定性，能耐各种温度下的非氧化性酸的腐蚀。其主要成分是碳，是无毒害、无污染、与人体无排异反应的材料。由于金刚石不与人体血液和其他组织液反应，因此，金刚石还是理想的医学生物植入材料，可以用来制作人工心脏瓣膜等。

7.3.2 类金刚石（DLC）薄膜

类金刚石（Diamond Like Carbon，DLC）薄膜是碳的一种非晶态，它含有大量的 sp^3 键。第一个合成 DLC 薄膜的实验采用低温化学气相沉积方法，以甲烷为源气体，所得到的 DLC 薄膜中含有大量的氢。当时，人们一直认为氢是稳定 DLC 薄膜所必需的一种元素，而且还建立了 sp^3 成分与氢含量的关系。直到 1989 年，人们利用脉冲激光熔融碳形成了高质量的 DLC 薄膜，从而证明了氢不是稳定 sp^3 键所必需的元素。因此，无氢 DLC 薄膜的概念也随之出现。

1. DLC 薄膜的制备

由于形成金刚石的自由能为 395.4 kJ·mol⁻¹（300 K），而石墨为 391.7 kJ·mol⁻¹，因此，类金刚石相或 sp^3 键合碳在热力学上是亚稳相。两相自由能之差意味着将石墨转化为金刚石是非常困难的，这主要是存在较大的激活势垒，因此，合成 DLC 薄膜需要非平衡过程以获得亚稳 sp^3 键合碳。平衡过程，如电子束蒸发石墨将形成 100% 的 sp^2 键合碳，这是因为蒸发粒子的激活能接近 kT。化学气相沉积也是平衡方法，但是，在 CVD 过程中，由于原子氢的存在可以帮助稳定 sp^3 键。

沉积 DLC 薄膜的主要突破源于脉冲激光沉积（PLD）无氢 DLC 薄膜。PLD 实验清楚地证明，氢的存在不是 sp^3 键的必要条件。在 PLD 沉积过程中，脉冲激光束的高能光子将 sp^2 键合碳原子激发成 C^*（激发碳）态，这些激发态碳原子随后簇合形成 DLC 薄膜，即

$$C(sp^2 \text{ 键合}) + h\nu \rightarrow C^*, \quad C^* + C^* \rightarrow (sp^3 \text{ 键合})$$

因此，DLC 薄膜的沉积方法可以分为两类：化学气相沉积（CVD）和物理气相沉积（PVD）。其中化学气相沉积包括离子束辅助 CVD、直流等离子体 CVD、射频等离子体 CVD、微波放电 CVD 等。物理气相沉积主要包括阴极电弧沉积、溅射碳靶沉积、质量选择离子束沉积、脉冲激光熔融（PLA）沉积等。

（1）离子束沉积 DLC 薄膜

Aisenberg 第一个利用离子束设备沉积了 DLC 薄膜。在 Ar 等离子体中通过溅射碳电极产生碳离子。在这一技术中，偏压将离子萃取出来并引导到基片上形成 DLC 薄膜。Kaufman 离子源是使用最广泛的离子源之一。离子束的优点在于，它可以很好地将离子束能量控制在较窄的范围内，而且离子束具有特定的方向。重要的参数如离子束能量和离子束流密度都可以在较宽的沉积条件范围内独立可控。这与大多数等离子体技术形成鲜明的对比。在大多数等离子体技术中，轰击条件由各种参数（包括等离子体功率、气压、气体组分、流量和系统的几何构型）所控制。此外，离子与等离子体分离可以减小高能等离子体中电子与基片的作用。因此，高能粒子碰撞只发生在离子束与基片之间。

为了充分利用离子束沉积技术中对离子束可控的优势，在将离子束传输到基片或靶上时，保持离子束能量、离子束电流和离子的种类不变是非常重要的。其中，使在离子束传输区域的气压降至最低最为关键。在离子束沉积过程中，具有几到几千电子伏特能量的离子撞击到生长薄膜的表面将导致亚稳态相的产生。用于产生亚稳态相的主要离子能量一般为 $30\sim1000\,eV$。

离子束沉积有两种类型。第一种是直接离子束沉积，可控组分、能量和流量的离子束直接射向基片。撞击离子直接用来提供沉积原子，也提供改善薄膜形成的能量。第二种则是离子束辅助沉积。在这一技术中，由于不需要产生待沉积材料的离子，因此，可以以极快的速度在较大面积上制备薄膜。在这种情况下，气体离子源提供的是非平衡离子能量。这一技术可以使沉积室保持在高真空下，并保持离子的能量不变，使基片的污染降至最低。

除了单一离子源沉积，也有人采用双离子源沉积 DLC 薄膜，第二个离子源可以掺杂物，或仅仅产生荷能氩离子用于轰击生长中的薄膜来促进 sp^3 键的形成。

质量选择离子束（MSIB）技术对离子束沉积技术有所改进。Lifshitz 等人就 MSIB 中各种参数对 DLC 薄膜生长过程的影响进行了描述和评价，并提出了 DLC 薄膜的生长模型。在采用 MSIB 技术沉积 DLC 薄膜的过程中，可让 C^+ 和 C^- 到达基片，而过滤掉其他离子，因此可得到 sp^3 含量很高的 DLC 薄膜。MSIB 技术的主要缺点是，由于限制了离子束的尺寸而使薄膜生长速率变小；此外，与 CVD 和等离子体沉积技术相比，MSIB 的设备比较昂贵。

（2）阴极电弧沉积（CAD）

从阴极电弧发射出来的离子流与靶的成分密切相关，它具有较高的能量，处于激发态。因此，阴极电弧蒸发石墨被看作在大面积基片上制备硬质抗磨擦 DLC 薄膜的最佳方法。利用这一技术很容易得到 DLC 薄膜和掺杂的 DLC 薄膜。阴极电弧具有低电压、电流的特点。电流在阴极上一个点或更多点上流动，其流动直径约为 $5\sim10\,\mu m$。在阴极点的极高电流密度引起固态阴极材料的剧烈发射，大多数发射物在与阴极点有关的浓密等离子体中被离化。对于碳阴极，发射物主要是 C^+，其动能由 22eV 左右的宽峰所代表。足够的等离子体被发射出来以使真空中的放电达到自持，因此，阴极电弧经常被称为真空电弧。

传统阴极电弧技术的主要改进是过滤阴极真空电弧（FCVA）沉积技术。FCVA 主要是由 Aksenov 等人完成的。新加坡理工大学金刚石及其相关研究小组开发研制了双 S 型 FCVA 系统，应用该系统可以在大面积（约 Φ200mm）硅片上获得 sp^3 含量大于 80%，且均匀性极佳的的 DLC 薄膜。哈尔滨工业大学复合材料研究中心引进了该设备，为我国在该领域的研究赶超国际水平提供了有利条件。

在 FCVA 沉积过程中，中性粒子和大粒子从等离子束流中被清除掉，因此，在等离子体中只有荷电离子及基团到达离子源的出口并沉积到基片上。利用 FCVA 制备的 DLC 薄膜具有高硬度和高密度等特点。其压应力（$9\sim10\,GPa$）也证明了薄膜的质量相当好，因为 sp^3/sp^2 通常正比于 DLC 薄膜的压应力。

西安工业大学从白俄罗斯引入并改进的脉冲真空电弧离子镀（PVAID）技术也是阴极电弧沉积的一种重要改进，它将原有的阴极电弧连续放电改成了脉冲放电，这样就可以有效地降低由于放电所引起的阴极发热温度过高的问题，使沉积的 DLC 薄膜的组分更加稳定。

（3）溅射沉积

各种溅射方法已用于制备无氢和含氢的 DLC 薄膜，这主要取决于所使用的气体和靶材。离子束溅射技术通常使用能量为 1keV 的 Ar$^+$ 离子束溅射石墨靶，溅射出来的碳原子团沉积到附近的基片上。实验证明 Ar 离子的轰击对 DLC 薄膜中 sp^3 键的形成起着重要的促进作用。研究人员建立了四面体键合的比率与入射 Ar$^+$ 能量之间的关系，并找到了最佳的 Ar$^+$ 入射能量。而入射 Ar$^+$ 能量与 DLC 薄膜的内应力之间也有着重要的关系，它是亚注入机制的基础，亚注入的提出解释了具有高 sp^3 含量 DLC 薄膜普遍存在的内应力。

离子注入溅射的明显缺点是来源于石墨溅射率低所导致的低沉积速率，这一缺点可通过磁控溅射技术来克服，在磁控溅射过程中，利用 Ar$^+$ 溅射石墨靶的同时轰击生长中的薄膜。磁控溅射沉积 DLC 薄膜的缺点是，在低功率和低气压下形成的 DLC 薄膜的沉积速率仍然较低。

（4）脉冲激光熔融沉积

脉冲激光熔融（PLA）沉积技术是在 1987 年成功沉积了高转变温度的超导膜 Yba$_2$Cu$_3$O$_7$ 后，得到广泛应用的。当强光束入射到固体时，光子将它们的能量在 10^{-12}s 内传递给电子，而电子系统将能量在 10^{-10}s 内传递给声子，因此，光子能量最终以热的形式出现，它可以实现固体的可控熔化和蒸发。

自 1989 年以来，脉冲激光熔融石墨靶已用于无氢 DLC 薄膜的制备。PLA 的特点是沉积过程是一个非平衡过程，在激光等离子体中所产生的原子基团具有很高的动能。例如，由平衡过程（如电子束蒸发）所产生的原子基团的平均动能约为 1kT，而由 PLA 所产生的平均动能高达 $(100~1000)kT$。光子能量足以使 2s 电子激发到 2p 轨道并形成 sp^3 杂化，这是 DLC 薄膜组分的先导物。目前，在制备高质量的 DLC 薄膜中，PLA 和 FCVA 以及 MSIB 和 PVAID 之间存在着激烈的竞争。

人们可以使用不同波长的激光来制备 DLC 薄膜，大多数研究者采用波长为 1064 nm 的 Nd：YAG 激光器，也有人使用波长为 248 nm 的 KrF 激光器来沉积 DLC 薄膜。DLC 薄膜的质量，如透明性、sp^3 含量、密度、内应力等直接与沉积的能量密度有关，实验研究表明，短波长激光器沉积的 DLC 薄膜的质量较好，sp^3 含量较高。等离子体诊断研究表明，气相碳原子基团的动能和动量是产生 sp^3 键合状态的关键因素，90eV 的动能最有利于产生最大 sp^3 含量的 DLC 薄膜。

（5）等离子体化学气相沉积

等离子体化学气相沉积或等离子体增强化学气相沉积（PECVD）是制备含氢 DLC 薄膜的最普遍方法。它涉及碳氢化合物气源的射频等离子体沉积，且一般需要在基片上施加负偏压，其具体沉积过程这里不再介绍。

2. 类金刚石（DLC）薄膜的性质

类金刚石薄膜的性质主要有力学、光学、电学及化学等性质。力学性质包括硬度、内应力、摩擦系数及与基片的结合力等。光学性质包括折射率、消光系数、光学透射率和光学带隙等。电学性质包括电导率、介电性和场发射性能等。化学性质主要指化学稳定性。

由于类金刚石薄膜具有硬度高、摩擦系数小、热传导率高，以及化学惰性强等一系列优越的机械和化学特性，使其具有很大的研究价值和广泛的应用前景，引起学术界极大的兴趣。类金刚石薄膜的应用研究也在切削工具、机械、光学组件、计算机和生物医学等领域取得了很大的进展。

（1）DLC 薄膜的力学性质

DLC 薄膜的硬度与薄膜中 sp^3 键和 sp^2 键的比例及含氢量有关,薄膜硬度的提高主要依赖于 sp^3 键比例的提高。DLC 薄膜的硬度与不同的沉积方法有关,如用脉冲激光溅射和磁过滤阴极电弧沉积法制备出的 DLC 薄膜,硬度达到了金刚石薄膜的级别。真空磁过滤阴极电弧沉积的非晶金刚石薄膜的显微硬度为 70~110 GPa,大大高于 a-C:H 和 a-C 薄膜的硬度,接近金刚石的相应值,并且膜的显微硬度随着基片偏压的增大而减小。磁控溅射法制备的 DLC 薄膜硬度较低。用离子束沉积 DLC 薄膜时,采用不同的离子束轰击可改变 DLC 薄膜的硬度。膜层内的成分对膜层硬度也有一定的影响,Michler 等人发现 Si 掺杂可以提高 DLC 薄膜的硬度。

由于 DLC 薄膜的硬度依赖于 sp^3 键比例的提高,这将使共价键的碳原子平均配位数也相应提高,以致使薄膜结构处于过约束状态,产生很大的应力(可高达 1.5 GPa),容易使膜层从基片上爆裂或脱落。尤其是在金属基片沉积的 DLC 薄膜,由于存在着热膨胀系数和界面原子的亲和性能等方面的影响,往往不易得到良好附着力的薄膜。薄膜的内应力和结合强度是 DLC 薄膜实际应用中两个重要的参数,内应力高和结合强度低的 DLC 薄膜容易产生裂纹、褶皱、甚至脱落,所以制备的 DLC 薄膜最好具有适中的压应力和较好的结合强度。

DLC 薄膜一般具有较大的压应力(GPa 量级)。尤其是在溅射沉积中,只有压应力较大时,才能沉积出高 sp^3 键含量的 DLC 薄膜。如射频自偏压技术沉积的 DLC 薄膜的压应力约为 4~7 GPa,当其作为 Ge 透镜在 8~12 μm 波长的红外增透保护膜时,其厚度一般不能超过 1 μm,否则,DLC 薄膜将会起皱并脱落。在含氢的 DLC 薄膜中,氢杂质可引起较大的内应力,含氢量小于 1% 的 DLC 薄膜的内应力较低。DLC 薄膜中掺入 B、N、Si 及其他金属元素可以保持 DLC 薄膜高硬度的同时降低其内应力。M. Chhowalla 等人在用过滤阴极电弧沉积的含 B 的 ta-C:B 薄膜中,当 B 的含量达到 4% 时,薄膜的压应力由无 B 时的 9~10 GPa 降至 1~3 GPa。另外,薄膜的均匀性也会影响薄膜的内应力,膜厚均匀的 DLC 薄膜,在厚度超过 300 nm 时才会出现起皱和脱落,而膜厚不均匀的 DLC 薄膜在 50 nm 时就会起皱。很多研究结果表明,直接沉积在基片上的 DLC 薄膜与基片的结合强度较差,通过在金属基片上沉积过渡层,如 Ni、Mo、Co、Cu、Fe、TiN 等过渡层可以提高薄膜与基片之间的结合强度。因此,如何选择合适的工艺参数使沉积的 DLC 薄膜既具有较高的硬度也与基片具有较好的结合强度,已成为 DLC 薄膜在机械和材料表面保护等方面应用的关键技术问题。

DLC 薄膜具有优异的耐磨性和摩擦系数低的特点,是一种优异的表面抗磨损改性薄膜。研究发现,环境对 DLC 薄膜的摩擦性能影响较大,在潮湿的空气环境下,DLC 薄膜对金刚石薄膜的摩擦系数之比为 0.11。含有金属的类金刚石薄膜具有独特的微观结构,并可以通过剪裁获得不同的性质。这种薄膜是一种复合材料,机械性能好,膜层应力小,附着力强,在摩擦应用中比纯类金刚石薄膜有更多的优点,在密封、自润滑等方面也具有很多应用。

（2）DLC 薄膜的电学性质

DLC 薄膜的电阻率为 10^5~10^{12} Ω·cm。不同方法制备的 DLC 薄膜的电阻率之间有很大的差别,一般含氢 DLC 薄膜的电阻率比不含氢 DLC 薄膜的电阻率高;DLC 薄膜中掺杂 N 可使其电阻率下降,掺 B 则可以提高其电阻率,如 M. Chhowalla 等人用磁过滤阴极真空电弧沉积技术沉积的含 B 的 ta-C:B 薄膜的电阻率达到约 $5×10^{10}$ Ω·cm,高于不含 B 的 ta-C 薄膜的电阻率(约为 10^7~10^8 Ω·cm)。当薄膜中掺杂金属时电阻率较低,如 S. J. Dikshit 等人用 KrF 准分子激光溅射沉积含 Cu 碳靶时,沉积出含 Cu 的 DLC 薄膜,随着薄膜中 Cu 含量从 2% 增加到 5%,薄膜的电阻率由 $4.2×10^{-3}$ Ω·cm 降到 $5×10^{-4}$ Ω·cm。此外,沉积时基片温度升高及沉积后退火处理都会使薄膜的电阻率降低。

DLC 薄膜介电强度一般为 10^5~10^7 V/cm。沉积参数对 DLC 薄膜的介电性有一定的影响,介电常数一般在 5～11 之间,损耗角的正切在 1　100 kHz 范围内很小,仅为 0.5%～1%。

DLC 薄膜具有较低的电子亲和势,是一种优异的冷阴极场发射材料。与多晶金刚石薄膜相比,DLC 薄膜的电子发射具有阈值电场低、发射电流稳定、电子发射面密度均匀等优点。因为 DLC 薄膜中含有一定量的石墨成分,石墨作为薄膜与衬底之间的导电通道,起着输运电子的作用。一般不含氢的 DLC 薄膜发射电子的电场强度阈值为 $10～20\,V/\mu m$,随着薄膜中 sp^3 键含量的增加而降低,有研究表明,当薄膜中 sp^3 键增加到 80% 时,电场强度阈值降为 $8\,V/\mu m$。掺 N 和掺 B 后,DLC 薄膜的电场强度阈值明显降低。当电场强度为 $20\,V/\mu m$ 时,DLC 薄膜的发射电流密度为 $80\,\mu A/cm^2$,掺 B 后增加到 $2500\,\mu A/cm^2$,掺 N 后,DLC 薄膜的发射电流密度也明显增大。

(3) DLC 薄膜的光学性质

DLC 薄膜在可见光及近红外波段具有很高的透射率。采用低能离子束技术,在双面抛光的 0.4 mm 厚的硅基片上双面沉积 DLC 薄膜后,红外波段透射率的测量结果表明,DLC 薄膜在红外波段对 Si 具有明显的增透作用。采用脉冲真空电弧离子镀在 Si 和 Ge 基片上双面沉积 DLC 薄膜后,可以使 Si 基片的透射率从无薄膜时的 53%,增加到 93% 以上;使 Ge 基片的透射率从无 DLC 薄膜的 47% 左右提高到 95% 以上。

DLC 薄膜的光隙带宽 E_g 一般低于 2.7 eV,随着薄膜中 sp^3 键含量的增多而增大。E_g 对沉积方法及工艺参数比较敏感,程德刚等人在用磁控溅射方法沉积 DLC 薄膜时,随着溅射功率由 200 W 增大到 1000 W,薄膜的 E_g 由 2.0 eV 降低到 1.63 eV。在激光沉积技术中,DLC 薄膜的 E_g 与所用激光波长有关。李运钧等人采用 YAG 激光制备的 DLC 薄膜的 $E_g = 0.98$ eV,而 Fulin Xiong 等人用 ArF 准分子激光制备的无定形金刚石薄膜的 E_g 达到 2.6 eV 的较高水平。掺杂对 DLC 薄膜的 E_g 也有较大的影响。当在 DLC 薄膜中掺入 Si 且 Si 含量低于 5%(摩尔分数)时,Si 含量的增加会使 E_g 降低;当 Si 含量超过 5% 时,随着 Si 含量的继续增加,E_g 也开始增大。

DLC 薄膜的折射率一般在 1.5～2.6 之间,磁控溅射沉积 DLC 时,折射率随溅射功率的增加而缓慢增大,随着溅射 Ar 气压的升高而降低,随着靶-基距的增加而降低。在 500℃ 以下退火时,折射率基本保持不变;在 500℃ 以上退火时,折射率随退火温度的升高而上升。

(4) DLC 薄膜的其他性质

DLC 薄膜的表面能较低,F 元素的加入会进一步降低其表面能,但含 F 的 DLC 薄膜的化学稳定性较差。在 DLC 薄膜中掺入 SiO_2 可以在保持化学稳定性的同时降低其表面能(其值在22～30 mN/m 范围内调节)。

DLC 薄膜的热稳定性较差,这也是限制其应用的一个重要原因。人们进行了大量的研究工作,力图提高 DLC 薄膜的热稳定性。研究发现,Si 的掺入可以改善 DLC 薄膜的热稳定性,如纯 DLC 薄膜在 300℃ 以上退火时即出现 sp^3 键向 sp^2 键的转变。含 12.8% Si(摩尔分数)的 DLC 薄膜在 400℃ 退火时还未发现 sp^3 键向 sp^2 键的转变。含 20% Si(摩尔分数)的 DLC 薄膜则在 740℃ 退火时才发现 sp^3 键向 sp^2 键的转变。

3. DLC 薄膜的应用

(1) DLC 薄膜在机械领域中的应用

DLC 薄膜具有低摩擦系数、高硬度以及良好的抗磨粒磨损性能和化学稳定性,因而非常适合于制作工具涂层。Murakawa 等人用 DC-PCVD 法在 6Mo5Cr4V2 高速钢上沉积了厚度为 0.7 μm、硬度为 Hv3500 的 DLC 薄膜,在切削铝箔时性能明显优于未镀 DLC 膜层的刀具。Lettington 在刀具上镀 DLC 薄膜,切削高硅铝合金时,刀具寿命明显提高。此外,国外还有人把 DLC 薄膜镀制在剃须刀片上,使刀片变得锋利,且保护刀片不受腐蚀,利于清洗和长期使用。美国 IBM 公司近年来采用镀 DLC 薄膜的微型钻头,在印刷电路板上钻微细的孔,镀 DLC 薄膜后可使钻孔速度提高 50%,寿命增加 5 倍,钻孔加工成本降低 50%。

Murakawa 等人在镀锌钢板的冲压模具上沉积了 DLC 薄膜,经生产使用证明,掺入了钨的 DLC 薄膜可以不用润滑剂,冲压后工件表面明显好于未镀模具;日本专利在微电子工业精密冲剪模具的硬质合金基体上镀制 DLC/Ti、Si,可提高模具寿命,并已得到推广应用,其膜层厚度:DLC 为 $1.0 \sim 1.2 \mu m$,Ti 和 Si 为 $0.4 \mu m$,硬度可达 $4000 \sim 4500 Hv$。

在汽车发动机部件、板材、钉子等易磨损机械零件上沉积 DLC 薄膜也获得了成功,摩擦系数为 0.14。德国 Fraunhofer 研究所在 DLC 薄膜的研制与开发方面成绩比较突出,他们在模具和汽车曲轴上沉积 DLC 薄膜,增加其使用寿命。目前,国内已有厂家在手表玻璃表面、眼镜的玻璃镜片和树脂镜片上沉积透明耐磨的 DLC 保护膜。

（2）DLC 薄膜在声学领域的应用

电声领域是 DLC 薄膜最早的应用领域,主要是扬声器的振动膜。1986 年日本住友公司在钛膜上沉积 DLC 薄膜,生产高频扬声器,高频响应达到 30 kHz;随后,爱华公司推出含有 DLC 薄膜的小型高保真耳机,频率响应范围为 $10 \sim 30\,000 Hz$;先锋公司和健伍公司也推出了镀有 DLC 薄膜的高档音箱。广州有色金属研究院材料表面工程中心的袁镇海教授等人用阴极电弧法沉积的 DLC/Ti 复合扬声器振膜,组装的扬声器的高频响应达 30 kHz 以上,他们在高保真类金刚石/钛复合扬声器振膜与扬声器开发方面取得了很好的成果。

（3）DLC 薄膜在电磁学领域的应用

随着计算机技术的发展,硬磁盘存储密度越来越高,这要求磁头与磁盘的间隙变小,磁头与磁盘在使用中因频繁接触、碰撞而产生磨损。为了保护磁性介质,要求在磁盘上沉积一层既耐磨又足够薄且不致于影响其存储密度的膜层。用 RF-PCVD 方法在硬磁盘上沉积了 40 nm 的 DLC 薄膜,发现有 Si 过渡层的膜层与基体结合强度高,具有良好的保护效果,且对硬磁盘的电磁特性无不良影响。

DLC 薄膜在电子学上也很有应用前景。采用 DLC 薄膜作为绝缘层的 MIS 结构可用于电子领域的许多方面,可用于反应速度快的光敏传感器,也可用于极敏感的电容传感器。另外,DLC 薄膜在电学上也是场发射平面显示器冷阴极的极好材料。

（4）DLC 薄膜在光学领域的应用

在光学方面,DLC 薄膜可用作增透保护膜。Ge 是在 $8 \sim 12 \mu m$ 范围内通用的窗口和透镜材料,但其容易被划伤和被海水浸蚀。在 Ge 表面镀一层 DLC 薄膜,可提高其红外透射率和耐腐蚀性能。但是,一般 DLC 薄膜在可见光范围内的透光性较差,限制了它在光电器件上的应用。此外,研究类金刚石薄膜在激光作用下的损伤及损伤机制表明,KCl 基片上沉积 DLC 薄膜后,连续 CO_2 激光损伤阈值可高达 $7.4 kW/cm^2$。

（5）DLC 薄膜在医学领域的应用

DLC 薄膜在医学上可作为人工心脏瓣膜,而且具有相当好的生物相容性。目前,美国 ART 公司利用 DLC 薄膜表面能小、不润湿等特点,通过掺入 SiO_2 网状物并掺入过渡金属元素以调节其导电性,生产出不粘肉的高频手术刀,明显改善了医务人员的工作条件。此外,很多人工关节由聚乙烯的凹槽和金属与合金(钛合金、不锈钢等)的凸球组成。关节的转动部分接触界面会因长期摩擦而产生磨屑,与肌肉结合会使肌肉变质、坏死。DLC 薄膜无毒、不受液体浸蚀,镀在人工关节转动部位上的 DLC 薄膜不会因摩擦而产生磨屑,更不会与肌肉产生反应,可大幅度延长人工关节的使用寿命。

7.3.3 立方氮化硼薄膜

立方氮化硼(c-BN)薄膜是一种人工合成材料,具有闪锌矿结构,硬度仅次于金刚石。它具有非常小的摩擦系数、良好的热导率、极好的化学稳定性和高温抗氧化性(1000℃以上),是一种很好的硬质涂层材料。立方氮化硼是一种有趣的Ⅲ~Ⅴ族化合物,其分子结构与金刚石类似,物理性能也与金刚石薄膜十分接近。立方氮化硼薄膜还具有优异的力学、电学、光学和热学性能,在薄膜应用领域具有重要的技术潜力。

1957年Wentorf首次人工合成了金刚石状的BN,在温度为2000 K左右、压力为12 GPa时,由纯六方氮化硼(h-BN)直接转变成立方氮化硼(c-BN)。随后人们使用碱、碱土金属、碱和碱土金属氮化物等作为催化剂,大幅度降低了转变温度和压力。1979年Sokolowski采用反应脉冲结晶法在低温下制备出了立方氮化硼薄膜。20世纪80年代后期,随着薄膜制备技术的发展和突破,在国际上掀起了立方氮化硼(c-BN)薄膜研究的热潮。目前,c-BN薄膜的制备和应用研究仍是国际薄膜材料界研究的热点之一。

1. 立方氮化硼薄膜的制备

1979年Sokolowski采用脉冲等离子体技术在低温下成功制备出了立方氮化硼(c-BN)薄膜,所用的设备简单,工艺易于实现,因此得到迅速发展。目前用于制备c-BN薄膜的方法主要有物理气相沉积(PVD)、热化学气相沉积(CVD)和等离子体增强化学气相沉积(PECVD)。

(1) 物理气相沉积法制备c-BN薄膜

c-BN薄膜的物理气相沉积可分为溅射沉积、离子镀和脉冲激光沉积等方法。溅射沉积还包括直流溅射、射频溅射、射频磁控溅射和离子束溅射等。在溅射沉积中所用的靶材为h-BN或B,以氩气、氮气或二者的混合气体作为工作气体。采用不同的设备沉积c-BN薄膜时的工艺条件不同。S. Kidner等人用射频溅射方法制备c-BN薄膜时以h-BN为靶材,并在Si(100)基片上施加负偏压,工作气体为氩气,由ECR产生用于辅助沉积的氮离子。实验发现,当基片负偏压低于105 V时,不能形成立方相,薄膜中只存在六角相;当基片负偏压高于105 V时,薄膜中立方相的含量急剧增加。Dmitri Litvinov等人用离子辅助溅射,采用两步沉积法得到了含纯立方相的氮化硼薄膜。实验中用ECR等离子体源产生的离子轰击基片Si(100),当基片加热到温度高于1000℃时加直流负偏压。所谓两步沉积法是指高偏压成核,低偏压生长,成核负偏压为-96 V,生长负偏压为-56 V。国内邓金祥等人研究发现,基片温度是c-BN薄膜成核的一个重要参数,要想得到一定含量的立方相氮化硼薄膜,成核阶段的基片温度有一个阈值,当成核阶段的基片温度低于400℃时,薄膜中没有形成立方相;当基片温度为400℃时,薄膜中开始形成立方相;当基片温度达到500℃时,得到了立方相体积分数接近100%的氮化硼薄膜,并且此时薄膜中立方相体积分数随着成核阶段基片温度的上升而增大,同时薄膜的内应力随着成核阶段基片温度的升高而降低,薄膜中的最小压应力为3.1 GPa。

Murakawa等人用磁场增强离子镀技术在硅基片上沉积了较高含量的立方氮化硼薄膜。实验研究发现,立方相的形成与基片偏压大小有关,而且,成膜过程中必须有离子的轰击。Mckenzie等人也用同样的离子镀技术沉积了立方氮化硼薄膜,并且发现立方氮化硼薄膜具有层状结构,由纯的c-BN层和纯的h-BN层构成。

Doll等人最早用脉冲激光沉积法(LPD)成功制备出了立方氮化硼薄膜,膜厚为100~120 nm,XRD分析表明,立方氮化硼薄膜内立方相的[100]方向与基片Si表面平行,HRTEM图像分析得到了BN(100)面的晶面间距为0.361 nm。Dmitri Litvinov等人用ECR等离子体辅助磁控溅射技术得到了立方氮化硼薄膜,厚度为2 μm,立方相的含量为100%,晶粒线度为100 nm,这也是目前文献所报道的以PVD技术制备立方氮化硼薄膜的最好结果。

(2) 化学气相沉积法制备c-BN薄膜

化学气相沉积(CVD)法是通过分解含B,N元素的气体或化合物来获得所需的薄膜的,如果在CVD技术中引入等离子体,就称为等离子体增强CVD,即PECVD。根据分解方式的不同,可分为:射频等离子体 CVD、热丝辅助射频等离子体 CVD、电子回旋共振(ECR)CVD 等。CVD 技术沉积立方氮化硼薄膜所用的反应气体有:B_2H_6 与 N_2,B_2H_6 与 NH_3,BH_3-NH_3 与 H_2,$NaBH_4$ 与 NH_3,$HBN(CH_3)_3$ 与 N_2 等。这些反应物在适当的工作气压、基片温度和偏压条件下,会在基片上生长出一定含量的立方氮化硼薄膜。

热化学气相沉积装置一般由耐热石英管和加热装置组成。反应气体在加热的基体表面发生分解,同时发生化学反应生成 BN 薄膜。典型的沉积温度为 $600 \sim 1000 ℃$,沉积速率为 $12.5 \sim 60$ nm/min。反应气体一般采用 BCl_3 或 B_2H_6 和 NH_3 的混合气体,用 N_2、H_2 或 Ar 作为稀释气体。化学反应式如下:

$$BCl_3+NH_3 \rightarrow BN+3HCl \qquad B_2H_6+2NH_3 \rightarrow 2BN+6H_2$$

采用热化学气相沉积制备 c-BN 薄膜时,存在一系列的问题,如氯腐蚀、排出氨气、生成氯的副产品等,并且所沉积的薄膜中只含有少量的 c-BN 晶体。

除了热化学气相沉积法可以制备立方氮化硼薄膜,等离子体增强化学气相沉积法也可以沉积立方氮化硼薄膜,其中主要包括射频等离子体化学气相沉积法、微波等离子体化学气相沉积法以及激光辅助等离子体化学气相沉积法等。

无论是 PVD 法还是 CVD 法制备的氮化硼薄膜大都是由 c-BN 和 h-BN 相组成的混合薄膜。实验中得到的氮化硼薄膜的成分、组分及特性等都与具体的制备技术和制备工艺参数有关。为了得到含有立方相的氮化硼薄膜,在 CVD 和 PVD 技术中一般都要采用一定量的离子(或中性粒子)对生长的氮化硼薄膜进行轰击,但是离子束的轰击同时又会使薄膜中产生较大的应力。相比较而言,用 PVD 技术制备的立方氮化硼薄膜的颗粒尺寸较小,而一般情况下 CVD 技术沉积的薄膜比较致密、均匀,且容易获得定向结构的晶体生长。因此,要想获得结晶状态良好的高质量立方氮化硼薄膜,一般多采用 CVD 沉积技术。但是 CVD 技术的主要缺点是化学反应物比较复杂,反应副产物或杂质容易残留在薄膜中。所以,CVD 技术制备的立方氮化硼薄膜与 PVD 技术制备的立方氮化硼薄膜相比,薄膜中的杂质较多,立方相的含量比较低,并且有的工作气体还有毒(如 B_2H_6)。

2. 立方氮化硼薄膜的性质及应用

立方氮化硼和金刚石具有类似的结构,其主要性质比较如表 7.3-1 所示。

立方氮化硼(c-BN)在硬度和热导率方面仅次于金刚石,且热稳定性极好。这一方面是因为 B-N 之间的结合具有离子性(约 22%),另一方面是由于该离子在热激发时产生稍微大的晶格自由度,提高了向 h-BN 转变所需的温度。c-BN 在大气环境中加热到 1000℃ 时也不发生氧化,而金刚石一般在 600℃ 以上就会发生氧化;在真空环境中,将 c-BN 加热到 1550℃ 时,c-BN 开始发生向 h-BN 的相变,而金刚石向石墨开始转变的温度为 $1300 \sim 1400 ℃$。而且,c-BN 对

表 7.3-1　c-BN 和金刚石的主要性质比较

性质或参数	c-BN	金刚石
晶体结构	闪锌矿	
晶格常数(nm)	0.3615	0.3567
密度($g \cdot cm^3$)	3.48	3.52
带隙(eV)	>6.4	5.47
掺杂类型	p 型,n 型	p 型
折射率(589.3nm)	2.117	2.417
电阻率($\Omega \cdot cm$)	10^{10}	10^{16}
相对介电常数	4.5	5.58
硬度(GPa)	44.1	88.2
热膨胀系数($\times 10^{-6}/℃$)	4.7	3.1
热导率(25℃)($W \cdot cm^{-1} \cdot K^{-1}$)	8(多晶),13(计算)	20

于铁族金属具有极稳定的化学特性,因此,c-BN 可广泛用于钢铁制品的精密加工和研磨等工艺,而金刚石则不宜加工钢铁材料。c-BN 除了具有优良的耐磨损特性,还具有极优异的耐热特性,在相当高的切削温度下也能切削耐热钢、钛合金、淬火钢等金属。因此,c-BN 薄膜在机械领

域中主要用于刀具和工具表面的耐磨涂层。c-BN 具有超高的硬度,沉积在高速钢或碳化物刀片上,可用于加工各种硬质材料。c-BN 薄膜还具有高温化学稳定性和高的热导率,作为刀具的耐磨涂层在切削过程中不易崩刀或软化,可提高加工表面的精度,降低表面的粗糙度。此外,c-BN 薄膜在真空中具有很低的摩擦系数,可用作太空中的固体润滑薄膜。

c-BN 薄膜在光学和电子学领域也具有广阔的应用前景。c-BN 不仅具有高的硬度,而且在宽的波段范围内(约从 200 nm 开始)有很好的透光性,因此常作为一些光学元件的表面保护涂层,特别是一些光学窗口的保护涂层,如硒化锌、硫化锌窗口材料的保护涂层。此外,c-BN 薄膜还具有良好的抗热冲击特性。

c-BN 通过掺入特定的杂质后可获得半导体特性。例如,在 c-BN 薄膜的高温高压制备过程中,添加 Be 可得到 p 型半导体,添加 S、C、Si 等可得到 n 型半导体。表 7.3-2 所示为 c-BN 薄膜的电学特性。Mishima 等人最早在高温高压环境下利用 c-BN 薄膜制成了 pn 结,并且该结可以在 650℃ 的高温下工作,为 c-BN 薄膜在电子领域中的应用开阔了美好的前景。作为宽带隙半导体材料,c-BN 薄膜可应用于高温、高频、大功率、抗辐射电子器件等方面。高温高压环境下制备的 c-BN pn 结二极管的发光波长为 215 nm(5.8 eV)。c-BN 薄膜具有高的热导率,具有与 GaAs、Si 相近的热膨胀系数和低介电常数,绝缘性和化学稳定性好,这些优异的特性使其成为良好的集成电路的热沉材料和绝缘涂层。此外,由于 c-BN 薄膜的电子亲和势和金刚石一样都为负值,使其具有有效的电子发射特性,能够作为冷阴极电子发射材料。

表 7.3-2　c-BN 的电学性能

电阻率(Ω·cm)	掺 杂 剂	导 电 类 型	激活能(eV)	晶体结构
$(1\sim5)\times10^{-3}$	Be	p	0.19~0.23	单晶
$(1\sim10)\times10^{-4}$	S	n	0.05	单晶
$10^{-7}\sim10^{-5}$	C	n	0.28~0.41	单晶
$10^{-2}\sim1$	Be	p	0.23	单晶
$10^{-3}\sim10^{-1}$	Si	n	0.34	单晶

7.3.4　CNx 薄膜

金刚石为自然界中已知最硬的材料,但是人们一直试图通过人工合成的方法制备出硬度超过金刚石的材料。CNx 薄膜的研究就是这其中的一种尝试。

CNx 薄膜的研究可追溯到 20 世纪初,但真正作为新型超硬材料的研究始于 20 世纪 70 年代,最初的目的主要是寻求一种超硬的耐磨损涂层。在 1979 年,Cuomo 等人首次采用溅射技术制备出了平面聚合结构的 CNx 薄膜。然而,CNx 化合物薄膜真正成为全球研究的热点是在 20 世纪 80 年代中期以后。1985 年,美国物理学家、Berkeley 大学的 Cohen 教授根据自己所提出的固体体弹性模量的经验公式进行计算,从理论上预言,碳和氮可能形成极硬的、具有与 β-Si_3N_4 相同晶体结构的共价固体,即 β-C_3N_4,这种 β-C_3N_4 结构的氮化碳化合物,其体弹性模量可与金刚石相比拟,甚至超过金刚石的体弹性模量。他们所用的经验公式为

$$B(\text{GPa}) = (1971-220\lambda)/d^{3.5}$$

式中,B 为共价化合物的体弹性模量,d 为键长或原子间距,λ 为共价键的离子化程度。

通过计算发现,B 与 d 的 3.5 次方成反比,两种元素间的共价键越短,B 越大。而能以共价键形成网络结构的物质中,最短的共价键是碳氮的共价化合物(C-N 键长 0.147 nm,C-C 键长0.154 nm)。若碳氮间能够形成稳定的化合物,则其体弹性模量将超过金刚石。这种共价化合物的晶体结构类似于氮化硅间的共价化合物 β-Si_3N_4,因此被称为 β-C_3N_4。

Cohen 从第一性原理出发,根据赝势法对总能的计算,发现 β-C_3N_4 具有较大的聚合能和稳定的结构,因此至少能以亚稳态的形式存在。通过第一性原理的计算,发现其弹性模量为427GPa,与金刚石相当。进一步的理论研究表明,β-C_3N_4 除了具有高的弹性模量外,还具有许多其他优异的性能,如较宽的禁带宽度、高的热导系数等。通过对碳氮间可能形成的化合物的详细研究,Teter 和 Hemley 发现,除了 β-C_3N_4 相以外,C-N 还可能具有另外其他 4 种晶体结构,如α 相的 α-C_3N_4、立方相的 c-C_3N_4、准立方相的 Zb-C_3N_4 和石墨相的 g-C_3N_4,其中以低体弹性模量的石墨相最为稳定;同时,除了 g-C_3N_4 相以外,其他相均具有超硬特性。表 7.3-3 给出了各种 C-N 结构及结构参数和性质。

目前,超硬材料 β-C_3N_4 已成为国际上的研究重点,它将成为新一代切削工具和新一代优质半导体光电器件的薄膜材料。

表 7.3-3　各种 C-N 结构及结构参数和性质

| 结　构 | 空间群 | 晶格常数 | | 密度 | 体弹性 |
		a/Å	c/Å	(mol/cm^3)	模量
α-C_3N_4	P3,C	6.4665	4.7097	0.2726	425
β-C_3N_4	P3	6.4017	2.4041	0.2724	451
c-C_3N_4	I43d	5.3973		0.2957	496
Zb-C_3N_4	P42m	3.4232		0.2897	448
g-C_3N_4	P6m2	4.7420	6.7205	0.1776	

1. CNx 薄膜的制备

自从具有特殊性能的 C_3N_4 薄膜被提出后,人们一直试图在实验室制备这种比金刚石还硬的新型薄膜材料。早期常用的高温高压热解含氮有机物的方法一直未能成功。后来,人们借鉴金刚石薄膜制备技术的成功经验,采用各种非平衡手段(如气相沉积),取得了一些进展。制备 CNx 薄膜的气相沉积方法主要有反应溅射法、化学气相沉积法、激光等离子体沉积法、激光烧结和离子注入等。下面选择一些典型实验加以介绍。

(1) 激光熔融法

激光熔融法采用高强激光,如 Nd:YAG 激光将石墨靶熔融,同时将高强度的 N 原子束直接入射到基片上,从而在基片上获得 CNx 薄膜,这种方法制备的 CNx 薄膜中 N/C 原子比与 N 流量成正比,其目前可得到的最大值为 0.82。此外,采用 KrF 和 CO_2 激光器,在乙烯-氨气的混合气氛下,或者利用 ArF 准分子激光器对液氨中的 $C_6H_{12}N_4$ 进行分解,也都可以获得 CNx 薄膜。到目前为止,利用激光熔融技术获得的 CNx 薄膜大都呈现出非晶态,且 N/C<1。

(2) 离子束沉积法

离子束沉积法采用氮离子注入的手段来制备 CNx 薄膜。按照注入的氮离子能量的不同,可分为高能氮离子注入和低能氮离子注入两种。在高能氮离子注入的条件下(E_i>1000eV),基片温度和基片材料对制备 CNx 薄膜都会产生不同的影响,在基片温度低于 800℃ 的情况下,基片温度的改变对 CNx 薄膜中 N 的含量影响不大。离子注入法制备 CNx 薄膜存在的主要问题是所制备的 CNx 薄膜不均匀,薄膜中 N 的含量不均匀,此外还存在 N 在薄膜中的扩散等问题。

在低能氮离子注入的条件下,N/C 可通过离子剂量加以调节。研究发现,当使用 5eV 离子注入时,随着离子剂量的增加,N 的含量迅速增加至 N/C≈0.61,此后,N/C 值的增加非常缓慢直至达到饱和值 0.67。研究还发现,当入射离子能量约为 15eV 时,sp^3 键合碳的含量呈现出最大值;随着注入离子能量的增加,sp^3 键合碳的含量呈明显降低趋势。

(3) 化学气相沉积法

化学气相沉积 CNx 薄膜的方法有热丝化学气相沉积(HF-CVD)法、等离子体增强化学气相沉积(PECVD)法、微波等离子体增强化学气相沉积(MWPECVD)法、电子回旋共振化学气相沉积(ECR-CVD)法等。其中,等离子体增强化学气相沉积是最常用的方法,其原料气体 N_2、NH_3 及 CH_4、CO、C_{60}、C_2H_2 等被离化成等离子体状态,变成化学上非常活泼的激发分子、原子、离子和原子团等,从而促进 CNx 晶体的形成。

值得注意的是在热丝化学气相沉积等方法中,基片所处的温度很高,加之灯丝本身的污染,化学反应繁杂,使所得到的 CNx 薄膜很难保持纯净。

（4）反应溅射沉积法

反应溅射沉积法主要包括直流磁控溅射和射频磁控溅射两种方法。反应气体大多采用 N_2、N_2 和 Ar 的混合气体,以及 NH_3 或 NH_3 和 Ar 的混合气体等。溅射沉积法最大的缺点是沉积时基片的温度较低,这使 CNx 晶粒的生长受到一定的局限。

2. CNx 薄膜的性质

CNx 薄膜的性质主要与制备工艺有关,在本质上决定于形成 CNx 晶体的类型、晶相的含量,无定形晶体中 N 的含量、C-N 的结合状态。对氮化碳力学性能的研究主要集中在硬度和弹性模量上。对其电学、光学特性的研究表明,氮化碳薄膜正如理论预测的那样,在材料保护、光电器件等领域中有着重要的作用。

（1）CNx 薄膜的力学性能

在 CNx 薄膜的众多性能中,最吸引人的当属其硬度可能超过金刚石,尽管现在还没有制备出可以直接测量其硬度的 CNx 晶体薄膜,但对 CNx 薄膜硬度的研究也已有许多报道。虽然目前制备的 CNx 薄膜大部分仍是无定形的,但是其硬度仍然很高,目前报道的 CNx 薄膜的最大显微硬度可达 62~65GPa,而且制备的 CNx 薄膜很均匀、光滑,已在工业中得到应用。

用不同方法制备的 CNx 薄膜的硬度差异很大,用离子束辅助电弧沉积法制备的 CNx 薄膜,随着 x 从 0.1 增大到 0.3,其硬度从 25.18 GPa 降至 14.86 GPa。用磁控溅射法制备 CNx 薄膜的硬度可达到 24.04GPa。用 CVD 法制备的 CNx 薄膜的硬度为 29.4~63.7GPa。薄膜中的含 N 量对薄膜硬度影响较大,当 $x=1$ 时,CNx 薄膜的硬度达到最大值,N 含量过多或过少都会使 CNx 薄膜的硬度降低。此外,研究还发现,CNx 薄膜的硬度还与基片偏压和氮分压有很大的关系,当氮分压从 266.4Pa 增大到 1332Pa 时,薄膜的硬度从 12.5GPa 降至 8.0GPa;基片负偏压为 200V 时,CNx 薄膜的硬度最大。

CNx 薄膜的另外一个机械特性是优异的耐磨损性能,即良好的耐磨性和较低的摩擦系数。

（2）CNx 薄膜的电学性能

β-C_3N_4 具有半导体的能带特征,在研究用反应脉冲激光沉积法制备的 CNx（$x=0.26$~0.32）薄膜的电学性能时发现,CNx 薄膜电导率随着 N_2 分压的变化而改变,当 N 的含量达到一定值时,其电导率减小,这主要是因为 N 的加入破坏了石墨的对称性,加宽了能隙,加长了带尾。CNx 薄膜的电学特性主要是由其非晶态基体性质决定的。C 和 N 以短的共价键结合,非晶态中 N 原子的 5 个外层电子没有充分与 C 原子成键,未成键的电子对材料的电导性能起着重要的作用。由四探针法测得它是 n 型半导体,电阻率为 10^{-2}~10^4 $\Omega \cdot cm$。

此外,CNx 薄膜还具有良好的场发射特性,该薄膜的场发射的电场阈值较低,而且发射的电流密度较高。

（3）CNx 薄膜的光学性能

β-C_3N_4 的光学性质也是人们研究的一个重要方面。对用 CH_4 和 N_2 在等离子体气氛中分解制备的非晶 CNx 薄膜的研究发现,随着 N 含量的增加,CNx 薄膜的透射率减小。其薄膜的折射率一般也随着 N 含量的增加而降低。

3. CNx 薄膜的应用

由于 β-C_3N_4 的硬度与金刚石相当,其作为超硬薄膜有着广泛的应用前景。此外,由于氮化碳化合物具有高的德拜温度,可使其成为极好的热导体,可用于短波长光电二极管上散热性能良好的衬底材料。计算得到的 $\beta-C_3N_4$ 的间接带隙为 6.4eV,其最小直接带隙为 6.75eV,可作为一种优异的高温半导体材料。因为 $\beta-C_3N_4$ 结构没有对称中心,加之许多其他特性,CNx 薄膜很可能成为一种优异的非线性光学材料。

目前,CNx 薄膜的研究仍很活跃,但研究也正处于困难时期。主要困难:一是 N 含量的提高;二是实现薄膜的结晶,获得晶体的 CNx 薄膜。目前,人们对于 CNx 薄膜的结晶相 $\beta-C_3N_4$ 是否存在还有很大疑问,但从所得到的 CNx 薄膜的性能来看,即使最终得不到 $\beta-C_3N_4$ 相,CNx 薄膜材料优越的力学性能,较好的热传导性,场发射特性,以及简单的制备工艺等,都将使其成为一种新型的薄膜材料。目前其在切削工具的耐磨涂层,摩擦磨损件的耐磨涂层,以及计算机硬盘的保护涂层等方面,已显现出极大的优势。此外,作为平板显示器场发射阴极材料的潜在候选材料,CNx 薄膜在微电子领域也将大有可为。

7.3.5 其他硬质薄膜

除了以上介绍的金刚石薄膜、类金刚石薄膜、立方氮化硼(c-BN)薄膜和 $\beta-C_3N_4$ 薄膜外,还有氮化物、碳化物及氧化物、硼化物等硬质薄膜,如表 7.3-4 所示。

表 7.3-4　各种硬质薄膜分类

分类	膜 层 材 料
碳化物	TiC,VC,TaC,WC,NbC,ZrC,MoC,UC,Cr_3C_2,B_4C,SiC
氮化物	TiN,VN,TaN,NbN,ZrN,HfN,ThN,BN,AlN
硼化物	TiB_2,VB_2,TaB,WB,ZrB,AlB,SiB
硅化物	$TiSi$,$MoSi$,$ZrSi$,USi
氧化物	Al_2O_3,SiO_2,ZrO_2,Cr_2O_3
合金	Ta-N,Ti-Ta,Mo-W,Cr-Al
金属	Cr,其他

表 7.3-5 所示为某些硬质薄膜及相关基体材料的力学、热学性能。这些硬质薄膜主要镀制在高速钢、硬质合金刀具、模具上,用以提高表面的硬度,改善表面耐磨性能,提高使用寿命等。

表 7.3-5　典型硬质薄膜及基底的力学和电学性能

材　料		弹性模量 (GPa)	泊松比	热膨胀系数 (10^{-6}/℃)	硬度 (GPa)	熔点或分解温度 (℃)
硬质薄膜	TiC	450	0.19	7.4	28.42	3067
	HfC	464	0.18	6.6	26.46	3928
	TaC	285	0.24	6.3	24.5	3983
	WC	695	0.19	4.3	20.58	2776
	Cr_3C_2	370		10.3	12.74	1810
	TiN			9.35	19.6	2949
	Al_2O_3	400	0.23	9.0	19.6	2300
	TiB_2	480		8.0	33.03	2980
基体	94WC	640	0.26	5.4	14.7	
	高速钢	250	0.30	12~15	7.84~9.8	
	Al	70	0.35	23	0.294	658

一般把这些硬质薄膜材料归为陶瓷材料,根据其原子间的结合特征可分为金属键、共价键和离子键 3 种,相应的性能分别如图 7.3-1、表 7.3-6 和表 7.3-7 所示。

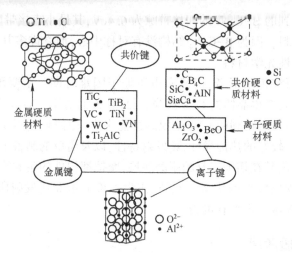

图 7.3-1 典型结构和键合种类

表 7.3-6 金属键硬质薄膜材料的性能

相	密度 (g/cm^{-3})	熔点 (℃)	维氏硬度 (GPa)	电阻率 (μΩ·cm)	弹性模量 (GPa)	热膨胀系数 (10^{-6}/℃)
TiB$_2$	4.50	3225	29.4	7	560	7.8
TiC	4.93	3067	27.44	52	470	8.0~8.6
TiN	5.40	2950	20.58	25	590	9.4
ZrB$_2$	6.11	3245	22.54	6	540	5.9
ZrC	6.63	3445	25.09	42	400	7.0~7.4
ZrN	7.32	2982	15.68	21	510	7.2
VB$_2$	5.05	2747	21.07	13	510	7.6
VC	5.41	2648	28.42	59	430	7.3
VN	6.11	2117	15.23	85	460	9.2
NbB$_2$	6.98	3036	25.48	12	630	8.0
NbC	7.78	3613	17.64	19	580	7.2
NbN	8.43	2204	13.72	58	480	10.1
TaB$_2$	12.58	3037	20.58	14	680	8.2
TaC	14.48	3985	15.19	15	560	7.1
CrB$_2$	5.58	2118	22.05	18	540	10.5
Cr$_3$C$_2$	6.68	1810	21.07	75	400	11.7
CrN	6.12	1501	10.78	640	400	23
Mo$_2$B$_5$	7.45	2140	2.30	18	670	8.6
Mo$_3$C	9.18	2517	16.27	57	540	7.8~9.3
W$_2$B$_5$	13.03	2365	26.46	19	770	7.8
WC	15.72	2776	23.03	17	720	3.8~3.9
LaB$_6$	4.73	2770	24.80	15	400	6.4

表 7.3-7 共价键硬质薄膜材料的性能

相	密度 (g/cm^{-3})	熔点 (℃)	维氏硬度 (GPa)	电阻率 (μΩ·cm)	弹性模量 (GPa)	热膨胀系数 (10^{-6}/℃)
B$_4$C	2.52	2450	39.2	5×10^3	441	4.5
立方 BN	3.48	2730	49	10^{18}	660	
金刚石	3.52	3800	78.4	10^{20}	910	1.0
B	2.34	2100	26.46	10^{12}	490	8.3
AlB$_{12}$	2.58	2150	25.48	2×10^{12}	430	
SiC	3.22	2760	25.48	10^5	480	5.3
SiB$_6$	2.43	1900	22.54	10^7	330	5.4
Si$_3$N$_4$	3.19	1900	16.86	10^{18}	210	2.5
AlN	3.26	2250	12.05	10^{15}	350	5.7
Al$_2$O$_3$	3.98	2047	20.58	10^{20}	400	8.4
Al$_2$TiO$_3$	3.68	1894		10^{14}	13	0.8
TiO$_2$	4.25	1867	10.78		205	9.0
ZrO$_2$	5.76	2677	11.76	10^{16}	190	7.6
HfO$_2$	10.2	2900	7.64			6.5
ThO$_2$	10.0	3300	9.31	10^{16}	240	9.3
BO	3.03	2550	14.7	10^{23}	390	9.0
MgO	3.77	2827	7.35	10^{12}	320	13.0

表 7.3-8 是离子键(I)、共价键(C)和金属键(M)3 种不同键合种类的薄膜材料的性能比较。从表中可以看出这 3 种不同键合形式的硬质薄膜材料的基本规律为：

① 共价键薄膜材料具有最高的硬度，如金刚石、c-BN、β-C$_3$N$_4$ 等。

② 离子键薄膜材料具有较好的化学稳定性。

③ 金属键薄膜材料具有较好的综合性能。

过渡金属的氮化物、碳化物和硼化物薄膜一般也具有较好的硬度。表7.3-9是氮化物（N）、硼化物（B）和碳化物（C）3种不同物质的性能比较。在实际应用中，可以针对具体使用要求和条件，依据这些图表和相关相图选择合适的薄膜和基体材料。

表7.3-8　3种键合硬质薄膜材料性能比较

性　质	增加→		
	键合种类		
硬度	I	M	C
脆性	M	C	I
熔点	I	C	M
热膨胀系数	C	M	I
稳定性	C	M	I
结合力	C	I	M
交互作用趋势	I	C	M
多层匹配性	C	I	M

表7.3-9　氮化物（N）、硼化物（B）和碳化物（C）性能比较

性　质	增加→		
	种类		
硬度	N	B	
脆性	B	C	N
熔点	N	B	C
热膨胀系数	B	C	N
稳定性	B	C	N
结合力	N	C	B
交互作用趋势	N	C	B

7.4　相　位　膜

早期光学薄膜的反射相移只在干涉仪中被重视。近年来一种用于校正屋脊棱镜偏振像差的相位膜得到推广应用。使用光学薄膜校正像差对于光学行业无疑是一个崭新的开端，其深远意义将随同偏振像差被广泛关注和深入研究而显现出来。

7.4.1　屋脊棱镜的偏振像差

在几何相差矫正设计几乎登顶造极而成像质量并不如人意的事实面前，偏振像差的出现告诉了我们问题的症结所在。

几何像差是将矢量光波经过光学系统的衍射做标量化近似处理得到的像差。偏振像差是将矢量光波经过光学系统的过程按照矢量衍射处理而得到的像差。偏振像差是包含几何像差、波像差在内的光学系统的总像差。

1. 屋脊棱镜的矢量衍射

光波经施密特（Schmidt）屋脊棱镜传输过程中，除了宏观可见的折射、反射和全反射这些改变光束传播轨迹的几何光学现象外，决定光束传输质量，特别是影响成像光束传输质量的有两个重要的物理效应，即偏振效应和衍射效应。施密特屋脊棱镜的偏振像差正是在偏振效应和衍射效应影响下形成的。

分析偏振像差需要从建立矢量光波函数的衍射方程入手。建立施密特屋脊棱镜矢量衍射方程是一个复杂的数学过程。首先要在棱镜内部的三维空间进行光波传播方向的追踪，为运用界面反射折射的菲涅耳公式提供数据；接着要在棱镜的每个界面进行光波的偏振追踪，建立能够直接由入射光波波函数得到出射光波波函数的传输矩阵。

需要注意的是：①一束入射光波经过施密特棱镜时，同时经由两条传播路径传播，因此所有的工作要同时对两条光路进行；②三维空间光波传播方向的追踪需要运用矢量形式的折反射定律；③入射光波中每一个确定偏振方向的线偏振光，在每一个界面上都会对应存在 P、S 两个正交方向的偏振分量；④前一个界面的偏振光波传播到后一个界面时，需要运用坐标旋转矩阵进行

坐标空间转换。

运用琼斯矩阵建立两条路径光波的传输矩阵之后,出射光波的波函数就是入射光波函数与传输矩阵的乘积。而完整的一束出射光波的波函数就是两条路径光波的波函数的和。将出射光波的波函数矢量代入夫琅禾费衍射公式做矢量衍射积分,得到衍射场像面上的矢量光波函数 $E(x,y) = E_p(x,y) + E_s(x,y)$,由此可以得到一束偏振方位角为 θ 的线偏振光通过施密特棱镜后出射光波的衍射光强表达式

$$
\begin{aligned}
I(\theta) &= \left[E(x,y) \cdot E^*(x,y) \right] \\
&= \left[\frac{4ab}{f\lambda} \mathrm{sinc}\left(\frac{kxa}{f} \right) \mathrm{sinc}\left(\frac{kyb}{2f} \right) \right]^2 \left[\frac{1}{2} + \frac{1-2B^2}{2} \cos\left(\frac{kyb}{f} \right) + B\sqrt{1-B^2} \sin\left(\frac{kyb}{f} \right) \sin(2\theta) \sin(2\delta_1) \right]
\end{aligned}
$$

$$(7.4-1)$$

式中,λ 是入射光波的波长,k 是玻尔兹曼常数,a,b 是屋脊面的几何尺寸,y 轴是像面上垂直于屋脊的方向,f 是完成夫琅禾费衍射所需透镜的焦距,θ 是入射线偏振光振动方向与 x 轴的夹角,A,B 是施密特棱镜传输矩阵的矩阵元。

两路径的传输矩阵分别为

$$
\begin{bmatrix} A\exp(\mathrm{i}2\delta_1) & B \\ -B & A\exp(-\mathrm{i}2\delta_1) \end{bmatrix}, \quad \begin{bmatrix} A\exp(\mathrm{i}2\delta_1) & -B \\ B & A\exp(-\mathrm{i}2\delta_1) \end{bmatrix} \tag{7.4-2}
$$

式中

$$
B = \frac{-4\sin^2\left(\frac{3}{2}\alpha \right) \cos\left(\frac{3}{2}\alpha \right)}{\left(1 + \cos^2\left(\frac{3}{2}\alpha \right) \right)^2} \cos^2(\delta_2) \tag{7.4-3}
$$

其中 $A^2 + B^2 = 1$;α 是施密特棱镜的顶角;$\delta_i = \frac{\delta_{pi} - \delta_{si}}{2}$ 是施密特棱镜第 i 个全反射面的 P 偏振分量与 S 偏振分量的反射相移差,且 $\delta_1 = \delta_4, \delta_2 = \delta_3$。

一般情况下,入射光是自然光,是大量的不同取向、彼此无关、无特殊优越取向的线偏振光的集合,在宏观测量时间内等效于同时存在各种方向的线偏振成分,但它们之间无确定的相位差,因此,自然光的矢量衍射光强既可以是取向 $0° \sim 360°$ 范围的所有线偏振光衍射光强的叠加平均值,也可以是两个互相正交的线偏振光的光强和的平均值。可以证明

$$
\begin{aligned}
I(x,y) &= \frac{1}{2\pi} \int_0^{2\pi} I(\theta) \, \mathrm{d}\theta = I = \frac{1}{2} \left[I(\theta) + I(90° + \theta) \right] \\
&= \left[\frac{4ab}{f\lambda} \mathrm{sinc}\left(\frac{kxa}{f} \right) \mathrm{sinc}\left(\frac{kyb}{2f} \right) \right]^2 \cdot f(y)
\end{aligned} \tag{7.4-4}
$$

式中

$$
f(y) = \left[\frac{1}{2} + \frac{1-2B^2}{2} \cos\left(\frac{kyb}{f} \right) \right] \tag{7.4-5}
$$

显然,这与自然光经过两个边长为 $a, b/2$,中心距为 $b/2$ 的矩形孔的夫琅禾费标量衍射结果相类似,所不同的是多了一个调制因子 B。若 $B = 0$,则这个衍射光强就与自然光经过两个边长为 $a, b/2$,中心距为 $b/2$ 的矩形孔的夫琅禾费标量衍射结果完全相同。

2. 施密特棱镜的偏振像差现象

按照式(7.4-4)和式(7.4-5),自然光经过施密特棱镜的矢量衍射得到的光强分布要受到棱镜传输矩阵元 B 的影响。

常见施密特棱镜的结构参数为 $\alpha = 45°, n \approx 1.52, |B| \approx 0.84$,依据式(7.4-4)和式(7.4-5)计算出自然光的衍射光强空间分布如图 7.4-1 所示。

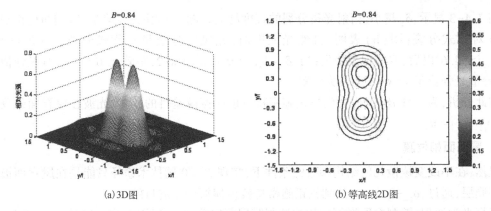

(a) 3D图　　　　　　　　　　　　　　　　(b) 等高线2D图

图 7.4-1　自然光通过施密特棱镜（$\alpha = 45°$，$B = 0.84$）的衍射光强分布

图 7.4-1 表明，自然光通过施密特棱镜的偏振像差表现为：衍射光斑相对屋脊的对称分裂，就是衍射结果形成了双像；像点亮度的最大值只有理想衍射像点亮度最大值的 60%。

图 7.4-2 是德国蔡司公司拍摄的施密特屋脊棱镜的衍射光斑，衍射光斑的分裂现象非常明显。

对施密特屋脊棱镜矢量衍射的全面细致的理论和实验研究表明：自然光经过后造成双像（见图 7.4-3（b）），线偏振光和部分偏振光经过后造成两个强度不等的鬼像或像中心的偏移（见图 7.4-3

图 7.4-2　施密特屋脊棱镜的衍射光斑

（a））。任何偏振态的光波经过屋脊棱镜后，都会因偏振像差的存在而导致成像质量的劣变。

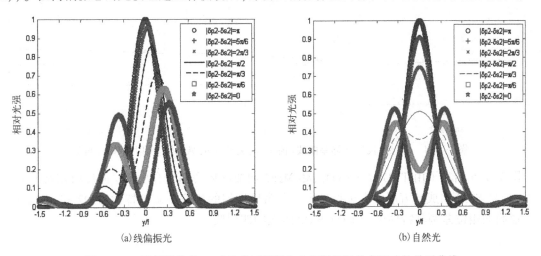

(a) 线偏振光　　　　　　　　　　　　　　(b) 自然光

图 7.4-3　反射相移差 δ_2 对垂直于屋脊方向衍射光强分布影响的关系曲线

7.4.2　矫正偏振像差的相位膜

按照矢量衍射理论得到的式（7.4-4）和式（7.4-5），光波经过施密特屋脊棱镜的矢量衍射光强分布是否呈理想分布，完全取决于 B 值是否等于 0。由式（7.4-3）可以知道，当棱镜结构参数一定时，决定 B 大小的是棱镜屋脊面上 S、P 偏振分量的反射相移差 δ_2。

1. 偏振相差矫正条件

图 7.4-3（a）和图 7.4-3（b）示意了屋脊面反射相移差对线偏振光和自然光通过施密特棱镜时衍射光强分布影响的关系曲线。

图 7.4-3 显示,δ_2 越小,衍射光斑分裂的程度越大。图(a)表明,线偏振光入射时,衍射光斑发生非对称式分裂;图(b)表明,自然光入射时,光斑的分裂呈对称式分裂。分析可知,当 $|\delta_{p2}-\delta_{s2}|>58.6°$ 以后,双峰现象消失;当 $|\delta_{p2}-\delta_{s2}|=\pi$ 时,$\delta_2=\pi/2$,矩阵元 $B=0$,衍射光强值达到最大,峰值光强位于 $x=y=0$ 的中央位置。

据此分析,为实现 $B=0$,以达到校正施密特棱镜偏振像差目的,需要光波在屋脊面的反射相移差 $|\delta_{p2}-\delta_{s2}|=\pi$。

2. 屋脊面相位膜

显然,在不改变棱镜几何结构参数的条件下,实现 $B=0$ 的技术途径只能是在屋脊面镀制相位调制膜层,通过 $|\delta_{p2}-\delta_{s2}|=\pi$,达到校正施密特棱镜偏振像差的目的。

根据光学原理,镀制在屋脊面的相位调制膜层可以是全介质膜层,也可以是金属膜层。二者的区别是:全介质膜层可以只调制屋脊面的反射相移差,不改变屋脊面的全反射特性,但是,全介质膜层的反射相移差存在强烈的色散,想用单层介质膜实现宽波段的均匀相位调制是困难的;金属膜层反射相移差的色散要比单层介质膜小得多,但是金属膜层会降低屋脊面的反射率。因此,屋脊面的相位调制膜层应以全介质多层膜为宜。

屋脊面镀制膜层后,其反射相移可以使用式(1.4-3)计算。

图 7.4-4 给出了使用式(1.4-3)计算得到的屋脊面单层介质 TiO2 膜、单层金属 Ag 膜、单层金属 Al 膜的反射相移差曲线。与图 7.4-3 对比可以知道,图 7.4-4 中的三种单层膜都具有明显的相位差调制能力。

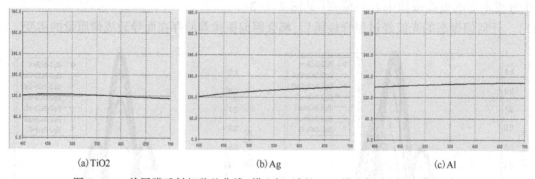

(a) TiO2 (b) Ag (c) Al

图 7.4-4　单层膜反射相移差曲线(横坐标:波长/nm;纵坐标:反射相移差/度)

图 7.4-5 给出了由 T-TiO2、S-SiO2、M-MgF2 组成的屋脊面全介质膜层的反射相移差曲线。显然,TiO2、SiO2 组成的五层膜在可见光区具有明显均匀的相位差调制特性,TiO2 和 MgF2 组成的三层膜的相位差调制特性优于 TiO2、SiO2 组成的四层膜。

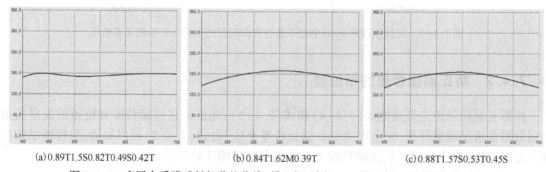

(a) 0.89T1.5S0.82T0.49S0.42T (b) 0.84T1.62M0.39T (c) 0.88T1.57S0.53T0.45S

图 7.4-5　多层介质膜反射相移差曲线(横坐标:波长/nm;纵坐标:反射相移差/度)

图 7.4-6 是屋脊面镀制五层介质膜系后,可见光波段的自然光经过施密特棱镜的衍射光强沿垂直于屋脊方向的分布曲线。显然,在整个可见光波段的相对光强分布均匀,有比较理想的可

见光波段偏振像差校正效果。

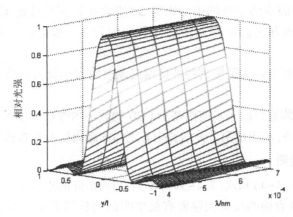

图 7.4-6　屋脊面镀 0.89T1.5S0.82T0.49S0.42T 的施密特棱镜衍射光强 y 轴分布图

7.4.3　屋脊棱镜偏振像差的表征与检测

施密特棱镜偏振像差现象是零级衍射斑的分裂变形,因此,可以直接用零级衍射斑的特征参数作为其偏振像差大小的表征和检测参数。

根据琼斯矩阵的特性,通过检测偏振光通过施密特棱镜的光强变化,可以计算出琼斯矩阵元 B 和相位膜的反射相移差的值。也可以直接用 B 作为施密特棱镜偏振像差大小的表征参数。

1. 弥散圆特征参数

(1) 能量集中度——中心亮度比

在光学系统存在像差时,衍射斑中央亮度与无像差理想衍射斑中央亮度之比值 S. D,常被用于衡量器件或系统的成像质量。

由式(7.4.4),对应衍射斑中心坐标(0,0),有像差时 $I(0)=\left[\dfrac{4ab}{f\lambda}\right]^2\left[\dfrac{1}{2}+\dfrac{1-2B^2}{2}\right]$,无像差时 $I(0)=\left[\dfrac{4ab}{f\lambda}\right]^2$,二者之比就是中心亮度比,有

$$S. D = 1-B^2 \tag{7.4-6}$$

显然,对应 $0\leqslant B\leqslant 1,1\geqslant S. D\geqslant 0$。对于最常见的 K9 玻璃制造的顶角为 $\alpha=45°$ 的施密特棱镜,$B\approx0.84$,S. D ≈0.3,像质之差可见一斑。

(2) 弥散圆变形度

根据施密特棱镜偏振像差的光斑变形——"分裂""双像"的实际特点,有人提出了一个描述有像差时衍射光斑形状与理想衍射光斑形状差异大小(相似程度)的参数——像面变形度,以实际零级衍射斑的最大直径(长)与最小直径(宽)之差与最小直径之比来表征系统成像质量,称为像面变形度,即

$$\frac{\Delta d}{d_{\min}}=\frac{d_{\max}-d_{\min}}{d_{\min}} \tag{7.4-7}$$

对于 K9 玻璃制造的顶角 $\alpha=45°$ 的棱镜,用 x、y 两个方向的 sinc^2 函数乘积表达的光斑,如果入射光束截面尺寸 $a=b$,依据式(7.4-4) 可得 $d_{\min}=\lambda f/a$,$d_{\max}=2\lambda f/b$,那么

$$\frac{\Delta d}{d_{\min}}=\frac{d_{\max}-d_{\min}}{d_{\min}}=100\%$$

表明施密特棱镜的像面变形度高达 100%。

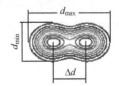

图 7.4-7　衍射光斑
分裂示意图

（3）光斑中心距

直接用衍射光斑分裂成两个斑的中心距离 Δd 来表征施密特棱镜偏振像差的大小可能更直接，更简单一些。具体方法就是测量衍射光斑图的长 $d_{\max}$ 和宽 $d_{\min}$，得到光斑中心距 $\Delta d = d_{\max} - d_{\min}$。

以上三个弥散圆特征参数表征施密特棱镜偏振像差的大小及其对成像质量的影响，可单独或同时使用。

弥散圆特征参数的测量目前大多使用基于 CCD 的数字图像处理技术，通过提取目标像的能量区间，得到二维弥散斑，并测量两个弥散斑中心之间的距离以及弥散圆变形度。

2. B 因子表征和检测

从式（7.4-3）、式（7.4-4）和式（7.4-5）可看到，琼斯矩阵的矩阵元 B，既可以直接影响衍射光斑的光强分布，又与屋脊面的反射相移差有简单明确的数学关系。因此，矩阵元 B 的大小可以直接表现为施密特棱镜偏振像差的大小，还可以用于计算屋脊面的反射相移差。

图 7.4-8 示意了 B 因子对光强分布的影响。从图中可以看到：B 值从 0 向 1 变化过程中，y 轴方向的光强从 1 个单峰逐渐展宽，到分裂成双峰，直至演变成清晰的分裂的两个极大值——双像。因此，当 $B=0$ 时，得到的是峰值光强最大、宽度最窄的单个光斑——单像；当 $B \neq 0$ 时，峰值光强减小，光斑宽度增宽；当 $B>0.756$ 以后，出现双峰，且双峰间距随着 B 的增大而增大；当 $B=1$ 时，双峰间距达到最大，同时，双像现象最为明显。

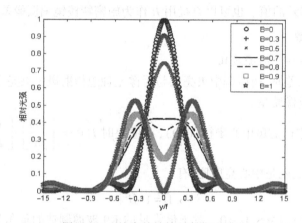

图 7.4-8　施密特棱镜衍射光强分布

B 的值是可以通过实验检测的，具体方法如下。

（1）一束单色光先通过透光轴方向为 x 轴的线偏器，再依次通过施密特棱镜和透光轴沿 x 轴方向的检偏器，得到出射光束的 Jones 矢量为

$$\begin{bmatrix} 1 & 0 \\ 0 & 0 \end{bmatrix} \begin{bmatrix} \alpha e^{i\Delta_1} & \beta e^{i\Delta_2} \\ -\beta e^{-i\Delta_2} & \alpha e^{-i\Delta_1} \end{bmatrix} \begin{bmatrix} 1 \\ 0 \end{bmatrix} = \begin{bmatrix} \alpha e^{i\Delta_1} \\ 0 \end{bmatrix}$$

光强为 $I_1 = \alpha^2$。

（2）一束单色光先通过透光轴方向为 y 轴的线偏器，再依次通过施密特棱镜和透光轴沿 x 轴方向的检偏器，得到出射光束的 Jones 矢量为

$$\begin{bmatrix} 1 & 0 \\ 0 & 0 \end{bmatrix} \begin{bmatrix} \alpha e^{i\Delta_1} & \beta e^{i\Delta_2} \\ -\beta e^{-i\Delta_2} & \alpha e^{-i\Delta_1} \end{bmatrix} \begin{bmatrix} 0 \\ 1 \end{bmatrix} = \begin{bmatrix} \beta e^{i\Delta_2} \\ 0 \end{bmatrix}$$

光强为 $I_2 = \beta^2$。

考虑到实验过程中激光的不稳定性，通过归一化用相对光强来表征以消除因激光不稳定带

来的结果偏差。归一化处理得

$$B = \frac{\beta}{\sqrt{\alpha^2 + \beta^2}}$$
(7.4-8)

测得 B 值,可以利用式(7.4-3)计算屋脊面的反射相移差值;也可以代入式(7.4-6)计算弥散圆的中心亮度比。

3. 实用性对比

弥散圆检测棱镜偏振像差时,人眼看到的是弥散斑的几何形状,而不是能量分布。采用 CCD 作为接收器,可以实现多人同时观察弥散斑形状分布,并且通过判读软件可以精确反映出弥散斑能量分布。弥散斑正是偏振像差大小的直接表现,使用光斑中心距和弥散圆变形度这两个参数表示偏振像差,便于棱镜成像质量的快速检测。

B 因子表征偏振像差是以 B 作为棱镜的结构特性参数, B 的大小造成光斑分裂,光强峰值偏移以及光强的变化,是产生偏振像差根本原因,因此 B 值可方便技术工作者直接获得屋脊面反射相移差的大小,便于在棱镜制造过程中衡量棱镜性能。

弥散圆检测和矩阵元 B 因子检测两种方法,用前者不能直接得到后者的大小,用后者不能给出前者的直观效果。因此将两者结合应用,既可以表征像差现象的大小,又可以明确像差源的大小,是检测屋脊棱镜偏振像差的有效方法。

思考题与习题

7.1 氧化铟锡(ITO)透明导电薄膜的导电机理是什么?

7.2 四探针法测量薄膜电阻的原理是什么?其测得的方块电阻与薄膜电阻率之间的关系是什么?

7.3 太阳光谱选择吸收膜中为什么要求波长大于 $2.5\,\mu m$ 的反射率要尽可能的高?

7.4 试比较各类太阳能电池的优缺点。

7.5 简要叙述类金刚石薄膜的特性及目前的应用领域。

附录 A 常见薄膜材料参数

材料	熔点（℃）	蒸发温度（℃）	蒸发方法①	密度（g/cm³）	折射率②	吸收消光系数	透明区（μm）	膜结构 聚集密度 p	牢固度③	备注
AgBr	434		B	6.47	2.25(0.55μm)				S	
AgCl	455	790	B(Mo)	5.56	2.07(0.55μm) 2.02(1μm)		0.4~30		S,1	
As$_2$S$_3$	300	246	B(Mo,TA) S	3.43	2.47(1.06μm) 2.37(10μm)	8×10⁻³(1.08μm) 7×10⁻³(3.8μm)	0.58~10	无定形	M,1	毒性
As$_2$Se$_3$			B(Mo,Ta)		2.82(3.8μm)	3×10⁻³(3.8μm)		无定形	M,2	毒性
Al$_2$O$_3$	2020	2100	B(W)E	3.98	1.54(0.55μm,40℃) 1.62(0.55μm,300℃)	2.3×10⁻³(0.515μm) 8×10⁻³(1.06μm)	0.2~8	无定形 p=1.0	H,▲▲,1	
AlF$_3$		900	B		1.38(0.55μm)		0.2~>30	无定形 p=0.64(35℃)	S,T小	
Bi$_2$O$_3$	860		R(Pt)	8.3	2.45(0.55μm)		0.4~		FH,1	
BiF$_3$	727		B(C)	5.32	1.74(1μm) 1.68(10μm)	8×10⁻⁴(10.6μm)	0.26~20	结晶	M,C,1	
BaF$_2$	1280		B	4.83	1.47(1μm) 1.4(8μm) 1.395(10μm)	5×10⁻⁴(10.6μm)	0.25~15	结晶 p=0.91(20℃)	M,T小,2	
B$_2$O$_3$	450		B(Pt,Mo)	2.46	1.61				T小	
BeO	2530	2230	B(W)E	3.01	1.72~1.73				H	毒性
CaF$_2$	1360	1280	B(W,Ta,Mo)	3.2	1.23~1.46(0.55μm)		0.15~12	结晶 p=0.57	FH,T小,1	
CeF$_3$	1460	1350	B(W)E	6.16	1.63(0.5μm,300℃) A=2.588,B=0.1934 (300℃)	1.4×10⁻⁵(0.633μm)	0.3~5	结晶 p=0.8(30℃)	FH,T大,1	

材料	熔点 (℃)	蒸发温度 (℃)	蒸发 方法①	密度 (g/cm³)	折射率②	吸收消光系数	透明区 (μm)	膜结构 聚集密度 p	牢固度③	备注
CdS	1750	800	B(Pt,Ta)	4.8	2.5(0.6μm,30℃) $A=5.235,B=0.1819$	$2.9×10^{-3}(0.515μm)$	0.55~7	结晶	S,C	
CdTe	1041		B(Mo)	6.2	3.05(1μm) 2.66(10μm)		0.97~30		H,▲,C,2	
CeO₃	1950	1600	B(W)E	7.13	2.2(0.55μm,30℃) 2.38(0.55μm,250℃) $A=3.6213,B=0.17117$		0.4~12	结晶	H,C,1	
CdSe	1350	700	B(W)	5.81	3.5(1μm)		0.97~		M,▲,2	
CaO	2850	2050	B(W)E	3.3	1.84				FH,3	
CsBr	636		B(W,Mo)	3.04	1.8(25μm) 1.67(3.3μm)		0.23~40		S	
CsI	626		B	4.51	1.787(0.55μm)		0.25~60		S,3	
Cr₂O₃	2275	1900	B(W)E	5.2	2.1(0.63μm)				FH,1	
C(金刚石)	3700	2601	HE	3.5	2.38(4μm) $A=5.6548,B=0.0565$				H,1	
Dy₂O₃	2340		E		2.0(0.29μm,350℃) 1.91(0.55μm,350℃)		0.28~		FH,1	
Eu₂O₃	2050		E		1.88(0.7μm,350℃)		0.3~		FH,1	
Fe₂O₃	1565		E	5.1	2.72(0.55μm)	0.11(0.55μm)	0.8~		M,1	
Ge	959	1690	B(C)E	5.3	4.4(2μm,30℃) $A=15.992,B=1.8793$		1.7~23	无定形 (300℃)	H,▲,T大,1	
GaAs	1338	850	E	5.34	3.2(μm)		0.9~18		M,2	
Gd₂O₃	2340	2200	RS E		1.8(0.55μm)		0.32~15		FH,1	
HfO₂			E RS		2.15(0.25μm,250℃) $A=3.1824,B=0.09188$	$2×10^{-3}(0.25μm)$ $7×10^{-4}(0.3μm)$	0.22~12		H,▲▲,1	
Ho₂O₃	2365		E		2.0(0.5μm,350℃)		0.25~		FH,1	
InAs	943		双源	5.66	4.5		3.8~7		S,1	毒性

材料	熔点(℃)	蒸发温度(℃)	蒸发方法①	密度(g/cm³)	折射率②	吸收消光系数	透明区(μm)	膜结构聚集密度 p	牢固度③	备注
InSb	535		双源	5.77	4.3		7~16		S	毒性
In_2O_3		870	R(W)E	7.18	2.0(0.5μm)		0.32~		H,1	
LiF			B(Mo,Ta)	2.6	1.36(0.55μm) $A=1.8837, B=0.007$	$1×10^{-3}$(0.24μm)	0.11~7	结晶	S,▲▲▲,T小,3	
LaF_3		1490	B(W,Mo)	6.0	1.55(0.55μm,30℃) 1.65(0.55μm,300℃) $A=2.5246, B=0.01247$	$1×10^{-3}$(0.25μm)	0.2~10	结晶 p=0.8(30℃)	FH,▲▲▲,1	
La_2O_3	2000	1500	B(W)E	6.5	1.98(0.3μm) 1.88(0.55μm) $A=3.3087, B=0.06952$	$1×10^{-3}$(0.25μm)	0.3	无定形	H,1,1	
MgF_2	1266	1540	B(W,Ta,Mo)	2.9	1.38(0.55μm) $A=1.8976, B=0.01536$	$9×10^{-6}$(0.5μm) $6×10^{-6}$(1μm)	0.11~6	结晶 p=0.72(30℃)	H,▲▲▲,T大,1	
MgO	2800	2600	B(W,Ta)E	3.58	1.7(0.55μm,50℃)	$2×10^{-3}$(0.24μm)	0.2~8	结晶	H,▲▲,C大,2	
NiO	2090	1580	B(Al_2O_3)	6.7	2.15		0.2~1.4	结晶	FH,1	
NaF	992	988	B(Mo)	2.8	1.29~1.30(0.55μm)	$9×10^{-3}$(0.24μm)	0.2~1.4	结晶 p=0.96(30℃)	S,▲▲,3	
Na_3AlF_6	1000	1000	B(Mo,Ta)	2.9	1.32~1.35(0.55μm)	$7×10^{-3}$(0.24μm)	0.2~14	结晶 p=0.88(30℃) 晶 p=0.92(190℃)	S,▲,T小,3	
Nd_2O_3	1800	1900	B(W,To)E	7.2	1.79(0.55μm,30℃) 2.05(0.55μm,260μm)		0.24~10	结晶	H,1	
NdF_3	1410	1400	B(Ta,To)		1.61(0.55μm,300℃) $A=2.5582, B=0.01703$		0.22~6	结晶 p=0.8(30℃)	M,2	
PbTe	971	850	B(Ta)	8.16	5.6(5μm)		3.4~30		S,▲,1	毒性
$PbCl_2$	501		B(Pt,Mo)	5.81	2.3(0.5μm) 2.0(10μm)		0.3~14		M,T小,3	

材料	熔点(℃)	蒸发温度(℃)	蒸发方法①	密度(g/cm³)	折射率②	吸收消光系数	透明区(μm)	膜结构聚集密度p	牢固度③	备注
PbF₃	822	850	B(W,Pt)	7.76	1.98(0.3μm,30℃) 1.75(0.55μm,30℃)	6×10^{-3}(3.8μm)	0.24~20	βPbF₃ $p=0.8$(30℃)	S,▲,T,2	
PbO	900	300	B(Pt)	9.5	2.6(0.55μm)		0.53~	结晶	S,2	
PbS	1112	675	B(W)	7.5	3.9~4.2		3~7		S,2	
Pb₆O₁₁	2200		B(W)		1.92~2.05(0.55μm)		0.4~10	无定形	FH,1	
Se	1430	437	B(W,TA,Mo)	4.3	2.45(2μm)		0.8~20		FH,3	
B₂O₃	656	400	B(Pt,Ta)		2.3(0.36μm) 2.0(0.55μm)		0.3~		S,T小,1	
Sb₂S₃	550	370	B(Ta,Mo)	4.1	3.0(0.55μm)		0.5~10		S,2	
SnO₃	1127		B(W)E	6.95	2.0~2.1(0.55μm)		0.4~	$p=0.95$ 热处理	H,T小,1	
Si	1420	1500	E	2.33	3.4(3μm) $A=11.586,B=0.9398$	1.7×10^{-4}(2.7μm)	1~9	无定形	FH,1	
SiO	1700	130	B(To,Ta,W)	2.24	1.55(0.55μm,30℃) 主要成分 Si₂O₃		0.4~9	无定形	H,▲▲,C,1	
SiO₂	1700	1600	E	2.1	1.45~1.46(0.55μm)	7.7×10^{-4}(0.35μm) 2×10^{-6}(1μm)	0.2~9	无定形 $p=0.9$(30℃) $p=0.98$(150℃)	H,▲▲▲,C1,	
SrF₂	1190		B(Mo,W)	4.24	1.45(0.55μm)		0.2~1.0	结晶 $p=0.89$(30℃)	M,2	
Sm₂O₃	2350		E		1.88(0.59μm,300℃)		0.34~		FH,1	
Te	452	650	B(Ta)	6.2	4.9(6μm)		3.4~20		FH,3	
TlCl	430		B(Ta)	7.0	2.6(12μm)		0.4~30		S,3	
TiO₂	1850	2000	R E	3.8~4.3	1.9(0.55μm,30℃) 2.3(0.55μm,22℃) $A=4.385,B=0.2414$	7.5×10^{-4}(0.5μm) 2.5×10^{-4}(1μm)	0.4~10	无定形(30℃) 结晶(>100℃)	H,▲▲,C,1	

材料	熔点 (℃)	蒸发温度 (℃)	蒸发方法①	密度 (g/cm³)	折射率②	吸收消光系数	透明区 (μm)	膜结构 聚集密度 p	牢固度③	备注
Ta_2O_5	1800	2100	R E	7.8	$2.16(0.55\mu m,250℃)$ $A=4.2446,B=0.13158$	$8\times10^{-3}(0.3\mu m)$ $1\times10^{-3}(0.6\mu m)$	0.35~10	无定形	FH,▲,1	
ThF_4		1100	B(Ta,Mo)	6.32	$1.5(0.55\mu m,35℃)$ $1.35(10.6\mu m)$	$5\times10^{-3}(0.5\mu m)$ $2\times10^{-3}(1\mu m)$ $1\times10^{-4}(10.6\mu m)$	0.2~15	无定形	M,▲▲▲,T,1	放射
ThO_2	2950	3050	E	9.69	$1.86(0.55\mu m,250℃)$	$5\times10^{-3}(0.24\mu m)$	0.3~6	无定形	H,▲,1	放射
YF_3			B		1.45	$5\times10^{-4}(0.24\mu m)$	0.4~	无定形	S,▲▲,2	
Y_2O_3	3410	2400	E,R	5.01p	$1.87(0.55\mu m,250℃)$ $A=3.1824,B=0.09188$	$5\times10^{-3}(0.25\mu m)$	0.3~12	无定形,高温下结晶	H,▲,1	
Yb_2O_3	2346	1900	E		$1.75(0.63\mu m,30℃)$		0.28~		FH,1	
ZnO		1100	B(W,Mo)		$2.1(0.45\mu m)$		0.35~20		S,1	
ZnS	1900	1100	B(Ta,Mo)	3.98	$2.35(0.55\mu m)$ $2.16(10.6\mu m)$ $A=5.013,B=0.2025$	$2.7\times10^{-4}(0.5\mu m)$ $4\times10^{-3}(1\mu m)$ $2\times10^{-4}(10.6\mu m)$	0.4~14	结晶 $p\geqslant0.94$	M,▲,C,1	
$ZnSe$	1530	950	B(Mo,Ta)	5.42	$2.58(0.633\mu m)$ $2.42(10.6\mu m)$	$3.4\times10^{-3}(0.5\mu m)$ $1\times10^{-4}(10.6\mu m)$	0.55~15	结晶	S,2	
$ZnTe$		1000	B		$2.8(0.55\mu m)$	$6.7\times10^{-3}(0.515\mu m)$		结晶	S,3	
ZrO_2	2715	2700	E	5.49	$1.97(0.55\mu m,30℃)$ $2.05(0.55\mu m,200℃)$ $A=3.291,B=0.09712$	$6\times10^{-3}(0.25\mu m)$ $1.6\times10^{-4}(0.5\mu m)$	0.3~12	$p=0.67(30℃)$ $p=0.821(25℃)$	H▲,T,1	

注:
① B—电阻加热;E—电子束蒸发,R—反应蒸发,S—溅射;RS—反应溅射。
② 括号内数字为波长和衬底温度,A,B是 Sellmeir 色散方程系数,波长单位 μm。
③ 硬度:H—极硬,FH—很硬,M—中等,S—软;抗激光损伤;▲▲▲—强,▲▲—中,▲—弱;应力:T—张应力,C—压应力;抗潮性:1—优,2—中等,3—差。

参 考 文 献

1 唐晋发,郑权.应用薄膜光学.上海:上海科学技术出版社,1984

2 林永昌,卢维强.光学薄膜原理.北京:国防工业出版社,1990

3 顾培夫.薄膜技术.杭州:浙江大学出版社,1990

4 严一心,等.薄膜技术.北京:兵器工业出版社,1994

5 曲喜新.薄膜物理.上海:上海科学技术出版社,1986

6 殷之文.电介质物理.北京:科学出版社,2003

7 吴自勤,等.薄膜生长.北京:科学出版社,2001

8 黄运添,等.薄膜技术.北京:清华大学出版社,1991

9 H. K. 普尔克尔著.玻璃镀膜.仲永安等译.北京:科学出版社,1988

10 田民波,刘德令.薄膜科学与技术手册.北京:机械工业出版社,1991

11 廖延彪.偏振光学.北京:冶金工业出版社,2003

12 唐伟忠.薄膜材料制备原理、技术及应用.北京:冶金工业出版社,2003

13 唐晋发,顾培夫,刘旭,李海峰.现代光学薄膜技术.杭州:浙江大学出版社,2006

14 朱耀南.光学薄膜激光损伤阈值测试方法的介绍和讨论.激光技术,2006,30(5):532~535

15 D.Poelman, P.S.Frederic. Methods for the determination of the optical constants of thin films from single transmission measurements: a critical review. Appl. Phys.,2003,36(15):1850~1857

16 J.M.Elson. Light scattering from semi-infinite media for non-normal incidence. Phys.Rev. B, 1975,12(6):2541~2542.

17 A.Dupare, S.Kassam. Relation between light scattering and microstructure of optical thin film. Appl.Opt.,1993,32(28):5475~5480.

18 姜辛,孙超,洪瑞江,戴达煌.透明导电氧化物薄膜.北京:高等教育出版社,2008

19 蔡珣,王振国.透明导电薄膜材料的研究与发展趋势.功能材料,2004,35:76~82

20 王福贞,马文存.气相沉积应用技术.北京:机械工业出版社,2006

21 蔡珣,石玉龙,周建.现代薄膜材料与技术.上海:华东理工大学出版社,2007

22 郑伟涛.薄膜材料与薄膜技术.北京:化学工业出版社,2007

23 潘永强,Y.Yin.直流磁控溅射 Cr/Cr$_2$O$_3$ 金属陶瓷选择吸收薄膜的研究.真空科学与技术学报,2006,26(6):517~521

24 卢进军,潘永强.直流磁控溅射 Cr-Cr$_2$O$_3$ 复合金属陶薄膜光学特性研究.应用光学,2008,29(5):606~609

25 唐晋发,顾培夫.薄膜光学与技术.北京:机械工业出版社,1986

26 (日)大田 登 著,刘中本译.色彩工学.西安:西安交通大学出版社,1997

27 Lu Jinjun, Sun Xueping, Zhu Weibing.The splitting mechanism of zero order diffraction pattern by roof prisms. Journal of optics.2013,42(4)

28 卢进军,朱维兵,孙雪平.施密特棱镜 Jones 矩阵元对偏振像差的影响.光学学报,2013, 33(2)

29 卢进军,杨凯,孙雪平.Schmidt 棱镜偏振像差对成像质量的影响.光学学报.2013,33(11)

30 卢进军,董钦佩,杨凯,孙雪平.Schmidt 棱镜偏振像差的校正.光电工程.2014,41(10)

31 卢进军,冯振强,董钦佩,杨凯.斯密特棱镜偏振像差的表征与检测.光学仪器.2016,38(2)

反侵权盗版声明

电子工业出版社依法对本作品享有专有出版权。任何未经权利人书面许可,复制、销售或通过信息网络传播本作品的行为;歪曲、篡改、剽窃本作品的行为,均违反《中华人民共和国著作权法》,其行为人应承担相应的民事责任和行政责任,构成犯罪的,将被依法追究刑事责任。

为了维护市场秩序,保护权利人的合法权益,本社将依法查处和打击侵权盗版的单位和个人。欢迎社会各界人士积极举报侵权盗版行为,本社将奖励举报有功人员,并保证举报人的信息不被泄露。

举报电话:(010)88254396;(010)88258888

传　　真:(010)88254397

E-mail:dbqq@phei.com.cn

通信地址:北京市海淀区万寿路173信箱

　　　　　电子工业出版社总编办公室

邮　　编:100036